Grundsätze
der
theoretischen und experimentellen
Kameral-Chemie;
zum Gebrauche akademischer Vorlesungen, so wie
zur Selbstbelehrung,

für

Kameralisten, Agronomen, Forstbeamte, Policeybeamte und Technologen.

Von

Siegesmund Friedrich Hermbstädt,

Ritter des Königl Preußischen rothen Adlerordens m. d. Schl., und des Königl. Niederl. Löwen-Ordens; der Philosophie und Arzneiwissenschaft Doctor; Königl. Preuß. Geheimer- und Ober-Medizinal-Rath; ordentlicher öffentlicher Lehrer der Chemie, Pharmacie und Technologie an der Friedr. Wilh. Universität; ordentlichem Mitgliede der physicalisch-mathematischen Klasse der Königl. Akademie der Wissenschaften und der Naturforschenden Gesellschaft in Berlin; desgleichen mehrerer auswärtiger Akademien und Societäten, theils ordentlichem, theils Ehren-, theils korrespondirendem Mitgliede.

Dritte durchaus umgearbeitete und verbesserte Auflage.

Erster Theil,
welcher die vorbereitenden elementaren Kenntnisse aus der Physik und Chemie enthält.

Berlin,
Gedruckt und verlegt bei G. Reimer.
1833.

Seiner Majestät

dem

König der Niederlande

Wilhelm dem Ersten,

dem

glorreichen Beförderer der Wissenschaften,
Künste und Gewerbe,

in tiefster Ehrfurcht zugeeignet

von

dem Verfasser.

Sire!

Die huldreiche Annahme, welche Ew. Königl. Majestät der ersten Ausgabe dieses Werks, welche im Jahr 1808, so wie der zweiten, welche im Jahr 1817 erschien, zu ertheilen allergnädigst geruhet haben, giebt mir die Ueberzeugung, daß Allerhöchstdieselben auch der gegenwärtigen dritten Ausgabe dieses Buchs, die Ew. Majestät ich zu Füßen lege, eine gnädige Aufnahme zu ertheilen und Sich den Verfasser desselben in's Gedächtniß zurück zu rufen, allergnädigst geruhen werden.

Indem für Ew. Majestät und Ihre glorreiche Regierung ich Heil und Segen von Gott erbitte, ersterbe ich mit den Gefühlen der tiefsten Ehrfurcht.

Ew. Königl. Majestät

Benn.,
im März 1833.

allerunterthänigster
der Geheime und Ober-Medizinalrath
Dr. Hermbstädt.

Vorbericht
zur dritten Auflage.

Die erste Ausgabe dieses Buchs erschien im Jahr 1808; die zweite im Jahr 1817: sie würden vielleicht früher auf einander gefolgt sein, wenn nicht die politischen Verhältnisse, die dem Gange der Wissenschaften nur schädlich entgegen wirken können, und ein Nachdruck des Buchs solchen verspätet hätten.

Mein Buch hat das Glück gehabt, auf mehreren Universitäten als Leitfaden bei akademischen Vorlesungen zum Grunde gelegt zu werden; ja es hat auch ein Paar Nachahmer gefunden. Aber Nachahmen ist nicht Schaffen!

Bevor ich die erste Ausgabe meines Buchs ausarbeitete, hatte ich mich mit den verschiedenen Zweigen der Landwirthschaft, der Forstwirthschaft, so wie den landwirthschaftlichen, den forstwirthschaftlichen und den anderweitigen davon abhängigen technischen Gewerben, nicht nur theoretisch-praktisch bekannt und vertraut gemacht, sondern war auch selbst mit dem Betriebe einer agronomischen Musterwirthschaft, mit Viehstand und allem was dazu gehört, versehen. Was ich schon in der ersten Ausgabe meines Buchs vortrug, war nicht Compilation, sondern das Resultat eigner Erfahrungen; und daß ich solche bis jetzt, meinem nun bald anzutretenden 74sten Lebensjahr, mit Ernst fortgesetzt habe, davon wird hoffentlich diese dritte Ausgabe meines Buchs, besonders der zweite Theil, Beweise ablegen. Mögen diejenigen, welche Werke ähnlichen Inhalts ausarbeiten wollen, sich, so wie ich es that, mit den darin zu erörternden Gegenständen, vorher praktisch bekannt machen, sie selbst ausüben; und es wird ihnen einleuchten, daß man ein guter Chemiker sein kann, ohne deshalb auf die Kenntnisse und den Namen eines Agronomen, eines Sylvanisten und eines Technologen Ansprüche machen zu dürfen. Wer sich begnügt, bloß aus Büchern zu compiliren, wer nicht eigene auf Erfahrung gestützte Thatsachen zum Grunde legen kann: der wird nie etwas Brauchbares zu Tage fördern, das dem angehenden Kameralisten dem Agronomen, dem Forstmann ꝛc. zum Wegweiser dienen kann.

Das Fortschreiten in den physischen und chemischen Zweigen der Naturwissenschaft mußte benutzt werden, wenn ein vollständiges Ganzes geliefert werden sollte.

Ich hielt es daher für Pflicht, dem Buche die naturwissenschaftlichen Elementar-Kenntnisse voran zu schikken; und da ergab sich die Nothwendigkeit, das Buch in zwei Theile zu zerfällen, um nicht ein zu voluminöses Opus in einem Bande zu liefern. Während in diesem ersten Theil die naturwissenschaftlich elementaren Grundsätze, als Vorbereitung, theoretisch und praktisch entwickelt worden sind, mit Hinweglassung desjenigen, was nicht mit den Gegenständen der Kameralchemie in unmittelbarer Beziehung steht; wird der zweite Theil die speciellen Gegenstände der Kameralchemie, der agronomischen Chemie und der Forstchemie theoretisch und praktisch erörtern, auch die nöthige Litteratur für diejenigen nachweisen, die durch eignes Studium sich genauer belehren wollen.

In meinen eigenen Vorlesungen über experimentelle Kameralchemie, werden alle im Buche abgehandelte Gegenstände, sowohl die im ersten und im zweiten nachfolgenden Theil, experimentell durchgearbeitet; nicht weniger auch die im Buche erörterten Land- und forstwirthschaftlichen Gewerbe; wozu mir ein großes Laboratorium, so wie alle Apparate, im mittleren Verhältnisse ihrer Dimensionen, zu Gebote stehen: so daß der angehende Landwirth und Kameralist, der Forstmann und der Technologe gleichzeitig, nicht nur theoretisch, sondern auch praktisch unterrichtet werden.

Vielleicht ist dieses die letzte Ausgabe, die ich von meinem Buche selbst besorgen kann, indem mein herannahendes 74stes Lebensjahr, mich kaum glauben läßt, daß mir noch viele Jahre des Lebens auf diesem Erdenrund zu Gebote stehen können. Zwar ist mein Haar noch nicht gebleicht, zwar fühle ich noch keine Abnahme meiner geistigen und körperlichen Kräfte, beide sind ungestört; noch weiß ich von keiner Schwäche, die das Alter sonst mit sich führt, mein Geist ist heiter und froh, mehr wie in meinem Jünglingsalter: wofür ich Gott danke, und Ihm dem Geber alles Guten anheim stelle, mein Leben so lange zu fristen, als ich dem Staate, und meinen Mitmenschen dadurch nützlich sein kann. Ich habe gelebt und gewirkt! ich sehe dem Tode, als Leiter zum Emporsteigen in ein höheres geistiges Leben, unverzagt entgegen: komme er wenn er will, ich bin bereit und freue mich auf ein Wiedersehen meiner früheren dahin geschiedenen Freunde und Aller die meinem Herzen hier theuer waren.

Berlin, am 1sten März 1833.

Dr. Hermbstädt.

Inhalt des ersten Theils.

Grundsätze

der

theoretischen und experimentellen

Kammeral-Chemie.

Dritte durchaus neu bearbeitete und verbesserte Ausgabe.

Einleitung.

Inbegriff der Kammeralwissenschaft.

§. 1.

Die Kammeralwissenschaft begreift die empirische so wie die rationelle Erkenntniß alles desjenigen in sich, was die wirthschaftliche Benutzung des Grund und Bodens und seiner natürlichen Erzeugnisse, zur Vermehrung des Staats- so wie des Privatwohlstandes seiner Bewohner befördern kann.

Producenten und Consumenten.

§. 2.

Die Bewohner größerer so wie kleinerer Staaten, zerfallen in zwei Hauptabtheilungen: 1) in Producenten, 2) in Consumenten. Beide müssen in einem angemessenen Verhältniß zu einander stehen, wenn der wahre Wohlstand des Ganzen dadurch begründet werden soll.

Kammeral-Beamte.

§. 3.

Die vom Staate oder dessem Regenten angeordneten Verwaltungsbehörden für die gesammten Gegenstände des Kammeralwesens, werden Kammern (im Königl. preußischen Staate Regierungen) genannt: daher die Prädikate Kammeralwissenschaft und Regierungswissenschaft. Die der Verwaltung vorstehenden Herrschaftlichen- oder Staatsdiener werden Kammeral- oder Regierungsbeamte genannt.

Zweige der Kammeralverwaltung.

§. 4.

Die einzelnen Zweige der gesammten Kammeralverwaltung zerfallen in vierzehn verschiedene Abtheilungen, diese sind: 1) Ackerbau; 2) Gartenbau; 3) Weinbau; 4) Viehzucht; 5) Fischerey; 6) Forstwirthschaft; 7) Jagdwesen; 8) Torfwirthschaft; 9) Bergbau und Hüttenwesen; 10) Salinenwesen; 11) Teichwesen und Wasserbau; 12) Wegebau; 13) Polizeiwesen; 14) die agronomischen, die Forstwirthschaftlichen, die Bergwerks- und Hüttenmännischen, die Salinistischen, so wie die anderweitigen städtischen und ländlichen ökonomisch-technischen Gewerbe.

Kammeral-Chemie.

§. 5.

Jene verschiedenen Zweige der Kammeralverwaltung stehen, aus dem rationellen Gesichtspunkte betrachtet, mit den verschiedenen Zweigen der allgemeinen Naturwissenschaft und ganz vorzüglich mit dem chemischen Theile derselben, in vielseitiger Beziehung. Die specielle Anwendung der Chemie, auf die Gegenstände der Kammeralverwaltung, bildet daher einen eigenen naturwissenschaftlichen Zweig der Staatshaushaltungskunst, dem das Prädikat Kammeral-Chemie beigelegt wird.

Einzelne Zweige der Kammeral-Chemie.

§. 6.

Hiernach zerfällt also die Kammeral-Chemie in fünf Hauptabtheilungen. Solche sind: 1) die agronomische oder Agrikultur-Chemie; 2) die Forst-Chemie; 3) die metallurgische Chemie (Hüttenkunde); 4) die ökonomisch-technische Chemie; 5) die polizeiliche Chemie (Gesundheits- und Feuerpolizei).

§. 7.

Aus einer zweckmäßigen Anwendung der chemischen Grundlehren, auf die speciellen Gegenstände der Kammeralverwaltnng, in so fern sie ihrem Wesen nach vor das Forum der Chemie gezogen werden können, gehen folgende Vortheile hervor: 1) die rationelle Erkenntniß; 2) der rationelle Betrieb; 3) die Vervollkommnung: der Landwirthschaftlichen, der Forstwissenschaftlichen, der Berg- und Hüttenmännischen, der Salinistischen; so wie aller anderweitigen städtischen und ländlichen Gewerbe.

Anmerkung. Auf den regelmäßigen Betrieb der städtischen Gewerbe, in der größern Ausdehnung, sind die Fabriken und Manufakturen gestützt; sie beschäftigen eine große Anzahl Menschen als Kunst- und Hülfsarbeiter; die Schönheit, so wie die innere Güte ihrer Fabrikate, verbunden mit einer angemessenen Wohlfeilheit ihres Preises, beleben den Handel; ihr Versehniß in das Ausland, sei es gegen Tausch anderer Bedürfnisse oder gegen baares Geld, begründet den Wohlstand ihrer Unternehmer, und wirkt zugleich wohlthätig auf das Staatsvermögen ein.

Erster Abschnitt.

Grundbegriffe der allgemeinen Chemie, als Vorbereitung zur Kammeral-Chemie.

§. 8.

Die Chemie (Scheidekunst, Zergliederungskunst, Mischungskunde), ist die Wissenschaft von der Grundmischung der Körper, d. i. von den quantitativen und qualitativen Verhältnissen ihrer einfachern heterogenen Bestandtheile oder chemischen Elemente.

Von den Theilen der Körper. Gleichartige Theile, Gemengtheile.

§. 9.

Jede größere körperliche Masse irgend eines Körpers, ist das Produkt der Zusammenfügung mehrerer kleinster Theile derselben, die durch die Kraft der Cohäsion zusammen gehalten werden.

§. 10.

Die kleinern Massentheile der Körper, sind entweder gleichartige (Partes aequales), oder ungleichartige (Partes inaequales). Jene werden gleichartige, die letztern werden Gemengtheile des Körpers genannt.

a) Cararischer Marmor, Zucker, Salpeter u. s. w. sind gleichartige Körper: denn jedes kleinste Stäubchen derselben ist, mit Ausnahme des Volums, dem andern gleich.

b) Granit ist ein gemengter Körper. Feldspat, Quarz und Glimmer (an dessen Stelle oft Hornblende), sind Gemengtheile desselben.

c) Porphyr ist ein gemengter Körper. Seine Gemengtheile sind: eine dichte, harte feldsteinartige Grundmasse, in welcher einzelne Krystalle von Feldspat, von Hornblende und von Quarz eingesprengt sind. Er erscheint in mancherlei Farben. Sind statt der Feldspatkrystalle kleine Feldsteinkugeln eingesprengt, dann entsteht der Porphyr-Variolit.

d) Die Breccie oder der Puddingstein, ist gleichfalls ein gemengter Körper; seine Gemengtheile sind: Granit-Porphyr und Grünstein-Fragmente, durch eine feinkörnige Puddingmasse verbunden.

Mischungstheile, Bestandtheile der Körper.

§. 11.

Von den gleichartigen so wie von den Gemengtheilen der Körper wesentlich verschieden, sind die Mischungs- oder Bestandtheile (Partes mixtionis seu Partes constitutivae) derselben. Jene sind bloß mechanisch, die letztern sind chemisch mit einander verbunden. Die chemischen Bestandtheile sind stets von heterogener Beschaffenheit; sie können daher auch nur durch die Einwirkung chemischer Potenzen von einander getrennt werden.

a) Der Zinnober ist ein homogener Körper. Seine chemischen oder heterogenen Bestandtheile sind Quecksilber und Schwefel.

b) Marmor ist ein homogener Körper. Seine heterogenen Bestandtheile sind: Kalkerde, Kohlensäure und Wasser.

Einfache oder unzerlegte Stoffe.
(Chemische Elemente.)

§. 12.

Wenn ein aus heterogenen Stoffen mehr oder weniger vielfach chemisch zusammengesetzter Körper einer chemischen Zergliederung unterworfen wird, so gelangt man zur Erkenntniß seiner verschieden gearteten chemischen Bestandtheile. War der Körper nicht einfach sondern mehrfach zusammengesetzt: dann werden diejenigen heterogenen Materien, in die derselbe zunächst zerfällt, seine nähern Bestandtheile (Partes constitutivae proximae) genannt. Sind aber jene nähern Bestandtheile einer nochmaligen Zergliederung in heterogene Theile fähig, so werden diese entfernte Bestandtheile (Partes constitutivae remotae) genannt. Sind die letztern keiner weitern Zergliederung in heterogene Materien fähig, dann werden solche als chemisch einfach betrachtet und Grundstoffe oder chemische Elemente genannt.

a) Die nähern Bestandtheile des Marmors (§. 11. b.) sind Kalkerde und Kohlensäure. Aber die Kalkerde ist aus Calcium und Sauerstoff, die Kohlensäure ist aus Kohlenstoff und Sauerstoff zusammengesetzt: folglich sind das Calcium, der Kohlenstoff und der Sauerstoff die entfernten heterogenen Bestandtheile, oder chemischen Elemente, des Marmors.

Nichtwägbare und wägbare Stoffe.

§. 13.

Die uns bis jetzt bekannt gewordenen chemisch einfachen, im Weltraum verbreiteten Materien, sind entweder nicht wägbar (imponderabile), oder sie sind wägbar (ponderabile); sie werden daher in Imponderabilien und Ponderabilien abgetheilt.

a) Zu den Imponderabilien gehören, als chemisch wirkende Potenzen betrachtet: 1) Wärme; 2) Licht; 3) Electricität; 4) Magnetismus. Sie werden auch (wegen ihrer Durchdringlichkeit für die meisten Körper), incoercible, und wegen ihrer Bewegung in Strahlen, werden sie strahlende Elemente genannt.

b) Die chemisch einfachen Ponderabilien oder wägbaren Stoffe, zerfallen in zwei Hauptabtheilungen: 1) in Metalloide, 2) in Metalle.

c) Aus der chemischen Verbindung säuerlicher wägbarer Stoffe untereinander, in vielfach verschiedenen proportionalen Verhältnissen, gehet die große Unzahl der mehr oder weniger complicirt, chemisch zusammengesetzten Körper im Weltraume hervor.

Nähere Erörterung der Metalloide.

§. 14.

Metalloide (Metalloida) nennt man eine bekannte Anzahl chemisch einfacher Stoffe, die sich von den nachfolgenden Metallen, sowohl in ihren physischen als ihren chemischen Eigenschaften wesentlich unterscheiden. Von ihnen sind uns zur Zeit dreizehn verschiedene Arten bekannt. Sie werden mit eigenen Namen benannt und mit Buchstaben, als Symbole für dieselben, bezeichnet, die aus ihren lateinischen Benennungen entnommen sind; wie aus dem Folgenden hervorgehet:

1. Sauerstoff (Oxygenium) O.
2. Wasserstoff (Hydrogenium) H.
3. Stickstoff (Nitrogenium) N.
4. Kohlenstoff (Carbonium) C.
5. Schwefel (Sulphurium) S.
6. Phosphor (Phosphorium) P.
7. Selen (Selenium) Se.
8. Chlor (Chlorium) Cl.
9. Jod (Jodium) J.

10. Brom (Bromium) Br.?
11. Fluor (Fluorium) F.
12. Bor (Borium) B.
13. Kiesel (Silicium) Si.

Jene dreizehn verschieden geartete Metalloide zerfallen in zwei Hauptabtheilungen: 1) in Säure zeugende; 2) in Säure fähige (Säure fähige Substrate). Zu den Erstern gehören: der Sauerstoff und der Wasserstoff. Zu den zweiten gehören die eilf übrigen.

Nähere Erörterung der Metalle.

§. 15.

Wir kennen zur Zeit Einundvierzig verschieden geartete Metalle (Metalla). Diese zerfallen in zwei Hauptabtheilungen: 1) in electropositive und 2) in electronegative. Die electropositiven Metalle zerfallen wieder in drei Unterabtheilungen: a) in Alkalimetalle; b) in Erdmetalle und c) in Erzmetalle. Sie unterscheiden sich dadurch von den electronegativen Metallen, daß diese, in Verbindung mit dem Sauerstoff, stets nur säureartige, die electropositiven hingegen, stets basische Oxyde erzeugen. Die Alkalimetalle so wie die Erdmetalle, sind entweder specifisch leichter als Wasser oder sie übersteigen in ihrer Dichtigkeit die des Wassers doch nicht sehr merklich: sie werden daher leichte Metalle genannt. Die Erzmetalle übersteigen in ihrer specifischen Dichtigkeit die des Wassers um das 4 bis 21fache; sie werden daher, zum Unterschiede von jenen, schwere Metalle genannt.

Namen und Zeichen für die Metalle.

§. 16.

Die bis jetzt bekannt gewordenen 41 verschieden gearteten Metalle werden, gleich den Metalloiden, mit eigenen Namen benannt, und durch Buchstaben, aus ihrer lateinischen Benennung entnommen, als Symbole für dieselben, bezeichnet; wie aus folgendem hervorgehet:

1. Kalium (Kalium). K.
2. Natrium (Natrium). Na.
3. Lithium (Lithium). L.
4. Barium (Baryum). Ba.
5. Strontium (Strontium). Str.
6. Calcium (Calcium). Ca.
7. Magnium (Magnium). Mg.
8. Aluminium (Aluminium). Al.
9. Beryllium (Beryllium). Be.
10. Yttrium (Yttrium). Y.
11. Zirkonium (Zirconium). Zr.
12. Thorium (Thorium). Th.?
13. Platin (Platinum). Pt.
14. Iridium (Iridium). Ir.
15. Rhodium (Rhodium). R.
16. Palladium (Palladium). Pa.
17. Silber (Argentum). Ag.
18. Quecksilber (Hydrargyrum). Hg.
19. Kupfer (Cuprum). Cu.
20. Uran (Uranium). U.
21. Wismuth (Wismuthum). Wi.
22. Zinn (Stannum). Sn.
23. Blei (Plumbum). Pl.
24. Cadmium (Cadmium). Cd.
25. Zink (Zincum). Zn.

26. Nickel (Niccolum). Ni.
27. Kobalt (Cobaltum). Co.
28. Eisen (Ferrum). Fe.
29. Mangan (Manganum). Mn,
30. Cerer (Cererium). Cr.
31. Arsen (Arsenium). As.
32. Chrom (Chromium). Ch.
33. Vanadium (Vanadium). Vn.?
34. Molybdän (Molybdaenum). Mo.
35. Wolfram (Wolframium). W.
36. Antimon (Stibium). St.
37. Tellur (Tellurium). Te.
38. Tantal (Tantalium). Ta.
39. Titan (Titanium). Ti.
40. Osmium (Osmium). Os.
41. Gold (Aurum). Au.

Eintheilung der Metalle.

§. 17.

Von jenen 41 verschieden gearteten Metallen gehören die von Nummern 1 bis 3. zu den Alkalimetallen. Nummer 4 bis 12. gehören zu den Erdmetallen. Nummer 13 bis 30. gehören zu den elektropositiven Erzmetallen. Nummer 31 bis 41. gehören zu den elektronegativen Erzmetallen.

a) Zu den Alkalimetallen könnte vielleicht auch noch das Ammonium gezählet werden. Dasselbe ist aber, so weit unsere Kenntnisse darüber reichen, kein chemisch einfacher Körper, sondern aus Stickstoff und Wasserstoff zusammengesetzt; daher solches nicht hierher passet.

Zusammengesetzte Körper.

§. 18.

Aus der Vereinigung der Metalloide unter sich selbst

und mit den **Metallen**, unter **verschiedenen** proportionellen Verhältnissen, gehet die große Anzahl der **zusammengesetzten** Körper hervor. Diese sind entweder einfach zusammengesetzt (**binaire** Verbindungen), oder mehrfach zusammengesetzt (**ternaire** oder **quaternaire** Verbindungen), zu welchen letztern alle Erzeugnisse der **organischen** Natur gehören.

a) Zu den **binairen** oder **chemisch** zusammengesetzten Körpern, welche aus der **chemischen** Vereinigung der **Metalloide** unter sich hervorgehen, gehören: 1) das **Wasser**; 2) die **metalloidischen** Oxyde; 3) die **Metalloidüren** (Verbindungen der **nicht säurezeugenden** Metalloide unter sich.

b) Zu den **binair chemisch** zusammengesetzten Körpern, welche aus der Verbindung der **Metalloide** mit den **Metallen** hervorgehen, gehören: 1) die **Metalloxyde** (die **Alkalien**, die **Erden** und die **Oxyde** der **Erzmetalle**); 2) die **anorganischen Säuren**; 3) die **Metallsäuren**: (die **Arseniksäure**, die **Chromsäure**, die **Molybdänsäure** u. s. w.); 4) die **Metallüren** (Verbindungen der **nicht säurezeugenden** Metalloide mit den **Metallen**: (die **Sülfüren**, die **Phosphüren**, die **Chloruren** u. s. w.); 5) das **Ammoniak**.

c) Zu den **ternairen** Körpern gehören: 1) der **Alkohol**; 2) der **Aether**; 3) die **organischen Säuren**; 4) die **organischen Oxyde** des **Pflanzenreichs** (das **Amylon**, das **Gummi**, der **Schleim**, der **Zucker**, die **fetten** und **ätherischen Oele**, viele **organische Alkaloide** oder **Salzblasen** u. s. w.).

d) Zu den **quaternair** (vierfach) **zusammengesetzten** Verbindungen gehören: 1) die **Schwefel-Blausäure**; 2) die durch **organische** Säuren erzeugten **Salze**; 3) einige **organische** Alkaloide; 4) die **animalischen Oxyde** (der **Thierleim**, das **Eyweis**, der **Kleber**, die **Thierfaser** u. s. w.).

Zweiter Abschnitt.

Von den Imponderabilien oder nicht wägbaren Materien.

§. 19.

Die sogenannten Imponderabilien oder nicht wägbaren Materien (Wärme, Licht, Electricität und Magnetismus), gehören weniger vor das Forum der Chemie als das der mechanischen Physik. Sie zeigen sich aber auch in der Chemie oft als kräftig einwirkende Potenzen: daher werden sie hier nur aus dem chemischen Gesichtspunkte in so weit erörtert, als ihre Erkenntniß, zur Vorbereitung für das Studium der Kammeral-Chemie, unentbehrlich ist.

Erste Abtheilung.

Von der Wärme.

§. 20.

Die Wärme (Calor) ist eine Thätigkeit, die nur allein durch den Sinn des Gefühls wahrgenommen werden kann. Die gesteigerte Wirkung derselben wird Hitze (Aestas) genannt. Einige Physiker legen der Wirkung der Wärme eine eigne wirkende Ursache unter, die sie Wärmestoff (Caloricum; Thermogenium) nennen.

a) Von den Mitteln zur Erregung der Wärme, in den Vorlesungen.

Freie und gebundene Wärme.

§. 21.

Die Wärme kann nur in sofern durch das Gefühl wahrgenommen werden, als sie nicht mit einem Körper in cohärirender Verbindung stehet; sie wird in diesem Zustande freie strahlende oder empfindbare Wärme (Calor liber, Calor sensibilis); wenn sie an einen Stoff gebunden ist, wird sie gebundene (latente) Wärme genannt.

Thermometer. Thermoscope.

§. 22.

Wenn die freie Wärme auf Körper wirkt, die solche nicht einzusaugen vermögen, so werden sie dadurch ausgedehnt (im Umfange vergrößert) und zugleich erwärmt. Sie ziehen sich aber wieder in den kleinern Raum zurück, nach dem Maaße, daß die sie ausgedehnte Wärme wieder daraus entweicht (ausstrahlt). Instrumente, durch die man das Maximum oder Minimum der Wärme bestimmen kann, werden Thermometer (Thermometra), oder Wärmezeiger (Thermoscopia), genannt.

a) Jedes Thermometer bestehet: 1) in einer Thermoscopischen Substanz, welche bei zunehmender Wärme sich gleichförmig ausdehnt, bei abnehmender Wärme hingegen sich gleichförmig zusammenzieht (Quecksilber oder Luft); 2) in einem gläsernen in ein engeres Rohr sich verlängernde Gefäße, in welchem diese Substanz eingeschlossen ist; 3) in einer Skale (Gradleiter), durch welche die Größe der Ausdehnung oder der Zusammenziehung der thermoscopischen Substanz gemessen werden kann; 4) in zweien festen Punkten, dem Gefrierpunkte und dem Siedpunkte des reinen Wassers.

b) Der Fundamentalbestand zwischen jenen beiden Punkten, in gleiche Theile getheilt, die man Grade nennt, bestimmt die Skale am Thermometer. Die Abtheilung geschieht entweder in 80 Grade (die Reaumürsche), oder in 100 Grade (die Celsiussche), oder in 180 Grade, die Fahrenheitsche Thermometerskale.

c) Die über den Gefrierpunkt aufwärts steigenden Grade werden durch das Zeichen + (plus), die unter den Gefrierpunkt abwärts steigenden Grade werden durch das Zeichen — (minus) angedeutet; z. B. + 60° — 15° u. s. w.

d) Der Grad der Wärme, welchen irgend ein Körper wahrnehmen läßt, wenn solcher mit einem Thermometer in Berührung gehalten wird, wird seine Temperatur (Temperatura) genannt.

e) Mittelst solchen Thermometern können nur diejenigen Grade der Wärme gemessen werden, wobei das Quecksilber siedet, oder dasselbe gefriert. Zur Bestimmung höherer Hitzgrade werden die Pyrometer; zur Bestimmung niederer Kältegrade werden regulirte Weingeist-Thermometer erfordert.

Wärme-Leiter.

§. 23.

Wenn die freie Wärme auf Körper verschiedener Art einströmt (mit denen sie nicht sogleich in Cohäsion treten kann), so werden diese in kürzerer oder längerer Zeit davon durchstrichen. Man nennt solche Wärmeleiter (Conductores calorici).

a) Die stärksten Wärmeleiter sind die Metalle. Mittlere: Holz, Stein u. s. w. Der schlechteste Wärmeleiter ist trockene stillstehende Luft. Dieser folgen Kohle, Federn, Thierhaare, Stroh u. s. w.

b) Hieraus läßt sich der Nutzen von der Anwendung der Wärmeleitungsfähigkeit, der menschlichen Bekleidung, im Winter und im Sommer; der Schützung der Gewächse vor dem Gefrieren u. s. w. ableiten.

c) Versinnlichung durch Experimente, in den Vorlesungen.

Vertheilung der Wärme.

§. 24.

Wenn zwei gleichartige Körper, von verschiedenen gegebenen Gewichten und Temperaturen, mit einander in Berührung gebracht werden, so setzt sich die Wärme zwischen ihnen vollkommen ins Gleichgewicht: so daß die Temperatur des Gemenges vollkommen das arithmetische Mittel hält. Man erkennet dieses, wenn die Gewichte beider Körper mit ihren Temperaturen multiplicirt werden, und das Produkt durch die Summe der Gewichte dividirt wird: da denn der Quotient die Temperatur des Gemenges anzeigt.

a) Beweis durch Experimente, in den Vorlesungen.

Gebundene Wärme; latente Wärme.

§. 25.

Wirkt die freie Wärme auf einen Körper ein, der damit in cohärirende Verbindung zu treten vermag, so wird er nicht im Volum erweitert, wohl aber wird sein Aggregatzustand verändert; der starre (feste) Körper wird tropfbar; der tropfbare wird dunstförmig, ohne daß die Temperatur desselben erhöhet wird. Aber der Körper gehet wieder in seinem vorigen Aggregatzustand zurück, nach dem Maaße, als die Wärme wieder daraus entweicht. Die in einem solchen Körper enthaltene Wärme wird gebundene, latente oder cohärirende Wärme genannt. Ob auch eine chemische Bindung der Wärme gedacht werden kann (z. B. in den permanenten Gasarten), ist zur Zeit noch zweifelhaft.

a) Versinnlichung durch Experimente, mit dem Schmelzen des Eises, mit dem Kochen des Wassers rc. in den Vorlesungen.

b) Auf die Bindung der Wärme durch verschiedene Körper,

gründet sich auch das Schmelzen, so wie das Verflüchtigen derselben in der Hitze.

Kapacität der Körper für die Wärme.

§. 26.

Werden verschieden geartete Körper, bei gegebenen Gewichten und Temperaturen, jeder für sich, mit einem gleichen Gewicht reinem Wasser von gegebener Temperatur in Berührung gebracht: so ist die Temperatur des Gemenges nicht gleich dem arithmetischen Mittel, wie (§. 24.); sondern sie richtet sich nach dem Vermögen beider Körper, Wärme in ihre Zwischenräume aufzunehmen und sie gegen das Thermometer unwirksam zu machen. Man nennt solches Kapacität der Körper für die Wärme.

a) Werden gleiche Gewichtstheile Oel von 10° R. und Wasser von 70° R. mit einander gemengt: so zeigt das Gemenge eine Temperatur von 50° R. Das Wasser hat also 20° seiner Wärme an das Oel abgegeben, diese haben aber seine Temperatur um 40° erhoben: folglich erhält sich die Kapacität des Wassers für die Wärme, zu der des Oels wie 40 : 20, d. i. wie 2 : 1.

b) Werden gleiche Gewichtstheile Wasser von 0° R. und Quecksilber von + 100° R. gemengt: so zeigt das Gemenge die Temperatur von + 3°, das Quecksilber ist also von 100° auf 3° erkaltet; aber die Wärme, welche das Quecksilber um 97° in der Temperatur zu erheben vermochte, hat das Wasser von 0° nur um 3° erhoben: folglich verhält sich die Kapacität des Quecksilbers zu der des Wassers wie 3 : 97, d. i. wie 1 : 32⅓, also beinahe wie 33.

c) Versinnlichung durch Experimente in den Vorlesungen.

Absolute Wärme. Comparative Wärme. Specifike Wärme.

§. 27.

Die Temperatur irgend eines Körpers, ohne Rücksicht auf Gewicht oder Umfang, wird seine absolute

Wärme genannt. Die Differenz der Wärme in verschieden gearteten Körpern, von gleichen Gewichten und gleichen Temperaturen, wird comparative oder specifike Wärme derselben genannt. Sie stehet mit den Kapacitäten der Körper für die Wärme, so wie mit ihrer Leitungsfähigkeit für dieselben, im Verhältniß.

a) Wenn verschieden geartete Körper einerlei Grad der Wärme lange ausgesetzt werden, so nehmen sie sämmtlich eine gleiche Temperatur an.

b) Die Massen der Wärme, welche sie enthalten, für gleiche Gewichte derselben berechnet, sind aber nicht gleich: sondern richten sich nach ihren Kapacitäten.

c) Haben z. B. gleiche Gewichte Wasser, Oel, Eisen und Quecksilber einerlei Temperatur, und setzt man die Wärme des Wassers zur Einheit: so enthält das Oel nur $\frac{1}{2}$, das Eisen nur $\frac{1}{8}$, das Quecksilber nur $\frac{1}{33}$ so viel Wärme als das Wasser.

Schmelzen starrer Körper. Kochen der Tropfbaren, und Verdampfen beider.

Das Schmelzen der Körper.

§. 28.

Starre Körper (z. B. Eis) saugen (cohäriren), wenn sie der Einwirkung der freien Wärme ausgesetzt werden, solche entweder gleich ein und werden tropfbar, ohne sich anfangs in der Temperatur zu erhöhen; andere (z. B. Kamphor, Wachs, Blei ꝛc.) erheben sich erst in der Temperatur, und wenn diese eine gegebene ist, so gehen sie in die tropfbare Form über. Sie werden schmelzbare Körper, und der Uebergang in die tropfbare Form, wird das Schmelzen (Fusio) genannt.

a) Eis oder Schnee schmelzen in der Wärme, sie bilden Wasser, dessen Temperatur der des Eises (Null R.) gleich bleibt.

b) Wenn gleiche Gewichtstheile Eis oder Schnee von 0° R. und Wasser von 60° R. gemengt wird, so wird das Eis tropfbar und die Temperatur des Wassers bleibt 0° R. Das Eis nimmt also 60° Wärme auf, um eiskaltes Wasser zu bilden.

c) Blei erhebt sich erst zu der Temperatur von 257° R., bevor solches schmilzt.

d) Versinnlichung durch Experimente in den Vorlesungen.

Das Verdampfen tropfbarer Flüssigkeiten.

§. 29.

Wird Wasser von 0° R. in einem offenen Gefäße über das Feuer gebracht, so erhebt sich seine Temperatur nach und nach. Bei 80° R. kommt das Wasser in wallende Bewegung: es kocht. Seine Temperatur erhebt sich nicht weiter, aber dasselbe entweicht in expansiblen Dämpfen, deren Temperaturen der des siedenden Wassers gleich bleibt. Das Wasser hat also hier zum zweiten Mal seine Form geändert, es ist aus der tropfbaren in die Dampfform übergegangen, wobei solches eine große Masse Wärme cohärirend gebunden hat.

a) Man erhitze 8 Gewichtstheile gefeiltes Eisen bis auf $119\frac{1}{9}$° R. und gieße hierzu 1 Gewichtstheil Wasser von 80° R. das Gemenge wird 80° Temperatur zeigen und die ganze Masse des Wassers wird sich in Dampf auflösen, dessen Temperatur gleichfalls 80° bleibt. Hier sind also dem Eisen $39\frac{1}{9}$° Wärme entzogen worden, diese haben sich dem siedenden Wasser mitgetheilt, ohne seine Temperatur zu erheben; solches ist aber in die Dampfform übergeführt worden. Diese $39\frac{1}{9}$° Wärme sind also als latente Wärme im Wasserdampfe enthalten.

b) Wenn der Dampf einer niedern Temperatur ausgesetzt wird, so verliert er $39\frac{1}{9}$° Wärme, und geht in tropfbarer Masse von 80° R. zurück.

c) Hieraus erklärt sich die Wirkung der Wärme bei der Destillation tropfbarer Flüssigkeiten, so wie dem Heizen der Zimmer durch Wasserdampf.

d) Ebenso das Kochen der tropfbaren Flüssigkeiten durch die Dämpfe des siedenden Wassers.

e) Ferner die expansive Wirkung der Wasserdämpfe bei den Dampfmaschinen. Die Ausdehnung des Wassers, wenn solches vom Gefrierpunkte bis zum Siedpunkte erhöht wird, beträgt den 1700fachen Raum desselben.

§. 30.

Nicht alle Flüssigkeiten erfordern aber eine Temperatur von 80° R. um in Dämpfe aufgelöst zu werden. Bei einem Barometerstande von 28 Zoll kommen zum Sieden und gehen in Dämpfe über:

Schwefeläther	bei	28°	R.
Alkohol	"	62°	"
Wasser		80°	"
Schwefelsäure	"	260°	"
Quecksilber	"	284°	"

a) Die Temperatur, die irgend ein Körper erfordert um zu verdampfen, steht stets mit dem Druck der Atmosphäre im Verhältniß. Das Wasser, welches bei 28″ Barometerstand 80° R. Wärme erfordert um zu sieden, erfordert dazu bei 25″ nur 77°; bei 10,5″ nur 60°; bei 1,85″ nur 32° und bei 0,309″ nur 10° Wärme.

Freie Wärme. Entbindung der Wärme. Hitze.

§. 31.

So wie die Temperatur eines Körpers vermindert wird, wenn solcher durch gebundene Wärme aus der konkreten in die tropfbare, so wie aus der tropfbaren in die Dampfform übertritt; so wird die Temperatur dadurch erhöhet, wenn derselbe wieder in den dichtern Zustand zurücktritt; also ist mit jeder Verdichtung das Freiwerden der Wärme oder Hitze begleitet.

a) Man menge 100 Volum Alkohol mit 100 Volum Wasser, bei + 10° R. das Gemenge wird nur den Raum von 185 Volum ausfüllen, also um 7½ Procent verkleinert werden; aber dessen Temperatur wird nun 15° R. betragen.

b) Gleiche Volumina koncentrirte Schwefelsäure und Wasser verdichten sich; die dadurch entstandene Wärme beträgt 90° R.

c) Werden 8 Gewichtstheile gebrannter Kalk und 1 Gewichtstheil Wasser bei 10° R. gemengt, so geht alle Feuchtigkeit verloren, die Temperatur steigt auf 110° R. Hier wird dem Wasser alle Wärme entzogen; es geht mit dem Kalk als Hydratwasser in Verbindung. Die Wärme wird als Hitze strahlend entwickelt.

Kälte.

§. 32.

Was wir Kälte nennen (Frigus), ist bloß das Negative der Wärme. Die Kälte entsteht allein da, wo Körper aus der konkreten Form, in die tropfbare, so wie aus der tropfbaren in die Dampfform übertreten: also wo freie Wärme zur latenten gebunden wird.

a) Krystallisirte Salze in Wasser gelöst, erregen Kälte.

b) Gleiche Gewichte Eis von 0° R. und Wasser von 60° R. geben eiskaltes Wasser.

c) Salpetersäure auf Schnee gegossen, bringt eine Kälte hervor, die weit unter den Gefrierpunkt hinab sinkt.

d) Ein Gemenge von 5 Theilen krystallisirtem Glaubersalz und 4 Theilen verdünnter Schwefelsäure (aus gleichen Theilen Säure und Wasser), bei + 8° R. gemacht, erkältet sich bis auf — 12,8° R.

e) Wenn 3 Theile krystallisirtes Chlorkalcium und 2 Theile Schnee oder Eis bei 0'' R. gemengt werden, so entsteht eine Kälte von — 36⅘° R.; wobei Quecksilber gefriert.

f) Aether und Wasser verdunsten im luftleeren Raume, und erzeugen Kälte.

g) Gleiche Theile Kochsalz und Eis bei 0° R. gemengt, be einer Kälte von — 14,22° R.

h) In Wollaston's Chryophorus oder Eisträger wird das Wasser durch Verdampfen desselben im luftleeren Raume, zum Gefrieren gebracht.

i) Alkohol gefriert erst unter 44° R.

k) Die Schutzmittel gegen das Erfrieren der Vegetabilien, bestehen allein in ihre Bedeckung mit schlechten Wärmeleitern. Die Frostableiter beruhen auf der Einbildung.

Zweite Abtheilung.

Von dem Lichte.

§. 33.

Ohne Dasein des Lichtes existirt nur Dunkelheit (Obscuritas). Durch die Gegenwart des Lichts allein können also die Gegenstände außer uns mittelst dem Auge wahrgenommen werden. Die wirkende Ursache des Sehens wird Licht (Lux) genannt. Was das Licht seiner Natur nach ist, wissen wir nicht. Als Urquelle desselben betrachten wir die Sonne, als einen im Mittelpunkte unsers Planetensystems befindlichen, selbstleuchtenden Körper, welcher unausgesetzt Licht- und Wärmestrahlen mit außerordentlicher Geschwindigkeit ausstrahlt; wodurch derjenige Theil des Erdballes, der der Sonne zugekehrt ist, erleuchtet wird; ohne Dasein der Sonne würde unsere Erdkugel nur dunkel und kalt sein können.

a) Die Sonnenstrahlen durchlaufen in Zeit von 8¼ Minute den ganzen Weg zwischen der Sonne und der Erde. Solches beträgt einen Raum von 40,000 franz. (ohngefähr 45,296 deutschen) geographischen Meilen, für die Zeit von einer Secunde.

b) Das Licht bewegt sich stets in der Richtung gerader Linien, die um so mehr divergiren, je mehr sie sich vom Licht ausstrahlenden Punkte entfernen. Die Intensität seiner Erleuchtung nimmt ab nach dem Maaße, als das Quadrat seiner Entfernung von der Sonne (oder dem Licht ausströhmenden Punkte) zunimmt,

c) Stände die Sonne zweimal so weit von der Erde entfernt, als ihre Entfernung beträgt: so würden vier, und bei einer dreimaligen Entfernung neun Sonnen erforderlich sein, um die Erde in demselben Grade zu erleuchten und zu erwärmen.

d) Erörterung des Unterschieds zwischen dem Emanations-System und dem Vibrations- oder Undulations-System, in den Vorlesungen.

Durchsichtige, durchscheinende und undurchsichtige Körper.

§. 34.

In ihrem mechanischen Verhalten der Körper gegen das Licht bieten solche drei verschiedene Erfolge dar.

a) Sie gestatten entweder dem Lichte einen vollkommenen Durchgang, ohne solches zurückzuwerfen, (wie die dunstfreie Luft), und werden durchsichtige Körper oder Lichtleiter genannt.

b) Oder sie gestatten dem Lichte nur theilweise einen Durchgang, (wie Glas, Wasser, Horn rc.), und werden durchscheinende (transparente) Körper genannt.

c) Oder sie werfen alles darauf fallende Licht zurück, ohne ihm einen Durchgang zu gestatten, und werden dunkle, undurchsichtige oder opake Körper genannt.

d) Undurchsichtige Körper, welche das Licht im hohen Grade reflektiren, werden Spiegel genannt. Sie sind entweder Planspiegel oder Hohlspiegel.

e) Die Planspiegel reflektiren das Licht unter einem gleichen Winkel, unter welchem solches einfiel. Hohlspiegel reflektiren die parallel einfallenden Strahlen convergirend in ihrem Brennpunkte; die divergirend einfallenden Strahlen hingegen parallel. Im ersteren Fall werden sie Brennspiegel, im letzteren werden sie Sammelspiegel (Reflektoren) genannt.

f) Unterschied des Sonnenlichts von dem Feuerlichte.

Brechung des Lichtes. Brenngläser. Vergrößerungsgläser.

§. 35.

Wenn die aus der Luft kommenden Lichtstrahlen auf einen dichtern, durchscheinenden Körper (Glas, Wasser ꝛc.) senkrecht einfallen, so gehen sie ohne Abweichung von der Richtung, in der sie einfielen, hindurch: so daß der Einfallswinkel und der gebrochene Winkel vollkommen gleich bleiben. Fallen die Lichtstrahlen aber schief ein, so nähern sich solche dem Einfallslothe, entfernen sich aber davon, indem sie in die Luft übertreten, abwärts von dem Einfallslothe. Man nennt solches Brechung des Lichtes. Der Winkel, welchen der einfallende Strahl mit dem Einfallslothe macht, wird der Einfallswinkel; der, welchen er beim Durchgange macht, wird der gebrochene Winkel genannt. Die Differenz beider Winkel ergiebt sich aus den Sinusgraden derselben.

a) Versinnlichung des von dem gebrochenen Lichte abhängenden Erfolgs durch ein Experiment.

b) Verbrennliche Körper brechen das Licht stärker als nicht verbrennliche.

c) Biconvexe oder Planconvexe Gläser brechen die parallelen, so wie die schief auffallenden Lichtstrahlen convergirend, sie werden daher Brenngläser oder Sammelgläser genannt. Planconcave oder bisconcave Gläser brechen die einfallenden Lichtstrahlen dergestalt, daß sie nach dem Durchgange zerstreut werden. Sie werden Hohlgläser oder Zerstreuungsgläser genannt.

d) Auf die genannte Eigenschaft der convexen Gläser gründet sich die Wirkung der Brenngläser, (der Loupen) so wie der einfachen und zusammengesetzten Mikroscope.

e) Ueber Polarisation des Lichtes, in den Vorlesungen.

Zertheilung des Lichtes. Farbiges Licht.

§. 36.

Läßt man in einem finstern Zimmer, die durch eine kleine Oeffnung einfallenden Lichtstrahlen auf ein dreiseitig geschliffenes Prisma fallen, so gehen die senkrecht einfallenden Strahlen ungebrochen hindurch; die schief einfallenden werden aber in sieben farbige Lichtstrahlen zertheilt, die an der die Strahlen auffangenden Fläche ein Farbenbild (Spectrum) machen, das die an den Kanten zusammenfließenden Strahlen: Roth, Orange, Hellgelb, Grün, Hellblau, Dunkelblau, Violet darstellt. Wird das ganze Farbenbild in einen Kreis von 360° zertheilt: so ist der Sinus des rothen Strahls 45°, der des orangefarbenen 27°, der des gelben 48°, der des grünen 60°, der des hellblauen 60°, der des dunkelblauen 40°, und der des violetten 80°. Jeder einzelne Strähl geht durch ein zweites Prisma unverändert hindurch. Werden aber alle sieben farbige Lichtstrahlen durch ein Brennglas vereinigt, so bilden sie im Brennpunkte desselben wieder das farbenlose Licht.

a) Hierauf gegründet, betrachtet Neuton das farbenlose Licht als aus sieben farbigen Lichtstrahlen zusammengesetzt, die er als primitive oder Grundfarben betrachtet, aus welchen durch die Verbindung unter einander, unter vielfach verschiedenen Verhältnissen die gemischten Farben hervorgehen.

b) Abwesenheit alles Lichts bildet die Dunkelheit (Schwarz). Vollkommen unverändertes reflektirtes Licht bildet die Farbenlosigkeit (Weiß).

c) Ueber die Ursachen, warum die Körper dem Auge farbig erscheinen; in den Vorlesungen.

Das Licht besteht aus leuchtenden und wärmenden Strahlen.

§. 37.

Der berühmte Herschel hat gezeigt, daß das farbenlose Licht aus leuchtenden und wärmenden Strahlen zusammengesetzt ist, in welche seine farbigen Strahlen beim Einfall auf mehrere Thermometer zerlegt werden.

a) Placirt man sieben harmonirende Thermometer in einem dunkeln Zimmer neben einander, an jedem Ende aber noch zwei andere, und läßt man die durch ein Prisma zertheilten farbigen Strahlen auf die Kugeln derselben fallen: so zeigt der violette Strahl und außerhalb demselben, keine Erhöhung der Temperatur. Im dunkelblauen Strahl zeigt sich ein schwaches Steigen des Quecksilbers. Im grünen Strahl dehnt es sich stärker aus. Noch stärker im orangenfarbenen; am stärksten im rothen Strahl und außerhalb in einiger Entfernung von selbigem.

b) Setzt man die wärmende Kraft des violetten Strahls = 16: so ist die des grünen = 26, die des rothen = 55. Ein Thermometer steigt im rothen Strahl in Zeit von 10 Minuten auf 7°; über dasselbe hinaus in derselben Zeit auf 9°: ein Beweis, daß der wärmende Einfluß des Farbenbildes sich über den rothen Strahl hinaus am meisten erstreckt.

c) Jene Experimente lassen sich auch anstellen, wenn das farbenlose Licht durch gefärbtes Glas geleitet wird.

Chemische Wirkung des farbigen Lichts.

§. 38.

Wir haben das Licht bisher aus dem Gesichtspunkte seiner physischen oder mechanischen Eigenschaften betrachtet; dasselbe zeichnet sich auch durch chemische Eigenschaften aus. Es gehört dahin folgendes.

a) Die reducirende Wirkung des Lichts gegen Chlorsilber, gegen Chlorgold und gegen die Silber- und Quecksilber-Salze.
b) Die oxydirende Wirkung des rothen Strahls, gegen Chlorsilber.
c) Die zündende Eigenschaft des violetten Strahls für ein Gemenge von Chlorgas und Wasserstoffgas.
d) Die Zerlegung des wäßrigen Chlors durch Einwirkung des Lichts.
e) Die färbende Wirkung des Lichts auf organische Gegenstände, so wie deren Entfärbung im Dunkeln.

Dritte Abtheilung.

Von der Elektricität.

I. Elektricität durch Reibung.

§. 39.

Wenn Glas, Schwefel, Siegellack oder Harze und so weiter, mit Pelz oder Wolle gerieben werden, so ziehen sie leichte Körper in einiger Entfernung an und stoßen sie nach einiger Zeit wieder von sich. Diese Eigenschaft wird Elektricität genannt.

a) Die Elektricität liegt in allen Körpern verbreitet, sie wird also durch das Reiben derselben nicht erzeugt, sondern nur erregt, d. h. entwickelt.

Positive und negative Elektricität.

§. 40.

Zwei gleichartige Körper, z. B. Glas und Glas, Siegellack und Siegellack, wenn sie vorher gerieben worden sind, stoßen einander ab. Zwei ungleichartige Körper, z. B. Glas und Siegellack, ziehen sich gegenseitig an. Darauf gegründet kennet man zwei verschieden geartete Elektricitäten an, die als entgegengesetzte Größen plus und minus auf einander wirken, und durch die Namen positive und negative Elektricität unterschieden werden. Sie vernichten sich gegenseitig, das Resultat ihrer Vereinigung ist Null Elektricität.

Elektrische Leiter und Nichtleiter.

§. 41.

Manche Körper (Metalle, feuchtes Holz, der menschliche Körper rc.) gestatten der freien Elektricität einen Durchgang; andere wie Glas, Schwefel, Harze, Seide und trockene Luft halten sie von ihrem Durchgange zurück. Die Ersteren werden elektrische Leiter, die Letztern werden Nichtleiter der Elektricität genannt.

a) Auf die Erregung der Elektricität durch die gegenseitige Reibung, zwischen einem elektrischen Leiter und einem Nichtleiter, gründet sich die Einrichtung der Elektrisir-Maschinen.

b) Das Reibzeug derselben ist ein elektrischer Leiter, der geriebene Körper ist ein Nichtleiter.

c) Die Nichtleiter werden idioelektrische Körper genannt.

d) Die Hauptheile einer Elektrisirmaschine sind: 1) das Reibzeug; 2) der zu reibende Körper (eine Scheibe, eine Kugel oder ein Cylindrr) von Glas; 3) ein metallener Conductor (eine hohle Kugel oder ein Cylinder) von Messingblech, der durch ein gläsernes Stativ isolirt, d. i. außer Verbindung mit der Erde gesetzt ist.

e) Wird die Maschine in Bewegung gesetzt, so trennen sich die negative und die positive Elektricität des Reibzeugs. Die positive entziehet der Scheibe die negative, und macht deren positive frei. Diese entziehet wieder dem Konductor seine negative Elektricität und macht seine positive frei. Der Konductor ist nun geladen.

f) Der geladene Konductor giebt, bei der Näherung eines abgerundeten Leiters, Funken mit Geräusch von sich, indem die gegenseitigen Elektricitäten beider wieder in Vereinigung treten und sich ausgleichen.

Anziehen und Abstoßen elektrischer Körper.

§. 42.

Gleichnamig elektrisirte Körper stoßen sich ab, ungleichnamige ziehen sich an. Auf das elektrische Anziehen und Abstoßen sind alle von der Elektricität abhängige Wirkungen im Weltraume gegründet.

a) Der elektrische Funke übt keine Wirkung der Wärme auf das Thermometer aus. Entzündliche Substanzen aber (Aether, Weingeist rc.) werden davon entzündet.

b) Sehr geringe Mengen der einen oder der andern Elektricität, werden durch den Elektrometer oder den elektrischen Kondensator ermittelt.

Verstärkte Elektricität. Verstärkungsflasche.

§. 43.

Wenn man die Elektricität eines positiv geladenen Konductors in ein nicht isolirtes cylindrisches Glas einstreichen läßt, welches innerhalb und außerhalb dreiviertel seiner Höhe mit Stanniol belegt ist: so wird das Glas geladen: seine innere Fläche erscheint positiv, die äußere hingegen negativ elektrisch. Werden beide entgegengesetzte Seiten mittelst einem Auslader (einem halbzirkelförmigen an beiden Enden mit metallenen Knöpfen versehenen Drathe von Messing) einander genähert: so gehen die entgegengesetzten Elektricitäten, unter Entstehung eines Funkens und eines Knalles, in einander über, und das Gefäß ist entladen. Gehet die Entladung durch den menschlichen Körper, so ist sie mit einer heftigen Erschütterung der Nerven begleitet (einer electrischen Commotion); gehet sie durch Holz, Pappe oder andere nicht metallische Körper, so werden sie durchbohrt.

a) Eine Vorrichtung solcher Art wird eine Verstärkungsflasche auch Leydener Flasche oder Kleistsche Flasche genannt.

b) Die Ladung einer solchen Flasche erfolgt nicht, wenn sie isolirt war: weil dann die Elektricität der äußern Fläche nicht abgestoßen werden kann.

c) Der innere Raum einer solchen Flasche ist negativ, wenn sie durch den Konductor der Maschine; er ist negativ, wenn sie durch den Konductor des Reibzeugs geladen worden ist.

d) Eine größere Anzahl solcher Flaschen, deren innere und äußere Belegungen so mit einander verbunden sind, daß durch das Einströhmen der Elektricität eine gemeinschaftliche Ladung erfolgt, stellt die elektrische Batterie dar.

e) Mittelst der Entladung einer Batterie können Metalle geschmolzen, Thiere getödtet, Metalle oxydirt, und Metalloxyde reducirt werden.

II. Elektricität durch Berührung. Kontact-Elektricität. Galvanische Elektricität.

§. 44.

Werden zwei isolirte Metallplatten, von denen das eine mehr elektropositiv (z. B. Kupfer oder Silber) das andere mehr elektronegativ ist (z. B. Zink) mit einander in Berührung gesetzt werden: so erscheinen sie mit entgegengesetzten Elektricitäten geladen; sie zeigen einen negativen und einen positiven Pol: d. i. ihre gleichnamigen Elektricitäten haben sich gegenseitig abgestoßen, ihre ungleichnamigen sind frei worden. Die dadurch erregte Elektricität wird galvanische Elektricität auch Galvanismus, besser Kontact-Elektricität genannt. Diese Art Elektricität zu erregen wurde durch Galvani entdeckt, durch Volta hingegen näher begründet.

a) Werden mehrere Metallplatten (Zink und Kupfer) dergestalt über einander geschichtet, daß das eine Metall anfängt und das Zweite den Endpunkt bildet und zwischen jedes

Plattenpaar ein feuchter Leiter (mit einem Gemenge aus gleichen Gewichten concentrirter Schwefelsäure und Salpetersäure, das mit dem 60fachen Gewichte Wasser verdünnet ist, durchdrungene Tuchstücke) placirt: so entsteht die Volta'sche Säule.

b) In der Volta'schen Säule werden die entgegengesetzten Elektricitäten der differenten Metalle getrennt, sie sammeln sich an den entgegengesetzten Polen der Säule an. Werden diese einander genähert, d. i. wird die Kette geschlossen: so erfolgt der Uebergang der entgegengesetzten Elektricitäten, der elektrische Funke.

c) Geschiehet die Entladung durch den menschlichen Körper: so erfolgt eine elektrische Erschütterung. Wird der eine Pol mit der Hand, der zweite mit der Zunge berührt, so empfindet diese am Zinkpol einen sauren, am Kupferpol einen alkalischen Geschmack und es erfolgen Blitze in den Augen.

d) Geschiehet die Entladung durch Wasser, so wird solches in seine Bestandtheile (Sauerstoffgas und Wasserstoffgas) zerlegt.

e) Geschiehet sie durch die mit Wasser gemachte Lösung eines Salzes: so wird am Zinkpol die Säure am Kupferpol die Basis entwickelt.

f) Geschiehet die Entladung durch Metalle, so werden solche (selbst die edlen Metalle Gold und Silber) unter der Erscheinung des Verbrennens oxydirt.

III. Elektro-Chemie.

§. 45.

Die Entdeckung der Kontakt-Elektricität hat uns tiefer in die Erkenntniß der Erscheinungen geführt, welche bei der chemischen Zergliederung und Zusammensetzung der Körper sich darbieten: sie sind beide auf das dabei stets wirkende Spiel der entgegengesetzten Elektricitäten gegründet und können dadurch erklärt werden.

a) Die chemische Verbindungskraft zwischen heterogenen Stoffen ist um so größer, je größer die Differenz zwischen ihrer positiven und ihrer negativ elektrischen Beschaffenheit ist.

b) Die Erfolge des Schmelzens starrer Körper, so wie die Erstarrung tropfbarer Flüssigkeiten, die Fermentation, die Krystallisation, die Säurezeugung ꝛc. sind stets mit den Phänomenen der freien Elektricität begleitet.

c) Die Erklärung jener Erscheinungen, aus den elektrischen Thätigkeiten, macht den Gegenstand der Elektrochemie aus.

d) Von der Wirkung der Elektricität bei dem Regen, Thau, Schnee, Gewitter, Hagel und ihren Einfluß auf die Vegetation, wird späterhin geredet werden.

Anmerkung. Der Magnetismus wird hier aus dem Grunde übergangen, weil sein besonderer Einfluß als chemische Potenz, zur Zeit noch nicht beobachtet worden ist. Da ferner die Uebereinstimmung des Magnetismus mit der Elektricität sich immer mehr zu Tage legt: so können wohl da, wo sein Einfluß als chemische Potenz wahrnehmbar sein sollte, die Erfolge eben so gut aus der Elektricität erklärt werden.

(Zusatz zum §. 33.)

Es ist mit Wahrscheinlichkeit anzunehmen, daß auch die Wärme im Innern der Erde zunimmt. Benzenberg berechnet die Temperatur für 1° Celsius (= $\frac{4}{5}$° R.) auf 112 par. Fuß. Hiernach wurde also in der Tiefe von 1120 Fuß schon + 10°; von 11,200 Fuß + 100; von 224,000 Fuß + 2000° Celsius betragen, eine Hitze wobei Eisen schmilzt. Hieraus läßt sich schließen, daß außer der Sonne, auch wohl die Wärme im Innern der Erde die zunehmende Temperatur der Erde, in größerer Tiefe derselben, bestimmt.

Dritter Abschnitt.

Von den Metalloiden, so wie den Produkten, welche aus der Verbindung derselben untereinander hervorgehen.

§. 46.

Die (§. 14.) genannten dreizehn verschieden gearteten Metalloide sind entweder von der Art, daß sie ungebunden nur in Gasform existiren können, und werden Gazolide genannt. Es gehören dahin: der Sauerstoff, der Wasserstoff, der Stickstoff. Oder sie können in Dampfform, oder auch in starrer Form existiren.

Säurezeugende und säurefähige Metalloide.

§. 47.

Von den genannten Gazoliden hat der Sauerstoff die Eigenschaft, in der Verbindung mit jedem der übrigen (den Wasserstoff ausgenommen) sie in Säuren umzuwandeln; der Wasserstoff hingegen übt diese Wirkung nur in der Verbindung mit Einigen aus. Der Sauerstoff und der Wasserstoff werden daher säurezeugende Metalloide genannt. Die eilf übrigen, welche in der Vereinigung mit dem Sauerstoffe oder dem Wasserstoffe die Qualität der Säuren annehmen; werden säurefähige Metalloide, so wie säurefähige Substrate oder auch Radikale der Säuren genannt.

Haloide. Salzzeuger.

§. 48.

Von den dreizehn bekannten Metalloiden haben das Chlor, das Jod, das Brom und das Fluor die Eigenschaft, in der Verbindung mit Metallen, eine eigene Klasse salzähnlicher Körper zu erzeugen: sie werden daher Haloide oder Salzzeuger genannt.

a) Die aus der Verbindung gedachter Haloide mit den Metallen hervorgehenden salzähnlichen Produkte werden auch, nach der Natur des Haloids, in Chlorüren, Jodüren, Bromüren und Fluorüren unterschieden.

Von den Oxydülen, den Oxyden, den Superoxyden und den Säuren.

§. 49.

Die Produkte, welche aus Verbindungen des Sauerstoffes mit den übrigen Metalloiden, so wie auch den Metallen hervorgehen, werden in Oxydule, in Oxyde, in Superoxyde und in Säuren unterschieden.

a) Der Sauerstoff kann sich unter mehr als einem Verhältniß mit den Metalloiden, so wie den Metallen verbinden nämlich wie 1:1, 2:1, 3:2, 3:1, 4:1, 5:2 u. s. w. Die Resultate der niedrigen Stufen dieser Verbindung werden in Oxydüle, die der höhern in Oxyde oder in Superoxyde unterschieden. Zeigt das Produkt wirklich einen sauren Karakter, dann wird solches Säure (Acidum) genannt.

b) Der Hauptkarakter einer Säure, wodurch sich selbige von dem wahren Oxyde unterscheidet, ist der, daß solche 1) in Verbindung mit Salzbasen (Oxyden der elektropositiven Metalle) wahre Salze erzeugt; und 2) daß sie andere Säuren aus ihren Verbindungen mit Salzbasen auszutreiben vermag.

c) Als Nebeneigenschaften für die Säuren können in Betrachtung gezogen werden: 1) der saure Geschmack; 2) die Eigenschaft das Lackmus zu röthen; 3) ihre mehr oder weniger leichte Lösbarkeit im reinen Wasser: sie kommen aber nicht allen zu. So zeigt die Boronsäure höchst wenig sauren Geschmack, und ist schwer im Wasser lösbar. Die reine Kieselsäure röthet weder das Lackmus, noch ist sie im Wasser lösbar.

d) Mit Ausnahme des Phosphoroxyds, des Chloroxyds, des Kohlenoxyds und des Stickstoffoxyds, welche sich nicht mit Salzbasen verbinden, können daher alle übrigen Oxyde der Metalloide als Säuren, so wie alle Säuren als Oxyde angesehen werden.

e) Je nachdem das proportionale Verhältniß des Sauerstoffs, gegen das des Substrats, bald kleiner bald größer ist, sind die Säuren, welche aus einem und ebendemselben Radikal hervorgegangen sind, in ihren Eigenschaften sehr verschieden. Demgemäß werden sie entweder durch die Vorsetzung eines Unterscheidungsnamens, oder durch die Endigung des Namens vom Radikal angedeutet. So unterscheidet man die Säuren des Schwefels: 1) in unterschwefliche Säure; 2) in schwefeliche Säure; 3) in Unterschwefelsäure; 4) in Schwefelsäure.

Sauerstoffsäuren und Wasserstoffsäuren.

§. 50.

Je nachdem der Sauerstoff oder der Wasserstoff das säurezeugende Principium in einer Säure ausmacht, werden die daraus hervorgehenden Produkte in Sauerstoffsäuren und Wasserstoffsäuren unterschieden.

a) Zu den Sauerstoffsäuren gehören: 1) die Salpetersäure; 2) die Kohlensäure; 3) die Schwefelsäure; 4) die Phosphorsäure; 5) die Selensäure; 6) die Chlorsäure; 7) die Jodsäure; 8) die Bromsäure; 9) die Boronsäure; 10) die Kieselsäure u. s. w.

b) Zu den Wasserstoffsäuren gehören: 1) die Hydrothionsäure; 2) die Chlorwasserstoffsäure; 3) die Hydriodsäure; 4) die Hydrobromsäure; 5) die Fluorwasserstoffsäure.

c) Eine besondere Klasse bilden die Metallsäuren, welche aus der Verbindung der elektronegativen Metalle mit dem Sauerstoff hervorgehen.

Anorganische und organische Säuren.

§. 51.

Die Säuren welche aus der Verbindung eines einfachen säurefähigen Substrats (eines Metalloids oder eines elektronegativen Metalls) mit dem Sauerstoff oder dem Wasserstoff hervorgehen, sind binaire Verbindungen und gehören der anorganischen Natur an: sie werden daher auch anorganische Säuren oder Säuren mit einfachem Radikal genannt. Ist das Radikal schon aus 2, 3 oder 4 Elementen zusammengesetzt, daß also bei der Vereinigung mit dem säurezeugenden Princip eine ternaire oder eine quaternaire Verbindung, saurer Art, hervorgehet, so bildet solche das, was organische Säure, oder Säure mit zusammengesetztem Substrat, genannt wird.

a) Zu den organischen Säuren gehören vorzüglich alle diejenigen, welche in den Erzeugnissen des Pflanzenreichs vorgefunden werden; auch sie zerfallen in zwei Hauptabtheilungen: in Sauerstoffsäuren und in Wasserstoffsäuren.

Erste Abtheilung.

Von dem Sauerstoff.

§. 52.

Sauerstoff (Oxygenium) nennt man ein chemisch einfaches Metalloid, welches die Eigenschaft besitzt, im dazu gehörigen Verhältniß mit säurefähigen Metalloiden oder den elektronegativen Metallen vereinigt, sie in Säuren umzuwandeln. Sein Atomgewicht oder Mischungsgewicht ist, das des Wasserstoffs zur Einheit angenommen, = 8; wird der Sauerstoff selbst zur Einheit gesetzt, so ist seine stöchyometrische Zahl = 100.

a) Ungebunden kann er nur in Gasform existiren. und wird Sauerstoffgas (Gas oxygenii) genannt. In diesem Zustande macht er einen steten Gemengtheil der atmosphärischen Luft aus.

b) An andere einfache Stoffe gebunden, findet sich der Sauerstoff 1) im Wasser; 2) in den Metalloxyden; 3) in den Sauerstoff-Säuren; 4) in den Sauerstoffsäure-Salzen rc.

Darstellung des Sauerstoffs. (Sauerstoffgas.)

§. 53.

Wenn der Sauerstoff aus dem Zustande seiner Verbindung in Freiheit tritt, so erscheint er gasförmig (als Gazolit) und wird Sauerstoffgas genannt.

a) Man gewinnt das Sauerstoffgas: 1) indem man das Oxyd eines edlen Metalls (z. B. rothes Quecksilberoxyd); 2) oder das Superoxyd eines unedlen Metalls (z. B. grau Manganerz oder Braunstein); oder 3) ein Sauerstoffsalz, in welchem der Sauerstoff nur locker an das säurefähige Substrat gebunden ist (z. B. chlorsaures Kali oder salpetersaures Kali), in einer pneumatisch chemischen Vorrichtung, der Glühung unterwirft, und das sich entwickelnde Sauerstoffgas unter Wasser oder Quecksilber aufgefangen wird.

b) Versinnlichung der Darstellung des Sauerstoffgases durch Experimente in den Vorlesungen.

c) Man kann annehmen, daß vom Gewicht des Erdballs wenigstens 0,3 in Sauerstoff besteht. Hiervon enthält das Wasser ohngefähr 88, die Luft 21 Procent; der übrige

Theil findet sich in den anderweitigen anorganischen und organischen Erzeugnissen

Anmerkung. Das Sauerstoffgas wurde durch Priestley 1774 im rothen Quecksilberoxyd; durch Scheele 1775 im Salpeter entdeckt. Synonymen für seine Benennung sind: dephlogistische Luft, Feuerluft, reine Luft, Lebensluft, säurezeugendes Gas.

Eigenschaften des Sauerstoffgases.

§. 54.

Das Sauerstoffgas zeichnet sich in seinen physischen und chemischen Eigenschaften folgendermaßen aus.

a) Physische Eigenschaften. Es ist 1) farbenlos, 2) geruchlos 3) geschmacklos; 4) sein specifisches Gewicht beträgt, das der atmosphärischen Luft = 1 gesetzt 1,1026. 5) Es wird nur im geringen Maaße vom Wasser eingesaugt.

b) Chemische Eigenschaften: 1) Es ist die elektronegativste Materie. 2) Thiere athmeten darin viermal länger, als im gleichen Volum atmosphärischer Luft. 3) Brennbare Körper brennen darin mit lebhaftem Glanze und viermal schneller als in atmosphärischer Luft. 4) Seine ponderable Grundlage, der Sauerstoff, geht mit allen übrigen chemisch einfachen Substanzen Verbindungen ein.

c) Beim Verbrennen der Körper im Sauerstoffgas wird der Sauerstoff eingesaugt und bildet dann bald Oxyde bald Säuren. Sind die erzeugten Produkte von konkreter Art (Metalloxyde, Phosphorsäure rc.) so verschwindet alles Gas; sind sie selbst gasförmig (Kohlensäure, schwefeliche Säure rc.) so bleibt auch das Produkt gasförmig zurück.

Verbrennen. Brennbare Körper.

§. 55.

Die Verbindung eines Körpers mit dem Sauerstoff, wird Verbrennen desselben genannt. Körper, welche die Eigenschaft besitzen, das Sauerstoffgas zu zerlegen (darin zu verbrennen), werden brennbare Körper genannt. Jede Verbrennung setzt also das Dasein eines verbrennlichen Substrats (den brennbaren Körper), und Sauerstoffgas (den Verbrenner), voraus.

a) Die Verbrennung eines Körpers erfolgt, wenn sie sehr langsam vor sich geht, ohne Lichterscheinung aber mit gelinder Wärme (die Oxydation des Bleies und anderer leicht oxydirbarer Metalle, in der Luft); oder man erkennt das schwache Licht nur im Dunkeln (das Leuchten des Phosphors und der Lichtmagnete). Oder es erfolgt Licht und Wärme (Feuer) (wie beim Verbrennen der Metalle). Oder die Verbrennung ist mit Flamme begleitet (das schnelle Verbrennen des Wasserstoffgases, des Phosphors, des Schwefels und der gewöhnlichen organischen Combustibilien (Holz, Wachs, Oel) u. s. w.).

b) Die Verbrennung eines verbrennlichen Körpers im Sauerstoffgas oder in der atmosphärischen Luft, setzt eine bestimmte Temperatur desselben voraus. Könnten alle verbrennlichen Körper, selbst bei der niedrigsten Temperatur, das Sauerstoffgas der Atmosphäre zerlegen, so würde die Erde sich in einem steten Zustande der Verbrennung befinden, oder als vollkommen ausgebrannter Körper sich darstellen müssen. So entzündet sich Kalium bei Null Grad; Phosphor bei 22° R. u. s. w.

c) Versinnlichung durch Experimente in den Vorlesungen.

Zweite Abtheilung.

Von dem Wasserstoff.

§. 56.

Der Wasserstoff (Hydrogenium) ist (gleich dem Sauerstoffe) ein säurezeugendes Metalloid, welches die bildende Grundlage des Wassers ausmacht; denn das Wasser ist ein Produkt der Mischung aus 11,09 Wasserstoff und 88,91 Sauerstoff in Hundert Gewichtstheilen desselben. Wird ihm der Sauerstoff entzogen, so tritt der Wasserstoff in Gasform daraus hervor, und wird nun Wasserstoffgas (Hydrogengas) genannt. Denn der Wasserstoff ist ein Gazolit, der frei nur in Gasform existiren kann.

Darstellung des Wasserstoffgases.

§. 57.

Die Darstellung des reinen Wasserstoffgases, ist stets mit einer Entmischung des reinsten Wassers begleitet. Eine solche Entmischung des Wassers kann auf eine verschiedene Weise veranlaßt werden: 1) durch die Volta'sche Säule; 2) durch die Auflösung der Metalle in wäßriger Schwefel-, Phosphor-, Chlorwasserstoff-, Essigsäure rc. (nur nicht in Salpeter- und in Chlorsäure); 3) wenn die Dämpfe des siedenden Wassers über glühende nicht edle Metalle hingeleitet werden. In allen diesen Fällen wird Wasserstoffgas entwickelt.

a) Versinnlichung durch Experimente in den Vorlesungen.

b) Erklärung der dabei stattfindenden Phänomene.

Eigenschaften des Wasserstoffgases.

§. 58.

Die physischen so wie die chemischen Eigenschaften des reinen Wasserstoffgases sind folgende.

a) Physische Eigenschaften desselben. 1) Es ist durchsichtig, farbenlos, geschmacklos und geruchlos.

b) Es ist das specifisch leichteste aller bekannten wägbaren Materien. Es verhält sich in seinem specifiken Gewicht bei mittlerm Barometerstande zur atmosphärischen Luft wie 1 : 14,5; zum Sauerstoffgas wie 1 : 16,026. Sein Atomgewicht erhält die stöchyometrische Zahl = 1. Setzt man das des Sauerstoffgases = 100, dann beträgt sie 6,244. Seine große specifische Leichtigkeit qualificirt dasselbe zum Füllen der Aerostaten.

c) Ist das Wasserstoffgas vollkommen rein, so wird solches vom Wasser nur in sehr kleinem Volum eingesaugt.

d) Chemische Eigenschaften. 1) Dasselbe zeigt sich elektropositiv. 2) Es ist nicht vermögend die Verbrennung, so wie die Respiration unterhalten zu können. 3) Unter Mitwirkung der atmosphärischen Luft ist es verbrennlich. Zwei Maaß Wasserstoffgas und ein Maaß Sauerstoffgas verbrennen beim Anzünden mit heftiger Explosion, und erzeugen Wasser: jenes Gasgemenge wird Knallgas genannt. 4) Der Wasserstoff ist ein säurezeugendes Princip. 5) Mit einigen andern Metalloiden verbunden erzeugt er bald Hydrüren bald Säuren (Wasserstoffsäuren). Er verbindet sich nur mit wenigen anderen Körpern.

e) Wird Wasserstoffgas, in Vermengung mit atmosphärischer Luft, auf Platinschwamm (Platin-Suboxyd) geleitet, so kommt solcher zum Glühen. Hierauf gründet sich H. Davy's Glühlampe.

f) Versinnlichung jener Eigenschaften des Wasserstoffgases durch Experimente und Erklärung der Phänomene, in den Vorlesungen.

Anmerkung. Synonyme oder ältere Namen für das Wasserstoffgas sind: brennbare Luft. Inflammable Luft.

Von dem Wasser. (Wasserstoffoxyd.)

§. 59.

Cavendisch hat zuerst gezeigt, daß das Wasser kein einfacher Körper, sondern aus Wasserstoff und Sauerstoff zusammengesetzt ist. Lavoisier hat solches näher begründet. Gay-Lussac hat dasselbe zur Evidenz erhoben.

a) Gay-Lussac hat gezeigt, daß wenn zwei Maaß trocknes Wasserstoffgas und ein Maaß trocknes Sauerstoffgas vermengt werden, solche sich zu zwei Maaß Wasserdampf (Wassergas) vereinigen. Dasselbe erfolgt auch, wenn das Gemenge entzündet wird.

b) Da nun das specifike Gewicht des Wasserstoffgases (das der atmosphärischen Luft zu 1,000 angenommen) nur 0,0688; das des Sauerstoffgases hingegen 1,1026 beträgt, und beide Gasarten sich im Volumverhältniß von 2 : 1 verbinden, um Wasser zu erzeugen: so haben sich dabei, dem Gewicht nach, 2 × 0,0688 (= 0,1376) Wasserstoff mit 1,1026 Sauerstoff vereinigt, um 1,2402 Wasserdampf zu erzeugen.

c) Wird jenes für 100 Gewichtstheile reines Wasser berechnet: so ergeben sich 11,09 Wasserstoff und 88,91 Sauerstoff. Die Bestandtheile des reinen Wassers sind also:

	1) Nach dem Volum.	2) Nach dem Atomgewicht.	3) Nach Procenten.
Wasserstoffgas	1 Maaß = 0,0693	1 Atom = 1	11,1
Sauerstoffgas	0,5 „ = 0,5546	1 „ = 8	88,9
Wasserdampf	1 Maaß = 0,6239	1 Atom = 9	100,0

d) Da das reine Wasser durchaus keinen Karakter einer Säure besitzt, so muß solches als ein Oxyd betrachtet werden, und wird daher auch Wasserstoffoxyd genannt.

Erzeugung des Wassers.

§. 60.

Durch die Vereinigung seiner chemischen Elemente kann das Wasser auf eine sehr verschiedene Weise künstlich erzeugt werden, solches geschiehet folgendermaßen.

a) Indem Wasserstoffgas im Sauerstoffgas (auch in atmosphärischer Luft) verbrannt wird.

b) Indem reines Wasserstoffgas über (in gläsernen Röhren eingeschlossene) Metalloxyde oder auch Sauerstoffsalze, im glühenden Zustande, hingeleitet wird. Hier vereinigt sich der Wasserstoff mit dem Sauerstoff der Metalloxyde, so wie dem der Basis in den Salzen, und bildet Wasser, welches in einer abgekühlten Vorlage verdichtet werden kann. Im ersten Fall wird das Metall reducirt; im zweiten Fall bleibt das Substrat der Basis mit dem Substrat der Säure verbunden zurück.

c) Das Wasser wird auch erzeugt, beim Verbrennen aller Brennmaterialien, in welchen der Wasserstoff einen entfernten Bestandtheil ausmacht, durch dessen Verbindung mit dem Sauerstoff der Atmosphäre.

d) Versinnlichung durch Experimente in den Vorlesungen.

Eigenschaften des reinen Wassers.

§. 61.

Das vollkommen reine Wasser, wie solches in der Natur nur selten vorkommen kann, zeichnet sich durch folgende Eigenschaften aus.

a) Physische Eigenschaften. 1) Es ist durchscheinend, farbenlos, geruchlos und geschmacklos. 2) Es kann unter drei verschiedenen Agregatzuständen existiren: als starres Wasser (Eis); als tropfbares Wasser; als Wasserdampf (Wassergas). 3) Es ist ein Lösungsmittel der Alkalien, der Salze, der Säuren, vieler Oxyde, der Gummen, des Schleims, des Zuckers, des Extraktivstoffes u. s. w. 4) Sein specifikes Gewicht verhält sich zu dem der atmosphärischen Luft, wie 816 : 1. Der Kubikfuß (der Cöllnische oder preußisch-brandenburgische) ergiebt, nach preußisch-brandenb. Gewicht, bei + 14° R. genau 66 Pfund; folglich der Duodecimal-Kubikzoll 1⅜ Loth (293,3 Gran). Die größte specifische Dichtigkeit besitzt das Wasser bei + 3½° Reaumür. 5) Bei 80° R. kommt solches (bei einem Barometerstande von 28″) zum Kochen. 6) Bei 0 Grad R. (oder 32° Fahrenheit) erstarrt dasselbe zu Eis. 7) Es besitzt eine nur geringe Compressibilität.

b) Chemische Eigenschaften. Das Wasser wird zerlegt,

wenn es mit Stoffen in Berührung tritt, die ihm den Sauerstoff entziehen können. Daher werden Metalle dadurch oxydirt. Es verbindet sich mit den Säuren, den Metalloxyden und mit den Salzen chemisch, als Hydratwasser, in welchem Zustande solches gegen jene Materien, wie eine Säure gegen eine Basis wirkt.

Vorkommen des Wassers in der Natur.

§. 62.

Das Wasser füllet denjenigen Raum des Erdballes aus, der nicht mit Luft und Erde erfüllet ist. Hier erkennen wir solches als Dunst in der Luft; als Hydratwasser in den Steinen, den Erden und den Salzen; als tropfbares Wasser: als Quell-, Brunnen-, Fluß-, See- und Meerwasser; nicht weniger als Lösungsmittel anderer Materien in den mannigfaltigen Säften der Pflanzen und Thiere. Hiernach wird das Wasser eingetheilt in: 1) meteorisches Wasser; 2) Meerwasser; 3) Seewasser; 4) Quellwasser; 5) Flußwasser; 6) Brunnenwasser; 7) Thauwasser; 8) Regenwasser; 9) Schneewasser. Alle diese Wässer sind niemals absolut rein und werden unter dem gemeinschaftlichen Namen gemeines Wasser begriffen.

a) Das Meerwasser füllet den allgemeinen Ocean aus, welcher zuletzt alles übrige ihm zuströhmende Wasser in sich vereinigt. Es ist stets reichlich mit Salztheilen beladen: mehr das des Nordmeers als das der Ostsee.

b) Das Seewasser (Wasser der Landseen und Teiche) ist aus dem Quellwasser entstanden, das sich in bestimmten ausgeholten Räumen angesammelt hat.

c) Das Quellwasser wird gebildet, durch den Niederschlag des atmosphärischen Wassers aus dem Dunstkreise, auf den Gipfeln und an den Abhängen der Gebirge, die es durchdringt, und sich nach der Erde zu hinabsenkt. Hier strömt solches in Tropfen aus und bildet so die Quellen, deren Wasser stets mit denjenigen Materien beladen ist, welche Bestandtheile der Gebirgsmasse ausmachten.

d) Das Flußwasser, welches sich in den Flüssen und Ströhmen fortbewegt, wird durch das aus den Quellen überströmende Wasser gebildet, das sich nun einen Weg bahnet, und sich als Flußwasser fortbewegt.

e) Das Brunnenwasser, welches sich 16 bis 20 Fuß tief in der Erde ansammelt, und durch Saugpumpen daraus emporgehoben wird, verdankt seine Entstehung allein dem Regenwasser, das von der Oberfläche der Erde aus dieselbe durchdringt und sich in der Tiefe ansammelt; daher nach lange angehaltener Trockenheit die Brunnen kein Wasser mehr darbieten, das nach eingetretenem Regen sich wieder einstellt. Die übrigen Wässer müssen als atmosphärische Wässer angesehen werden und sollen noch näher erörtert werden.

Wasser und Wärme.

§. 63.

Das tropfbar flüssige Wasser verdankt seinen Aggregatzustand allein der Wärme. Wenn die Temperatur des Erdballs auf 0 Grad Reaumür oder Celsius, oder auf 32° Fahrenheit hinabsinkt, so geht solches in den starren Zustand über und wird Eis genannt. Das Eis (Glaces) ist also festes Wasser. Das Eis ist wärmeleeres Wasser. Wird solches mit Wärme in Berührung gebracht, so saugt es solche ein, ohne seine Temperatur zu erhöhen (§. 28. a.) und geht in tropfbares Wasser über, dessen Temperatur der des Gefrierpunktes gleich bleibt. Späterhin saugt das Wasser Wärme adhärirend ein, und erwärmt sich. Bei 80° R. geht solches aufs Neue mit der Wärme in Cohäsion, und wird in Wasserdampf ausgedehnt (§. 29. a.), dessen Temperatur der des kochenden Wassers gleich bleibt.

a) Das Wasser kann, wenn solches nicht erschüttert wird, sich bis auf — 5° R. abkühlen ohne zu erstarren. Wird nun aber das Gefäß erschüttert, so erstarrt das Wasser sogleich zu Eis, und ein hineingesenktes Thermometer erhebt sich auf + 5° R.; weil dann dadurch die gebundene Wärme mit einem Mal entwickelt wird. Die größte specifische Dichtigkeit besitzt das Wasser bei 3, 5° R. daher senkt es sich im kalten Wasser auf den Grund der Teiche; daher können solche, bei einiger Tiefe, nie ganz ausfrieren.

b) Wird das Wasser in einem flachen Gefäße der freien Luft ausgesetzt: so beginnt das Gefrieren desselben schon bei 0° R. Das Wasser kann also nur auf denjenigen Theilen des Erdballes stets tropfbar existiren, die ununterbrochen von den Sonnenstrahlen erwärmt werden.

c) Wenn das Wasser zu Eis erstarret, so nimmt solches die Krystallform an, und bietet folgende Erscheinungen dar. Es bildet sich auf der Oberfläche ein dünnes Blättchen Eis. Dann bilden sich nadelförmige Krystalle, welche unter bestimmten Winkeln von 60° und 120° hervorschießen, an die sich neue Krystalle anhängen, welche sich abermals mit neu sich bildende vereinigen, bis endlich die ganze Masse des Wassers zu einer koncreten krystallinischen Substanz, dem Eis, erstarrt ist. Die im Winter an den Fensterscheiben sich bildenden Figuren geben einen Beweis hiervon.

d) Das Eis zeigt sich als ein wärmeleitender Körper, für alle diejenigen Temperaturen, die den Gefrierpunkt des Wassers nicht übersteigen.

Nebel, Thau, Reif, Regen, Schnee, Hagel.

§. 64.

Wenn gleich bei einem Barometerstande von 28 Zoll das Wasser erst bei 80° Rēaumür siedet: so löset sich solches doch auch schon bei niedriger Temperatur in Dämpfe auf, die um so höher in der Atmosphäre emporsteigen, je mehr dort die Dichtigkeit der Luft abnimmt. Sie bilden, wenn sie sich verdichten, den Nebel, den

Thau, den Reif, den Regen, den Schnee und die Schlossen oder den Hagel.

a) Wenn die unsichtbaren Dämpfe des Wassers in den höhern Regionen sich bei abnehmender Temperatur verdichten, so werden sie als Rauch sichtbar.

b) Geschiehet diese Verdichtung in niederen Regionen (kurz vor Aufgang oder bald nach Niedergang der Sonne), so bildet sich der Nebel; der bei der weitern Verdichtung sich niederschlägt und den Thau erzeugt. Ist die Temperatur niedrig genug, um den niederfallenden Nebel gefrieren zu machen, so wird der Reif erzeugt.

c) Erfolgt die Verdichtung der unsichtbaren Wasserdämpfe in sehr hohen Regionen der Atmosphäre, in einzelnen Massen, so werden die Wolken gebildet. Verdichten sich solche zur tropfbaren Form, so entsteht der Regen. Geschieht solches bei der Temperatur des Frostpunktes, so wird der Schnee erzeugt.

d) Stehet die Sonne über einer Regenwolke, so erfolgt Verdunstung und mit ihr wird Frostkälte erzeugt. Die Wassertropfen gefrieren und bilden die Schlossen- oder Hagelkörner. Bei der Zersetzung der Wolke scheint Elektricität frei zu werden. Die Hagelkörner werden daher so lange unter sich angezogen und abgestoßen, bis sie entladen sind. Daher kann des Nachts kein Hagel erzeugt werden; daher das Geräusch, das man bei einer Hagelwolke wahrnimmt; daher die Entladung des Hagels nur Strichweise, nie so allgemein wie der Regen.

Anmerkung. Daß die Dünste in der höhern Region nicht durch Wasser und Wärme allein, sondern durch Wasser, Wärme und Elektricität erzeugt werden, scheint daraus hervorzugehen: 1) daß sie in der strengsten Kälte nicht erstarren; 2) daß der Regen, so wie der Schnee, stets mit freier Elektricität, theils positiver theils negativer, begleitet sind.

Dritte Abtheilung.

Von dem Stickstoff und seinen Verbindungen mit dem Sauerstoff und dem Wasserstoff.

§. 65.

Der Stickstoff (Azotum. Nitrogenium) ist ein Gazolit, das in seinem freien Zustande nur in Gasform existiren kann, als Stickstoffgas. In diesem Zustande macht das Stickstoffgas einen stetigen Gemengtheil der atmosphärischen Luft aus, der 20 bis 21 Procent ihres Volums beträgt. An andere Metalloide gebunden, findet sich solcher vorzüglich in den animalischen Körpern und ihren Sekretionen; weniger reichlich in den Vegetabilien. Das Stickstoffgas kann auf verschiedene Weise dargestellt werden. Das Atomgewicht des Stickstoffs erhält die stöchyometrische Zahl 14,18 wenn der Wasserstoff zur Einheit angenommen wird; wenn der Sauerstoff zu 100 angenommen die Zahl 88,61.

Darstellung des Stickstoffgases.

§. 66.

Das Stickstoffgas kann auf verschiedene Weise dargestellt werden: 1) aus der atmosphärischen Luft; 2) aus dem Ammoniak; 3) aus thierischen Substanzen.

a) Man verbrenne Phosphor unter einer gläsernen Glocke in darin eingeschlossene und durch Wasser oder Quecksilber gesperrter atmosphärischer Luft. Das sperrende Fluidum wird sich in der Glocke auf den fünften Theil ihres Volums erheben; der Phosphor wird in Phosphorsäure umgewandelt erscheinen. Die $\frac{4}{5}$ der Luftmasse welche zurückgeblieben, sind Stickstoffgas. Hier ist das

Sauerstoffgas vom Phosphor eingesaugt worden. Der Phosphor hat sich mit dem Sauerstoff zur Phosphorsäure vereinigt; das Stickstoffgas ist zurückgeblieben.

b) Man leite Chlorgas in unter einer Glocke gesperrtes liquides Aetzammoniak. Es wird sich Stickstoffgas entwickeln, und in der Flüssigkeit wird chlorwasserstoffsaures Ammoniak (Salmiak) zurückbleiben. Das Ammoniak ist aus Stickstoff und Wasserstoff zusammengesetzt. Hier vereinigt sich das Chlor mit dem Wasserstoff zur Chlorwasserstoffsäure (Salzsäure), die mit einem Theil des unzersetzten Ammoniaks Salmiak erzeugt. Der Stickstoff, aus dem zerlegten Theil des Ammoniaks, wird als Stickstoffgas entwickelt.

c) Man übergieße frisches Muskelfleisch in einer gläsernen Retorte mit Gasentbindungsrohr, mit schwacher Salpetersäure und erhitze das Gemenge auf 18° R., es wird sich Stickstoffgas entbinden, welches aus der Muskelfaser entwickelt wird.

d) Versinnlichung durch Experimente in den Vorlesungen.

Eigenschaften des Stickstoffgases.

§. 67.

Die physischen und die chemischen Eigenschaften des reinen Stickstoffgases sind folgende.

a) Physische Eigenschaften. 1) Es ist farbenlos; 2) geruchlos und 3) geschmacklos. Sein spec. Gewicht beträgt 0,976. 4) Es ist nicht fähig die Respiration und die Verbrennung zu unterhalten. 5) Reines Wasser nimmt nur den 64sten Theil seines Volums davon in sich.

b) Chemische Eigenschaften. 1) Es kann sich unter 5 verschiedene Volumverhältnissen mit dem Sauerstoffgas vereinigen, woraus 3 Säuren und 2 Oxyde als Produkte des Stickstoffs hervorgehen. 2) Mit dem Wasserstoffe vereinigt erzeugt der Stickstoff das Ammoniak.

Stickstoff und Sauerstoff. Säuren und Oxyde des Stickstoffes.

§. 68.

Der Stickstoff kann sich unter 5 verschiedenen Atomverhältnissen (Mischungsgewichten) mit dem Sauerstoff verbinden, woraus: 1) Salpetersäure; 2) salpetrige Säure; 3) untersalpetrige Säure; 4) Stickstoffoxyd; 5) Stickstoffoxydul, als verschieden geartete Produkte hervorgehen.

I. Die Salpetersäure.

§. 69.

Die Salpetersäure (Stickstoffsäure) (Acidum nitricum) ist das Produkt der Mischung von Stickstoff mit dem möglichst größten Verhältniß des Sauerstoffs. Im völlig wasserfreien Zustande kann sie vielleicht nur gasförmig existiren. Ihre bildenden Bestandtheile sind:

	1) Nach dem Volum.	Spec. Gew.	2) Nach dem Atomgewicht.	3) Nach Procenten.
Stickstoffgas	1 Maaß	= 0,9706	1 Atom = 14	26
Sauerstoffgas	2,5 „	= 2,7732	5 „ = 40	74
Salpetersaurer Dampf	1 Maaß	= 3,7438	1 Atom = 54	100

Aber 1 Atom Salpetersäure nimmt 1 Atom Wasser in sich, und erzeugt damit das salpetersaure Hydrat (höchst koncentrirte Salpetersäure); und ein Atom salpetersaures Hydrat, nimmt noch 7 Atome Wasser in sich auf, um damit die wäßrige Salpetersäure (Scheidewasser) darzustellen.

Bereitung der Salpetersäure.

§. 70.

Man bereitet die Salpetersäure aus reinem Salpeter, in welchem sie an Kali gebunden ist, indem man selbigen, in Versetzung mit dreiviertel seines Gewichts Schwefelsäure-Hydrat (koncentrirter Schwefelsäure), in einer etwas geräumigen Retorte übergießt, eine luftdicht angekürtete Vorlage mit 2 Oeffnungen vorlegt und nun die Destillation aus einem Sandbade, bei nach und nach verstärktem Feuer verrichtet, bis zuletzt die Retorte zum Anfang des Glühens kommt und nichts mehr über destillirt.

a) Die in der Vorlage sich sammelnde Säure wiegt ohngefähr halb so viel als der angewandte Salpeter. Sie ist feurig gelb und stößt an der Luft gelbe Dämpfe aus. Sie wird rauchende Salpetersäure genannt.

b) Wird die rauchende Salpetersäure für sich bei gelinder Wärme destillirt, so gehet das rauchende Wesen in die Vorlage über und die Säure bleibt farbenlos zurück. Man kann sie auch farbenlos erhalten, wenn sie über ihr gleiches Gewicht Mangan-Superoxyd (Braunstein) übergezogen wird.

c) Das reine salpetersaure Hydrat (die koncentrirte Salpetersäure) besitzt folgende Eigenschaften. 1) Ihr spec. Gewicht verhält sich zum Wasser, wie 1,500 : 1000. 2) Sie ist farbenlos; 3) stößt bei der Berührung mit der feuchten Luft weiße Dämpfe aus; 4) besitzt einen ganz eigenen Geruch; 5) zerstört alle organischen Substanzen und färbt die animalischen gelb. 6) 1 Gewichtstheil mit 2 Gewichtstheilen Wasser gemengt, bildet die wäßrige Salpetersäure.

d) Versinnlichung durch Experimente in den Vorlesungen.

II. Die salpetrige Säure.

§. 71.

Die salpetrige Säure (Acidum nitrosum) ist, gleich der Salpetersäure, aus Stickstoff und Sauerstoff zusammengesetzt, aber in einem andern Verhältniß. Ihre Bestandtheile sind:

	1) Nach dem Volum.	Spec. Gew.	2) Nach dem Atomgewicht.	3) Nach Procenten.
Stickstoffgas	1 Maaß	= 0,9706	1 Atom = 14	30,4
Sauerstoffgas	2 "	= 2,2186	4 " = 32	69,6
Salpetrigsaurer Dampf	1 Maaß	= 3,1892	1 Atom = 46	100,0

Die salpetrige Säure gewinnt man, wenn in reines salpetersaures Hydrat, so lange Stickstoffoxydgas geleitet wird, bis die Flüssigkeit eine blaugrüne Farbe annimmt. Sie findet in der technischen Chemie keine Anwendung.

III. Die Untersalpetrige Säure.

§. 72.

Die Untersalpetrige Säure (Hyposalpetrige Säure) (Acidum hyponitrosum) ist zusammengesetzt aus:

	1) Nach dem Volum.	Spec. Gew.	2) Nach dem Atomgewicht.	3) Nach Procenten.
Stickstoffgas	1 Maaß	= 0,9706	1 Atom = 14	36,8
Sauerstoffgas	1,5 "	= 1,6639	3 " = 24	63,2
Unter-Salpetrigsaurer Dampf	2,5 Maaß	= 2,6345	1 Atom = 38	100,0

Man gewinnt diese Säure, wenn die rauchende Salpetersäure gelinde destillirt wird, da dann die untersalpetrige Säure in dunkelgelben Dämpfen übergeht, die sich in der kalt gehaltenen Vorlage zur tropfbaren Flüssigkeit verdichten. Gießt man in rauchende Salpetersäure das doppelte Volum reines Wasser, nach und nach in kleinen Portionen, so entwickelt sich bei jedem Zusatz etwas Stickstoffoxydgas, und es bilden sich (nach und nach) alle oben genannten Säuren, unter einem verschiedenen Farbenwechsel: dunkelgrün, hellgrün, bläulich, farbenlos.

IV. Das Stickstoffoxyd.

§. 73.

Das Stickstoffoxyd (Oxydum azotosum. Oxydum nitrosum ist ein Gazolit. Es wird gebildet, wenn der Salpetersäure 3 Atome Sauerstoff entzogen werden. Solches geschieht wenn Kupfer oder auch ein anderes Metall in Salpetersäure aufgelöst wird. Das Metall entzieht der Salpetersäure Sauerstoff, um in Oxyd überzugehen, das von dem nicht zerlegten Antheil der Säure aufgelöst wird und eine blaue Auflösung bildet. Der Theil der Salpetersäure, welcher den Sauerstoff verloren hat, geht als Stickstoffoxyd gasförmig hinweg.

Das Stickstoffoxydgas ist zusammengesetzt:

	1) Nach dem Spec. Gew. Volum.	2) Nach dem Atomgewicht.	3) Nach Procenten.
Stickstoffgas	1 Maaß = 0,9706	1 Atom = 14	46,67
Sauerstoffgas	1 " = 1,1093	2 " = 16	53,33
Stickstoffoxydgas	2 Maaß = 1,0399	1 Atom = 30	100,0

Eigenschaften des Stickstoffoxydgases.

§. 74.

Das Stickstoffoxyd kann nur gasförmig existiren. Es ist nicht vermögend die Respiration und die Verbrennung zu unterhalten; nicht mengbar mit Wasser. Es ist farbenlos und röthet nicht das blaue Lakmuspapier. 1 Maaß mit 1,5 Maaß Sauerstoffgas gemengt, erzeugt auf der Stelle untersalpetrige Säure in dunkelrothen Dämpfen. 1 Maaß mit 2 Maaß Sauerstoffgas gemengt, bildet salpetrige Säure. 1 Maaß mit 3 Maaß Sauerstoffgas gemengt, bildet farbenlose Salpetersäure: wobei beide Gasarten verschwinden, und die Säure vom Sperrwasser eingesogen wird.

a) Versinnlichung durch Experimente in den Vorlesungen.

V. Das Stickstoff-Oxydul.

§. 75.

Das Stickstoffoxydul (Oxydalum azotosum. s. nitrogenium) besteht in der niedrigsten Stufe der Verbindung des Stickstoffes mit dem Sauerstoff. Seine Bestandtheile sind:

	1) Nach dem Spec. Gew. Volum.		2) Nach dem Atomgewicht.	3) Nach Procenten.
Stickstoffgas	1,0 Maaß	= 0,9706	1 Atom = 14	63,9
Sauerstoffgas	0,5 „	= 0,5546	1 „ = 8	36,1
Stickstoffoxydulgas	1 Maaß	= 1,5252	1 Atom = 22	100,0

a) Man gewinnt das Stickstoffoxydulgas, wenn gleiche Gewichtstheile salpetersaures Ammoniak und reiner Kieselsand gemengt und das Gemenge in einer Retorte mit pneumatischer Vorrichtung bis 80° R. erhitzt, und das sich entwickelnde Gas über heißem Wasser aufgefangen wird.

b) Da das Ammoniak aus 1 Atom Stickstoff und 3 Atome Wasserstoff, die Salpetersäure aber aus 1 Atom Stickstoff und aus 5 Atomen Sauerstoff bestehet: so verbinden sich hierbei 3 Atome Sauerstoff mit 3 Atomen Wasserstoff zu Wasser. Es bleiben also aus der Salpetersäure 2 Atomen Stickstoffoxyd zurück. Dieses geht mit den aus dem Ammoniak übrig gebliebenen 1 Atom Stickstoff in Verbindung, und erzeugt das Stickstoffoxydul Das gebildete Wasser verdichtet sich in der Vorlage.

c) Eben so gewinnt man jenes Gas, wenn Zink in mit 4 Theilen Wasser verdünnter Salpetersäure aufgelöst wird.

d) Versinnlichung durch Experimente in den Vorlesungen.

Eigenschaften des Stickstoffoxydulgases.

§. 76.

Das Stickstoffoxydul kann in seinen wasserfreien Zustand nur als Gas existiren und zeichnet sich durch folgende Eigenschaften aus.

a) Physische Eigenschaften. 1) farbenlos; 2) durchsichtig; 3) specif. Gew. 1,527; 4) nur wenig mit Wasser mengbar; 5) erregt beim Einathmen einen süßlichen Geschmack, bei einigen Menschen Heiterkeit bei andern Zittern der Glieder. Die Engländer nennen solches Luftgas.

b) Chemische Eigenschaften. 1) Körper verbrennen darin lebhafter als in atmosphärischer Luft; 2) ist nicht tauglich zur Respiration; 3) erzeugt mit Stickstoffoxydgas keine rothe Dämpfe; 4) verbrennt mit Explosion, wenn solches in Vermengung mit Wasserstoffgas entzündet wird.

VI. Stickstoff und Wasserstoff. Ammoniak.

§. 77.

Wenn Stickstoff und Wasserstoff im Atomverhältniß wie 1 : 3 mit einander in Verbindung treten, so gehet eine alkalisch wirkende Substanz daraus hervor, welche Ammoniak genannt wird. Das Ammoniak findet sich theils fertig gebildet im Weltraume, an Säuren gebunden, als ein Bestandtheil in vielen organischen und anorganischen Erzeugnissen; theils wird es bei der Fäulniß, so wie bei der trocknen Destillation animalischer und auch aller derjenigen vegetabilischen Substanzen erzeugt, welche Stickstoff und Wasserstoff, als entfernte bildende Elemente, enthalten. Seine Gewinnung gründet sich auf seine Darstellung aus dem Salmiak im reinen Zustande.

a) Synonyme statt des Namens Ammoniak sind: flüchtiges Alkali, flüchtiges Laugensalz.

Darstellung des Ammoniaks.

§. 78.

Das Ammoniak kann entweder durch dessen Erzeugung aus Stickstoff und Wasserstoff auf direktem Wege, oder durch dessen Abscheidung aus ammoniakalischen Salzen dargestellt werden.

a) Auf direktem Wege wird Ammoniak erzeugt, wenn ein Gemenge von Stickstoffgas, Wasserstoffgas und Sauerstoffgas langsam verbrannt wird, wobei sich Ammoniak, an Salpetersäure gebunden, erzeugt.

b) Durch Trennung aus ammoniakalischen Salzen gewinnt man solches: wenn 1 Gewichtstheil Salmiak mit $1\frac{1}{2}$ Gewichtstheilen gebranntem Kalk gemengt und das Gemenge erhitzt wird, als Ammoniakgas; welches sich durch seinen durchdringenden Geruch zu erkennen giebt. Seine Bestandtheile sind:

	1) Nach dem Spec. Gew. Volum.	2) Nach dem Atomgewicht.	3) Nach Procenten.
Stickstoffgas	1 Maaß = 0,9766	1 Atom = 14	82,35
Wasserstoffgas	3 „ = 0,2030	3 „ = 3	17,65
Ammoniakgas	2 Maaß = 1,1796	1 Atom = 17	100,0

Bereitung des Ammoniaks. (Ammoniakgas; Aetzammoniak.)

§. 79.

Man bereitet das reine Ammoniak am gewöhnlichsten aus dem Salmiak, durch dessen Entmischung mit Calciumoxyd (gebranntem Kalk); wobei solches sich gasförmig entwickelt als Ammoniakgas.

a) Man gewinnt das Ammoniakgas im wasserfreien Zustande, wenn 1 Gewichtstheil zart zertheilter sublimirter Salmiak mit 2 Gewichtstheilen frisch gebrannten und zart gepulverten Kalk, in einer zu pneumatisch chemischen Arbeiten vorgerichteten Retorte, mit Zwischen-Vorlagen in einem Sandbade erhitzt, und das sich gasförmig entwickelnde Ammoniak über Quecksilber aufgefangen wird.

b) Der Salmiak ist aus 1 Atom Ammoniak und 1 Atom Chlorwasserstoffsäure zusammengesetzt. Der Kalk besteht aus Calcium und Sauerstoff. Der Sauerstoff vereinigt sich mit dem Wasserstoff, der Chlorwasserstoffsäure, zu Wasser, welches in die Vorlage übergeht. Das Calcium bleibt mit dem Chlor verbunden als

Chlorcalcium zurück. Das Ammoniak wird gasförmig entwickelt.

Eigenschaften des Ammoniaks.

§. 80.

Das Ammoniak zeichnet sich durch folgende physische und chemische Eigenschaften aus.

a) Physische Eigenschaften. 1) Gasförmig; 2) durchsichtig, unsichtbar; 3) farbenlos; 4) spec. Gewicht = 0,590; nimmt bei — 42° R. eine tropfbare Form an, und seine Dichtigkeit ist dann 0,760 (liquides Ammoniak); 5) besitzt einen scharfen Geschmack, einen durchdringenden Geruch; 6) vom Wasser wird es vollkommen eingesaugt. Das Wasser nimmt dabei sein 670faches Volum jenes Gases (d. i. meist die Hälfte seines Gewichts) mit Erwärmung ein. 7) Das Gas kann nicht die Verbrennung unterhalten, aber mit Sauerstoffgas gemengt und entzündet, verbrennt es, und wird in Stickstoffgas und Wasserdampf zerlegt.

Wäßriges Ammoniak. (Salmiakgeist.)

§. 81.

Die gesättigte Verbindung des Ammoniaks mit dem Wasser, wird wäßriges Ammoniak auch wäßriges liquides Ammoniak oder Salmiakgeist genannt.

a) Man gewinnt das wäßrige Ammoniak entweder dadurch, daß man so lange Ammoniakgas in reines Wasser treten läßt, bis solches nicht mehr davon aufgenommen wird. Oder:

b) Dadurch, daß man $1\frac{1}{2}$ Gewichtstheile gebrannten Kalk in einer Retorte mit 6 Theilen Wasser löscht, 1 Theil Salmiak zusetzt und nun in einer Vorlage mit 2 Oeffnungen, von welchen die zweite mit einem Gasentbindungsrohr verbunden ist, das mit seiner Oeffnung in Wasser taucht, die Masse in der Retorte bis zur Trockne über destillirt; wobei man in der Vorlage das liquide Ammoniak gewinnt.

c) Der Gehalt jener Flüssigkeit an Ammoniak, gegen das Wasser, kann sehr verschieden sein: solches ergiebt sich aus ihrem specifischen Gewicht; folgende Tabelle dient dazu, den Gehalt des Ammoniaks nach Procenten, aus dem jedesmaligen specif. Gewicht zu erkennen.

Specifisches Gewicht.	Ammoniak nach Procenten.	Specifisches Gewicht.	Ammoniak nach Procenten.
0,8720	32,5	0,9476	13,46
0,8875	29,25	0,9513	12,40
0,9000	26,00	0,9545	11,56
0,9054	25,37	0,9573	10,82
0,9166	22,07	0,9599	10,17
0,9255	19,54	0,9629	9,60
0,9326	17,52	0,9692	9,50
0,9385	15,88	0,9713	7,17
0,9435	14,53		

Anmerkung. Wenn höchst concentrirtes wäßriges Ammoniak den entgegengesetzten Polen der Volta'schen Säule so ausgesetzt wird, daß der mit dem negativen Pol verbundene Leitungsdrath sich in einem Kügelchen im Ammoniak befindlichen Quecksilber endigt: so schwillt dieses zu einer voluminösen Masse auf, ähnlich einem Amalgam. Ein ähnliches Produkt wird erhalten, wenn ein Amalgam von Quecksilber und Kalium mit wäßrigem Ammoniak in Berührung gebracht wird. Hier soll (nach Berzelius), der den Stickstoff aus 1 Atom Nitricum als Radikal und 1 Atom Sauerstoff bestehen läßt), das Nitricum sich mit dem Quecksilber zum Amalgam verbinden. Jenes Nitricum würde demnach ein metallisches Radikal des Stickstoffs sein, das Ammonium genannt wird. Nach andern ist das Ammonium ein aus 1 Atom Stickstoff und 4 Atomen Wasserstoff zusammengesetztes Produkt; also eine Hydrüre des Stickstoffs; auf jeden Fall noch eine problematische Substanz.

Vierte Abtheilung.

Von dem Kohlenstoff und seinen Verbindungen mit dem Sauerstoff, dem Wasserstoff und dem Stickstoff.

§. 82.

Mit dem Namen Kohlenstoff (Carbonium) wird der schwarze verbrennliche Antheil einer (in verschlossenen Gefäßen) gut ausgeglüheten Holzkohle, oder auch jeder andern Kohle, welche nach dem Ausglühen organischer Körper zurückbleibt, bezeichnet. Er macht ein einfaches Metalloid aus, das theils rein, theils mit andern Materien verbunden, in den Erzeugnissen aller 3 Naturreiche angetroffen wird.

a) Am reinsten repräsentirt sich der Kohlenstoff als Diamant, im krystallisirten Zustande, in octaëdrischer Form, von 3,5 spec. Gewicht; theils farbenlos, stark glänzend, theils grün, theils gelb, theils braun von Farbe, überaus hart, ein Nichtleiter der Elektricität, vollkommen verbrennlich in reinem Sauerstoffgas.

b) Weniger rein repräsentirt sich der Kohlenstoff als Graphit (Reißblei, Plumbago) in England, in Spanien, in Schweden, in Deutschland, ein Fossil in Urgebirgen vorkommend, auch sich künstlich bildend, beim Ausschmelzen des Eisens. Ein Leiter der Elektricität, grauschwarz, metallisch glänzend, leicht abfärbend, von blättriger Textur, 2,5 spec. Gewicht; bis auf einen kleinen Rückstand verbrennlich in Sauerstoffgas. Es ist die Materie aus denen die Bleifedern verfertigt werden.

c) In der Holzkohle und jeder Pflanzenkohle überhaupt, mit Salzen und Erden verbunden, welche nach deren Verbrennen als Asche zurückbleiben. Mit phosphorsauren Salzen verbunden in der Thierkohle.

d) Im Anthracit (der Kohlenblende): schwarz, halbmetallisch glänzend, von 1,8 spec. Gewicht, schwer verbrennlich, läßt viel erdige Asche zurück.

e) Mit Erdharz und Erden, so wie oft mit Schwefelkies gemengt, findet sich der Kohlenstoff in den verschiedenen Arten der Steinkohle und in den nach ihrer Verkohlung als Rückstand übrig bleibender Koaks, so wie in der Braunkohle (dem Lignit).

Eigenschaften des Kohlenstoffes.

§. 83.

Der reine Kohlenstoff (wenn wir den Diamant als solchen anerkennen) zeichnet sich durch folgende physische und chemische Eigenschaften aus.

a) Physische Eigenschaften. Er ist 1) koncret krystallinisch; 2) geruch- und geschmacklos; 3) im höchsten Grade transparent; 4) im höchsten Grade lichtbrechend; 5) von 3,5 spec. Gewicht; 6) nicht lösbar im Wasser, im Alkohol, in Säuren und im Aether; 7) Unschmelzbar; 8) sein Atomgewicht erhält die stöchyometrische Zahl 6.

b) Chemische Eigenschaften. Der Kohlenstoff ist: 1) verbrennlich, unter Mitwirkung des Sauerstoffgases; 2) entfärbend für farbige Flüssigkeiten, so wie Salzlösungen, farbiges Wasser ꝛc. 3) Fäulnißwidrig und zerstörend die Fäulniß der organischen Materien. 4) Mischbar mit allen übrigen Metalloiden.

Anmerkung. Ob der Diamant nicht eine Verbindung von Kohlenstoff und ½ Wasserstoff ausmacht, wie einige Chemiker vermuthen? Ob das schwarze Princip in der Kohle ein Kohlenoxydul (aus 1 Atom Kohlenstoff und ½ Atom Sauerstoff) ausmacht, wie Cruickschank annimmt? solches verdient doch noch nähere Berücksichtigung.

Kohlenstoff und Sauerstoff. (Säuren und Oxyde des Kohlenstoffes.)

§. 84.

Der Kohlenstoff kann sich unter vier verschiedenen Verhältnissen mit dem Sauerstoff verbinden, woraus eben so viel verschieden geartete Produkte hervortreten. Diese sind von dem höchsten bis zum niedrigsten Verhältniß des Sauerstoffs berechnet: 1) Kohlensäure; 2) Oxalsäure; 3) Krokonsäure; 4) Kohlenoxyd; sie sollen einzeln näher erörtert werden.

I. Die Kohlensäure. (Kohlensaures Gas.)

§. 85.

Die Kohlensäure ist eine Sauerstoffsäure aus Kohlenstoff in der höchsten Stufe der Verbindung mit dem Sauerstoff zusammengesetzt. Ihre bildenden Bestandtheile sind:

	1) Nach dem Volum.	Spec. Gew.	2) Nach dem Atomgewicht.	3) Nach Procenten.
Kohlenstoffgas	1 Maaß	= 0,4160	1 Atom = 6	28
Sauerstoffgas	1 „	= 1,1092	2 „ = 16	72
Kohlensaures Gas	1 Maaß	= 1,5252	1 Atom = 22	100

Aber 1 Atom Kohlensäure nimmt 1 Atom Wasser als Hydratwasser in sich auf, und erzeugt damit 1 Atom kohlensaures Hydrat = 31 Gewichtstheile kohlensaures Hydratgas.

Bereitung der Kohlensäure. (Kohlensaures Gas.)

§. 86.

Die Kohlensäure wird erzeugt, da wo Kohlenstoff und Sauerstoff in den vorher erörterten Atomverhältnissen in Verbindung treten: 1) beim Verbrennen kohlenhaltiger Brennmaterialien in der atmosphärischen Luft oder im Sauerstoffgas; 2) bei der Respiration; 3) bei der Reduktion der Metalle und ihrer Oxyde durch Kohle: überhaupt in allen Fällen da, wo die Verbindung des Kohlenstoffs mit dem Sauerstoff in den angegebenen Verhältnissen statt findet. An mehrere salzfähige Basen gebunden, finden wir die Kohlensäure überaus reichlich im Weltraume verbreitet; aus welchen Verbindungen sie durch stärkere Säuren entwickelt werden kann; wobei solche, unter dem mittlern Druck der Atmospäre und der mittlern Temperatur, in die Gasform überführt wird.

a) Um kohlensaures Gas zu bereiten, wird irgend ein kohlensaures Salz (Marmor, Kreide, roher Kalk ꝛc.) in der pneumatisch chemischen Geräthschaft, mit irgend einer beliebigen vorher mit Wasser verdünnten Säure (Schwefel-, Salpeter-, Chlorwasserstoff- oder Essigsäure) aufgelöst. Die Auflösung erfolgt mit Brausen und das sich entwickelnde kohlensaure Gas kann nun in mit Wasser oder Quecksilber gefüllten Gefäßen, die mit Wasser oder Quecksilber gesperrt sind, aufgefangen werden.

b) Auf gleiche Weise kann solches dargestellt werden, wenn kohlensaurer Kalk oder kohlensaure Bittererde, in einer mit pneumatischer Vorrichtung verbundenen Retorte eingeschlossen, im Feuer behandelt werden.

c) In allen diesen Fällen erscheint das kohlensaure Gas als Hydrat: sein Hydratwasser wird ihm entzogen, wenn solches über geschmolzenes Chlorkalcium geleitet wird.

Eigenschaften des kohlensauren Gases.

§. 87.

Das kohlensaure Gas zeichnet sich in seinen physischen und in seinen chemischen Eigenschaften folgendermaßen aus.

a) Physische Eigenschaften. 1) Bei mittler Temperatur und mittlerm Druck der Atmosphäre ist es ein durchsichtiges, farbenloses, unsichtbares Gas; 2) spec. Gewicht = 1,525; 3) riecht und schmeckt, stechend säuerlich; 4) wird bei einem Druck von 36 Atmosphäre (= 72 Centnern) nach Faraday, zu einer wasserklaren tropfbaren Säure (liquider Kohlensäure) verdichtet, die in strenger Kälte nicht gefriert, bei vermindertem Druck, aber unter Erzeugung von Kälte, wieder in die Gasform übergehet; 5) wird von reinem Wasser vollkommen eingesaugt, welches bei einiger Compression sein dreifaches Volum von kohlensaurem Gas aufnimmt, und damit die wäßrige Kohlensäure (kohlensaures Wasser) darstellt.

b) Das kohlensaure Gas ist nicht mengbar mit der atmosphärischen Luft, sondern sinkt darin zu Boden.

c) Chemische Eigenschaften. 1) Säuerlich stechend von Geruch und Geschmack; 2) wird von Salzbasen (Kalkerde, Kali, Natron, auch vom Ammoniak) eingesaugt, und erzeugt damit kohlensaure Salze; 3) röthet das blaue Lakmuspapier, aber die Farbe verschwindet wieder während dem Trocknen; 4) ist nicht vermögend die Respiration und die Verbrennung zu unterhalten.

d) Versinnlichung durch Experimente in den Vorlesungen.

II. Die Oxalsäure, Kleesäure. (Unter-Kohlensäure?)

§. 88.

Wenn 2 Atome Kohlenstoff mit 3 Atomen Sauerstoff in chemische Verbindung treten, so gehet daraus eine koncrete krystallisirbare Säure hervor. An Kali gebunden findet sich diese Säure, natürlich gebildet, im natürlichen Sauerkleesalze (Oxalium), daher sie mit dem Namen Oxalsäure bezeichnet wird. Sie findet sich auch frei, an den Stengeln von Cicer arietinum, und kann daraus mit Wasser gezogen werden. Ihre bildenden Bestandtheile sind:

	1) Nach dem Atomgewicht.	2) Nach Procenten.
Kohlenstoff	2 Atom = 12	33,33
Sauerstoff	3 , = 36	66,66
Hypothet. wasserfreie Oxalsäure	1 Atom = 36	100,99

Anmerkung. Früher wurde die Oxalsäure als ein Produkt der Mischung von 33,222 Kohlenstoff, 0,244 Wasserstoff und 66,534 Sauerstoff angesehen. Döbbereiner zeigte zuerst die Abwesenheit des Sauerstoffs. Wegen dem Mangel an Wasserstoff macht sie also eine binaire Verbindung aus, und gehöret demgemäß zur Klasse der anorganischen Säuren. Weil sie aber einerseits so häufig in Pflanzen vorgefunden wird: andererseits die reine Säure sich nie ganz frei darstellt, sondern stets an eine salzfähige Basis oder an Wasser gebunden sein muß: so schlägt Leopold Gmelin vor: das oxalsaure Hydrat, welches bei + 80° R. sein Hydratwasser nicht fahren läßt, als eine wasserfreie Oxalsäure zu betrachten: welche demnach aus 2 Atomen Kohlenstoff, 2 Atomen Sauerstoff und 1 Atom Wasserstoff zusammengesetzt sein würde: demgemäß sie allerdings, wegen ihrer ternairen Zusammensetzung, unter den organischen Säuren ihren Rang einnehmen würde; welches späterhin noch weiter entschieden werden muß.

Bereitung der Oxalsäure.

§. 89.

Die Oxalsäure kann entweder aus ihren bildenden Elementen künstlich erzeugt, oder sie kann aus ihren natürlich vorkommenden Verbindungen (z. B. dem Oxalium, Sauerkleesalze) abgeschieden werden.

a) Um die Oxalsäure künstlich zu erzeugen, übergieße man 1 Gewichtstheil weißen Zucker mit 6 Gewichtstheilen wäßrige Salpetersäure (von 1,200 spec. Gewicht) in einen gläsernen Kolben und setze dies ins Sieden. Wenn sich keine rothe Dämpfe (salpetrige Säure) mehr entwickeln, gieße man die Flüssigkeit in eine gläserne oder porzellane Schaale aus: da bann die Oxalsäure, nach dem Erkalten, in kleinen säulenförmigen Krystallen, angeschossen, gefunden wird. Durch nochmaliges Lösen in destillirtem Wasser, und Krystallisiren, erhält man sie im reinern Zustande. Was nicht krystallisirt, ist ein Gemenge von Aepfelsäure und Citronensäure.

b) Hier wird die Oxalsäure erzeugt. Der Zucker ist aus 12 Atomen Kohlenstoff, 10,1 Atomen Sauerstoff und 10,5 Atomen Wasserstoff zusammengesetzt. Der Sauerstoff der Salpetersäure erzeugt mit dem Wasserstoff des Zuckers Wasser; mit $\frac{1}{3}$ Atom Kohlenstoff aber Kohlensäure. $\frac{2}{3}$ Atom Kohlenstoff mit 1 Atom Sauerstoff der Salpetersäure bleiben als Oxalsäure zurück. Der aus der Salpetersäure frei gewordene Stickstoff vereinigt sich mit einem Theil des Kohlenstoffs zum Blaustoff, der, mit Wasserstoff verbunden, als Blausäure verflüchtigt wird.

c) Die Oxalsäure wird auch erzeugt (nach Gay-Lussac), wenn man Kaliumoxyd auf Zucker und mehrere andere vegetabilisch-organischr Stoffe einwirken läßt.

d) Um diese Säure aus das Oxalium (doppelt oxalsaurem Kali) abzuscheiden, zersetzt man dessen mit Wasser gemachte Lösung, durch eine mit Wasser gemachte Lösung von essigsaurem Blei. Das hierbei erhaltene und vollkommen ausgesüßte oxalsaure Blei, wird dann in Wasser zertheilt und so lange hydrothionsaures Gas hineingeleitet, bis solches nicht mehr eingesaugt wird. Hier fällt Schwefelblei zu Boden, und durch Abdunsten und Krystallisiren der klaren Flüssigkeit, gewinnt man die Oxalsäure.

e) Die trockene krystallinische Oxalsäure ist aus 1 Atom Säure = 36, und 3 Atom Wasser = 27 zusammengesetzt; also beträgt ihr Atomgewicht 63. Werden der krystallisirten Säure 2 Atome Wasser durch die Wärme entzogen, so bleiben 45 Theile oxalsaures Hydrat zurück.

Eigenschaften der Oxalsäure.

§. 90.

Die Oxalsäure zeichnet sich in ihren physischen und chemischen Eigenschaften folgendermaßen aus.

a) Physische Eigenschaften. 1) Säulenförmige, farbenlose, durchscheinende Krystalle: 2) scharf, sauer von Geschmack; 3) in 8 Theilen kaltem Wasser mit knisterndem Geräusch lösbar. 4) Verwitternd in der warmen Luft; 5) vollkommen, ohne Zersetzung, sublimirbar in der Hitze.

b) Chemische Eigenschaften. 1) Sie besitzt eine äußerst starke Anziehung zu den Salzbasen; 2) bildet mit den Alkalien gern Doppel- und Quadrupel-Salze; 3) scheint unter allen Säuren die stärkste Anziehung zur Kalkerde zu besitzen, die sie allen andern Säuren entziehet, und damit eine im Wasser nicht lösbare Verbindung erzeugt.

III. Die Krokonsäure.

§. 91.

Die Krokonsäure wurde durch Leop. Gmelin zuerst entdeckt. Sie erzeugt sich bei der Darstellung des Kaliums aus dem kohlensauren Kali durch Kohle. Sie findet sich in der grüngrau erscheinenden pulverigen Substanz, welche mit dem Kalium zugleich entwickelt wird, an Kaliumoxyd gebunden.

Die bildenden Bestandtheile der Krokonsäure sind:

	1) Nach dem Atomgewicht.	2) Nach Procenten.
Kohlenstoff	1 Atom = 6	37,5
Sauerstoff	1½ „ = 10	62,5
Krokonsäure	1 Atom = 16	100,0

Bereitung der Krokonsäure.

§. 92.

Die Krokonsäure wird aus dem krokonsauren Kali geschieden.

a) Man wirft die grüngraue Masse, welche bei der Bereitung des Kaliums durch Kohle gewonnen wird, in destillirtes Wasser, die Lösung wird filtrirt und der freiwilligen Verdunstung überlassen: wobei hochgelbe glänzende nadelförmige Krystalle daraus anschießen, welche krokonsaures Kali sind. Dieses wird getrocknet, gepulvert und mit absolutem Alkohol geschüttelt, welchem weniger Schwefelsäure zugesetzt ist, als zur völligen Zerlegung des Salzes erforderlich ist, dann die rückständige Flüssigkeit mit Wasser verdünnt, filtrirt und die daran noch anklebende Schwefelsäure, durch chlorwasserstoffsaurem Baryt getrennt. Das Fluidum wird nun langsam abgedunstet, da dann die Krokonsäure daraus krystallisirt.

b) Die Krokonsäure zeichnet sich durch folgende physische und chemische Eigenschaften aus. 1) Sie bildet gelbe Nadeln oder Körner; 2) schmeckt stark sauer; und 3) ist geruchlos; 4) Farbe orangegelb; 5) erzeugt mit Basen die krokonsauren Salze von gelber Farbe, die, nach Verschiedenheit der Basis, im Wasser bald lösbar bald nicht lösbar sind.

IV. Das Kohlenstofforyd (Kohlenorydgas).

§. 93.

Wenn Kohlenstoff und Sauerstoff unter gleichen Atomverhältnissen in Mischung treten, so entsteht dadurch das Kohlenstofforyd (Kohlenoryd), das von Priestley und Woodhou's im Jahre 1799 zuerst entdeckt worden ist. Es erscheint nur gasförmig und wird Kohlenorydgas genannt. Die bildenden Bestandtheile des Kohlenorydgases sind:

	1) Nach dem Volum.	Spec. Gew.	2) Nach dem Atomgewicht.	3) Nach Procenten.
Kohlengas	1,0 Maaß	= 0,4160	1 Atom = 6	42,9
Sauerstoffgas	0,5 „	= 0,5546	1 „ = 8	57,1
Kohlenorydgas	1,5 Maaß	= 0,9706	1 Atom = 14	100,0

Bereitung des Kohlenorydgases.

§. 94.

Das Kohlenorydgas wird stets da erzeugt, wo Kohlenstoff und Sauerstoff, bei gleichen Atomen, mit einander in Verbindung treten. Am meisten gewinnt man solches, wenn nicht edle Metalloxyde oder auch kohlensaure Erden (die in der Rothglühhitze die Kohlensäure nicht von sich lassen) in der Vermengung mit gepulverten Holzkohlen oder Graphit, in einer pneumatisch chemischen Vorrichtung bis zum Rothglühen erhitzt werden.

a) Man menge 3 Gewichtstheile kohlensauren Baryt mit 1 Gewichtstheil zart gepulvertem Graphit oder Holzkohle in einer eisernen oder porcellanenen Retorte, versehe sie mit einer Gasentbindungsröhre, leite dieselbe bis auf den Boden in eine mit Kaliätzlauge zum Theil gefüllte Flasche, lasse oben ein zweites Gasleitungsrohr unter den Trichter der pneumatischen Wanne treten, und fange das sich entwickelnde Gas, in mit Wasser gefüllten Gefäßen auf.

b) Der kohlensaure Baryt ist aus 1 Atom Bariumoxyd und 2 Atomen Kohlensäure zusammengesetzt. Der Kohlenstoff des Graphits entziehet der Kohlensäure 1 Atom Sauerstoff, um damit Kohlenoxydgas zu er, Die Kohlensäure des Baryts wird daher gleichfalls in Kohlenoxyd umgewandelt; das gebildete Kohlenoxyd entweicht als Kohlenoxydgas. Die Kaliätzlauge ist dazu bestimmt, das etwa sich mit entwickelnde kohlensaure Gas zu absorbiren. Der kohlensaure Baryt bleibt als Bariumoxyd zurück.

c) Statt des kohlensauren Baryts, kann auch kohlensaurer Kalk oder auch Manganoxyd; und statt des Graphyts, kann Kohle angewendet werden.

Eigenschaften des Kohlenoxydgases.

§. 95.

Das reine Kohlenoxydgas zeichnet sich in seinen physischen und chemischen Eigenschaften folgendermaßen aus.

a) Physische Eigenschaften. 1) Ein farbenloses und unsichtbares Gas; 2) sein specif. Gewicht = 0,9706; 3) von eigenthümlichen Geruch; 4) nur höchst schwer mit Wasser mengbar. 5) Es zeigt keine saure Reaktion gegen Lakmus. 6) Wasser saugt nur $\frac{1}{16}$ seines Volums ein.

b) Chemische Eigenschaften. 1) Es kann weder die Respiration noch die Verbrennung unterhalten; 2) Thiere sterben darin augenblicklich; 3) selbst mit dem vierten Theil seines Volums atmosphärischer Luft gemengt, eingeathmet, erzeugt es Schwindel und Ohnmachten. 4) Mit atmosphärischer Luft gemengt, verbrennt es beim Anzünden mit blauer Farbe; 5) mit der Hälfte seines Volums Sauerstoffgas gemengt und angezündet, wird solches ganz in Kohlensäure umgewandelt.

c) Darstellung des Kohlenoxydgases und Versinnlichung seiner Eigenschaften durch Experimente, in den Vorlesungen.

Anmerkungen. Die Verderbniß der Luft in verschlossenen Zimmern, wenn frisch angezündete Holzkohlen darin verbrannt worden; oder wenn die Rauchröhren der Oefen zu früh verschlossen werden, wodurch Schwindel, Ohnmachten, ja selbst Apoplexie herbeigeführt werden, veranlaßte die Alten ein arsenikalisches Principium in der Kohle vorauszusetzen. Ob diese nachtheilige Wirkung einem sich entwickelnden Kohlenoxydgas oder einem andern Wesen (Kohlendampf?) zuerkannt werden muß? solches verdient noch genauer erforscht zu werden.

V. Von dem Dunstkreis oder der Atmosphäre. Atmosphärische Luft. (Mengung von Stickstoffgas, Sauerstoffgas, kohlensaurem Gas und Wasserdampf.)

§. 96.

Dunstkreis oder Atmosphäre (aus den griechischen Wörtern ατμὸς und σφαῖρα zusammengesetzt), wird derjenige Raum unsers Erdballs genannt, der nicht mit

Erde und Wasser erfüllet ist, in welchem alle organische Geschöpfe leben und sich bewegen, so wie respiriren und Dünste exhaliren; welche letztere Funktion auch auf die Anorganismen ausgedehnt werden kann.

a) Was den Dunstkreis ausfüllet, wird atmosphärische Luft genannt. Sie ist ein Gemenge von Stickstoffgas, Sauerstoffgas, kohlensaurem Gas und Wasserdampf (Wassergas).

b) Außerdem finden sich in der Atmosphäre noch stets vertheilt: Licht, Wärme, Elektricität und magnetisches Fluidum; ferner ein Heer von unsichtbaren Staubtheilchen und Luftinsekten; oft auch Salpetersäure und Chlorwasserstoffsäure, in Dunstform aufgelöst.

c) Denkt man sich alle übrige nicht zum wahren Wesen der atmosphärischen Luft gehörigen Materien hinweg: so bleiben als wahre Gemengtheile davon übrig, ein Gemenge von Stickstoffgas, von Sauerstoffgas und von einem Minimum kohlensaurem Gas; alle übrige Materien sind als außerwesentlich zu betrachten.

Eigenschaften der atmosphärischen Luft.

§. 97.

Die Eigenschaften der atmosphärischen Luft geben sich entweder auf eine physische oder eine chemische Weise zu erkennen.

a) Physische Eigenschaften. 1) Vollkommene Durchsichtigkeit, also unsichtbar; 2) die stärkste Leitungsfähigkeit für das Licht; 3) Kompressibilität; 4) Expansibilität; 5) Ponderabilität; 6) Sperrbarkeit; 7) schwache Mengbarkeit mit Wasser.

b) Chemische Eigenschaften Solche bestehen: 1) in dem Vermögen die Respiration; 2) die Verbrennung der Körper zu unterhalten, wobei solche zersetzt wird.

Druck der Atmosphäre (das Barometer).

§. 98.

Vermöge ihrer Ponderabilität übt die atmosphärische Luft auf jede Unterlage einen Druck aus, und zeigt also ein gegebenes Gewicht. Das Instrument, wodurch das Gewicht einer Luftsäule von gegebener Grundfläche, deren Höhe bis zur Gränze der Atmosphäre reicht, ermittelt werden kann, wird Barometer genannt. Um auch die Differenz der jedesmaligen Temperatur der Atmosphäre, in niedrigern oder höhern Regionen derselben zu ermitteln, muß solches mit einem Reduktionsthermometer verbunden sein. Die genauesten Werkzeuge solcher Art sind die sogenannten Heberbarometer.

a) Ein gut konstruirtes Heberbarometer besteht in einer 32 bis 34 Zoll langen, durchaus Caliber haltenden Glasröhre von 1 Linie Diameter, die oben zugeschmolzen, am Ende aber um 12 Zoll heberförmig umgebogen, und oben offen ist. Wird jenes Rohr vollkommen mit reinem Quecksilber angefüllet und, um dieses von aller inhärirenden Luft und Feuchtigkeit vollkommen zu befreien, ausgekocht: so sinkt die Quecksilbersäule im längern Schenkel bei einer mittlern Dichtigkeit der atmosphärischen Luft, auf 28 pariser Zoll herab, wodurch solches im längern Schenkel auf 6 Zoll steigt. Wird also vom Niveau des Quecksilbers im kürzern Schenkel aufwärts gezählt, so beträgt die Länge der Quecksilbersäule 28 pariser Zoll; der über ihr befindliche luftleere Raum hingegen 6 Zoll. Dieser wird der Toricellische Raum oder die Toricellische Leere (Vacuum Toricellianum) genannt.

b) Die Skale am Barometer ist in pariser Zolle, Linien, und Skrupel eingetheilt. Sie beginnet gewöhnlich erst in der Höhe der Quecksilbersäule von 26 Zoll an. Der Zoll ist in 12 Linien, jede Linie wieder in 16 Skrupel abgetheilt. Damit auch die Länge der Quecksilbersäule im kürzern Schenkel genau gemessen werden kann, ist auch dieser mit einer Skale versehen, welche an der obern Fläche des darin enthaltenen Quecksilbers nun abwärts zählt.

c) Das an der Seite des Barometers placirte Thermometer, kann irgend eine beliebige Skale besitzen, am einfachsten wählet man aber die des de Lücschen Reduktions-Thermometers, welches zwischen dem Gefrierpunkte = 0° und dem Siedpunkte des Wassers in 96 gleiche Theile oder Grade abgetheilt ist.

d) Auf die Erfahrung gestützt, daß eine Quecksilbersäule von 28 Zoll Länge beim Gefrierpunkte des Wassers, wenn sie bis zum Siedpunkte desselben erhitzt wird, sich genau um 6 Linien ausdehnt oder verlängert: sind diese 96 Graden des Reduktionsthermometers gleich. Da aber jede Linie in 16 Skrupel zerfällt, und 6 . 16 = 96 ist: so können hiernach, für jede Differenz von 1 Grad im Thermometer, 1 Skrupel im Barometerstande, ab oder zugerechnet werden.

e) Soll mit einem solchen Barometer beobachtet werden: so bemerkt man erst den Stand der Quecksilbersäule im längern Schenkel, er sei = 34 Zoll. Nun beobachtet man den Quecksilberstand im kurzen Schenkel, von seiner Oberfläche abwärts gezählt. Es zeige seine Länge sich 6 Zoll; so werden also 6 Zoll von 34 Zoll abgezogen für den berichtigten Barometerstand (34 — 6 = 28 Zoll) = 336 pariser Linien angegeben; wenn die Temperatur $12\frac{1}{2}$° Reaumür oder 13° der de Lücschen Reduktions-Skale beträgt. Stände aber z. B. das Quecksilber im längern Schenkel, nach der Berichtigung, 28 Zoll, und die Temperatur des Reduktionsthermometers zeigte 25 Grad: so wird der wahre Barometerstand sein, 28″ — 11 Skrupel, also gleich 27 Zoll, 0 Lin., $3\frac{2}{3}$ Skrupel u. s. w. betragen.

f) Da 28 Zoll gleich $2\frac{1}{3}$ Längenfuß ist, und 1 pariser Kubikfuß Quecksilber 950 Pfund wiegt: so muß der Druck einer Luftsäule, bei $12\frac{1}{2}$° R. und 28″ Barometerstand, wenn ihre Grundfläche 1 Quadratfuß beträgt, und ihre Höhe bis zur Grenze der Atmosphäre reicht $\left(\frac{950 \cdot 28}{12}\right) = 2216\frac{2}{3}$ Pfund betragen, wonach also der Druck der Atmosphäre bei jedem Stande des Barometers, so wie des Thermometers, für jede kleinere noch größere Quadratfläche, berechnet werden kann.

g) Versinnlichung durch Experimente in den Vorlesungen.

Höhe des Dunstkreises.

§. 99.

Ein Kubikfuß atmosphärische Luft wiegt, bei mittler Temperatur und 28 Zoll Barometerhöhe im Durchschnitt $3\frac{1}{10}$ Loth. Wir können uns die Atmosphäre als eine Reihe senkrecht übereinander liegender Luftschichten vorstellen, von denen jede Einzelne ein gegebenes Gewicht besitzt. Die unterste Schicht muß also das Gewicht aller über ihr liegenden tragen; folglich muß auch das Gewicht der Luftsäule, und ihr Druck auf die Quecksilbersäule im Barometer, in eben dem Maaße abnehmen, als man höher in den Dunstkreis emporsteigt. Man berechnet die Höhe des Dunstkreises gewöhnlich zu $9\frac{2}{3}$ bis 10 geographische Meilen, von der Oberfläche des Meeres aufwärts gerechnet. Jenes würde, die geographische Meile zu 23,661 preuß.-brandenb. Längenfuß berechnet, 236,610 Fuß ausmachen. Beträgt nun jede Luftschicht von 1 Kubikfuß 3,5 Loth und die Höhe der Atmosphäre 236,610 Längenfuß: so mußte der Druck der Luftsäule für jeden Quadratfuß Fläche 2,380 Centner betragen; der Centner zu 110 Pfund angenommen. Gewöhnlich rechnet man aber für den Druck einer Atmosphäre, nur 220 Pfund oder 2 Centner, bei mittlern Barometerstand und mittler Temperatur.

a) Die Luft des Dunstkreises ist stets mit Wasserdunst (Wassergas) mehr denn weniger beladen. Da dieses sich aber, in seinem spec. Gewicht, zu dem der atmosphärischen Luft, wie 6 : 10 verhält: so muß die Dichtigkeit der Atmosphäre, und mit ihr der Druck auf jede Unterlage, in gleichem Grade sich abnehmend verändern, als die Wassermasse darin zunehmend wird.

b) Aus dem Grunde sinkt das Quecksilber im Barometer, so wie die Feuchtigkeit der Atmosphäre zunimmt; und es steigt, wenn sie als Regen dem Erdball zugeführt wird. Daher das Barometer (unter dem Namen Wetterglas), als ein Prognostikon für trockne oder regnigte Witterung angesehen werden kann.

c) Der Gehalt des Wasserdampfs (Wassergases), der in der Atmosphäre enthalten ist, wird durch das Hygrometer erforscht; man unterscheidet: 1) das Saussüresche Haarhygrometer; 2) das de Lücsche Fischbein-Hygrometer; 3) das Danielsche Aether-Hygrometer; 4) das Augustsche Psychrometer (welches den Vorzug verdient). Eine weitere Erörterung derselben und ihres Gebrauchs, in den Vorlesungen.

Gemengtheile der atmosphärischen Luft. (Das Eudiometer.)

§. 100.

Die atmosphärische Luft ist stets ein Gemenge von ohngefähr $78\frac{999}{1000}$ Stickstoffgas, 21 Sauerstoffgas und $\frac{1}{1000}$ kohlensaurem Gas, dem Volum nach, wenn die Luft im Freien, nicht in bewohnten Oertern untersucht wird. Außerdem enthält sie aber auch stets Wasserdampf. Die specifiken Gewichte der in der atmosphärischen Luft enthaltenen Gasarten sind (wenn ein Volum der Luft von 1000 Gewichtstheilen angenommen wird) bei 8° Reaumür, folgende

1) für das Stickstoffgas	0,96913
2) für das Sauerstoffgas	1,10260
3) für das kohlensaure Gas	1,52600
4) für den Wasserdunst (Wassergas)	0,62000

Setzt man nun einen Luftdruck von 336,9 pariser Linien (= 28″ 9‴), voraus; so kommt für jede einzelne jener Gasarten ein Druck von:

1) für das Stickstoffgas	. . . .	254,52795
2) für das Sauerstoffgas	. . . .	78,56508
3) für das kohlensaure Gas	. . .	0,33690
4) für den Wasserdunst	. . . .	3,47007

pariser Linien, in Rechnung, wovon die Verhältnisse des Sauerstoffgases und des kohlensauren Gases, nur dann abweichen, wenn die Luft aus bewohnten Räumen entnommen ist.

a) Soll die Luft von dem beigemengten kohlensauren Gas befreiet werden, so leitet man sie durch Kalkwasser oder durch wäßriges Aetzammoniak (§. 81.). Soll sie vom Wassergehalte befreiet werden, so wird sie durch geschmolzenes Chlorcalcium geleitet.

b) Um die Volumverhältnisse zwischen dem Stickstoffgas und dem Sauerstoffgas zu ermitteln, bedient man sich des Eudiometers (Oxydometer), wovon unter den vielen bekannten: das Volta'sche und das Döbbereiner'sche allein richtige Resultate darbieten. Beide sind darauf gegründet, daß 2 Volumtheile Wasserstoffgas und 1 Volumtheil Sauerstoffgas sich vollkommen vernichten und Wasser bilden, wenn das Gasgemenge entzündet wird.

c) Versinnlichung durch Experimente mit dem Volta'schen und dem Döbbereiner'schen Eudiometer, Vorzeigung und Erklärung derselben, in den Vorlesungen.

Ausdehnung der Luft, durch sich selbst und durch Wärme.

§. 101.

Da die Luft ein ponderables, kompressibles, aber auch expansibles Fluidum ausmacht, so muß ihre Dichtigkeit zunehmen, nach der Zahl der Luftschichten, welche über einander ruhen; so wie sie sich in große Räume ausdehnen muß, wenn jene sich in der Zahl vermindern. Eben so wird sie ausgedehnt und im Volum vergrößert, durch die Wärme.

a) Versinnlichung durch Experimente in den Vorlesungen; 1) mittelst dem Cartesianischen Taucher; 2) der Luftpumpe; 3) der Feuer-Fontaine; 4) dem Heronsbal.

b) Wird die Luft in einen kleineren Raum zusammengepreßt, so erfolgt Wärmeentwickelung. Geschiehet solches durch Stoß sehr schnell, so gerathen verbrennliche Körper in Entzündung. Läßt der Druck nach, so dehnt die Luft sich wieder in ihrem vorigen Raume aus, womit Kälte erregt wird.

c) Setzt man voraus, daß die ganze Erdmasse poröse genug ist, um bis zum Mittelpunkte von der Luft durchdrungen zu werden; und verbindet man damit die Erfahrung, daß für jede Tiefe von 90 Fuß, die Temperatur um 1° R. zunimmt: so läßt sich folgern, daß im Mittelpunkte der Erde die Luft viel dichter als Platin sein, und die Hitze bis zum Schmelzen des Eisens kommen muß: woraus die zunehmende Temperatur in der Tiefe der Erde erklärbar wird.

VI. Kohlenstoff und Wasserstoff. (Kohlenwasserstoff. Kohlenwasserstoffgas.)

§. 102.

Fast jede aus organischen Substanzen erhaltene Kohle enthält einen geringen Antheil Wasserstoff, welcher durch Glühen in verschlossenen Gefäßen nicht vollkommen daraus entfernt werden kann. In welchem Zustande sich diese Verbindung befindet und welches das proportionale Verhältniß ihrer Bestandtheile sind? ist zur Zeit noch nicht bekannt. Werden aber Körper organischer Abstammung (Holz, Steinkohle, Thierknochen ꝛc.) in einer pneumatisch chemischen Vorrichtung trocken destillirt: so gewinnt man 1)

Wasser (das bei Vegetabilien mit Essigsäure, bei Animalien mit Ammoniak gemengt ist); 2) theerartiges Oel; 3) ein verbrennliches gasförmiges Fluidum, welches Kohlenwasserstoffgas genannt wird.

Darstellung des einfachen Kohlenwasserstoffgases. (Kohlenwasserstoffgas im Minimum.)

§. 103.

Der Kohlenstoff kann sich unter 2 Verhältnissen mit dem Wasserstoffe verbinden im Minimum und im Maximum (einfaches und Doppelt-Kohlenwasserstoffgas). Das erste findet sich fertig gebildet in sumpfigen Wässern (als Sumpfluft). Das Zweite wird erzeugt: 1) bei der trocknen Destillation organischer Substanzen; 2) bei der Erhitzung eines Gemenges von Alkohol und koncentrirter Schwefelsäure.

a) Eine mit Kalkwasser gefüllte und an ihrer Mündung mit einem Trichter verbundene gläserne Flasche halte man mit der Trichteröffnung in ein sumpfiges Wasser und rühre das Wasser um, so wird sich Gas entwickeln, das in der Flasche emporsteigt und das Wasser daraus verdrängt: solches ist einfach Kohlenwasserstoffgas. Reiner gewinnt man dieses Gas, wenn doppelt Kohlenwasserstoffgas durch ein glühendes Rohr von Kupfer oder Eisen geleitet wird, wobei sich einfach Kohlenwasserstoffgas entwickelten, und Kohle im Rohr zurückbleibt. Seine bildenden Bestandtheile sind:

	1) Nach dem Spec. Gew. Volum.		2) Nach dem Atomgewicht.	3) Nach Procenten.
Kohlengas	1 Maaß	= 0,4160	1 Atom = 6	74,896
Wasserstoffgas	2 „	= 0,1386	2 „ = 2	25,104
Einfach Kohlenwasserstoffgas	1 Maaß	= 0,5546	1 Atom = 8	100,0

Im Durchschnitt wird dafür 75 Kohlenstoff und 25 Wasserstoff in Rechnung gestellt. Es kommt auch zuweilen in Kohlenbergwerken vor, als feuriger Schwaden.

Eigenschaften des einfachen Kohlenwasserstoffgases.

§. 104.

In seinen physischen und chemischen Eigenschaften zeichnet sich das einfache Kohlenwasserstoffgas folgendermaßen aus.

a) Physische Eigenschaften. 1) Farbenloses Gas; 2) spec. Gewicht 0,5546; 3) starke lichtbrechende Kraft; 4) geschmacklos; 5) schwer mit Wasser mengbar, welches nur $\frac{1}{27}$ seines Volums aufnimmt.

b) Chemische Eigenschaften. 1) Kann weder die Respiration noch die Verbrennung unterhalten; 2) ist entzündlich in Vermengung mit atmosphärischer Luft oder mit Sauerstoffgas. Ein Maaß desselben mit 2 Maaß Sauerstoffgas wird beim Entzünden in 1 Maaß Wasserdampf und 1 Maaß kohlensaures Gas zersetzt; 3) durch ein glühendes kupfernes Rohr geleitet, setzt es Kohle darin ab, und es bleiben 2 Maaß reines Wasserstoffgas zurück.

Darstellung des Doppelt-Kohlenwasserstoffgases. (Kohlenwasserstoffgas im Maximum. Oelbildendes Gas.)

§. 105.

Man gewinnt dieses Gas am reinsten, wenn Alkohol mit seinem vierfachen Gewicht Schwefelsäure-Hydrat in der Siedhitze zerlegt wird. Weniger rein: wenn fette oder ätherische Oele durch glühende Röhren geleitet oder Steinkohlen trocken destillirt werden.

a) In einem geräumigen Kolben mit pneumatischer Vorrichtung verbunden, werden 4 Gewichtstheile schwefelsaures Hydrat (höchst koncentrirte Schwefelsäure), und 1 Theil Alkohol (wasserfreier Weingeist) mit einander gemengt, der Kolben in einem Sandbade erhitzt, und das Gasentbindungsrohr in eine Flasche mit Kaliätzlauge geführt, ein zweites Gasentbindungsrohr aus denselben aber, unter den Trichter der pneumatischen Wanne. Anfangs entweicht die atmosphärische Luft aus den leeren Räumen der Gefäße, späterhin aber erfolgt das Kohlenwasserstoffgas, welches nun in mit Wasser gefüllten Gefäßen aufgefangen wird. Es wird auch Oelbildungsgas genannt.

b) Die Bildung dieses Gases wird folgendermaßen erklärt: der Alkohol ist eine Verbindung von 1 Atom Sauerstoff, 2 Atom Kohlenstoff und 3 Atom Wasserstoff, und zwar in solchem proportionellen Verhältniß, daß derselbe auch als eine Verbindung von 2 Atomen ölbildendem Gas und 1 Atom Wasser gedacht werden kann. Die koncentrirte Schwefelsäure entziehet dem Alkohol das eine Atom Wasser, das er enthielt; das ölbildende Gas dehnt sich nun zur Gasform aus und entweicht, zugleich wird dabei etwas Schwefeläther erzeugt.

b) Weniger rein (d. i. mit brenzlichen Oeltheilen gemengt) gewinnt man jenes Gas, wenn Steinkohlen aus einer eisernen Retorte mit Vorlage trocken destillirt werden, und das dabei sich entwickelnde Gas durch Kalkwasser oder Kaliätzlauge geleitet, dann über dem Sperrwasser aufgefangen wird. Es entwickelt sich auch bei der trocknen Destillation aller organischen Substanzen; auch wenn Oele durch glühende kupferne oder eiserne Röhren geleitet werden. Die vorgeschlagenen alkalischen Flüssigkeiten sind dazu bestimmt, das kohlensaure Gas einzusaugen, welches sich zugleich mit zu entwickeln pflegt.

c) Die Bestandtheile des Doppelt-Kohlenwasserstoffgases sind:

	1) Nach dem Volum.	Spec. Gew.	2) Nach dem Atomgewicht.	3) Nach Procenten.
Kohlenstoffgas	2 Maaß	= 0,8320	1 Atom = 6	85,5
Wasserstoffgas	2 „	= 0,1386	1 „ = 1	14,5
Oelbildendes Gas	1 Maaß	= 1,9706	1 Atom = 7	100,0

Eigenschaften des Doppelt-Kohlenwasserstoffgases. (Oelbildendes Gas.)

§. 106.

Das Doppelt-Kohlenwasserstoffgas (ölbildendes Gas) zeichnet sich durch folgende physische und chemische Eigenschaften aus.

a) Physische Eigenschaften. 1) durchsichtig; 2) farbenlos; 3) von 0,9706 spec. Gewicht; 4) von einem eigenen mehr angenehmen als unangenehmen Geruch; 5) sehr stark das Licht brechend; 6) schwer mengbar mit Wasser; solches nimmt $\frac{1}{8}$ Theil seines Volums in sich.

b) Chemische Eigenschaften. 1) Kann weder die Respiration noch die Verbrennung unterhalten; 2) brennt in Mitwirkung von atmosphärischer Luft, mit blendend weißer Flamme; 3) mit dem halben Volum Sauerstoffgas gemengt und angezündet, verbrennt es mit heftiger Explosion. Zur vollkommenen Verbrennung erfordert 1 Maaß dieses Gases 3 Maaß Sauerstoffgas: hierbei werden 2 Maaß kohlensaures Gas und 1 Maaß Wasserdunst erzeugt; 4) werden 1 Maaß Kohlenwasserstoffgas und 1 Maaß Sauerstoffgas verbrannt: so wird das Volum nicht vermindert; was zurückbleibt ist aus 1 Maaß Kohlenoxydgas und 1 Maaß Wasserstoffgas gemengt; 5) durch ein glühendes Rohr geleitet, wird solches in Einfach-Kohlenwasserstoffgas und Kohle zerlegt.

c) Auf die Fähigkeit des Doppelt-Kohlenwasserstoffgases, mit weißer sehr intensiver Flamme zu brennen, gründet sich seine Anwendung zur Gaserleuchtung.

d) Versinnlichung durch Experimente in den Vorlesungen.

VII. Kohlenstoff, Stickstoff, Sauerstoff und Wasserstoff. (Cyan; Cyansäure; Hydrocyansäure.)

§. 107.

Mit dem Namen Cyan, Cyanogen auch Blaustoff, wird ein aus Kohlenstoff und Stickstoff zusammengesetztes Wesen bezeichnet, das mit Sauerstoff und Wasserstoff vereinigt Säuren erzeugt, von welchen die eine Oxycyansäure, die zweite Hydrocyansäure genannt wird. Die Hydrocyansäure findet sich fertig gebildet in vielen Vegetabilien und bedingt deren mehr oder weniger giftige Wirkung auf den thierischen Organismus; selbst gegen Pflanzen.

a) Zu den Pflanzen, in welchen das Cyan an Wasserstoff gebunden, als Hydrocyansäure (Blausäure) vorkommt, gehören vorzüglich: 1) die bittern Mandeln; 2) die Blätter vom Kirschlorbeer; 3) Blätter, Rinde und Wurzel der Traubenkirsche (Prunus padus); 4) die Fruchtkerne der Pfirsichen, der Aprikosen, der Kirschen, der Pflaumen 2c. In allen diesen Substanzen ist die Hydrocyansäure an mehr oder weniger ätherisches Oel gebunden

Darstellung des Cyans.

§. 108.

Das Cyan wird in allen Fällen da erzeugt, wo Kohlenstoff und Stickstoff sich im angemessenen Verhältniß vereinigen; solches kann auf eine verschiedene Weise erzielet werden.

a) Man vermenge 4 Gewichtstheile getrocknetes Blut oder Thierkohle mit 1 Gewichtstheil einfach kohlensaurem Kali, und glühe das Gemenge in einem leicht verschlossenen Gefäße so lange aus, bis kein Rauch und keine Flamme mehr gebildet wird. Die rückständige kohlige Masse enthält Cyan an Kalium gebunden. Wird solche mit Wasser ausgelaugt, das vorwaltende Alkali durch Essigsäure neutralisirt, und dann die filtrirte Flüssigkeit zur Krystallisation disponirt, so scheidet sich Cyankalium in gelblichen Krystallen aus. Oder:

b) Man menge 1 Gewichtstheil Salmiak mit 4 Gewichtstheilen Kohle oder Graphit, und $1\frac{1}{2}$ Gewichtstheil einfach kohlensaurem Kali, und behandle das Gemenge wie vorher.

c) Hier verbindet sich im ersten Fall der Stickstoff im Blute oder der Thierkohle; im zweiten Fall der des Ammoniaks im Salmiak, mit dem Kohlenstoff, wodurch Cyan erzeugt wird, das nun mit Kalium vereinigt zurückbleibt und beim Anslaugen vom Wasser gelöst wird.

d) Die bildenden Bestandtheile des Cyans sind folgende:

	1) Nach dem Volum.	Spec. Gew.	2) Nach dem Atomgewicht.	3) Nach Procenten.
Kohlengas	2 Maaß	= 0,8320	2 Atom = 12	46,1
Stickstoffgas	1 „	= 0,9706	1 „ = 14	53,9
Cyangas	1 Maaß	= 1,8026	1 Atom = 26	100,0

Reines Cyangas.

§. 109.

Um das Cyan rein zu erhalten, scheidet man solches aus dem Cyan-Quecksilber. Man gewinnt dieses, wenn rothes Quecksilberoxyd und reines Cyan-Eisen (Berlinerblau) so lange mit Wasser digerirt werden, bis das Blau nicht mehr entfärbt wird. Aus der filtrirten Flüssigkeit krystallisirt sich das Cyanquecksilber in säulenförmigen farbenlosen Krystallen.

a) Wird Cyanquecksilber in einer pneumatisch chemischen Vorrichtung gelinde erhitzt, so entwickelt sich das Cyan als Cyangas und das Quecksilber wird wieder hergestellt. Das Gas muß über Quecksilber aufgefangen werden.

Eigenschaften des Cyangases.

§. 110.

Das Cyangas zeichnet sich in seinen physischen und chemischen Eigenschaften folgendermaßen aus.

a) Physische Eigenschaften. 1) farbenlos, durchsichtig, unsichtbar; 2) 1,802 spec. Gewicht; 3) nimmt bei starker Compression und starker Kälte eine tropfbare Form an, von 0,9 spec. Gewicht gegen Wasser; 4) besitzt einen der Hydrocyansäure ähnlichen durchdringenden Geruch.

b) Chemische Eigenschaften. 1) Kann weder die Respiration noch die Verbrennung unterhalten; 2) wirkt giftig, wenn es eingeathmet wird; 3) verbrennt in Vermengung mit atmosphärischer Luft, mit rother Flamme; mit Sauerstoffgas unter heftiger Explosion und wird dabei in Kohlensäure und Stickstoffgas zerlegt; 4) Wasser saugt, bei $12\frac{1}{2}^{0}$ R., sein $4\frac{1}{2}$faches Volum ein; die Flüssigkeit ist ein Gemenge von Cyansäure und von Hydrocyansäure.

Cyan und Sauerstoff. (Cyanige Säure. Cyansäure. Oxycyansäure.)

§. 111.

Das Cyan kann sich mit dem Sauerstoff unter zwei Verhältnisse verbinden, woraus zwei Säuren hervorgehen, von denen die erste Cyanige, die zweite Cyansäure genannt wird. Beide Säuren stehn zur Zeit noch bloß als chemische Merkwürdigkeiten da.

a) Die cyanige Säure, eine Verbindung von 1 Atom Cyan und 1 Atom Sauerstoff, wird erzeugt, wenn Cyanquecksilber und einfach kohlensaures Kali in einem verschlossenen Gefäße zusammen geglühet werden. Die reine cyanige Säure wird gewonnen, wenn cyanigsaures Silber durch chlorwasserstoffsaures Gas zerlegt wird. Sie erscheint als ein stechend säuerlich riechender, im Geruch der Essigsäure ähnlicher Dampf; wird vom Wasser eingesaugt; bildet mit Basen die cyanigsauren Salze, welche, wenn sie in Wasser gelöst sind, leicht in ammoniakhaltige und kohlensaure Salze zerfallen, aus denen aber die cyanige Säure durch Schwefelsäure frei dargestellt werden kann.

b) Die Cyansäure, aus 1 Atom Cyan und 2 Atomen Sauerstoff zusammengesetzt, wird gewonnen, wenn Doppelt-Chlorcyan (s. dieses) mit vielem Wasser eine Zeitlang erhitzt, dann die Flüssigkeit gelinde zur Trockne abgedunstet wird, wobei die Cyansäure koncret zurückbleibt. Sie erscheint 1) farbenlos; 2) koncret; 3) krystallinisch; 4) sublimirbar; 5) dichter als Wasser; 6) geruch- und geschmacklos; 7) schwer lösbar im Wasser, ohne dadurch verändert zu werden; 8) mit Basen erzeugt sie die leicht krystallisirbaren cyansauren Salze.

c) Der cyanigen Säure, in der Grundmischung fast völlig gleich kommend, ist die von Liebig entdeckte Knallsäure, welche mit Silber- und Quecksilberoxyd verbunden, Salze erzeugt, die beim Stoß oder Druck mit starkem Knall verpuffen. Sie soll (nach Liebig) aus 3 Atomen Cyan und 2 Atomen Sauerstoff zusammengesetzt sein.

VIII. Cyan und Wasserstoff. (Hydrocyansäure. Blausäure. Berlinerblausäure.)

§. 112.

Wenn Cyan mit Wasserstoff in Verbindung tritt, so geht daraus die Hydrociansäure (Cyanwasserstoffsäure, Blausäure) hervor. Den Namen Blausäure hat sie erhalten, weil das Cyankalium die Auflösung des Eisenoxyds blau niederschlägt. Die bildenden Bestandtheile der wasserfreien Hydrociansäure sind folgende:

1) Nach dem Volum.

Kohlengas	2 Maaß	= 0,9706	spec. Gewicht.
Stickstoffgas .	1 „	= 0,8320	„ „
Wasserstoffgas . .	1 „	= 0,0693	„
Gasförmige Hydrociansäure	2 Maaß	= 1,8719	spec. Gewicht.

Oder:

Cyangas . .	1 Maaß	= 1,8026	spec Gewicht.
Wasserstoffgas . . .	1 „	= 0,0693	„ „
Gasförmige Hydrociansäure	2 Maaß	= 1,8719	spec. Gewicht.

2) Nach dem Atomgewicht.			3) Nach Procenten.
Kohlengas	2 Atom	= 12	44,45
Stickstoff .	1 „	= 14	51,85
Wasserstoff .	1 „	= 1	3,70
Hydrocyansäure	1 Atom	= 27	100,00

Darstellung der Hydrocyansäure.

§. 113.

Außerdem daß die Hydrocyansäure sich fertig gebildet in mehreren Vegetabilien (§. 108. a.) vorfindet, kann solche auf sehr verschiedenen Wegen gewonnen werden.

a) Wenn (nach Vauquelin) hydrothionsaures Gas (s. dieses) über in einem porzellanenen Rohr eingeschlossenes Cyanquecksilber im erwärmten Zustande, so lange hineingeleitet wird, bis der sich entwickelnde faule Eiergeruch entdeckt, daß die Hydrothionsäure nicht mehr eingesaugt wird; die Vorlage muß mit einem sehr kaltmachenden Gemenge umgeben sein. Hier vereinigt sich das Quecksilber mit dem Schwefel der Hydrothionsäure zu Schwefelquecksilber; der Wasserstoff tritt an das Cyan und erzeugt damit Hydrocyansäure, die sich in der Vorlage verdichtet. Durch Schütteln mit kohlensaurem Bleioxyd, kann sie von aller daran noch abhärirenden Hydrothionsäure befreiet werden.

Eigenschaften der Hydrocyansäure.

§. 114.

Die so erhaltene wasserfreie Hydrocyansäure, zeichnet sich durch folgende physische und chemische Eigenschaften aus.

a) Physische Eigenschaften. 1) Wasserklares Fluidum; 2) spec. Gewicht 0,705; 3) gefriert bei — 15° R. zu einer fasrigen Substanz; 4) verdampft schnell in der Luft; 5) besitzt einen den bittern Mandeln ähnlichen Geruch, reizt stark zum Husten, schmeckt scharf; 6) wird vom Wasser eingesaugt, welches damit die wäßrige Hydrocyansäure darstellt. Haltbarer ist die Verbindung der Hydrocyansäure mit wäßrigem Weingeist.

b) Chemische Eigenschaften. 1) Röthet Lakmus; 2) wirkt in der kleinsten Gabe tödtlich; 3) bildet mit Basen vereinigt keine Salze, sondern Cyanüren.

c) Versinnlichung durch Experimente in den Vorlesungen.

IX. Produkte der Verbindungen der Salpetersäure, der Kohlensäure und der Hydrocyansäure, mit dem Ammoniak. (Ammoniakhaltige Salze.)

§. 115.

Es ist bereits (§. 77.) bemerkt worden, daß das Ammoniak, obschon wie jede wirkliche alkalische Basis gegen Säuren wirkend, vermöge seiner Grundmischung doch nicht den wahren Alkalien, welche wahre Metalloxyde ausmachen, beigerechnet werden kann. Aus dem Grunde sollen hier diejenigen Salzverbindungen erörtert werden, die das Ammoniak, in der Vereinigung mit den früher abgehandelten Säuren, der Salpetersäure, der Kohlensäure, der Oxycian- und Hydrociansäure darzubieten vermögend ist.

1) Das salpetersaure Ammoniak.

§. 116.

Das salpetersaure Ammoniak gehet aus der neutralen Verbindung der Salpetersäure mit dem Ammoniak hervor, indem beide bis zur Ausgleichung mit einander vereinigt werden. Seine Bestandtheile sind in einem Atom desselben 1 Atom Ammoniak = 17, und 1 Atom Salpetersäure = 54, 1 Atom Hydratwasser = 9, also ein Atomgewicht = 80, und nach Procenten enthält solches in hundert Gewichtstheilen 21,25 Ammoniak 67,50 Säure und 11,25 Wasser = 100.

a) Das salpetersaure Ammoniak zeichnet sich durch folgende physische und chemische Eigenschaften aus: 1) neutrales Salz; 2) krystallisirt in dünnen Nadeln oder sechsseitigen Pyramiden; 3) schmeckt scharf etwas bitter; 4) ist im doppelten Gewicht kaltem Wasser lösbar; 5) zerfließt an der feuchten Luft; 6) zersetzt sich, wenn seine wäßrige Lösung gekocht wird: wobei solches in Stickstoffoxydülgas (§. 75.) und Wasser zerfällt; 7) verpuffet im Glühen. Wurde vormals brennbarer Salpeter genannt.

2) Einfach kohlensaures Ammoniak.

§. 117.

Mit der Kohlensäure kann das Ammoniak sich im einfachen und im doppelten Atomverhältniß vereinigen, woraus 1) einfaches, und 2) doppelt kohlensaures Ammoniak hervorgehet.

a) Man bereitet das einfach kohlensaure Ammoniak, indem ein Gemenge von 1 Theil Salmiak und 2 Theilen Kreide oder Marmor, im zart gepulverten Zustande, in eine Retorte mit weitem Halse und angelegter Vorlage, bei anfangs gelindem, nach und nach aber bis zum Glühen der Retorte verstärktem Feuer, aus einem Sandbade, destillirt wird.

b) In der Vorlage und im Halse der Retorte findet sich das einfach kohlensaure Ammoniak; in der Retorte bleibt Chlorcalcium zurück.

c) Da der Salmiak aus 1 Atom Ammoniak = 17 und 1 Atom Chlorwasserstoffsäure = 37; der kohlensaure Kalk aber aus 1 Atom Calciumoxyd und 2 Atom Kohlensäure besteht: so verbindet sich hier das Chlor mit dem Calcium zu Chlorcalcium, und treibt das Ammoniak aus. Dieses vereinigt sich mit der Kohlensäure, und entweicht damit als einfach kohlensaures Ammoniak. Der Sauerstoff des Calciumoxyds vereinigt sich mit dem Wasserstoff der Chlorwasserstoffsäure des Salmiaks und erzeugt Wasser, welches das Ammoniak in Hydrat umwandelt. Seine Bestandtheile sind:

	1) Nach dem Volum.	Spec. Gew.	2) Nach dem Atomgewicht.	3) Nach Procenten.
Ammoniakgas	1,0 Maaß	= 0,5898	1 Atom = 17	35,42
Kohlensaures Gas	0,5 „	= 0,7626	1 „ = 22	45,83
Wasserdampf .	0,5 „	= 0,3118	1 „ = 9	18,75
Einfach kohlensaures Ammoniak	2,5 Maaß	= 1,6642	1 Atom = 48	100,00

d) Die physischen und chemischen Eigenschaften des einfach kohlensauren Ammoniaks bestehen in folgendem: 1) farbenlos; 2) octaëdrisch krystallisirt; 3) starker flüchtiger Geruch; 4) in 1 Theil heißem und 3 Theilen kaltem Wasser lösbar; 5) alkalisch reagirend; 6) an der Luft zerfallend, und in doppelt kohlensaures Ammoniak übergehend.

Doppelt kohlensaures Ammoniak.

§. 118.

Das doppelt kohlensaure Ammoniak, gehet aus der Verbindung von 1 Atom Ammoniak mit 2 Atomen Kohlensäure hervor.

a) Man gewinnt das doppelt kohlensaure Ammoniak: 1) indem man einfach kohlensaures Ammoniak in einem mit kohlensaurem Gas angefüllten Raume, so lange liegen läßt, bis solches seinen flüchtigen Geruch und seine alkalische Wirkung gegen Kurkumäpapier verloren hat. 2) Indem man in eine mit Wasser gemachte Lösung des einfach kohlensauren Ammoniaks, so lange kohlensaures Gas streichen läßt, bis solches nicht mehr davon eingesaugt wird. Seine bildenden Bestandtheile sind:

	1) Nach dem Volum.	Spec. Gew.	2) Nach dem Atomgewicht.	3) Nach Procenten.
Ammoniakgas .	1 Maaß	= 0,5898	1 Atom = 17	21,5
Kohlensaures Gas	1 „	= 1,5352	2 „ = 44	55,7
Wasserdampf .	1 „	= 0,0693	2 „ = 18	22,8
Doppelt kohlensaures Ammoniak	1 Maaß	= 2,1943	1 Atom = 79	100,0

b) Die physischen und chemischen Eigenschaften des doppelt kohlensauren Ammoniaks sind folgende: 1) geruchlos und nicht alkalisch reagirend; 2) an der warmen Luft einen Theil seiner Kohlensäure ausstoßend; 3) in 8 Theilen Wasser lösbar; 4) krystallisirt in sechsseitigen Säulen.

3) Das hydrocyansaure Ammoniak.

§. 119.

Das hydrocyansaure Ammoniak (blausaures Ammoniak) wird gewonnen: 1) indem man liquides Aetzammoniak so lange mit Hydrocyansäure versetzt, bis vollkommne Neutralität entstanden ist; oder 2) indem man die Lösung der hydrocyansauren Kalkerde durch kohlensaures Ammoniak zerlegt.

a) Die physischen und chemischen Eigenschaften dieses Salzes sind folgende: 1) krystallisirt in Würfeln und vierseitigen rechtwinklichen Säulen; 2) verflüchtigt sich bei + 36° Reaum., sein Dampf verbrennt mit Flamme; 3) enthält in krystallinischer Form kein Wasser; 4) ist im Wasser und im Weingeist leicht lösbar; 5) fället das Eisenoxyd aus seinen Auflösungen blau; 6) wird in der Glühhitze vollkommen zersetzt. Das proportionale Verhältniß seiner Bestandtheile ist zur Zeit noch nicht ermittelt.

Fünfte Abtheilung.

Von dem Schwefel, und seinen Verbindungen mit dem Sauerstoff, dem Wasserstoff, dem Stickstoff und dem Kohlenstoff.

§. 120.

Der Schwefel (Sulphurium. Sulphur) ist ein chemisch einfaches Metalloid, das theils frei, theils an andere Materien gebunden, in den Erzeugnissen aller Naturreiche vorkommt, und aus seinen natürlichen Verbindungen abgeschieden werden kann.

a) Im Mineralreiche findet der Schwefel sich 1) theilweise frei als gediegener Schwefel (Jungfern-Schwefel) in Sicilien, in Italien, in Spanien, in Frankreich, in der Schweiz, in Island und in Ungarn. 2) Theils gebunden: 1) an Sauerstoff als Schwefelsäure (Italien); 2) an Wasserstoff, in den Schwefelquellen; 3) an Metallen, in den Schwefelkiesen (Schwefeleisen und Schwefelkupfer) und in vielen andern Erzen.

b) Im Pflanzenreiche, mit andern Elementen verbunden: 1) in der Wurzel des Löffelkrauts; 2) der Wurzel von Rumex patientia; 3) im Senfsaamen u. s. w.

c) Im Thierreiche: 1) in den Eiern der Vögel; 2) in der Wolle und allen Haaren der Thiere überhaupt; 3) im Blute; 4) in den festen Exkrementen der Thiere.

Gewinnung des Schwefels.

§. 121.

Nach der verschiedenen Art seines Vorkommens im Mineralreiche, gewinnt man den Schwefel auch auf eine verschiedene Weise aus denselben.

a) Aus dem gebiegenen Schwefel wird er durch bloßes Ausschmelzen desselben, oder auch durch eine Destillation desselben, von den beigemengten Erden getrennt.

b) Aus dem Schwefelkies (doppelt Schwefeleisen oder Kupfer) wird der Schwefel durch Abtreiben desselben in den Schwefel-Treiböfen, oder Verflüchtigung in den Röstöfen; oder durch Sublimation (nach der Schwedischen Methode) in schiefliegenden Schornsteinen gewonnen.

c) Wenn der auf die eine oder die andere Weise gewonnene Schwefel in eisernen Kesseln über dem Feuer geschmolzen und nach dem Abklären zu Broden geformt; oder in hölzerne Formen (die inwendig befeuchtet sind), zu Stangen ausgegossen wird, dann wird er Stangenschwefel genannt. Was nach dem Abgießen des klaren geschmolzenen Schwefels zurückbleibt, heißt Roßschwefel.

d) Eine ausführlichere Erklärung jener Operationen in den Vorlesungen.

Physische und chemische Eigenschaften des Schwefels.

§. 122.

Der reine Schwefel zeichnet sich in seinen physischen und chemischen Eigenschaften folgendermaßen aus.

a) Physische Eigenschaften. 1) Sein Atomgewicht ist = 16; bei gewöhnlicher Temperatur koncret; 2) hellgelb von Farbe; 3) spec. Gewicht 1,990 bis 2,000; 4) spröde; 5) idioelektrisch; 6) knistert und springt in Stücke, wenn er lange in der warmen Hand gehalten wird; 7) fängt an zu schmelzen bei + 80° R, bei 84° ist er dünnflüssig, gelb; bei 132° nimmt er eine braune Farbe an und wird zähe; bei 253° R. in verschlossenem Gefäße erhitzt, kommt er zum Kochen und dehnt sich zu einem orangegelben durchscheinenden Dampf aus (Schwefelgas), der sich zu einem 1700 mal größern Raum ausdehnt und sich in der Kälte zu einem gelben Pulver (Schwefelblumen, gereinigter Schwefel) verdichtet; 8) krystallisirt in rhomboidalischen Säulen; 9) ist nicht lösbar im Wasser.

b) Chemische Eigenschaften. 1) Verbrennt unter Mitwirkung der atmosphärischen Luft mit einer blauen, im Sauerstoffgas mit violetter Flamme, und geht in Säure über; 2) kann mit allen übrigen Metalloiden, auch mit den meisten Metallen, chemische Verbindungen eingehen; 3) ist unauflöslich in den Säuren; 4) wird aber von den Alkalien aufgelöst.

c) Auf die Verflüchtigung des Schwefels in der Hitze, und die Verdichtung seines Dampfes in der Kälte, gründet sich die Reinigung des Schwefels und die

Bereitung der Schwefelblumen (gereinigter Schwefel).

d) Ueber die Bereitung der Schwefelblumen und die Veränderung, welche der Schwefel dabei erleidet, in den Vorlesungen.

Schwefel und Sauerstoff. (Sauerstoffsäuren des Schwefels.)

§. 123.

Wenn der Schwefel mit Sauerstoff in Verbindung tritt, so nimmt er die Beschaffenheit einer Säure an. Der Schwefel kann sich damit unter vier Verhältnissen: wie 1 : 1, 1 : 2, 2 : 5 und 1 : 3 vereinigen, woraus eben so viel verschieden geartete Säuren des Schwefels hervortreten; nämlich 1) unterschwefeliche Säure; 2) schwefeliche Säure; 3) Unterschwefelsäure; 4) Schwefelsäure.

I. Unterschwefeliche Säure. (Hyposchwefeliche Säure.)

§. 124.

Unterschwefeliche Säure (hyposchwefeliche Säure) wird erzeugt: 1) wenn Sulphuren (Schwefelkalien rc.) der Luft ausgesetzt werden; 2) wenn schweflichsaure Salze mit Hydrothionsäure digerirt werden; sie ist für sich nicht darstellbar. Ihre Bestandtheile sind:

	1) Nach dem Atomgewicht.	2) Nach Procenten.
Schwefel	1 Atom = 16	66,67
Sauerstoff	1 „ = 8	33,33
Unterschwefl. Säure	1 Atom = 24	100,00

II. Schwefeliche Säure.

§. 125.

Die schwefliche Säure erzeugt sich: 1) beim Brennen des Schwefels in der atmosphärischen Luft; 2) bei Erhitzung der koncentrirten Schwefelsäure mit Metallen und andern entoxydirenden Materien (z. B. Zucker, Harze, Sägespäne rc.) in chemisch pneumatischer Vorrichtung, und wird in Gasform (als schweflichsaures Gas) entwickelt. Ihre Bestandtheile sind im reinen wasserfreien Zustande:

	1) Nach dem Volum.	Spec. Gew.	2) Nach dem Atomgewicht.	3) Nach Procenten.
Schwefelgas	1 Maaß	= 1,1093	1 Atom = 16	50,0
Sauerstoffgas	1 "	= 1,1093	2 " = 16	50,0
Schwefelichsaures Gas	1 Maaß	= 2,2186	1 Atom = 32	100,0

a) Tropfbare schwefeliche Säure. Man bereitet sie am schicklichsten, wenn 12 Gewichtstheile Quecksilber und 20 Theile schwefelsaures Hydrat in einer pneumatisch chemischen Vorrichtung, zum Sieden erhitzt und das sich entwickelnde Gas durch Chlorcalcium entwässert und nun über Quecksilber aufgefangen wird. Wird hingegen das Gas in eine Vorlage geleitet, die mit einem kaltmachenden Gemenge (aus Eis und Chlorcalcium) umgeben ist, so wird es zur tropfbar schweflichen Säure verdichtet; die aber schon bei einem niedrigern Grade als Null in die Gasform übertritt.

Physische und chemische Eigenschaften der tropfbaren und der gasförmigen schwefelichen Säure.

§. 126.

Die tropfbare und die gasförmige schwefeliche Säure zeichnen sich durch folgende physische und chemische Eigenschaften aus.

a) Physische Eigenschaften. Die tropfbare Säure ist 1) farbenlos; 2) durchscheinend; 3) von 1,45 spec. Gewicht; 4) schmeckt stechend säuerlich; 5) riecht wie brennender Schwefel; 6) in Wasser getröpfelt entzieht sie ihm Wärme, bringt es zum Gefrieren und entweicht in Gasform. Die gasförmige schwefeliche Säure erscheint: 1) farbenlos; 2) riecht wie brennender Schwefel; 3) ist nicht vermögend die Respiration und die Verbrennung zu unterhalten; 4) wird vom Wasser vollkommen eingesaugt, solches nimmt sein 33faches Volum des Gases in sich auf und stellt dann die wäßrige schwefeliche Säure von 1,040 spec. Gewicht dar.

b) Chemische Eigenschaften. 1) Beide Säuren werden durch Hydrothionsäure zerlegt; eben so durch Salpetersäure; 2) werden durch Schütteln mit Mangan-Superoxyd in Unterschwefelsäure umgewandelt; 3) bildet mit Salzbasen vereinigt die schweflich-sauren Salze; 4) sie entfärben die rothen Pflanzenblumen und machen sie weiß.

III. Unterschwefelsäure.

§. 127.

Die Unterschwefelsäure (Hyposchwefelsäure) gehet aus der Verbindung von 1 Atom Schwefel mit $2\frac{1}{2}$ Atomen Sauerstoff hervor. Ihre Bestandtheile sind:

	1) Nach dem Atomgewicht.		2) Nach Procenten.
Schwefel	1 Atom	= 16	44,44
Sauerstoff . . .	$2\frac{1}{2}$ "	= 20	55,56
Unter-Schwefelsäure	1 Atom	= 36	100,00

a) Man bereitet die Unter-Schwefelsäure, indem man schweflichsaures Gas in ein Gemenge von zart gepulvertem Mangan-Superoxyd (Braunstein) und Wasser treten läßt. Hier entzieht die schwefliche Säure dem Superoxyd $\frac{1}{2}$ Atom Sauerstoff, und führt solches in Oxyd zurück, das sich in der gebildeten Unter-Schwefelsäure auflöst. Das Manganoxyd wird durch in Wasser gelöstes Bariumoxyd gefället, und der nun gebildete unterschwefelsaure Baryt aber daraus durch Schwefelsäure ausgeschieden. Die Unterschwefelsäure wird gelinde abgedampft.

b) Die Unter-Schwefelsäure zeichnet sich durch folgende Eigenschaften aus: 1) tropfbar flüssig; 2) von 1,347 spec.

Gewicht; 3) von mäßig saurem Geschmack; 4) bildet mit Salzbasen vereinigt die unterschwefelsauren Salze.

c) Versinnlichung ihrer Darstellung, durch Experimente in den Vorlesungen.

IV. Die Schwefelsäure.

§. 128.

Die Schwefelsäure (Acidum sulphuricum) ist das Produkt der höchsten Verbindung des Schwefels mit dem Sauerstoff. Sie findet sich fertig gebildet in verschiedenen schwefelsauren Salzen (Eisenvitriol, Kupfervitriol, Alaun, Gyps, Bittersalz ꝛc.) an Basen gebunden; auch frei in Wasser gelöst, in der Nähe der Vulkane. Sie wird bereitet, entweder durch die Zerlegung des schwefelsauren Eisens mittelst der Destillation; oder durch das Verbrennen des Schwefels in Vermengung mit Salpeter, oder mittelst der Dämpfe der salpetrigen Säure. Sie kann unter 3 verschiedenen Zuständen existiren: 1) wasserfrei; 2) als Hydrat; 3) mit Wasser gemengt, (als wäßrige Schwefelsäure). Ihre Bestandtheile sind im wasserfreien Zustande:

	1) Nach dem Volum.	Spec. Gew.	2) Nach dem Atomgewicht.	3) Nach Procenten.
Schwefelgas	1 Maaß	= 1,1093	1 Atom = 16	40,00
Sauerstoffgas	1,5 „	= 1,6639	3 „ = 24	60,00
Schwefelsaurer Dampf	1 Maaß	= 2,7732	1 Atom = 40	100,00

Die Schwefelsäure, als schwefelsaures Hydrat, ist ein wichtiger Gegenstand für die Chemie, so wie für die technischen Gewerbe.

Bereitung der Schwefelsäure.

§. 129.

Die Schwefelsäure wird, wie bereits erörtert worden, entweder durch Scheidung aus dem Eisenvitriol, oder durch Erzeugung aus dem Schwefel dargestellt.

a) Um die Säure aus dem Eisenvitriol zu scheiden (welcher eine Verbindung von Eisenoxydül, von Schwefelsäure und von Krystallwasser ausmacht), wird derselbe bis zur Entfernung des Krystallwassers (bis er in eine gelblichweiße Substanz übergegangen ist), in Gefäßen über dem Feuer behandelt (kalcinirter Vitriol). Dieser wird in Stücke einer Haselnuß groß zerschlagen, in feuerfeste irdene Retorten gefüllet, und dann, gewöhnlich 36 Retorten mit einem Mal (in einem Galeeren-Ofen), der Destillation unterworfen, bis keine Säure mehr entwickelt wird. In den Vorlagen findet man, nach Beendigung der Arbeit, halb so viel Säure, als der kalcinirte Vitriol wog, von dickflüssiger Form und rauchender Beschaffenheit (rauchendes Vitriolöl); sie wird rauchende Schwefelsäure genannt. In den Retorten bleibt rothbraunes Eisenoxyd zurück, welches Caput mortuum Vitrioli genannt wird. Die Säure läßt sich auf diesem Wege nur im Großen, also fabrikmäßig, mit Vortheil darstellen.

b) Um die Schwefelsäure aus dem Schwefel zu erzeugen, wird der Schwefel in inwendig mit Blei ausgeschlagenen Kammern, in Vermengung mit dem 8ten Theil seines Gewichts Salpeter, verbrannt, während auf der entgegengesetzten Seite Wasserdämpfe hinzugeleitet werden; welche die Dämpfe der erzeugten Schwefelsäure einsaugen u. sie tropfbar niederschlagen; worauf sie durch Abdampfen von dem überflüssigen Wassertheil befreiet, (d. i. koncentrirt) wird. Oder der Schwefel wird, ohne Zusatz von Salpeter so verbrannt, daß die atmosphärische Luft darüber hinstreicht; während auf der einen Seite Wasserdämpfe, auf der anderen hingegen Dämpfe von salpetriger Säure hinzugeleitet werden: da sich dann, wie im erstern Fall, am Boden des Gefäßes, die erzeugte wäßrige Schwefelsäure findet, die nun koncentrirt werden muß. Aus einem Pfunde Schwefel werden hierbei, wenn regelmäßig gearbeitet wird, 3½ Pfund koncentrirte Schwefelsäure (von 1,850 spec. Gewicht) gewonnen, die nicht rauchend ist, und gewöhnlich englische Schwefelsäure genannt wird.

c) Ueber die Einrichtung der Apparate und die anderweitige Bearbeitung in der Schwefelsäure-Fabriken, nebst Erklärung der Form der Retorten und ihrer Vorlagen, so wie der Schwefelkammer, in den Vorlesungen.

Erklärung über die Darstellung der Säure.

§. 130.

Die Darstellung der rauchenden und der nicht rauchenden Säure, auf jenen verschiedenen Wegen, gestattet auch eine verschiedene Erklärung.

a) Der kalcinirte Eisenvitriol ist ein Produkt der Verbindung von 1 Atom schwefelsaurem Eisenoxydul und 1 Atom Hydratwasser. Beginnet die Destillation: so entziehet das Oxydul der Säure 1 Atom Sauerstoff, und wird in Oxyd umgewandelt. Der seines Sauerstoffs beraubte Antheil der Schwefelsäure wird in den Zustand der schwefelichen Säure (§. 125.) umgewandelt: daher entwickelt sich anfangs etwas schwefeliche Säure. Das schwefelsaure Eisenoxyd läßt nun im Glühen seine Säure von sich, die mit dem Hydratwasser vereinigt, als schwefelsaures Hydrat, in Dämpfen, in die Vorlage übergeht, wo sie sich tropfbar verdichtet. Da aber dem Hydrat anfangs 1 Th. Wasser entzogen wird, so geht 1 Th. des schwefelsauren Hydrats mit wasserfreier Schwefelsäure gemengt, in die Vorlage über: daher erscheint die Säure rauchend, wenn sie mit der feuchten Luft in Berührung tritt: weil nun die wasserfreie Säure sich dunstförmig entwickelt, Wasser aus der Atmosphäre eingesaugt und in Hydrat übergeführt wird. Das was nach beendigter Arbeit in der Retorte zurückbleibt, ist braunrothes Eisenoxyd.

b) Wird hingegen in der Schwefelkammer der Schwefel, in Vermengung mit Salpeter, verbrannt, so verbindet er sich mit einem Theil des Sauerstoffs der Salpetersäure und erzeugt schwefeliche Säure. Die rückständige Säure im Salpeter ist nun untersalpetrige Säure, die in Dämpfen entweicht. Die in der Kammer befindlichen Dämpfe der schwefelichen Säure, entziehen der untersalpetrigen Säure 1 Atom Sauerstoff, und wandeln sich in Schwefelsäure um, die nun mit dem Wasser vereinigt, niedergeschlagen wird; während Stickstoffoxydgas zurückbleibt. Die von außen her hinzugetretene atmosphärische Luft, setzt 1 Atom Sauerstoff an das Stickstoffoxydgas ab, welches dadurch wieder in untersalpetrige Säure umgewandelt wird, und so gehet die Generation der Schwefelsäure fortwährend von Statten.

c) Wird hingegen das Verbrennen des Schwefels durch die Dämpfe der untersalpetrigen Säure bewirkt, die sich entwickelt, wenn Zucker mit Salpetersäure gekocht wird, indem sie hier 2 Atome Sauerstoff an den Zucker absetzt: so geschiehet die Umwandlung des Schwefels in schwefeliche Säure, anfangs auf gleiche Weise, unter Mitwirkung der von außen zuströhmenden atmosphärischen Luft, wird dann aber durch die Dämpfe der untersalpetrigen Säure in Schwefelsäure übergeführt. Da der Rückstand, welcher nach dem Kochen des Zuckers mit Salpetersäure übrig bleibt, auf Oxalsäure benutzt werden kann (§. 89. b.); so wird diese Verfahrungsart nicht zu kostbar. Die auf diesem Wege erhaltene koncentrirte Säure besitzt keine rauchende Eigenschaften.

Wasserfreie Schwefelsäure. Schwefelsäure. Hydrat. Wäßrige Schwefelsäure.

§. 131.

Die absolut wasserfreie Schwefelsäure existirt vielleicht in hoher Temperatur nur in Gasform; bei mittler Temperatur erscheint sie koncret krystallinisch. Das schwefelsaure Hydrat ist die Verbindung von 1 Atom wasserfreier Säure und 1 Atom Wasser. Die wäßrige Schwefelsäure unterscheidet sich vom Hydrat, durch den größern Gehalt von Wasser. Bei einer Vermischung des schwefelsauren Hydrat mit 5 Theilen Wasser (verdünnte Schwefelsäure), enthält sie gegen 1 Atom wasserfreier Säure, 6 Atome Wasser.

a) Um die wasserfreie Schwefelsäure darzustellen, wird rauchende Schwefelsäure aus einer gläsernen Retorte, bei gelinder Hitze, destillirt, und eine mit Eis und Kochsalz umgebene Vorlage, ohne sie zu verkütten, an dem Halse der Retorte befestigt. Das rauchende Wesen geht hier in Dämpfen in die Vorlage über, worin sie zu einer farbenlosen krystallinischen Substanz erstarrt, welche die wasserfreie Säure darstellt; die sich durch folgende physische und chemische Eigenschaften auszeichnet: 1) farbenlos, federartig krystallisirt; 2) 1,959 specif. Gewicht; 3) bei + 18° R. schmelzbar; 4) dampft stark, bei Berührung mit feuchter Luft; 5) erhitzt sich heftig mit Wasser; 6) verkohlt organische Gegenstände; 7) zerfällt, durch ein glühendes Porzellanrohr geleitet, in schweflichsaures Gas und Sauerstoffgas.

b) Man kann die wasserfreie Schwefelsäure auch darstellen, wenn bis zum Anfange des Glühens geschmolzenes doppelt schwefelsaures Natron, aus einer porzellanenen Retorte, im stärksten Feuer destillirt, und das übergehende in einer stark erkälteten Vorlage aufgefangen wird, wo solches krystallisirt.

c) Das schwefelsaure Hydrat (nicht rauchende Schwefelsäure) bleibt zurück, wenn der rauchenden Schwefelsäure, durch die Destillation, das rauchende Wesen entzogen worden ist. Seine nächsten Bestandtheile sind:

	1) Nach dem Atomgewicht.	2) Nach Procenten.
Schwefelsäure	1 Atom = 40	81,63
Wasser	1 , = 9	18,37
Schwefelsaures Hydrat .	1 Atom = 49	100,00

Seine physischen und chemischen Eigenschaften sind: 1) es ist farbenlos; 2) dickflüssig, wie ein Oel; 3) von 1,850 spec. Gewicht; 4) siedet bei 130° R.: 5) erstarrt bei — 17° R.; 6) erhitzt sich stark mit Wasser; 7) erzeugt in Schnee gegossen starke Kälte; 8) erzeugt mit Salzbasen verbunden die schwefelsauren Salze; 9) mit oxydirbaren Substanzen erhitzt, wird es in schwefeliche Säure umgewandelt; 10) organische Substanzen werden dadurch verkohlt.

d) Von dem einfachen schwefelsauren Hydrat (der einfach gewässerten Schwefelsäure) verschieden, ist die doppelt gewässerte Schwefelsäure (das Eisöl). Es entsteht aus der Verbindung von 1 Atom Schwefelsäure-Hydrat und 2 Atomen Wasser; ist also aus 69 wasserfreier Säure und 31 Wasser, in 100 Theilen, zusammengesetzt. Das spec. Gewicht beträgt 1,780. Erstarrt schon bei — 3 bis 5° R. zu einer eisartigen Substanz oft zu sechsseitigen Säulen, die erst bei + 8° R. schmelzen. Aus 1 Atom wasserfreie Säure und 3 Atomen Wasser, gehet die dreifach gewässerte Schwefelsäure hervor. Die auf organische Körper zerstöhrend einwirkende koncentrirte Säure wird in ihrer zerstöhrenden Kraft gemildert, wenn sie mit mehrerem Wasser verdünnt wird: so daß die zerstöhrende Kraft im umgekehrten Verhältniß abnimmt, wie das Quadrat der Wassermenge zunimmt.

e) Um aus dem specifiken Gewichte der flüssigen Schwefelsäure den Gehalt an wasserfreier Säure und an Wasser in 100 Theile zu finden, hat Dalton folgende Tabelle berechnet.

Anmerkung. Um chemisch reines Schwefelsäurehydrat zu erhalten, muß die nicht rauchende koncentrirte Schwefelsäure, aus einer gläsernen Retorte nochmals überdestillirt werden. Anfangs erscheint noch etwas Wasser, späterhin das reine Hydrat, das in einer neuen Vorlage, die kalt gehalten wird, aufgefangen werden muß.

Specifikes Gewicht der Säure	Wasserfreie Säure	Wasser	Specifikes Gewicht der Säure	Wasserfreie Säure	Wasser
1,850	81	19	1,769	67	33
1,849	80	20	1,757	66	34
1,848	79	21	1,744	65	35
1,847	78	22	1,730	64	36
1,845	77	23	1,715	63	37
1,842	76	24	1,699	62	38
1,838	75	25	1,684	61	39
1,833	74	26	1,670	60	40
1,827	73	27	1,650	58,6	41,6
1,819	72	28	1,520	50	50
1,810	71	29	1,408	40	60
1,801	70	30	1,300	30	70
1,791	69	31	1,200	20	80
1,780	68	32	1,100	10	90

Schwefelsäure und Ammoniak. (Schwefelsaures Ammoniak.)

§. 132.

Wird Schwefelsäure mit Ammoniak verbunden, so geht daraus das schwefelsaure Ammoniak hervor: ein Salz, welches in vulkanischen Gegenden zuweilen natürlich gebildet, vorgefunden und Mascagnin genannt wird. Seine Bestandtheile sind:

	1) Nach dem Atomgewicht.	2) Nach Procenten.
Schwefelsäure	1 Atom = 40	70,70
Ammoniak	1 „ = 17	29,30
Schwefelsaures Ammoniak	1 Atom = 57	100,00

Im krystallisirten Zustande, enthält dasselbe 2 Atome Wasser (= 18), sein Atomgewicht ist also 57 + 18 = 75.

a) Man bildet jenes Salz, indem Schwefelsäure mit Ammoniak bis zur Neutralität ve-bunden, und die Flüssigkeit krystallisirt wird; oder auch, indem schwefelsaure Erden oder Metallsalze durch kohlensaures Ammoniak zerlegt werden. Seine Krystalle sind sechsseitige Säulen, schmeckt scharf salzig, verwittert an warmer Luft, ist in 1 Theil siedendem und 2 Theilen kaltem Wasser lösbar; wird im Glühen vollkommen zerlegt.

V. Schwefel und Wasserstoff. (Schwefelwasserstoff. Schwefelhydrüre. Schwefelwasserstoffsäure. Hydrothionsäure.)

§. 133.

Auf direktem Wege gehet der Schwefel keine Verbindung mit dem Wasserstoff ein, sondern er muß vorher an einen andern Stoff (ein Metall) gebunden sein. Wird die Verbindung mit einer wasserhaltigen Säure (Schwefelsäure, Chlorwasserstoffsäure) in einer pneumatisch chemischen Vorrichtung behandelt: so wird hydrothionsaures Gas (Schwefelwasserstoffgas) entwickelt und im Rückstande bleibt das Metall, als Oxydül mit der Säure verbunden. Der Schwefel kann sich unter 2 Verhältnissen mit dem Wasserstoff verbinden, woraus auch 2 verschiedene Produkte hervorgehen: 1) die hydrothionige Säure; 2) die Hydrothionsäure.

a) Die hydrothionige Säure wird bereitet, indem man das fünffache Schwefelkalium (s. dieses) in Wasser löset, und in die Lösung, im erwärmten Zustande, mit Wasser verdünnte Chlorwasserstoffsäure (Salzsäure) dergestalt einträgt, daß die letztere Säure vorwaltet. Die hydrothionige Säure erscheint nun als eine dickflüssige, ölartige, klebrige, nach faulen Eiern riechende Substanz, von scharfen bittern Geschmack. Ihre Bestandtheile sind:

	1) Nach dem Atomgewicht.	2) Nach Procenten.
Schwefel	5 Atom = 80	98,76
Wasserstoff	1 „ = 1	1,24
Hydrothionige Säure	1 Atom = 81	100,00

b) Die Hydrothionsäure (Schwefelwasserstoffsäure) wird erzeugt, wenn ein Schwefelmetall (ein Sulphuret, z. B. Schwefelkalium, Schwefeleisen, Schwefelantimon ꝛc.), in einem Gasentbindungsgeräthe, in mit Wasser verdünnter Schwefelsäure, mit Unterstützung der Wärme, behandelt und das sich entwickelnde Gas über Wasser aufgefangen wird. Hier setzt das Wasser seinen Sauerstoff an das Metall ab, welches oxydirt wird. Der Wasserstoff hingegen vereinigt sich mit dem Schwefel, im gleichen Atomverhältniß, zur Hydrathionsäure, die gasförmig entweicht, als hydrothionsaures Gas (Schwefelwasserstoffgas). Das gebildete Metalloxyd bleibt in der übrigen Säure aufgelöst zurück. Die Bestandtheile der Hydrothionsäure sind:

	1) Nach dem Volum.	Spec. Gew.	2) Nach dem Atomgewicht.	3) Nach Procenten.
Schwefelgas	1 Maaß	= 1,1093	1 Atom = 16	94,1
Wasserstoffgas .	1 „	= 0,0693	1 „ = 1	5,9
Hydrothions. Gas	1 Maaß	= 1,1786	1 Atom = 17	100,0

c) Darstellung des hydrothionsauren Gases, in den Vorlesungen.

Physische und chemische Eigenschaften des hydrothionsauren Gases.

§. 134.

Das hydrothionsaure Gas zeichnet sich durch folgende physische und chemische Eigenschaften aus.

a) Physische Eigenschaften. 1) gasförmig; 2) farbenlos; 3) von 1,178 spec. Gewicht; 4) riecht wie faule Eier; 5) wird vom reinen Wasser vollkommen eingesaugt, welches bei $12\frac{1}{2}^{o}$ R. sein dreifaches Volum in sich nimmt, und damit die wäßrige Hydrothionsäure darstellt.

b) Chemische Eigenschaften 1) Tödtet Thiere und erlöscht das Feuer; 2) in Vermengung mit atmosphärischer Luft und Sauerstoffgas verbrennt es mit Explosion und blauer Flamme, wodurch Schwefel abgeschieden wird; 3) färbt die meisten Metalle; 4) röthet

Lakmus; 5) Salpetersäure und Chlorwasser zersetzen es, und schlagen Schwefel daraus nieder; und es wird im ersten Fall salpetrige Säure, im letzten Chlorwasserstoffsäure gebildet; 6) schlägt aus den Auflösungen der Metalloxyde in Säuren, Schwefelmetalle nieder; 7) bildet mit Salzbasen die hydrothionsauren Salze.

c) Bemerkung über den Gebrauch der wäßrigen Hydrothionsäure, als Weinprobe, für die Reinheit des Weins von metallischen Beimischungen.

d) Natürlich gebildet findet sich die Hydrothionsäure in den Schwefelquellen, zum Theil an Basen gebunden.

e) Versinnlichung durch Experimente in den Vorlesungen.

Hydrothionsäure und Ammoniak. (Hydrothionsaures Ammoniak.)

§. 135.

Wenn die Hydrothionsäure mit Aetzammoniak in Verbindung tritt, so wird sie davon aufgenommen, und es wird hydrothionsaures Ammoniak erzeugt, welches auf verschiedene Weise dargestellt werden kann.

a) Man entwickelt hydrothionsaures Gas, läßt solches zwiefach durch Wasser streichen, und dann in liquides Aetzammoniak so lange eintreten, bis solches nicht mehr eingesaugt wird. Das liquide hydrothionsaure Ammoniak ist wasserklar, besitzt einen eigenen Geschmack und Geruch, und wird leicht zerlegt, bei Berührung mit der atmosphärischen Luft, nimmt eine gelbe Farbe an, und läßt Schwefel fallen. Solches ist als chemisches Reagens in vielen Fällen unentbehrlich.

b) Läßt man 2 Maaß wasserfreies hydrothionsaures Gas und 1 Maaß wasserfreies Ammoniakgas, in einem kalten Gefäße zusammentreten, so vereinigen sie sich zu hydrothionsauren Ammoniak, das in Nadeln und Blätterchen krystallisirt. Es ist aus 1 Atom Ammoniak und 1 Atom Hydrothionsäure zusammengesetzt.

c) Wird das liquide hydrothionsaure Ammoniak mit Schwefel digerirt, so nimmt solches eine größere Menge Schwefel auf, und wird in hydrothionigsaures Ammoniak umgewandelt, worin gleichförmig 1 Atom Ammoniak mit 1 Atom hydrothioniger Säure verbunden ist.

d) Versinnlichung durch Experimente in den Vorlesungen.

VI. Schwefel und Stickstoff. (Schwefel-Stickstoff.)

§. 136.

Eine Verbindung des Schwefels mit dem Stickstoff, ohne anderweitige Beimischung, ist zur Zeit noch nicht bekannt. Im hydrothionigsauren (§. 135. c.) und im hydrothionsauren Ammoniak (§. 135. a. u. b.) kommt der Schwefel mit Stickstoff und Wasserstoff vereinigt vor; so findet er sich auch im faulenden Blute und den faulenden Exkrementen der Thiere. Aus den Schwefelquellen zu Burtscheid bei Aachen, exhalirt stets ein Gemenge von Stickstoffgas und hydrothionsaurem Gas, aber keine chemische Verbindung derselben.

VII. Schwefel und Kohlenstoff. (Schwefelkohlenstoff. Schwefelalkohol.)

§. 137.

Wenn Schwefeldampf in einem porzellanenen (oder gegossenen eisernen Rohr) über zerstückelte Kohlen im glühenden Zustande hingeleitet wird, so bildet sich ein tropfbares Fluidum, welches in einer pneumatisch chemischen Vorrichtung, unter Wasser, sich sammlet, und nach nochmaliger Destillation, bei sehr gelinder Wärme, ein wasserklares Fluidum darstellt, welches eine Verbindung von Schwefel und Kohlenstoff ausmacht, und Schwefelkohlenstoff (auch Schwefelalkohol) genannt wird Seine Bestandtheile sind

	1) Nach dem Volum.	Spec. Gew.	2) Nach dem Atomgewicht.	3) Nach Procenten.
Kohlengas .	1 Maaß	= 0,4160	1 Atom = 6	15,79
Schwefelgas .	2 „	= 2,2185	2 „ = 32	84,21
Schwefelkohlenstoffgas	1 Maaß	= 2,6345	1 Atom = 38	100,00

Darstellung des Schwefelkohlenstoffes.

§. 138.

Die Darstellung kann auf eine verschiedene Weise bewirkt werden: 1) wenn schwefelkieshaltige Steinkohle, oder 2) wenn ein Gemenge von Kohle und Schwefelantimon destillirt werden, oder 3) und am besten, wenn Schwefeldampf über glühende Kohlen hingeleitet wird.

a) Um das letzte Verfahren zu veranstalten, füllet man ein beschlagenes porzellanenes Rohr mit gut ausgeglüheter gröblich gepulverter Kohle, und placirt dasselbe in einem länglich viereckigen Ofen in wenig geneigter Richtung. In seiner hintern Mündung ist der Hals einer gläsernen Retorte befestigt, die zum dritten Theil mit Schwefel angefüllt ist. Die vordere Mündung ist mit einem Gasentbindungsrohr verbunden, welches nach vorn zu rechtwinklich gebogen, mit seiner Mündung in Wasser eintaucht. Es wird nun das porzellanene Rohr bis zum Rothglühen, die Retorte aber, bis zum Verdampfen des Schwefels, erhitzt. Während so die gelben Dämpfe des Schwefels durch die glühenden Kohlen hinstreichen, vereinigt sich der Schwefel mit dem Kohlenstoff, und geht in Dämpfe über, die, zu einer tropfbaren Flüssigkeit verdichtet, im Wasser zu Boden sinken.

b) Weil das Destillat stets einen Ueberschuß von Schwefel mit fortreißt, welcher ihm eine gelbe Farbe ertheilt, so muß solches aus einer Retorte, bei sehr gelinder Hitze, nochmals überdestillirt werden, um es zu reinigen.

c) Versinnlichung seiner Darstellung durch ein Experiment, in den Vorlesungen.

Physische und chemische Eigenschaften des Schwefelkohlenstoffes.

§. 139.

In seinen physischen und in seinen chemischen Eigenschaften zeichnet sich der reine Schwefelkohlenstoff folgendermaßen aus.

a) Physische Eigenschaften. 1) Wasserklares Fluidum; 2) 1,272 spec. Gewicht; 3) nicht gefrierbar; 4) verdunstet schnell, unter Erregung von starker Kälte; 5) siedet bei + 36° R.; 6) riecht und schmeckt ekelhaft; 7) ist nicht lösbar im Wasser.

b) Chemische Eigenschaften. 1) Entzündet sich bei + 288° R. in Berührung mit der Luft und verbrennt mit blauer Flamme; 2) in Sauerstoffgas verbrannt, bewirkt es eine außerordentliche Hitze; wobei schweflichsaures Gas und kohlensaures Gas erzeugt werden; 3) über glühendes Eisen geleitet bleibt Schwefelmetall zurück.

c) Was nach der Darstellung des Schwefelkohlenstoffs im Rohr zurückbleibt, ist eine mit Schwefel innigst durchdrungene Kohle, vielleicht ein koncreter Schwefelkohlenstoff.

VIII. Xanthogensäure. (Schwefel, Kohlenstoff, Wasserstoff und Sauerstoff.)

§. 140.

Wenn eine gesättigte Lösung von Aetzkali durch Alkohol gemacht, mit so viel Schwefelkohlenstoff vermengt wird, als sich darin auflösen will und die Flüssigkeit einen neutralen Zustand angenommen hat, so schießt ein Salz in perlmutterfarbigen Krystallen daraus an, welches xanthogensaures Kali genannt wird. Wird eine mit Wasser gemachte koncentrirte Lösung desselben Salzes, durch Schwefel- oder Chlorwasserstoffsäure zerlegt, so gewinnt man ein durchscheinendes öläHnliches Fluidum daraus, welches dichter als Wasser ist, sauer reagirt, zusammenziehend, bitter und brennend schmeckt, und einen, der schwefelichen Säure ähnlichen, Geruch besitzt. Zeise, der Entdecker desselben, nannte es Xanthogensäure (Gelbsäure), weil seine mit Alkalien gebildeten Salze, die meisten Metalloxyde aus ihren Auflösungen gelb fällen. Die Xanthogensäure ist entzündlich und zersetzt sich leicht an der Luft. Sie soll aus 4 Atomen Schwefel, 4 Atomen Kohlenstoff, 3 Atomen Wasserstoff und aus 1 Atom Sauerstoff zusammengesetzt sein.

a) Hierher gehört auch die von Zeise entdeckte Rothsäure. Sie wird gewonnen, wenn man mit Alkohol gesättigtes Aetzammoniak mit Schwefelkohlenstoff verbindet. Die Flüssigkeit erscheint nicht völlig neutral. Aus der Flüssigkeit sondern sich anfangs federartige Krystalle, späterhin pulverförmige ab. Sie werden an der Luft bald roth: daher jenes Salz rothwerdendes Salz genannt wird. Es ist sehr flüchtig und leicht zerstörbar, und fället die Bleisalze roth. Schwefelsäure und Chlorwasserstoffsäure, scheiden daraus eine ölartige saure Flüssigkeit ab, die aus 1 Atom Kohlenstoff, 3 Atomen Schwefel und 1 Atom Wasserstoff zusammengesetzt ist, und einen der Hydrothionsäure ähnlichen Geruch besitzt.

IX. Schwefel, Kohlenstoff, Stickstoff und Wasserstoff. (Schwefelcyan. Schwefelblausäure. Anthrozothionsäure.)

§. 141.

Der Schwefel kann sich in mehr als einem Verhältniß mit dem Cyan (§. 107.) vereinigen, einfach und doppelt; die erste Verbindung heißt Schwefelcyan, die zweite stellt (in Verbindung mit Wasserstoff) die Schwefelblausäure oder Anthrozothionsäure dar.

a) Das Schwefelcyan wird gewonnen, wenn Cyanquecksilber, mit einem halben Gewicht doppeltem Chlorschwefel in einem verschlossenen Gefäß eine Zeitlang der Einwirkung des Lichts ausgesetzt wird. Es bilden glänzende Krystalle, die bei mittler Temperatur flüchtig sind, ihr Dampf reizt das Auge zu Thränen. Bei längerm Einwirken des Lichts wird die Masse gelbroth. Es fället das Eisenoxyd carmoisinroth: soll aus 1 Atom Schwefel und 2 Atom Cyan zusammengesetzt sein.

b) Die Schwefelblausäure (Anthrozothionsäure) wird aus dem Schwefelcyan-Kalium gewonnen. Man bereitet dieses, wenn 1 Gewichtstheil Schwefel mit 2 Gewichtstheilen Kalium-Eisen-Cyanüre (Blaustoffeisenkalium) in einem gläsernen Gefäße so lange im Feuer behandelt wird, bis eine herausgenommene und in Wasser gelösete Probe, mit der Eisenoxydauflösung, keinen blauen sondern einen blutrothen Niederschlag darbietet. Die Masse wird zerkleinert, hierauf mit Weingeist digerirt, dann filtrirt und zur Krystallisation gebracht. Die Krystalle sind vierseitige Säulen, an der Luft zerfließbar. Durch Zersetzung mit Schwefelsäure oder Phosphorsäure, und Destillation des Gemenges, wird die Schwefelblausäure als eine farbenlose Flüssigkeit gewonnen.

c) Die physischen und chemischen Eigenschaften der wasserhaltenden Schwefelblausäure sind folgende: 1) wasserklar; 2) 1,022 spec. Gewicht; 3) gefriert bei — 10° R., siedet bei + 82°; 4) riecht stechend sauer; fället das Eisen blutroth.

Anmerkung. Fertig gebildet entdeckte die Schwefelblausäure Hornemann im Senfsaamen; Leopold Gmelin im Speichel des Menschen und der Schaafe; ich selbst entdeckte sie im Blute, an Eisen gebunden, als Ursache der rothen Farbe des Blutes.

Sechste Abtheilung.

Von dem Phosphor und seinen Verbindungen mit den früher erörterten Metalloiden.

§. 142.

Mit dem Namen Phosphor (Phosphoreum) wird ein chemisch einfaches Metalloid bezeichnet, das im Jahr

1669 durch einen Kaufmann Namens Brandt in Hamburg zuerst entdeckt wurde, indem er eingedickten Menschenharn in Vermengung mit Kohle destillirte. Scheele hat gelehrt den Phosphor, auf eine reinlichere Weise, aus der Phosphorsäure durch die Destillation in Vermengung mit Kohle zu erzeugen.

Bereitung des Phosphors.

§. 143.

Man bereitet den Phosphor, unter mehreren Methoden die dazu befolgt werden können, am besten, durch die trockene Destillation eines Gemenges von Phosphorsäure und gepulverter Kohle, in verschlossenen Gefäßen, so daß der entstandene Phosphor sich unter Wasser verdichten kann.

a) Drei Gewichtstheile aus Knochen bereitetes phosphorsaures Hydrat, werden mit 1 Gewichtstheil zartgepulverter Kohle zusammengerieben, das Gemenge über dem Feuer zur Trockne gebracht und dann aus einer (am besten eisernen) Retorte, im Reverberirfeuer destillirt, der Hals wird mit einem unter einem etwas geneigten Winkel gebogenen Rohr von Kupfer, welches mit seinem kurzen Schenkel an den Hals der Retorte, mit seinen längern hingegen, in die Oeffnung eines gläsernen Cylinders, der mit Wasser gefüllt ist, bis in die Hälfte des Wassers eintaucht; welcher Cylinder möglichst kalt gehalten werden muß.

b) Ist alles auf solche Weise vorgerichtet, so beginnt man die Destillation, bei Anfangs schwachem Feuer, das nach und nach bis zum Glühen der Retorte verstärkt und so lange erhalten wird, bis sich keine Gasblasen über dem Wasser mehr entwickeln, in welchem Fall die Operation beendigt ist.

c) Nach beendigter Operation, und dem Erkalten der Gefäße, findet man den Phosphor, in Form einer gelblichen oft mit Kohle verunreinigten Masse. Er wird mit Wasser abgewaschen, dann mit etwas Salpetersäure gekocht, bis er klar und blaßgeldlich wird; in welchem Zustande er in Stangen ausgegossen werden kann, die in einem Gefäß unter Wasser aufbewahrt werden müssen. Das Gas, welches sich entwickelt, ist ein Gemenge von Kohlenoxydgas (§. 93.), vom kohlensaurem Gas (§. 85.) und einfach Phosphorwasserstoffgas (s. dieses). Es riecht nach Phosphor, ist entzündlich, brennt mit grünlicher Flamme und wird dabei in Kohlensäure, Phosphorsäure und Wasser zerlegt.

d) Bei jener Bereitung des Phosphors, setzt die Phosphorsäure ihren Sauerstoff an den Kohlenstoff ab, und erzeugt Kohlenoxydgas und kohlensaures Gas. Ein Theil Phosphor geht mit Wasserstoff in Verbindung und erzeugt einfach Kohlenwasserstoffgas. Der Phosphor entweicht theils tropfbar, theils in Dämpfen, die sich im Wasser verdichten.

e) Versinnlichung der Darstellung des Phosphors durch ein Experiment, in den Vorlesungen.

Physische und chemische Eigenschaften des Phosphors.

§. 144.

Der Phosphor, als einfaches Metalloid betrachtet, zeichnet sich in seinen physischen und chemischen Eigenschaften folgendermaßen aus.

a) Physische Eigenschaften. 1) koncret; 2) blaßgelb durchscheinend; 3) fettartig glänzend; 4) krystallisirbar in Octaëdern; 5) von 1,770 specif. Gewicht; 6) schmilzt bei + 36° R.; 7) kocht bei + 240° R. und wird in Dämpfe verflüchtigt, die unter kaltem Wasser sich verdichten; 8) ist nicht lösbar in Wasser, wird aber vom Alkohol, vom Aether und von den Oelen, obschon sparsam gelöst. Sein Atomgewicht hat die stöchyometrische Zahl = 16.

b) Chemische Eigenschaften. 1) Stößt bei Berührung mit der Luft weiße Dämpfe aus, die schweißartig riechen und im Dunkeln leuchten; 2) entzündet sich in Berührung mit der atmosphärischen Luft von selbst, bei + 22 bis 30° R.; 3) gehet mit dem Sauerstoff, dem Wasserstoff und dem Schwefel eigene Verbindungen ein.

I. Phosphor und Sauerstoff. (Oxyde und Sauerstoffsäuren des Phosphors.)

§. 145.

Der Phosphor kann sich unter mehreren Verhältnissen mit dem Sauerstoff verbinden, woraus Oxyde und Säuren hervorgehen.

a) Das Rauchen des Phosphors in Berührung mit der Atmosphäre, so wie das Leuchten desselben im Dunkeln, gründet sich auf ein langsames Verbrennen desselben, durch den Sauerstoff der Atmosphäre, wodurch er in Säure umgewandelt wird.

b) Wird der Phosphor lange unter Wasser aufbewahrt, so verliert er seine Durchscheinbarkeit, und bedeckt sich mit einer weißen Rinde, die wenn er unter Wasser geschmolzen wird sich absondert. Es ist solches (wahrscheinlich) ein Phosphoroxydul.

c) Wird Phosphor in weniger atmosphärischer Luft oder Sauerstoffgas verbrannt, als zur vollkommenen Verbrennung erforderlich ist: so bleibt Phosphoroxyd, in Form einer rothen Substanz zurück, welches raucht und nach Phosphor riecht.

II. Unterphosphorige Säure. Phosphorige Säure. Unterphosphorsäure. Phosphorsäure.

§. 146.

Die oben genannten vier verschiedenen Säuren des Phosphors, in ihrem wasserleeren Zustande gedacht, unterscheiden sich allein durch das verschiedene proportionale Verhältniß des Sauerstoffs zum Phosphor.

a) Die unterphosphorige Säure (hypophosphorige Säure), welche noch nie völlig rein dargestellt worden ist, wird erzeugt, wenn Phosphor-Baryum durch Wasser zerlegt wird. Es erzeugt sich hypophosphorigsaurer Baryt, welcher gelöst bleibt, und phosphorsaurer Baryt, welcher nicht gelöst wird. Aus dem ersten scheidet man die hypophosphorige Säure durch Schwefelsäure ab. Die Flüssigkeit wird zur Dicke eines Syrups abgedunstet, und so das unterphosphorigsaure Hydrat dargestellt.

Seine Bestandtheile sind:

1) Nach dem Atomgewicht.			2) Nach Procenten.
Phosphor	2 Atom	= 32	72,7
Sauerstoff . . .	$1\frac{1}{2}$ „	= 12	27,3
Unterphosphorig. Säure	1 Atom	= 44	100,00

Die unterphosphorige Säure findet keine Anwendung.

b) Die phosphorige Säure wird wasserfrei gewonnen, wenn Phosphor in einer mit atmosphärischer Luft gefüllten engen Glasröhre bis zu 80° R. erhitzt wird. Die phosphorige Säure sublimirt sich in weißen Flocken und es bleibt etwas Phosphoroxyd zurück.

Ihre Bestandtheile sind:

1) Nach dem Atomgewicht.			2) Nach Procenten.
Phosphor .	1 Atom	= 16	57,14
Sauerstoff . .	$1\frac{1}{2}$ „	= 12	42,86
Phosphorig. Säure	1 Atom	= 28	100,00

c) Das phosphorigsaure Hydrat wird erhalten, wenn einfach-Chlorphosphor (Chlorphosphor im Minimum) mit Wasser versetzt und die gebildete Chlorwasserstoffsäure durch Verbunsten entfernt wird. Sie findet keine Anwendung.

d) Ein Gemenge von phosphoriger Säure und Phosphorsäure (phosphatige Säure genannt), wird gewonnen: wenn man den Phosphor dem Zerfließen in der atmosphärischen Luft aussetzt. Sie ist ein Gemenge von 1 Atom phosphoriger Säure und 4 Atomen Phosphorsäure; und wird durchs Zerfließen bereitete Phosphorsäure gewonnen.

e) Die Phosphorsäure wird höchst rein und wasserfrei erhalten, wenn Phosphor im überschüssigen Volum wasserfreien Sauerstoffgas rasch verbrannt wird. Als phosphorsaures Hydrat gewinnt man sie durch das Kochen des Phosphor's mit reiner Salpetersäure und nachmaligem Abdunsten bis zum anfangenden Rothglühen. Weniger rein scheidet man diese Säure aus den weißgebrannten Knochen. Die Bestandtheile der reinen wasserfreien Phosphorsäure sind:

	1) Nach dem Atomgewicht.	2) Nach Procenten.
Phosphor .	1 Atom = 16	44,44
Sauerstoffgas	$2\frac{1}{2}$. = 20	55,56
Phosphorsäure	1 Atom = 36	100,00

Die reine wasserfreie Phosphorsäure zeichnet sich durch folgende physische und chemische Eigenschaften aus. 1) Besteht aus Flocken; 2) beim Rothglühen geschmolzen glasähnlich; 3) in der Weißglühhitze wird sie flüchtig; 4) geruchlos und farbenlos; 5) stark sauer von Geschmack; 6) mit 1 Atom Wasser vereinigt, erzeugt sie das phosphorsaure Hydrat; 7) das spec. Gewicht der wasserfreien Säure ist = 2,677; 8) von mehr Wasser gelöst, geht die wäßrige Phosphorsäure daraus hervor.

f) Fertig gebildet findet sich die Phosphorsäure: 1) im natürlichen phosphorsauren Kalk (Apatit) und den Thierknochen vor; 2) im phosphorsauren Bleierze; 3) im menschlichen Urin; 4) in den Getreidearten und Hülsenfrüchten; 5) im Sumpferz.

III. Bereitung des Phosphorsäurehydrats.

§. 147.

Die Zubereitung des Phosphorsäurehydrats geschieht 1) entweder durch das Kochen des Phosphors mit Salpetersäure; oder 2) durch die Scheidung aus den Knochen, durch Schwefelsäure.

a) Man trägt in kleine Stückchen zerschnittenen Phosphor in siedende Salpetersäure in kleinen Portionen ein, bis sich weiße dicke Dämpfe zu entwickeln anfangen. Man dampft hierauf die Flüssigkeit bis zum anfangenden Rothglühen ab. Was zurückbleibt ist phosphorsaures Hydrat.

b) Man kocht 5 Gewichtstheile zartgepulverte weißgebrannte Thierknochen mit 3 Gewichtstheilen schwefelsaurem Hydrat (koncentrirter Schwefelsäure), die mit 30 Gewichtsth. Wasser verdünnt ist, 2 Stunden lang, laugt die Masse mit Wasser aus, dampft die filtrirte Flüssigkeit bis zur Syrupsdicke ab, digerirt den Rückstand mit seinem doppelten Gewicht Alkohol, filtrirt, und zieht den Weingeist durch Destillation ab, da dann die Säure zurückbleibt. Sie enthält stets noch etwas sauren phosphorsauren Kalk gelöst.

c) Versinnlichung der Darstellungsart des Phosphorsäurehydrats durch Experimente, und Erklärung der Erscheinungen, in den Vorlesungen.

IV. Phosphor und Wasserstoff. (Phosphorwasserstoff und Phosphorwasserstoffgas.)

§. 148.

Der Phosphor kann sich mit dem Wasserstoff unter zwei Verhältnissen verbinden, ohne daß eine Säure daraus hervorgehet. Beide Verbindungen erscheinen in Gasform, als einfaches und als doppelt Phosphorwasserstoffgas. Die Verbindung des Phosphors mit dem Wasserstoff erfolgt nicht direkt, sondern wenn irgend ein Phosphoret mit einer wäßrigen Säure behandelt; oder wenn Phosphor mit Aetzkalilauge oder Kalkmilch gekocht wird. Die Bestandtheile beider Arten des Phosphorwasserstoffgases sind folgende:

I. Doppelt Phosphorwasserstoffgas (im Minimum).

	1) Nach dem Atomgewicht.		2) Nach Procenten.
Phosphor . .	1 Atom	= 16	91,40
Wasserstoff	$1\frac{1}{2}$ „	= 1,5	8,60
Doppelt Phosphorwasserstoff (im Minimum) .	1 Atom	= 17,5	100,00

II. Einfach Phosphorwasserstoffgas (im Maximum).

	1) Nach dem Atomgewicht.		2) Nach Procenten.
Phosphor . . .	1 Atom	= 16	86,40
Wasserstoff	$2\frac{1}{2}$.	= 2,5	13,60
Einfach Phosphorwasserstoff (im Maximum) . . .	1 Atom	= 18,5	100,00

Doch pflegt das Verhältniß dieser Bestandtheile nicht immer bestimmt dasselbe zu sein.

Bereitung des doppelt Phosphorwasserstoffgases.

§. 149.

Von den mannigfachen Methoden, durch welche die vorgenannten Gasarten bereitet weeden können, gelingt folgende am leichtesten.

a) Doppelt Phosphorwasserstoffgas (im Minimum). Man versetzt 10 Gran Phosphor in einer langhälsigen mit einem Gasentbindungsrohr verbundenen Retorte mit 2 Quentchen Kalihydrat, und 2 Loth destillirtem Wasser; erhitzt das Gemenge in einem Sandbade zum Sieden, leitet das Entbindungsrohr unter den Trichter der pneumatischen Wanne, und fängt das sich entwickelnde Gas über heißem Wasser auf. Anfangs wird die Luft aus dem leeren Raume des Gefäßes entwickelt, späterhin erscheint Stickstoffgas, endlich erzeugen sich kleine Blitze in der Retorte, und nun beginnt die Entbindung des Phosphorwasserstoffes. Man erkennt solches vorzüglich daran, daß die Gasblasen, so wie sie durch das Wasser hindurch treten, sich von selbst entzünden.

b) Die physischen und chemischen Eigenschaften dieses Gases bestehen in folgende: 1) farbenlos durchscheinend; 2) spec. Gewicht, gleich dem der atmosphärischen Luft; 3) es riecht wie faulende Seefische; 4) wird vom Wasser zum vierten Theil seines Volums eingesaugt; 5) reagirt weder sauer noch alkalisch; 6) kann weder die Respiration noch die Verbrennung unterhalten; 7) entzündet sich von selbst bei Berührung mit atmosphärischer Luft, brennt mit einer weißen Flamme und wird in phosphorige Säure und Phosphoroxyd zersetzt. Mit Sauerstoffgas verbrennt es unter heftiger Explosion; 8) seine mit Wasser gemachte Verbindung wirkt, von Thieren genossen, anfangs erregend, späterhin tödtend. Es ist wahrscheinlich die veranlassende Ursache zur Erzeugung der Irrlichter.

c) Das Einfach-Phosphorwasserstoffgas (im Maximum). Dieses Gas gewinnt man theils gegen Ende der Entbindung des Vorigen; theils wird es bei Bereitung des Phosphors (§. 143. c.) entbunden. Es zeichnet sich durch einen phosphorigen Geruch aus und entzündet sich nicht von selbst bei Berührung mit der Atmosphäre.

d) Versinnlichung durch Experimente in den Vorlesungen.

Anmerkung. Die Verbindung des Phosphors mit dem Stickstoff ist zur Zeit noch nicht bekannt.

V. Phosphor und Kohlenstoff. (Phosphor-Kohlenstoff.)

§. 150.

Die Verbindung des Phosphors mit dem Kohlenstoff und der daraus hervorgehende Phosphor-Kohlenstoff, ist zur Zeit noch höchst zweifelhaft; daher dieser Gegenstand erst genauer ermittelt werden muß, und deshalb hier übergan gen wird.

VI. Phosphor und Schwefel. (Phosphor-Schwefel.)

§. 151.

Der Phosphor kann mit dem Schwefel unter allen Verhältnissen verbunden werden, wenn man beide, unter Wasser, in der Wärme vereinigt.

a) Man schmelzt den Phosphor in der Wärme unter einer Decke von Wasser. Man trägt den Schwefel nach und nach in kleinen Portionen hinzu und wartet die Verbindung ab. Sie ist gelb von Farbe und besitzt einen sehr widrigen Geruch.

b) Die Verbindung aus gleichen Gewichtstheilen Phosphor und Schwefel schmilzt schon bei + 4° R. Die Verbindung von 2 Theilen Phosphor und 1 Theil Schwefel schmilzt bei + 8° R. Die Verbindung von 1 Theil Phosphor und 9 Theilen Schwefel schmilzt bei + 16° R.

c) Wird der Phosphor-Schwefel mit Wasser gekocht, so entwickelt sich hydrothionsaures Gas, und es wird phosphorige Säure erzeugt.

d) Wird eine Verbindung von Kalkmilch, von Phosphor und von Schwefelkalium mit Wasser in einer pneumatischen Vorrichtung gekocht, so wird ein phosphorhaltiges hydrothionsaures Gas entwickelt.

VII. Phosphor-Kerzen. Phosphor-Feuerzeuge.

§. 152.

Die Phosphor-Kerzen (Turiner Kerzen) und die Phosphor-Feuerzeuge, unterscheiden sich folgendermaßen.

a) Die Kerzen werden verfertigt, indem in eine ⅛ Zoll weite und 3 Zoll lange an einem Ende zugeschmolzene Röhre von sehr dünnem Glas, ein kleines Stückchen Phosphor gebracht wird. Man schiebt hierauf einen sehr dünnen Wachsstock hinein, so daß er eben einpasset, dessen Docht man aber vorher mit Nelkenöl bestrichen hat, worauf solches in ein Gemenge von zerriebenem Schwefel und Kamphor eingetaucht wird. Man schmilzt nun das Rohr zu, und erwärmt den Theil des Rohrs, wo der Phosphor liegt, gelinde, um ihn mit dem Schwefel zusammen zu schmelzen. Es muß ⅜ vom Phosphor entfernt, ein kleiner Strich mit einer Feile gemacht werden. Reibt man eine solche Kerze mit der warmen Hand, zerbricht sie, und ziehet den Docht heraus, so entzündet er sich.

b) Um die Phosphor-Feuerzeuge zu bereiten, füllet man eine kleine Glasflasche, mit einigen Theilchen trocknem

Phosphor an, entzündet ihn durch Berührung mit einem erhitzten Drathe und läßt ihn so lange brennen, bis er selbst erlöscht, worauf die Flasche verstopft wird. Der Inhalt ist ein Gemenge von Phosphor von Phosphoroxyd und von phosphoriger Säure. Stößt man ein Schwefelhölzchen stark hinein, so entzündet sich solches beim herausziehen.

Siebente Abtheilung.

Von dem Selen und seinen Verbindungen mit den früher erörterten Metalloiden.

§. 153.

Mit dem Namen Selen (Selenium) wird ein eigenes chemisch einfaches (von Berzelius entdecktes) Metalloid bezeichnet, das in den Fahluner Kupferkiesen an Kupfer und Eisen mit Schwefel vereinigt; im Eukairit an Kupfer und Silber; und in den Selen-Bleierzen von Mägdesprung, am Harz, am Bley, Silber, Gold, Quecksilber und Antimon gebunden vorkommt, wie solches durch Zinken zuerst entdeckt wurde. Nach Pleischl soll es sich auch im Molybdänkies von Schlackenwalde, so wie (nach Berzelius und Scholz) in den Tellurerzen vorfinden. Eben so findet es sich im Schlamm der Schwefelbleikammern, nach Bereitung der Schwefelsäure, so wie zuweilen in der Schwefelsäure selbst.

I. Darstellung des Selens.

§. 154.

Man bereitet das Selen am besten aus der selenigen Säure (§. 157.), indem solche, mit Salmiak gemengt, der Destillation unterworfen wird, wobei der Selen tropfbar in der Vorlage übergehet.

a) Das Selenerz wird zerkleinert, hierauf mit wäßriger Chlorwasserstoffsäure in gelinder Wärme so lange behandelt, bis ein schwarzes Pulver zurückgeblieben ist, welches mit Salpetersäure extrahirt wird. Die filtrirte Flüssigkeit wird durch Schwefelsäure gefället, wodurch schwefelsaures Blei zu Boden fällt und die Selensäure zurückbleibt, welche zur Trockne abgedunstet und so lange einer schwachen Glühung unterworfen wird, als sich noch Sauerstoffgas entwickelt, und die selenige Säure sich zu erzeugen anfängt. Der Rückstand ist nun selenige Säure, die sich sublimirt. Sie wird hierauf mit ihrem doppelten Gewicht Salmiak zusammengemengt und der Destillation unterworfen: wobei sich Selen in rothgelben Tropfen verflüchtigt, die in der Vorlage erstarren, und das Selen darstellen.

Physische und chemische Eigenschaften des Selens.

§. 155.

In seinen physischen und chemischen Eigenschaften zeichnet sich das Selen folgendermaßen aus.

a) Physische Eigenschaften. 1) Farbe (im geschmolzenen Zustande) dunkel bleigrau, metallisch glänzend; in dünnen Lagen dunkelroth, gegen das Licht gehalten, durchscheinend; 2) spec. Gewicht = 4,320; 3) schmilzt bei + 80° R.; siedet bevor es zum Glühen kommt und verflüchtigt sich in Dämpfen, die wie Rettig riechen; 4) leitet nicht die Elektricität, nur schlecht die Wärme; wird aber 5) beim Reiben nicht elektrisch; 6) mäßig hart; 7) spröde und zerreibbar. Sein Atomgewicht beträgt 40.

b) Chemische Eigenschaften. 1) Es verbindet sich mit den vorher erörterten Metalloiden zu Oxyden, zu Säuren und zu Selenüren.

II. Selen und Sauerstoff. (Selenoxyde, selenige Säure und Selensäure.)

§. 156.

Das Selen kann sich unter 3 verschiedenen Verhältnissen mit Sauerstoff verbinden, zum Selenoxyd, zur selenigen Säure und zur Selensäure.

a) Man gewinnt das Selenoxyd, wenn das reine Selen in einer gläsernen, mit einer kaltgehaltenen Vorlage versehenen Röhre, bis zum Sieden erhitzt, und ein Strom von atmosphärischer Luft darüber hingeleitet wird. Es verflüchtigt sich in Dämpfen, die sich in der Vorlage zu einer pulverförmig braunrothen Masse verdichten, welche das Selenoxyd darstellen. Seine Bestandtheile sind, wahrscheinlich:

	1) Nach dem Atomgewicht.	2) Nach Procenten.
Selen . .	1 Atom = 40	80,00
Sauerstoff .	1 " = 8	20,00
Selenoxyd	1 Atom = 48	100,00

b) Die physischen und chemischen Eigenschaften des Selenoxyds sind: 1) braunröthliches Pulver; 2) geschmack- und geruchlos; 2) sich verflüchtigend in der Hitze zu Selenoxydgas, das wie Rettig riecht; 3) nur wenig in Wasser lösbar.

III. Selenige Säure und Selensäure.

§. 157.

Die selenige Säure und die Selensäure sind bloß durch das verschiedene Verhältniß von Sauerstoffgehalt von einander abweichend. Die selenige Säure wird auf folgende Weise gewonnen.

a) Selenige Säure. Man gewinnt sie, wenn die bei der Bereitung des Selens (§. 154. a.) erhaltene Salpetersäure haltige Selensäure, bis zur Sublimation der selenigen Säure versetzt, destillirt wird. Die sich entwickelnde selenige

Säure entweicht in Dämpfen, die im Halse der Retorte und in der Vorlage zu einer farbenlosen krystallinischen Materie erstarren. Ihre Bestandtheile sind:

1) Nach dem Atomgewicht.		2) Nach Procenten.
Selen . .	1 Atom = 40	71,43
Sauerstoff .	2 „ = 16	28,57
Selenige Säure	1 Atom = 56	100,00

b) Die Selensäure (entdeckt durch Mitscherlich), wird gewonnen, wenn Selen mit Salpetersäure so lange gekocht wird, bis keine gelbe Dämpfe sich mehr entwickeln, und die farbenlose Flüssigkeit, bis zur Entfernung aller rückständigen Salpetersäure, abgedunstet wird: da dann die Selensäure in tropfbarer Form zurückbleibt. Ihre Bestandtheile sind:

1) Nach dem Atomgewicht.		2) Nach Procenten.
Selen . .	1 Atom = 40	62,50
Sauerstoff .	3 „ = 24	37,50
Selensäure	1 Atom = 64	100,00

Physische und chemische Eigenschaften der selenigen Säure und der Selensäure.

§. 158.

Diese Säuren zeichnen sich in ihren physischen und in ihren chemischen Eigenschaften folgendermaßen aus.

a) Die selenige Säure zeichnet sich folgendermaßen aus: 1) farbenlos; 2) in vierseitigen Nadeln krystallisirt; 3) sublimirbar; 4) rein sauer, brennend von Geschmack; 5) lösbar in Wasser, aus welcher Lösung sie als selenigsaures Hydrat in gestreiften Krystallen anschießt; 6) verbindet sich mit den Salzbasen zu selenigsauren Salzen.

b) Die Selensäure zeichnet sich folgendermaßen aus: 1) farbenlos; 2) stark sauer von Geschmack; 3) stets tropfbar als selensaures Hydrat, verbindet sich mit allen Basen zu Salzen; 4) giebt in der Glühhitze Sauerstoffgas von sich, und geht in selenige Säure zurück.

IV. Selen und Wasserstoff. (Hydroselensäure. Selenwasserstoffsäure.)

§. 159.

Die Verbindung des Selens mit dem Wasserstoff erfolgt nicht auf direktem Wege, sondern nur durch Vermittelung, wenn ein Selenmetall mit einer wäßrigen Säure (mit Ausnahme der Salpetersäure) behandelt wird. Hierbei entwickelt sich hydroselensaures Gas (Selenwasserstoffgas), das, durch Wasser eingesaugt, damit hydroselensaures Hydrat darstellt.

a) Um die Hydroselensäure zu bereiten, wird Seleneisen in wäßriger Chlorwasserstoffsäure aufgelöst, und das sich hierbei entwickelnde Gas, über Quecksilber aufgefangen. Solches stellt nun das hydroselensaure Gas dar. Seine Bestandtheile sind:

	1) Nach dem Atomgewicht:	2) Nach Procenten.
Selen	1 Atom = 40	97,40
Wasserstoff . .	1 „ = 1	2,6
Hydroselensäure	1 Atom = 41	100,00

b) Das hydroselensaure Gas zeichnet sich durch folgende Eigenschaften aus: 1) farbenlos, durchscheinend; 2) riecht wie ein Gemenge von Schwefelwasserstoffgas und Cyanwasserstoffgas; 3) erregt späterhin eine zusammenziehende schmerzhafte Empfindung, und Entzündung der Augen; 4) ist nicht vermögend die Verbrennung zu unterhalten; 5) in Vermengung mit atmosphärischer Luft entzündet, verbrennt es und es fällt Selenoxyd, in Form von rothem Pulver, zu Boden; 6) in Wasser eingesaugt, stellt es die wäßrige Hydroselensäure dar; welche als Säure reagirt und die meisten Metallsalze zu Selenmetallen fället. Mit den alkalischen und den erdigen Oxyden verbunden, gehen die hydroselensauren Salze daraus hervor.

V. Selen und Stickstoff.

§. 160.

Das Selen läßt sich mit dem Stickstoff nicht direkt verbinden; wohl aber wird die Hydroselensäure von Aetzammonium eingesaugt und stellt damit ein rothes Fluidum dar; in welchem vielleicht eine solche Verbindung existirt.

VI. Selen und Kohlenstoff. (Selen-Kohlenstoff.)

§. 161.

Die Verbindung des Selens mit dem Kohlenstoff hat zur Zeit noch nicht bewirkt werden können. Fernere Untersuchungen darüber, müssen also erst noch entscheiden, ob sie möglich ist.

VII. Selen und Schwefel.

§. 162.

Das Selen verbindet sich mit dem Schwefel unter allen Verhältnissen; wenn beide in einem luftleeren Gefäße zusammengeschmolzen werden. Regelmäßig geschieht aber die Verbindung, wenn hydrothionsaures Gas durch in Wasser gelöste selenige Säure geleitet wird, in Form eines gelben Präcipitats. Die Bestandtheile im erzeugten Schwefelselen sind:

	1) Nach dem Atomgewicht.	2) Nach Procenten.
Selen . . .	1 Atom = 40	58,57
Schwefel	2 „ = 32	41,43
Schwefelselen .	1 Atom = 72	100,00

Im Schmelzen nimmt das Schwefelselen eine orangengelbe Farbe an. Es steht nur noch als eine chemische Merkwürdigkeit da.

VIII. Selen und Phosphor.

§. 163.

Auch mit dem Phosphor verbindet sich das Selen, unter allen Verhältnissen, wenn beide in einem luftleeren Gefäße zusammengeschmolzen werden. Das gebildete Phosphorselen erscheint braun und krystallinisch; wird durch Kochen mit Kaliätzlauge, in hydroselenigsaures und phosphorsaures Kali zersetzt. Das proportionelle Verhältniß der Bestandtheile ist noch nicht bekannt.

Achte Abtheilung.

Von dem Chlor und seinen Verbindungen mit den früher erörterten Metalloiden.

§. 164.

Mit dem Namen Chlor (Chlorium) auch Chlorine, wird ein eigenthümliches chemisch einfaches Metalloid bezeichnet, das, an Natrium gebunden, (als Steinsalz und Küchensalz) überaus reichlich verbreitet vorkommt. Gay-Lussac lehrte zuerst (1809) die wahre Natur des Chlors kennen; Humphry Davy (1810) gab ihm den Namen und zeigte seine Verbindungen mit andern Stoffen.

a) Synonyme für den Namen Chlor sind: Chlorine, Halogen, Muriaticum, oxydirte Salzsäure, dephlogistisirte Salzsäure.

Darstellung des Chlors.

§. 165.

Man bereitet das Chlor aus dem Küchensalze, worin solches an Natrium gebunden ist; oder aus der Salzsäure, worin dasselbe an Wasserstoff, zur Chlorwasserstoffsäure, gebunden ist; es entwickelt sich gewöhnlich gasförmig mit Wasser verbunden, als Chlorhydratgas, von grünlich gelber Farbe.

a) Vier Gewichtstheile Küchensalz, oder zerkleinertes Steinsalz, $2\frac{1}{2}$ Gewichtstheile zart gepulvertes Mangan-Superoxyd (Braunstein), 3 Gewichtstheile schwefelsaures Hydrat (koncentrirte Schwefelsäure), die vorher mit ihrem gleichen Gewicht Wasser verdünnt worden war, werden in einem etwas geräumigen gläsernen oder bleiernen Kolben gemengt, die Oeffnung mit einem Gasentbindungsrohr verschlossen, der Kolben im Sandbade erhitzt und das sich entwickelnde Gas über heißem, mit Kochsalz gesättigtem Wasser, in gläsernen Gefäßen aufgefangen. Oder:

b) Man übergießt 1 Gewichtstheil zart gepulvertes Mangan-Superoxyd mit 4 Gewichtstheilen wäßriger Chlorwasserstoffsäure (Salzsäure), in einer pneumatischen Vorrichtung und fängt das sich entwickelnde Gas, wie vorher genannt, auf.

c) Die Erfolge der ersten Operation (a) werden folgendermaßen erklärt. Das Kochsalz ist aus Chlor und Natrium zusammengesetzt. Das Mangan-Superoxyd ist aus 1 Atom Mangan und 2 Atomen Sauerstoff zusammengesetzt. Das Wasser der Schwefelsäure setzt seinen Sauerstoff an das Natrium ab, welches dadurch in Natriumoxyd umgewandelt wird; das sich nun mit der Schwefelsäure zu schwefelsaurem Natron (Glaubersalz) vereinigt. Das Chlor, welches ausgestoßen wird, verbindet sich mit dem Wasserstoffe, aus dem Hydratwasser der Schwefelsäure, und erzeugt Chlorwasserstoffsäure; diese entziehet dem Mangan-Superoxyd 1 Atom Sauerstoff, wodurch der Wasserstoff in Wasser umgewandelt, das Chlor hingegen frei wird, und sich gasförmig entwickelt. Das Manganoxyd bleibt hierbei mit Chlorwasserstoffsäure verbunden zurück. Bei der zweiten Operation (b) entziehet 1 Atom des Sauerstoffs im Mangan-Superoxyd, der Chlorwasserstoffsäure 1 Atom Wasserstoff, wobei das Chlor als Gas entwickelt wird. Das zurückgebliebene Manganoxyd bleibt als chlorwasserstoffsaures Manganoxyd zurück. Das sich hierbei entwickelnde Chlorgas reißt 1 Atom Wasser mit sich fort, und erscheint als Chlorhydratgas.

d) Soll das Chlorgas wasserfrei erhalten werden, so leitet man dasselbe bei seiner Entwickelung durch geschmolzenes Chlorcalcium, welches das Wasser zurückhält, und fängt solches unmittelbar in trockenen Gefäßen von Glas auf. Die gelbe Farbe zeigt an, wenn das Gefäß mit Chlorgas gefüllet ist.

Physische und chemische Eigenschaften des reinen Chlorgases.

§. 166.

Das wasserfreie Chlorgas zeichnet sich in seinen physischen und chemischen Eigenschaften folgendermaßen aus.

a) Physische Eigenschaften. 1) Grünlichgelb von Farbe; 2) erstickender Geruch, reizt die Lunge zum Bluthusten; 3) 2,470 spec. Gewicht; 4) verdichtet sich bei starkem Druck unter — 34° R. Temperatur, zu einer tropfbaren Flüssigkeit, die bei Verminderung des Druckes wieder die Gasformannimmt; 5) wird vom Wasser vollkommen eingesaugt; 6) das Atomgewicht des Chlors erhält die stöchiometrische Zahl 35,4.

b) Chemische Eigenschaften. 1) Ist nicht vermögend die Respiration und die Verbrennung zu unterhalten; 2) röthet nicht das Lakmus, zerstöhrt aber alle Pflanzenfarben; 3) ebenso die stinkenden Gerüche; 4) wird von den Metalloiden und den Metallen eingesaugt, die, oft unter Feuererscheinungen, damit Chlorüren darstellen; 5) Wachslicht brennt darin mit dunkelrother Flamme, unter Absatz von viel Ruß.

I. Chlor und Wasser. (Chlorhydrat.)

§. 167.

Das Chlor kann sich unter zwei Verhältnissen mit dem Wasser verbinden, zum Hydrat und zum wäßrigen Chlor.

a) Das Chlorhydrat wird gewonnen, wenn in eine mit wasserfreiem Chlorgas gefüllten Flasche sehr wenig Wasser gebracht wird. Geschiehet solches bei einer Temperatur über 0° R., so beharrt das gebildete Chlorhydrat in der Gasform. Unter 0° R. erstarrt solches aber zu gelben blättrigen Krystallen. Seine Bestandtheile sind:

1) Nach dem Atomgewicht.			2) Nach Procenten.
Chlor	1 Atom	= 35,4	28,23
Wasser	10 „	= 90,0	71,77
Chlorhydrat . .	1 Atom	= 125,4	100,0

Das Chlorhydratgas zeichnet sich durch folgende Eigenschaften aus: 1) bis + 15° R. existirt es gasförmig; 2) bei 0° R. erstarrt es zu dendritschen Krystallen von gelber Farbe; 3) sein spec. Gewicht beträgt 1,2; 4) riecht und schmeckt wie Chlor; 5) bleicht die Farben der Pflanzen; 6) zersetzt sich bei + 30° R. in Chlorgas und wäßriges Chlor.

b) Das wäßrige Chlor (Chlorwasser, Bleichwasser) wird gewonnen, wenn man soviel Chlorgas in kaltes Wasser treten läßt, als sich durch Schütteln damit vereinigt. Nach Verhältniß der höhern oder niedrern Temperatur, kann das Wasser sein doppeltes bis dreifaches Gewicht Chlorgas einsaugen. Die Flüssigkeit ist gelb von Farbe, sie schmeckt und riecht wie Chlor; bleicht alle Pflanzenfarben; röthet nicht Lakmus; besitzt im gesättigten Zustande ein spec. Gewicht von 1,003; wird in der Frostkälte in Chlorhydratgas und Eis zersetzt.

c) Versinnlichung durch Experimente in den Vorlesungen.

II. Chlor und Sauerstoff. (Chloroxyd.)

§. 168.

Das Chlor kann sich unter vier Verhältnissen mit dem Sauerstoff verbinden, woraus 4 verschiedene Produkte hervorgehen: 1) das Chloroxyd; 2) die chlorige Säure; 3) die Chlorsäure; 4) die oxydirte Chlorsäure.

a) Das Chloroxyd (von H. Davy auch Enchlorine, von andern Chloroxydul genannt), wird gewonnen, wenn chlorsaures Kali (§. 170.), in einer pneumatisch-chemischen Geräthschaft, mit seinem doppelten Gewicht Chlorwasserstoffsäure und eben so viel Wasser versetzt, gelinde erwärmt, dann das sich hierbei entwickelnde Gas über Quecksilber aufgefangen wird. Durch Schütteln mit Quecksilber befreiet man das Gas von dem ihm etwa beigemengten Chlorgas. Die Darstellung ist gefahrvoll, daher das Gesicht maskirt werden muß, weil dabei leicht Explosion erfolgt. Seine Bestandtheile sind:

	1) Nach dem Volum.	Spec. Gew.	2) Nach dem Atomgewicht.	3) Nach Procenten.
Chlorgas .	1 Maaß	= 2,4543	1 Atom = 35,4	81,6
Sauerstoffgas	0,5 "	= 0,5546	1 " = 8,0	18,4
Chloroxydgas	1 Maaß	= 3,0089	1 Atom = 43,4	100,0

Das Chloroxydgas zeichnet sich durch folgende physische und chemische Eigenschaften aus: 1) dunkelgelb; 2) Geruch, ähnlich dem röstenden Zucker; 3) spec. Gewicht 2,417; 4) röthet Lakmus, zerstöhrt aber schnell dessen Farbe; 5) bildet, mit chlorwasserstoffsaurem Gas gemengt, (in der Wärme), Chlorgas und Wasser; 6) mit dem doppelten Volum Wasserstoffgas gemengt, erzeugt es chlorwasserstoffsaures Gas und Wasser; 7) Wasser saugt sein 8 — 10faches Volum davon ein und stellt eine dunkelgelbe Flüssigkeit, von scharfem Geschmack dar; 8) explodirt bei 20° R., wobei solches in Chlorgas und Sauerstoffgas zerfällt.

III. Die chlorige Säure.

§. 169.

Chlorige Säure (sonst Chloroxyd genannt) wird gewonnen, wenn ein Gewichtstheil vorher geschmolzenes chlorsaures Kali, mit dem vierfachen Gewicht Schwefelsäurehydrat, welches mit der Hälfte Wasser verdünnet ist, in einer Retorte übergossen und bei sehr gelinder Wärme destillirt wird. Die Säure entwickelt sich als chlorigsaures Gas, das über Quecksilber aufgefangen werden muß. Die Bestandtheile der chlorigen Säure sind:

	1) Nach dem Volum. (Stadion)	Spec. Gew.	2) Nach dem Atomgewicht.	3) Nach Procenten.
Chlor . .	1 Maaß	= 2,4543	1 Atom = 35,4	59,6
Sauerstoff .	1,5 „	= 1,6638	3 „ = 24,0	40,4
Chlorigsaures Gas	1,5 Maaß	= 4,1181	1 Atom = 59,4	100,0

Das chlorigsaure Gas zeichnet sich in seinen physischen und chemischen Eigenschaften folgendermaßen aus: 1) dunkelgelb; 2) ganz eigenthümlicher Geruch; 3) spec. Gewicht = 2,745; 4) bleibt im Dunkeln unverändert; 5) trennt sich, bei Einwirkung des Lichtes, in Chlorgas und Sauerstoffgas, welches auch in der Siedhitze des Wassers erfolgt und mit Explosion begleitet ist; 6) bei Kompression und niederer Temperatur geht es in eine tropfbare Form über (chlorige Säure), welche gelb erscheint; 7) das Wasser nimmt sein 7faches Volum ein, und stellt damit die wäßrige chlorige Säure dar; 8) trockenes Lakmuspapier wird nicht davon verändert; feuchtes wird gebleicht, ohne geröthet zu werden; 9) ist nicht vermögend die Respiration und die Verbrennung zu unterhalten; 10) läßt man Kali darauf wirken, so werden chlorsaures Kali und Chlorkalium erzeugt. Die chlorige Säure ist es auch die sich, an Kali gebunden, in der Bleichlauge (dem Eau de Javelle) so wie an Kalkerde gebunden, im sogenannten Chlorkalk befindet.

IV. Die Chlorsäure.

§. 170.

Die Chlorsäure wird gewonnen: 1) wenn wäßrige chlorige Säure dem Lichte ausgesetzt wird; 2) wenn Chlorgas in eine koncentrirte mit Wasser gemachte Lösung von kohlensaurem oder Aetzkali, so lange geleitet wird, bis die Flüssigkeit das Chlorgas nicht mehr einsaugt. Hier vereinigt sich 1 Atom Chlor mit 5 Atomen Sauerstoff aus dem Kali und erzeugt Chlorsäure. Die dadurch frei gewordenen 5 Atome Kalium treten mit 5 Atomen Chlor in Verbindung und erzeugen Chlorkalium. Die gebildete Chlorsäure verbindet sich mit einem andern Theil des Kali und erzeugt chlorsaures Kali. Das übrige Chlor wirkt auf das ausgeschiedene Kalium, und erzeugt damit Chlorkalium. So wie das chlorsaure Kali sich erzeugt, scheidet es sich in blättrigen Krystallen aus. Das Chlorkalium bleibt hingegen gelöst zurück. Das erhaltene chlorsaure Kali wird durch nochmaliges Lösen in Wasser und krystallisiren gereinigt. Wird nun die gesättigte siedend heiße Lösung des chlorsauren Kali so lange mit Fluor-Kieselsäure versetzt, bis keine Fällung mehr erfolgt: so vereinigt sich die Fluor-Kieselsäure mit dem Kali zu einem schwer löslichen Salze und die Chlorsäure wird frei. Auch gewinnt man die Chlorsäure, wenn chlorsaure Baryterde mit Schwefelsäure gemengt und destillirt wird, die mit dem fünffachen Gewicht

Wasser verdünnet worden war. Sie ist indessen noch nie absolut rein dargestellt worden. Ihre Bestandtheile sind:

	1) Nach dem Volum.	Spec. Gew.	2) Nach dem Atomgewicht.	3) Nach Procenten.
Chlorgas	1 Maaß	= 2,4543	1 Atom = 35,4	46,95
Sauerstoffgas	2,5 „	= 2,1597,5	5 „ = 40,0	53,05
Chlorsäure	3,5 Maaß	= 4,6140,5	1 Atom = 75,4	100,00

Die Chlorsäure zeichnet sich durch folgende physische und chemische Eigenschaften aus: 1) tropfbar, flüssig, ölähnlich (wäßrige Chlorsäure); 2) farbenlos; 3) 1,300 spec. Gewicht; 4) schmeckt sauer, zusammenziehend stechend; 5) röthet Lakmus und zerstört dessen Farbe; 6) ist destillirbar; 7) wird vom Lichte nicht zersetzt; 8) erzeugt mit den Salzbasen die chlorsauren Salze.

V. Die hyperoxydirte Chlorsäure. (Oxydirte Chlorsäure.)

§. 171.

Die hyperoxydirte Chlorsäure (auch oxydirte Chlorsäure genannt) ist das Produkt der Verbindung von 1 Atom Chlor und 7 Atomen Sauerstoff. Sie wurde durch Graf Stadion in Wien entdeckt. Man bereitet solche folgendermaßen. Geschmolzenes chlorsaures Kali, in gröbliche Stücke zerschlagen, wird mit seinem vierfachen Gewicht reinem Schwefelsäurehydrat (von 1,850 spec. Gewicht) in einer Retorte kalt übergossen. Hier entwickelt sich erst chlorige Säure als gelbes Gas. Wenn dessen Entwickelung nachläßt, wird die Retorte im Wasserbade bis höchstens 48° R. erwärmt. Die rückständige Salzmasse in der Retorte ist jetzt ein Gemenge von oxydirt chlorsaurem Kali und saurem schwefelsauren Kali. Sie wird in Wasser gelöst, und dann der Krystallisation unterworfen. Hier schießt zuerst das schwer lösbare oxydirt-chlorsaure Kali an; das leichter lösbare saure schwefelsaure Kali bleibt gelöst zurück. Das erstere Salz muß durch nochmaliges Auflösen und Krystallisiren gereinigt werden. Es wird nun mit seinem gleichen Gewicht koncentrirter Schwefelsäure (die vorher mit der Hälfte Wasser verdünnt worden war) versetzt und bei einer Temperatur von höchstens + 50° R. destillirt. Hier entwickelt sich zuerst Wasser, späterhin oxydirte Chlorsäure. Ist sie mit Schwefelsäure verunreinigt, so wird diese durch Barytwasser; ist sie durch Chlorwasserstoffsäure verunreinigt, so wird diese durch Destillation über Silberoxyd davon getrennt.

a) Die Bildung der oxydirten Chlorsäure geschiehet folgendermaßen: die Schwefelsäure zersetzt das chlorsaure Kali dergestalt: daß die Schwefelsäure die Hälfte des Kali aufnimmt, die dadurch ausgeschiedene Chlorsäure tritt einen Theil (2 Atomen) Sauerstoff an die zurückbleibende Chlorsäure ab, und entweicht als chlorige Säure in Gasform. Aus der rückständigen, aus oxydirtchlorsauren und saurem schwefelsauren Kali bestehenden Salzmasse, kann nun das oxydirtchlorsaure Kali, nach der vorher erwähnten Weise, getrennt, und daraus die oxydirte Chlorsäure geschieden werden; die Bestandtheile sind:

	1) Nach dem Volum.	Spec. Gew	2) Nach dem Atomgewicht.	3) Nach Procenten.
Chlorgas .	1,0 Maaß	= 2,4543	1 Atom = 35,4	38,7
Sauerstoffgas	3,5 „	= 3,6051	7 „ = 56,0	61,3
Oxychlorsäure	1 Maaß	= 6,0594	1 Atom = 91,4	100,0

b) Die oxydirte Chlorsäure zeichnet sich durch folgende Eigenschaften aus: 1) farbenlos, tropfbar, von starkem angenehm saurem Geschmack; 2) röthet Lakmus ohne die Farbe zu zerstöhren; 3) verdampft bei + 110° R. ohne zersetzt zu werden; 4) erleidet auch durch schwefeliche Säure, so wie durch Hydrothionsäure und Chlorwasserstoffsäure, keine Veränderung; 5) bildet mit Basen Salze, die in der Glühhitze zersetzt werden, viel Sauerstoffgas entbinden. und Chlormetalle zurücklassen.

VI. Chlor und Wasserstoff. (Chlorwasserstoffsäure. Salzsäure.)

§. 172.

Wenn gleiche Volume wasserfreies Chlorgas und Wasserstoffgas mit einander gemengt, im Dunkeln aufbewahrt werden, so bleibt das Gemenge unverändert. Bei der Einwirkung des Lichtes verpuffet das Gasgemenge mit Explosion, und es wird chlorwasserstoffsaures Gas (salzsaures Gas) erzeugt, welches vom Wasser vollkommen eingesaugt wird. Die Explosion erfolgt nicht unter allen Umständen gleich: schneller beim gewöhnlichen Tageslichte; weniger schneller im blauen und im rothen Strahl; eben so schneller bei höherer als bei niederer Temperatur. Die Bestandtheile des chlorwasserstoffsauren Gases sind:

	1) Nach dem Volum.	Spec. Gew.	2) Nach dem Atomgewicht.	3) Nach Procenten.
Chlorgas	1 Maaß	= 2,4543	1 Atom = 35,4	97,25
Wasserstoffgas	1 "	= 0,0693	1 " = 1,0	2,75
Chlorwasserstoffsaures Gas	2 Maaß	= 2,5236	1 Atom = 36,4	100,00

a) Das chlorwasserstoffsaure Gas wird auch gewonnen, wenn 4 Gewichtstheile geschmolzenes und gepulvertes Kochsalz mit 3 Gewichtstheilen Schwefelsäurehydrat, in einem geräumigen mit einem Gasentbindungsrohr versehenen Kolben übergossen, der Kolben im Sandbade erhitzt, das sich entwickelnde chlorwasserstoffsaure Gas (welches in diesem Zustande chlorwasserstoffsaures Hydratgas ausmacht), durch geschmolzenes Chlorkalcium hindurchleitet, und über Quecksilber aufgefangen wird, wobei das Chlorkalcium das Hydratwasser zurückhält.

b) Bei dieser Darstellung erfolgt folgendes: das Kochsalz besteht aus Chlor und Natrium; das Hydratwasser der Schwefelsäure setzt seinen Sauerstoff an das Natrium ab, wodurch Natriumoxyd erzeugt wird. Der Wasserstoff tritt mit dem Chlor in Verbindung, und erzeugt Chlorwasserstoffsäure, die, mit 1 Atom Wasser verbunden, als chlorwasserstoffsaures Hydrat gasförmig entwickelt wird. Das Hydratwasser des Gases wird vom Chlorkalcium zurückgehalten, und das Gas entwickelt sich wasserfrei.

c) Das chlorwasserstoffsaure Gas zeichnet sich durch folgende physische und chemische Eigenschaften aus: 1) farbenlos durchsichtig; 2) spec. Gewicht = 1,254; 3) erzeugt in Berührung mit feuchter atmosphärischer Luft dicke Dämpfe; 4) röthet Lakmus und schmeckt scharf sauer; 5) taugt nicht zur Respiration und Verbrennung; 6) wird vom Wasser vollkommen eingesaugt, welches sein 480faches Volum davon einsaugt, und damit die wäßrige Chlorwasserstoffsäure darstellt; 7) wird von den Salzbasen aufgenommen, und erzeugt damit Chlorüren und Chloroxyde.

d) Versinnlichung durch Experimente, in den Vorlesungen.

VII. Chlorwasserstoffsaures Gas und Wasser. Wäßrige Chlorwasserstoffsäure. (Salzsäure.)

§. 173.

Man kann die tropfbare Chlorwasserstoffsäure (wäßrige Salzsäure) auf zwei verschiedene Wege darstellen: 1) indem man das chlorwasserstoffsaure Gas so lange in Wasser treten läßt, bis solches nicht mehr davon eingesaugt wird; 2) indem man dem Gemenge von Kochsalz und Schwefelsäure (§. 127. a.) so viel Wasser zusetzt als das Kochsalz beträgt, und nun destillirt.

a) Man leitet das sich entwickelnde chlorwasserstoffsaure Gas in ein Gefäß mit reinem Wasser, so lange solches noch davon eingesaugt wird. Das Fluidum ist wasserklar, farbenlos, besitzt einen eigenen Geruch; es stellt jetzt die wäßrige Hydrochlorsäure (Salzsäure) dar. Denn, läßt man mehr Gas hinzutreten, so nimmt die Flüssigkeit eine rauchende Beschaffenheit an, und wird rauchende Hydrochlorsäure (rauchende Salzsäure) genannt.

b) Man verdünnt die Schwefelsäure vorher mit so viel Wasser, als das Gewicht des Kochsalzes beträgt, gießt solche auf das in einer geräumigen Retorte befindliche Küchensalz, legt eine Vorlage mit zwei Oeffnungen an, aus deren einer ein Gasentbindungsrohr hervorgeht, das in ein Gefäß mit Wasser taucht, verkittet die Fugen zwischen dem Retortenhalse und der Vorlage, und verrichtet nun die Destillation aus einem Sandbade, bei nach und nach verstärktem Feuer, bis zur vollkommnen Trockne des Rückstandes. Die Vorlage enthält jetzt die Hydrochlorsäure, der Rückstand in der Retorte ist schwefelsaures Natron. Die Erklärung des Prozesses ergiebt sich aus (§. 172. b.). Erscheint die Säure rauchend, so wird sie in einer Retorte erhitzt. Der rauchende Theil entweicht, und die Säure bleibt nicht rauchend zurück.

c) Versinnlichung durch Experimente in den Vorlesungen.

§. 174.

Die reine wäßrige Hydrochlorsäure ist: 1) dünnflüssig; 2) wasserklar; 3) stark sauer von Geschmack; 4) spec. Gewicht = 1,210; 5) erstarrt erst unter dem Gefrierpunkte des Quecksilbers; 6) wird sie der Wirkung der Voltaschen Säule unterworfen: so entladet sich am positiv Pol, Chlor am negativ Pol hingegen Wasserstoffgas. Ihr Gehalt an Säure und Wasser, ergiebt sich aus ihrem specifiken Gewicht; wie folgende Tabelle besagt:

Specifikes Gewicht	Procente trockner Säure	Procente an Wasser	Specifikes Gewicht	Procente trockner Säure	Procente an Wasser
1,210	42,43	57,57	1,100	20,20	79,80
1,200	40,80	59,20	1,090	18,18	81,82
1,190	38,38	61,62	1,080	16,16	83,84
1,180	36,36	63,64	1,070	14,14	85,86
1,170	34,34	65,66	1,060	12,12	87,88
1,160	32,32	67,68	1,050	10,10	89,90
1,150	30,30	69,70	1,040	8,08	91,92
1,140	28,28	71,72	1,030	6,06	93,94
1,130	26,26	73,74	1,020	4,04	95,96
1,120	24,24	75,76	1,010	2,02	97,98
1,110	20,30	79,70			

VIII. Chlor und Stickstoff. (Chlorstickstoff.)

§. 175.

Wenn Chlor und Stickstoff unter schicklicher Behandlung mit einander verbunden werden, so gehet ein Produkt daraus hervor, welches Chlorstickstoff (auch Stickstoffchlorüre) genannt wird, und, wegen seine leicht explodirende Wirkung, in Berührung mit einigen andern Materien, eine der gefahrvollsten chemischen Zubereitungen ausmacht. Seine Bestandtheile sind:

	1) Nach dem Atomgewicht.	2) Nach Procenten.
Chlor .	4 Atom = 141,6	91,
Stickstoff . .	1 „ = 14,0	9,
Chlor-Stickstoff	1 Atom = 155,6	100,00

a) Um den Chlorstickstoff zu bereiten, löset man so viel Salmiak (chlorwasserstoffsaures Ammoniak) in destillirtem Wasser auf, als solches in der Kälte aufnehmen will. Man füllet mit dieser Lösung eine etwas hohe gläserne Glocke, sperrt die Flüssigkeit durch Salmiaklöfung und leitet hierauf so viel Chlorgas in die Glocke, daß das Fluidum verdrängt wird. Man läßt nun alles ruhig stehen: das Chlorgas wird eingesaugt, die Flüssigkeit steigt in der Glocke empor, und es senkt sich ein gelbes ölähnliches Fluidum zu Boden, welches den Chlorstickstoff darstellt, der durch Abgießen der darüber stehenden Flüssigkeit rein erhalten wird.

b) Die Erzeugung des Chlorstickstoffs erklärt sich auf folgende Weise. Das Ammoniak im Salmiak, welches aus 1 Atom Stickstoff und 3 Atomen Wasserstoff zusammengesetzt ist, giebt seinen Wasserstoff an 3 Atomen Chlor ab, wodurch Wasser erzeugt wird. Der frei gewordene Stickstoff vereinigt sich mit 4 Atomen Chlor zu Chlorstickstoff.

c) Der Chlorstickstoff zeichnet sich in seinen physischen und chemischen Eigenschaften folgendermaßen aus: 1) tropfbar flüssig, hellgelb, ölähnlich; 2) 1,653 spec. Gewicht; 3) scharfer durchdringender Geruch; 4) verdunstet schnell und reizt die Augen und die Lunge; 5) detonirt schnell mit heftigem Knall, wenn er erwärmt wird, unter Entwickelung von Licht; 6) die heftigste Explosion erfolgt bei der Berührung mit Phosphor, mit Schwefel, Schwefelkohlenstoff, allen Harzen ꝛc. Wegen den nicht immer vorauszusehenden heftigen Explosionen, muß bei den Arbeiten mit Chlorstickstoff stets Gefahr befürchtet werden.

IX. Chlorwasserstoffsaures Ammoniak. (Salmiak.)

§. 176.

Wenn das Ammoniak nicht mit Chlor, sondern mit Hydrochlorsäure (Chlorwasserstoffsäure, Salzsäure) in Verbindung tritt, so geht ein neutrales Salz daraus hervor, welches hydrochlorsaures Ammoniak oder Salmiak genannt wird.

a) Man erhielt den Salmiak (Sal ammoniacum) vormals allein aus Aegypten. Nach Plinius findet dieses Salz sich in der Nähe des dem Jupiter Ammon gewidmeten Tempels in Afrika. Niebuhr und Hasselquist lehrten seine Zubereitung aus dem Ruß, der bei der Verbrennung des getrockneten Mistes der Kamele und der Pferde gebildet wird, in der Provinz Ammonien in Lybien kennen; ob von dem einen oder andern Ort sein Name abzuleiten ist, ist unbestimmt. Die erste Salmiakfabrik wurde in Deutschland im Jahr 1759 zu Braunschweig gegründet, jetzt fabricirt man ihn in allen Ländern.

b) Die Fabrikation des Salmiaks wird veranstaltet, indem Ammoniak und Chlorwasserstoffsäure (Salzsäure) auf irgend einem schicklichen Wege zum neutralen Salze vereinigt werden, direkt oder auf complicirtem Wege. Die Salzmasse wird entweder krystallisirt (krystallisirter Salmiak) in Form von Zuckerhüthen; oder auch lockern Krystallen; oder sublimirt als (sublimirter Salmiak) in halb convexen halb concaven Broden, in den Handel gebracht. Der sublimirte Salmiak ist hart, durchsichtig, sehr lösbar in Wasser, von scharfem Geschmack.

c) Weitere Bemerkung über die Fabrikation des Salmiaks, in den Vorlesungen.

X. Chlor und Stickstoffoxyd. (Chlorhaltiges Stickstoffoxyd. Königswasser.)

§. 177.

Wenn 3 Gewichtstheile farbenlose Chlorwasserstoffsäure (Salzsäure) von 1,200 spec. Gewicht und 1 Gewichtstheil Salpetersäure von gleicher Dichtigkeit gemengt werden, so nimmt die Flüssigkeit eine gelbe Farbe und einem dem Chloroxyd ähnlichen Geruch an. Sie wird in diesem Zustande Königswasser (Aqua regis), auch Goldscheidewasser genannt: weil sie ein Auflösungsmittel für das Gold darstellt; ihrer Grundmischung nach, ist sie ein Gemenge von Chlor und Stickstoffoxyd.

a) Wenn die Chlorwasserstoffsäure mit der Salpetersäure in Wechselwirkung tritt: so setzen 3 Atome der Chlorwasserstoffsäure, 3 Atomen Wasserstoff an 3 Atomen Sauerstoff der Salpetersäure ab, wodurch Wasser erzeugt, das Chlor hingegen frei gemacht wird. Es bleiben also 1 Atom Stickstoff mit 2 Atomen Sauerstoff als Stickstoffoxyd zurück, folglich besteht das Königswasser aus 3 Atomen Chlor und 1 Atom Stickstoffoxyd, beide mit Wasser verbunden.

XI. Chlor und Kohlenstoff. (Chlorkohlenstoff.)

§. 178.

Wenn wasserfreies Chlorgas über reine glühende Kohle hingeleitet wird, so findet keine Einwirkung statt. Auf indirektem Wege geht aber das Chlor mit dem Kohlenstoff unter drei verschiedenen Verhältnissen in Verbindung, woraus 3 verschiedene Produkte, 1) Halb-Chlorkohlenstoff; 2) Einfach-Chlorkohlenstoff; 3) Anderthalb-Chlorkohlenstoff hervorgehen, wie folgende Beispiele darthun.

a) Halb-Chlorkohlenstoff. Diesen stellte Jülin dar, indem er schwefelkieshaltigen (aus dem Fahluner Grubenwasser erhaltenen) Eisenvitriol, in Vermengung mit Salpeter, destillirte. Erst entwickelte sich Schwefel, dann federartige Krystalle, welche, durch Kochen mit Kalilauge, vom beigemengten Schwefel und Schwefelsäure, so wie chlorwasserstoffsaurem Ammoniak befreiet, und durch nochmalige Sublimation gereinigt, den Halb-Chlorkohlenstoff darstellen. Seine Bestandtheile sind:

	1) Nach dem Atomgewicht.	2) Nach Procenten.
Chlor . .	1 Atom = 35,4	74,68
Kohlenstoff . . .	2 „ = 12,0	25,32
Halb-Chlorkohlenstoff	1 Atom = 47,4	100,00

Seine Eigenschaften sind: 1) weiße, zarte, vierseitige, nadelförmige Krystalle; 2) spec. dichter als Wasser; 3) schmilzt in der Hitze, siedet und sublimirt sich bei 96° R. in langen Nadeln; 4) ist geschmacklos; 5) riecht wie Wallrath; 6) verbrennt am Lichte mit grünblauer Farbe und schwachem Geruch nach Chlor.

b) Einfach-Chlorkohlenstoff. Dieser wird gewonnen, wenn der Anderthalb-Chlorkohlenstoff (c) durch eine mit Porzellanbrocken gefüllte und zum Glühen erhitzte Porzellanröhre geleitet wird, die mit einer dreimal auf und niederwärts gebogenen Glasröhre verbunden ist, die mit kaltem Wasser umgeben ist, in welcher der übergehende Dampf sich tropfbar verdichtet. Um das Destillat von noch beigemengtem freien Chlor zu befreien, wird die Röhre an dem einen Ende verschlossen, und nun das Produkt aus dem einen Schenkel in den Andern überdestillirt. Das Produkt ist jetzt ein Gemenge von Einfach-Chlorkohlenstoff und Anderthalb-Chlorkohlenstoff. Um beide zu trennen, erhitzt man das Rohr bis alle Luft aus seiner Oeffnung ausgetrieben ist. Nun wird das offene Ende verschlossen und das darin befindliche Fluidum so weit erwärmt, daß der Chlorkohlenstoff verflüchtigt wird und der anderthalbfache zurückbleibt. Seine Bestandtheile sind:

	1) Nach dem Atomgewicht.		2) Nach Procenten.
Chlor .	1 Atom	= 35,4	85,5
Kohlenstoff	1 „	= 6,0	14,5
Einfach-Chlorkohlenstoff	1 Atom	= 41,4	100,0

Seine Eigenschaften sind: 1) tropfbare, wasserklare Flüssigkeit; 2) 1,553 spec. Gewicht; 3) siedet bei 60° R.; 4) gefriert noch nicht bei — 15° R.; 5) durch eine glühende, mit Quarzbrocken gefüllte, Röhre geleitet, zerfällt er in Kohle und Chlorgas; 6) ist nicht lösbar in Wasser; 7) lösbar in Alkohol, in Aether und in den ätherischen Oelen.

c) Anderthalb-Chlorkohlenstoff. Man gewinnt diesen, wenn ölbildendes Gas (§. 105.) in einem mit Chlorgas gefüllten Glase dem Sonnenlichte ausgesetzt wird, die sich bildende Chlorwasserstoffsäure mit wenig Wasser hinweggenommen und dieselbe Behandlung des Rückstandes, mit neuem Chlorgas so oft wiederholt wird, bis dieses keine Veränderung mehr erleidet. Der so gebildete Anderthalb-Chlorkohlenstoff wird durch Waschen mit Wasser von der beigemengten Chlorwasserstoffsäure gereinigt, dann durch Fließpapier gepresset, ferner sublimirt, das Sublimat in Alkohol gelöst, und die Lösung durch kalihaltiges Wasser gefället, um die noch anklebende Säure hinwegzunehmen, dann wieder mit Wasser ausgesüßt, durch Papier gepresset und getrocknet. Seine Bestandtheile sind:

	1) Nach dem Atomgewicht.	2) Nach Procenten.
Chlor .	1,5 Atom = 53,1	89,85
Kohlenstoff	1 " = 6,0	10,15
Anderthalb-Chlorkohlenstoff	1 Atom = 59,1	100,00

Seine Eigenschaften sind: 1) rhomboidische scharfkantige Säulen; 2) 2,000 spec. Gewicht; 3) farbenlos, durchscheinend; 4) hart wie Zucker; 5) schmilzt bei 128° R.; 6) siedet bei 145° R und sublimirt; 7) verdampft hingegen an der Luft schon bei gewöhnlicher Temperatur; 8) hat kaum einen Geschmack; aber 9) einen aromatischen kampherartigen Geruch; 10) verbrennt mit rother Flamme; 11) durch ein glühendes Porzellanrohr geleitet wird er in Einfach-Chlorkohlenstoff und Chlorgas zerlegt.

XII. Chlor, Kohlenstoff und Sauerstoff. (Phosgengas.)

§. 179.

Wenn wasserfreies Chlorgas und wasserfreies Kohlenoxydgas in einem luftleeren Gefäße, bei gleichem Volum, gemengt werden, so bleibt das Gemenge im Dunkeln unverändert. Bei der Einwirkung des Tageslichts vereinigen sich aber beide Gasarten, zur Hälfte des vorigen Volums. Dieses rückständige Gas wird Phosgengas genannt. Seine Bestandtheile sind:

	1) Nach dem Spec. Gew. Volum.	2) Nach dem Atomgewicht.	3) Nach Procenten:
Kohlenoxydgas	1 Maaß = 0,9706	1 Atom = 14	28,34
Chlorgas . .	1 „ = 2,4543	1 „ = 35,4	71,66
Phosgengas	1 Maaß = 3,4249	1 Atom = 49,4	100,00

a) Die Eigenschaften des Phosgengases sind folgende: 1) farbenlos; 2) spec. Gewicht = 3,442; 3) Geruch unangenehm erstickend, zu Thränen reizend; 4) röthet Lakmus; 5) mit Wasser in Berührung gebracht, wird es in Kohlensäure und Chlorwasserstoffsäure zersetzt; 6) erhitzte Metalle, die hineingebracht werden, ändern sich, ohne Feuerentwickelung, in Chlormetalle um und es wird Kohlenoxydgas entwickelt; 7) Phosphor und Schwefel darin erhitzt, bringen keine Veränderung hervor.

XIII. Chlor, Kohlenstoff und Wasserstoff. (Oel des ölerzeugenden Gases. Chloräther?)

§. 180.

Das ölbildende Gas (§. 105.) kann sich mit dem Chlorgas unter mehr als einem Verhältniß verbinden. Die Gasarten vernichten sich gegenseitig, und werden zu einem trüben Oel verdichtet.

a) Man leite gleiche Volume Chlorgas und ölbildendes Gas (bei nicht zu kleinen Mengen) in eine gläsernen Flasche, ohne die Gasarten durch Wasser zu sperren; sie verdichten sich nach und nach und fließen in Oel zusammen. Die Bildung dieses Oels geschiehet auf folgende Weise. Ein halbes Atom des Chlorgases entziehet dem ölbildenden Gas ein halbes Atom Wasserstoff, womit Chlorwasserstoffsäure erzeugt und Oel niedergeschlagen wird; welches die andere Hälfte des Chlors aufnimmt. Durch Waschen mit Wasser kann das Oel von der anhängenden Säure befreiet werden. Seine Bestandtheile sind:

1) Nach dem Volum.

Chlorgas	1 Maaß	= 0,9706
Oelgas	1 „	= 2,4543
Oeldampf	1 Maaß	= 3,4249

1) Nach dem Atomgewicht.			2) Nach Procenten.
Chlor . .	1 Atom	= 35,4	71,6
Kohlenstoff	2 „	= 12,0	24,3
Wasserstoff	2 „	= 2,0	4,1
Oel (Chloräther) .	1 Atom	= 49,4	100,0

b) Jenes Oel zeichnet sich durch folgende physische und chemische Eigenschaften aus: 1) trübe, dickflüssig (klar und durchscheinend, wenn solches durch Destillation über Chlorkalcium, vom adhärirenden Wasser befreiet wird); 2) angenehm von Geruch; 3) süßlich aromatischem Geschmack; 4) spec. Gewicht = 1,220; 5) brennt mit grüner Flamme; 6) ist in Wasser lösbar; 7) wird, durch ein glühendes Rohr geleitet, unter Absetzung von Kohle, in chlorwasserstoffsaures Gas und kohlenwasserstoffsaures Gas zerlegt.

c) Dieses Oel kann noch eine bedeutende Menge Chlorgas einsaugen, wird dann grüngelb, schmeckt ätzend und bildet erstickende Dämpfe; giebt dann, mit Wasser gemengt, daran Chlor und Chlorwasserstoffsäure ab.

XIV. Chlor und Schwefel. (Chlorschwefel.)

§. 181.

Wenn wasserfreies Chlorgas auf erhitzten Schwefel geleitet wird: so wird solches vom Schwefel eingesaugt, und stellet damit den Chlorschwefel, in Form einer rothbraunen tropfbaren Flüssigkeit dar. Das Chlor kann sich mit dem Schwefel im einfachen und im doppelten Verhältniß verbinden, woraus im ersten Fall der einfache (im Minimum), im zweiten Fall der doppelte (im Maximum des Chlors) Chlorschwefel hervorgehet. Die Zubereitung geschiehet folgendermaßen.

a) Einfach-Chlorschwefel (Chlorschwefel im Minimum des Chlors). Man leitet Chlorgas durch ein mit Chlorkalcium gefülltes Rohr auf Schwefel, der in einer Vorlage eingeschlossen, erhitzt wird. Das Chlorgas wird vom Schwefel eingesaugt und erzeugt damit ein braunrothes Fluidum das, durch stärkeres Erhitzen, in eine zweite Vorlage übergetrieben und dadurch vom überflüssigen Schwefel befreiet wird. Seine Bestandtheile sind:

1) Nach dem Atomgewicht.		2) Nach Procenten.
Chlor	1 Atom = 35,4	47,48
Schwefel . . .	2 „ = 32,0	52,52
Einfach Chlorschwefel	1 Atom = 67,4	100.00

Seine Eigenschaften sind: 1) tropfbar flüssig; 2) Farbe, dunkel orangegelb; 3) spec. Gewicht = 1,680; 4) sehr flüchtig, dampft bei Berührung mit der Luft; 5) siedet bei 74° R., und destillirt vollkommen über; 6) Geruch widrig, dem Chloroxyd ähnlich; 7) Geschmack süß-säuerlich und bitter; 8) röthet nicht das Lakmus; 9) mit Wasser gemengt, wird er in Chlorwasserstoffsäure, und in unterschwefeliche Säure, späterhin schwefeliche Säure und Schwefel zersetzt.

b) Doppelt-Chlorschwefel (Chlorschwefel im Maximum des Chlors). Man gewinnt diesen, wenn durch den einfachen Chlorschwefel so lange Chlorgas geleitet wird, bis er nichts mehr davon aufnehmen will. Auch kann er gewonnen werden, wenn ein Gemenge von 1 Gewichtstheil Schwefel, 9 Chlorzinn (oder an dessen Stelle 8½ Theil Quecksilber-Sublimat) zusammen destillirt werden. Seine Bestandtheile sind:

	1) Nach dem Atomgewicht.	2) Nach Procenten.
Chlor .	1 Atom = 35,4	68,87
Schwefel	1 „ = 16,0	31,13
Doppelt-Chlorschwefel	1 Atom = 51,4	100,00

Seine Eigenschaften sind: 1) tropfbar; 2) Farbe gelblich braun; 3) spec. Gewicht = 1,680; 4) dampfet an der Luft; 5) riecht widrig erstickend; 6) schmeckt säuerlich, bitter;

7) röthet nicht das Lakmus; 8) trennt sich bei der Destillation in einfach Chlorschwefel und rückständigen Schwefel.

XV. Chlor und Phosphor. (Chlorphosphor.)

§. 182.

Wenn Phosphor in wasserfreies Chlorgas, selbst auch nur in Chlorhydratgas gebracht wird, so entzündet er sich von selbst, und bildet dicke weiße Dämpfe, welche Chlorphosphor darstellen. Der Phosphor kann sich unter zwei Verhältnissen mit dem Chlor verbinden, im Minimum und im Maximum (das Minimum und das Maximum beziehet sich auf das Chlor), wodurch 2 verschiedene Produkte gebildet werden.

a) Chlorphosphor im Minimum. (Einfach Chlorphosphor, anderthalb Chlorphosphor). Man bereitet denselben, indem durch Chlorkalcium geleitetes und dadurch von seinem Hydratwasser befreietes Chlorgas, (in hinreichender Menge) auf Phosphor geführt wird, der sich in einer Vorlage eingeschlossen befindet. Der Phosphor geräth in schwache flammende Entzündung und destillirt, bei gehöriger Vorsicht, aus der Vorlage, wenn sie gelinde erhitzt wird, in eine zweite über. Seine Bestandtheile sind:

	1) Nach dem Atomgewicht.	2) Nach Procenten.
Chlor .	1,5 Atom = 53,1	76,85
Phosphor . . .	1,0 „ = 16,0	23,15
Einfach Chlorphosphor (im Minimum)	1 Atom = 69,1	100,00

Seine Eigenschaften sind: 1) tropfbar flüssig, wasserklar; 2) spec. Gewicht = 1,450; 3) entweicht an der Luft in weißen Nebel; 4) ist destillirbar, sehr flüchtig; 5) reizt die Geruchsnerven sehr stark; 6) röthet nicht Lakmus; 7) ist verbrennlich; 8) in Wasser geschüttet, wird er in phosphorige Säure und Chlorwasserstoffsäure zersetzt.

b) Chlorphosphor im Maximum. (Doppelt Chlorphosphor, drittehalb Chlorphosphor). Man gewinnt ihn auf dieselbe Weise, wie den vorigen, wenn das Verbrennen des Phosphors in einem größern Maaße Chlorgas verrichtet wird. Seine Bestandtheile sind:

	1) Nach dem Atomgewicht.	2) Nach Procenten.
Chlor .	2,5 Atom = 88,5	84,7
Phosphor	1,0 „ = 16,0	15,3
Doppelt Chlorphosphor (im Maximum)	1 Atom = 104,5	100,0

Seine Eigenschaften sind: 1) blendend weißes Pulver: 2) stößt an der Luft weiße Dämpfe aus; 3) leicht sublimirbar; 4) röthet Lakmus; 5) nimmt durch Compression eine liquide Form an und krystallisirt alsdann in Säulen; 6) wird in Verbindung mit Wasser in Phosphorsäure und Chlorwasserstoffsäure zersetzt; 7) in Sauerstoffgas verbrannt, wird es in Phosphorsäure und Chlorgas umgewandelt.

XVI. Chlor und Selen. (Chlorselen.)

§. 183.

Das Chlor kann sich mit dem Selen unter 2 Verhältnissen verbinden, zu einfachem und zum doppelt Chlorselen. Man gewinnt beide, wenn wasserfreies Chlorgas (auf ähnliche Weise wie beim Chlorschwefel und Chlorphosphor) auf Selen geleitet wird. Anfangs erzeugt sich das einfach Chlorselen, in Form einer braunen Flüssigkeit; späterhin wenn mehr Chlorgas hinzutritt, wird dieses in eine farbenlose koncrete Masse umgewandelt: welche das doppelt Chlorselen darstellt.

a) Die Bestandtheile des einfach Chlorselens (Chlorselen im Minimum) sind:

	1) Nach dem Atomgewicht.	2) Nach Procenten.
Chlor	. 1 Atom = 35,4	30,7
Selen	2 = 80,0	69,3
Einfach Chlorselen (im Minimum)	1 Atom = 115,4	100,0

Seine Eigenschaften sind: 1) braungelbes, ölähnliches Fluidum; 2) dampft stark an der Luft; 3) specifisch dichter als Wasser; 4) wird beim Zusammentreten mit Wasser in Chlorwasserstoffsäure und selenige Säure zersetzt.

b) Die Bestandtheile des doppelt Chlorselens (Chlorselen im Maximum) sind:

	1) Nach dem Atomgewicht.	2) Nach Procenten.
Chlor	2 Atom = 70,8	63,9
Selen	1 „ = 40,0	36,1
Doppelt Chlorselen (im Maximum)	1 Atom = 110,8	100,0

Seine Eigenschaften sind: 1) farbenlos, koncret; 2) sublimirbar in gelben Dämpfen; 3) wird vom Wasser, unter Entwickelung von Wärme, in Chlorwasserstoffsäure und selenige Säure zersetzt.

Neunte Abtheilung.

Von dem Jod und seinen Verbindungen mit dem Sauerstoff, dem Wasserstoff, dem Stickstoff, dem Kohlenstoff, dem Schwefel, dem Phosphor, dem Selen und dem Chlor.

§. 184.

Mit dem Namen Jod (Jodium) wird ein eigenes Metalloid bezeichnet, welches Courtoir (im Jahre 1811) entdeckte, Gay-Lussac hingegen untersuchte und ihm obigen Namen, von dem griechischen Worte *τό Ιον* (Veilchen) und *ιοειδής* (veilchenfarbig) abgeleitet, aus dem Grunde beilegte, weil seine in der Wärme hervorgebrachten Dämpfe, veilchenblau erscheinen. Es wird auch Jodine und Jode (am besten ausgesprochen J—ode) genannt.

a) Das Jod findet sich ziemlich weitläufig im Weltraume verbreitet. Als Jodkalium und Jodnatrium in der Asche vieler Meerkräuter (besonders der Fucusarten), der Kohle vom Meerschwamm, in den Schwammsteinen, so wie in der Mutterlauge des Meerwassers und im Wasser vieler Salinen.

Darstellung des Jods.

§. 185.

Das meiste Jod wird zufällig gewonnen, bei der Bereitung der Soda, aus der Asche vieler Meergewächse, und zwar aus der Mutterlauge derselben, wenn solche zur Trockne abgedunstet, und in Vermengung mit Braunstein und Schwefelsäure, destillirt wird. Am besten stellt man solches aus der Kohle des gemeinen Meer- oder Waschschwamms dar.

a) Man verkohlt Meerschwamm in einem bedeckten Tiegel. Man laugt die Kohle mit Wasser vollkommen aus und verdunstet die Lauge zur Trockne. Das trockne Salz ist ein Gemenge von Jodnatrium und Jodkalium, mit Bromnatrium und Bromkalium. Man mengt solches mit dem halben Gewicht koncentrirter Schwefelsäure und zart gepulvertem Braunstein (Mangan-Superoxyd), und unterwirft das Gemenge der Destillation aus einer Retorte, mit kalt gehaltener Vorlage. Hier entwickelt sich Anfangs das Brom in gelben Dämpfen, späterhin das Jod in veilchenblauen Dämpfen, die im Halse der Retorte erstarren.

b) Durch eine nochmalige Sublimation desselben, wird das Jod gereinigt.

c) Versinnlichung durch ein Experiment, in den Vorlesungen.

Physische und chemische Eigenschaften des Jods.

§. 186.

Das Jod, in seinem reinen Zustande, zeichnet sich durch folgende physische und chemische Eigenschaften aus.

a) Physische Eigenschaften. 1) Gestalt: spitze rhomboidische octaëdrische Krystalle; oder zarte Blättchen; 2) Farbe, metalli, glänzend, wie das Reißblei; 3) sehr weich, leicht zerreibbar; 4) spec. Gewicht = 4,948; 5) schmilzt in der Wärme bei 86° R.; 6) siedet (unter Vitriolöl) bei 145° R. und entweicht in veilchenblauen Dämpfen, die in der Kälte wieder erstarren; 7) leitet nicht die Elektricität; 8) Geruch, ähnlich dem Chlorschwefel; 9) herber scharfer Geschmack; 10) zerstöhrt die Pflanzenfarben und färbt Papier, so wie die Haut, gelb; 11) ist nur in 7000 Theilen Wasser lösbar. Sein Atomgewicht erhält die stöchyometrische Zahl 125.

b) Chemische Eigenschaften. 1) Wirkt tödtend auf den thierischen Organismus; 2) zerlegt das Wasser und wird dadurch in Jodsäure und Hydriodsäure umgewandelt; 3) verbindet sich mit den meisten Metalloiden und den Metallen, zu Jodüren; 4) ist nicht verbrennlich; 5) färbt Amylon dunkelblau.

c) Versinnlichung der Eigenschaften des Jods, durch Experimente, in den Vorlesungen.

I. Jod und Sauerstoff. (Jodige Säure und Jodsäure.)

§. 187.

Jod und Sauerstoff können sich, obgleich nur schwer, in zwei Verhältnissen, zur jodigen und zur Jodsäure mit einander vereinigen.

a) Die jodige Säure (oxyjodige Säure, jodige Sauerstoffsäure) wird gewonnen (nach Sementini), wenn Jod in Vermengung mit chlorsaurem Kali destillirt wird; sie ist aber wahrscheinlich nichts als eine Verbindung von Jod und Chlor.

b) Die Jodsäure (Oxy-Jodsäure. Jodsauerstoffsäure. Jodinsäure) wird auf folgende Weise gewonnen. Man biegt eine gläserne Röhre unter einem rechten Winkel; der längere Schenkel ist unten verschlossen. In diesen Theil bringt man 10 Gran höchst wasserfreies chlorsaures Kali und 40 Gran höchst koncentrirte Schwefelsäure. Hierdurch wird Chloroxydgas (§. 168.) entwickelt. Dieses tritt in den horizontalen Theil des Rohrs, in welchem solches, durch Chlorkalcium von seinem Wassergehalt befreiet wird. Von da wird solches in eine Flasche geleitet, in der 4 Gran Jod enthalten sind. Dadurch wird Jodsäure und Chlorjod erzeugt. Das Chlorjod vertreibt man durch Erwärmung; der Rückstand ist dann die Jodsäure. Ihre Bestandtheile sind:

1) Nach dem Atomgewicht.			2) Nach Procenten.
Jod . . .	1 Atom	= 125	75,6
Sauerstoff .	5 „	= 40	24,4
Jodsäure	1 Atom	= 165	100,0

c) Die physischen und chemischen Eigenschaften der Jodsäure sind folgende: 1) koncret; 2) farbenlos; 3) geruchlos; 4) spec. dichter als Schwefelsäure; 5) scharf sauer zusammenziehend im Geschmack; 6) wird in der Hitze in Jod und Sauerstoffgas zerlegt; 7) zerfließt an der feuchten Luft und ist im Wasser lösbar (wäßrige Jodsäure); 8) erzeugt mit Basen verbunden die jodsauren Salze.

II. Jod und Wasserstoff. (Hydriodsäure. Jodwasserstoffsäure.)

§. 188.

Wenn das Jod auf eine schickliche Weise mit dem Wasserstoff in Verbindung gesetzt wird, so gehet daraus die Hydriodsäure (auch Jodwasserstoffsäure genannt) hervor. Das Jod kann sich unter 2 Verhältnissen mit dem Wasserstoff verbinden, zur Hydriodsäure und zur hydriodigen Säure.

a) Man gewinnt die Hydriodsäure wasserfrei, in Gasform, wenn ein Gemenge von Jod und Phosphor mit durch Wasser befeuchtetem Glaspulver bedeckt, in einer Retorte erhitzt, und das sich entwickelnde Gas über Quecksilber aufgefangen wird. Hier vereinigt sich der Sauerstoff des Wassers mit dem Phosphor zur Phosphorsäure, der Wasserstoff hingegen mit dem Jod zur Hydriodsäure, die gasförmig entweicht. Ihre Bestandtheile sind:

	1) Nach dem Spec. Gew. Volum.	2) Nach dem Atomgewicht.	3) Nach Procenten.
Jodgas . .	1 Maaß = 8,6661	1 Atom = 125	99,20
Wasserstoffgas .	1 " = 0,0693	1 = 1	0,80
Hydriodsaures Gas	2 Maaß = 8,7354	1 Atom = 126	100,00

Ihre Eigenschaften sind: 1) farbenloses Gas; 2) spec. Gewicht = 8,7354; 3) nicht brennbar und nicht respirabel; 4) röthet Lakmus; 5) dampft an der feuchten Luft, wird vom Wasser eingesaugt, und bildet damit wäßrige Hydriodsäure; 6) mit Sauerstoffgas erhitzt, wird es in Jod und Wasser zersetzt.

b) Um die wäßrige Hydriodsäure darzustellen, reibt man Jod mit destillirtem Wasser und läßt durch das gebildete braune Fluidum so lange einen Strom von hydrothionsauren Gas streichen, bis alles entfärbt ist. Hier vereinigt sich der Wasserstoff mit dem Jod zur Hydriodsäure, dagegen der Schwefel ausgeschieden wird. Die mit dem Wasser verbundene Hydriodsäure wird durch Destillation vom überflüssigen Wasser befreiet (koncentrirt). Sie ist wahrscheinlich eine Verbindung von gleichen Atomen Hydriodsäure und Wasser. Ihre Eigenschaften sind: 1) farbenlos; 2) spec. Gewicht = 1,700; 3) siedet bei 102° R. und ist dann völlig destillirbar; 4) riecht wie das hydriodsaure Gas; 5) schmeckt scharf, stechend und zusammenziehend; 6) dampft an der Luft; 7) erzeugt mit

Alkalien verbunden, die hydriodsauren Salze; 8) mit Sauerstoffgas der atmosphärischen Luft in Berührung gehalten, wird sie in hydriodige Säure umgewandelt; weil ihr ein Theil Wasserstoff dadurch entzogen wird.

c) Versinnlichung durch ein Experiment, in den Vorlesungen.

d) Die hydriodige Säure wird gewonnen, wenn Jod in Hydriodsäure aufgelöst wird; auch wenn man Jod mit Wasser abreibt; die letzte Flüssigkeit ist dann ein Gemenge von Jodsäure und Hydriodsäure, welche mit dem Wasser vereinigt bleiben. Die Bestandtheile der hydriodigen Säure sind:

	1) Nach dem Atomgewicht.	2) Nach Procenten.
Jod . .	2 Atom = 250	99,60
Wasserstoff . .	1 „ = 1	0,40
Hydriodige Säure	1 Atom = 251	100,00

Sie erscheint in Form einer braunen schwach sauren Flüssigkeit; ist noch nicht ganz wasserfrei dargestellt.

III. Jod und Stickstoff. (Jodstickstoff.)

§. 189.

Wenn zart gepulvertes Jod mit wäßrigem kohlensaurem Ammoniak zusammengerieben, hierauf die Flüssigkeit filtrirt wird, so bleibt ein schwarzbraunes Pulver zurück, welches den Jodstickstoff darstellt. Hier vereinigt sich das Jod mit dem Stickstoff des Ammoniaks, und der Wasserstoff erzeugt mit dem Jod Jodwasserstoffsäure, die mit einen andern Theil des Ammoniaks in Verbindung tritt. Die Bestandtheile des Jodstickstoffes sind:

	1) Nach dem Atomgewicht.	2) Nach Procenten.
Jod . .	3 Atom = 375	96,4
Stickstoff . .	1 „ = 14	3,6
Jodstickstoff	1 Atom = 389	100,0

Die Eigenschaften sind: 1) schwarzbraune Farbe; 2) wird durch Druck, Stoß oder Erhitzung, mit heftigen Knall, in Jod und Stickstoffgas zersetzt, wobei man im Dunkeln ein violettes Licht bemerkt; 3) wird durch Wasser zersetzt.

IV. Jod und Kohlenstoff. (Jodkohlenstoff.)

§. 190.

Jod- und Kohlenstoff zeigen unmittelbar keine Wirkung auf einander, selbst nicht in der Glühhitze. Wenn aber (nach Faraday) das Jod in ölzeugendem Gas (§. 105.) eingeschlossen, dem Sonnenlichte ausgesetzt wird: so wird das Gas vom Jod eingesaugt, ohne Hydriodsäure zu erzeugen. Entzieht man der Masse den Ueberschuß des Jods durch Aetzkalilauge, so bleibt eine eigne aus Jod, Kohlenstoff und Wasserstoff zusammengesetzte Substanz zurück, welche Jodkohlenwasserstoff genannt wird. Seine Bestandtheile sind:

	1) Nach dem Atomgewicht.	2) Nach Procenten.
Jod . .	1 Atom = 125	89,93
Kohlenstoff .	2 „ = 12	8,63
Wasserstoff . . .	2 „ = 2	1,44
Jodkohlenwasserstoff	1 Atom = 139	100,00

Seine Eigenschaften sind: 1) sublimirbar in Säulen; 2) schwer lösbar in Wasser; 3) spec. dichter als Schwefelsäurehydrat; 4) farbenlos; 5) aromatischer Geruch; 6) süßlicher Geschmack, schmelzbar in der Wärme; 7) verbrennlich, wobei es in Jod und Hydriodsäure zerfällt.

a) Serullas, Zabbai, Ferrari und andere, haben noch mehr Zusammensetzungen solcher Art dargestellt, die hier übergangen werden, da sie noch einer genauern Prüfung verdienen.

V. Jod und Schwefel. (Jodschwefel.)

§. 191.

Wenn Jod und Schwefel in einem verschlossenen gläsernen Rohr gemengt werden und das Gemenge durch siedendes Wasser erwärmt wird: so schmelzen beide leicht zusammen, und die Verbindung erstarrt beim Kaltwerden. Das proportionale Verhältniß der Bestandtheile ist noch nicht genau ermittelt; auch ist die Verbindung nicht konstant, sondern zersetzt sich in höherer Temperatur, wobei das Jod entweicht und den Schwefel zurückläßt.

a) Eigenschaften des Jodschwefels: 1) schwarzgraue glänzende, strahlig krystallisirte Substanz; 2) schmelzbar bei 48° R.; 3) nicht lösbar in Wasser; 4) wäßrige Schwefelsäure löset das Jod im Sieden daraus auf. Beim Erkalten der Flüssigkeit schießen nadelförmige Krystalle daraus an. Sie sind wahrscheinlich eine Verbindung von Jodsäure und Schwefelsäure. Die wasserfreie Schwefelsäure verbindet sich mit dem Jod zu einer grünblauen Flüssigkeit.

VI. Jod und Phosphor. (Jodphosphor.)

§. 192.

Jod und Phosphor vereinigen sich schon bei 15—20° R., unter Entwickelung von Wärme. Die Verbindung muß in einem verschlossenen Gefäße, abgehalten von der Luft, veranstaltet werden. Die proportionalen Verhältnisse, unter welchen das Jod sich mit dem Phosphor vereinigen kann, sind zur Zeit noch nicht ermittelt. Alles was man darüber weiß, ist folgendes:

a) 24 Gewichtstheile Jod und 1 Theil Phosphor geben eine braune Substanz, die bei 36° R. schmilzt, und mit Wasser behandelt, in hydriodige Säure und phosphorige Säure zerfällt.

b) 16 Gewichtstheile Jod und 1 Theil Phosphor liefern eine schwarzgrüne krystallinische Substanz, die bei 28° R. schmilzt. Gegen Wasser verhält sie sich wie die Vorige.

c) 8 Theile Jod und 1 Theil Phosphor vereinigen sich zu einer orangegelben Substanz, die bei 80° R. schmilzt und in hoher Temperatur sich verflüchtigt. Wasser löset sie unter Entwickelung von Phosphorwasserstoffgas und Absonderung von Phosphorflocken auf. Die Flüssigkeit ist ein Gemenge von Hydriodsäure und phosphoriger Säure.

Wir übergehen die anderweitigen Verbindungen des Jodes mit der Phosphorsäure und der Hydriodsäure, da sie erst noch genauer ausgemittelt werden müssen.

VII. Jod und Selen. (Jodselen.)

§. 193.

Das Verhalten des Jodes zum Selen (das Jodselen) ist zur Zeit noch unbekannt, daher die Resultate der Untersuchung darüber abgewartet werden müssen.

VIII. Jod und Chlor. (Jodchlor oder Chlorjod.)

§. 194.

Wenn vollkommen trockenes Jod in völlig wasserfreies Chlorgas eingetragen wird, so saugt es dasselbe ein und erzeugt damit, wenn das Jod vorwaltet, eine tropfbare Substanz von rothbrauner Farbe; waltet hingegen das Chlor vor, so erscheint die Verbindung erstarrt und von gelber Farbe. Bei der gegenseitigen Einwirkung jener Stoffe, steigt die Temperatur bis zu 80° R. Man kann also ein Chlorjod im Minimum und ein Chlorjod im Maximum unterscheiden. Beide Produkte bedürfen noch einer genauern Untersuchung.

Zehnte Abtheilung.

Von dem Brom und den Produkten seiner Verbindung, mit den vorher genannten Metalloiden.

§. 195.

Mit dem Namen Brom (Bromium) aus dem griechischen von ὁ βρωμον (der Gestank) abgeleitet, wird ein eigener im Jahre 1826 vom Herrn Ballard zu Montpellier entdecktes Metalloid bezeichnet, daß derselbe zuerst (mit Jod gemengt) im Meerwasser, so wie in der Asche vieler Meergewächse entdeckte; daß ich selbst, vorzüglich reichlich, im Wasser des Todten-Meers vorfand; das späterhin in der Mutterlauge vieler Salinen gefunden wurde. Vorzüglich reichlich entdeckte ich solches auch im Meerschwamm und den Schwammsteinen; weniger reichlich im Wurmmoos.

Darstellung des Broms.

§. 196.

In Ermangelung der übrigen Materialien, worin das Brom sich vorfindet, kann solches zu jeder Zeit aus dem Meerschwamm (dem gemeinen Waschschwamm) dargestellt werden; und zwar auf folgende Weise:

a) Man verbrennt den Meerschwamm in einem bedeckten Tiegel bis zur Kohle. Man laugt die zerkleinerte Schwammkohle mit Wasser aus, verdunstet die Lauge zur Trockne, und schmelzt die trockne Salzmasse. Sie besteht jetzt aus Bromkalium und Bromnatrium, so wie Jodkalium und Jodnatrium, mit etwas Chlornatrium, zusammengesetzt.

b) Man lößt jene Salzmasse in Wasser auf, und läßt einen Strom von Chlorgas durch die Flüssigkeit streichen: sie färbt sich dunkelgelb. Man setzt der gelben Flüssigkeit Schwefeläther zu. Der Aether nimmt das Brom in sich und scheidet sich damit als ein gelbes Fluidum ab, das über der entfärbten Flüssigkeit schwimmt. Man trennt den bromhaltigen Aether durch einen Trichter von der entfärbten Flüssigkeit. Man setzt dem bromhaltigen Aether nun Kaliätzlauge zu, welche das Brom in sich nimmt, und den Aether rein übrig läßt.

c) Die bromhaltige Lauge wird zur Trockne abgedunstet, die Salzmasse geschmolzen. Sie ist jetzt Bromkalium. Man zerkleinert dieses, versetzt es mit dem dritten Theil zartgepulverten Braunstein (Mangan-Superoxyd) und seinem ganzen Gewicht Schwefelsäurehydrat, und unterwirft das Gemenge in einer Retorte der Destillation, nachdem eine mit 2 Oeffnungen versehene Vorlage applicirt ist, die durch ein Gemenge von Eis und Kochsalz kalt gehalten werden muß. Es gehen braungelbe Dämpfe in die Vorlage über, die sich zu einer dunkelrothen Flüssigkeit verdichten, über der etwas gelbes Fluidum schwimmt. Jene Materie ist Bromhydrat. Das hellere Fluidum ist wäßrige bromige Säure.

d) Bei dieser Operation entziehet der Sauerstoff im Manganoxyd dem Hydratwasser der Schwefelsäure den Wasserstoff, und ihr Sauerstoff vereinigt sich mit dem Kalium zu Kaliumoxyd. Dieses geht mit der Schwefelsäure in Verbindung, und das Brom wird ausgeschieden, dessen Dämpfe sich nun in der Vorlage zur tropfbaren Flüssigkeit verdichten. Ein Theil des Hydratwassers der Schwefelsäure, das nicht zersetzt worden ist, bildet mit einen Theil des Broms die hydrobromige Säure, die über dem Brom schwimmt.

e) Von anderweitigen Darstellungsarten des Broms, in den Vorlesungen.

f) Versinnlichung durch ein Experiment, in den Vorlesungen.

Physische und chemische Eigenschaften des Broms.

§. 197.

Das reine Brom zeichnet sich durch seine physischen und chemischen Eigenschaften folgendermaßen aus.

a) Physische Eigenschaften. 1) Farbe braunroth; 2) spec. Gewicht = 2,99; 3) Geruch, ähnlich dem Chloroxyd; 4) Form, bei mittler Temperatur tropfbar, bei — 16 bis 18° R, blättrig krystallinisch, metallisch glänzend; 5) Nichtleiter der Elektricität; 6) sehr flüchtig, verdampft bei gewöhnlicher Temperatur in gelben Dämpfen, als Bromhydratgas, welches erstickend riecht, die Lungen und die Augen reizt; 7) wird der Dampf durch Chlorkalcium geleitet, so erscheint das Brom gasförmig, und erstarrt nicht mehr in der Kälte; das gasförmige Brom ist also Bromhydratgas.

b) Chemische Eigenschaften. 1) Nicht brennbar und nicht respirationsfähig; 2) zerstöhrt die organischen Farben; 3) erzeugt mit dem Sauerstoff und dem Wasserstoff eigene Säuren; 4) mit den Metallen verbunden die Bromüren; 5) sein Atomgewicht erhält die stöchyometrische Zahl = 80.

I. Brom und Sauerstoff. (Bromsäure. Oxy-Bromsäure.)

§. 198.

Das Brom läßt sich auf direktem Wege nicht mit dem Sauerstoffe vereinigen. Wird hingegen Brom mit Quecksilberoxyd und Wasser behandelt, so gewinnt man Bromquecksilber und Oxy-Bromsäure. Hier vereinigt sich das Quecksilber mit einem Theil Brom zu Bromquecksilber; der Sauerstoff vereinigt sich mit einem andern Theil des Broms zu Oxy-Bromsäure, welche gelöst bleibt. Wird die Flüssigkeit durch Kali gesättigt und das oxy-bromsaure Kali, mit Schwefelsäure gemengt, destillirt, so gewinnt man die Oxybromsäure. Ihre Bestandtheile sind:

	1) Nach dem Atomgewicht.	2) Nach Procenten.
Brom .	1 Atom = 80	66,60
Sauerstoff . . .	5 „ = 40	33,40
Oxybromsäure	1 Atom = 120	100,00

Ihre Eigenschaften sind: 1) farbenlose Flüssigkeit; 2) rein sauer von Geschmack; 3) dickflüssig; 4) beim Siedpunkte destillirbar; bei hoher Temperatur wird sie in Brom und Sauerstoffgas zersetzt; 5) erzeugt mit Basen verbunden, die (noch wenig bekannten) oxy-bromsauren Salze.

II. Brom und Wasserstoff. (Hydrobromsäure.)

§. 199.

Brom und Wasserstoff gehen ziemlich leicht mit einander in Verbindung, wenn solcher auf complicirtem Wege damit vereinigt wird, woraus die Hydrobromsäure (Bromwasserstoffsäure) hervortritt. Das Brom verbindet sich in 2 Verhältnissen mit dem Wasserstoffe zur hydrobromigen Säure und zur Hydrobromsäure.

a) Die hydrobromige Säure wird gewonnen, wenn Bromkalium mit wäßriger Schwefelsäure versetzt destillirt wird. Sie erscheint in Wasser gelöst als ein gelbes Fluidum, wenig sauer schmeckend, röthet aber das Lakmus. Ihre Bestandtheile, im wasserhaltigen Zustande gedacht, sind:

	1) Nach dem Atomgewicht.	2) Nach Procenten.
Brom .	2 Atom = 160	90,90
Wasserstoff	1 = 1	9,10
Hydrobromige Säure	1 Atom = 161	100,00

Ihre Eigenschaften sind: 1) hellgelb; 2) nur wenig sauer schmeckend; 3) wird leicht in Brom und Wasserstoffgas zerlegt.

b) Die Hydrobromsäure wird erzeugt, wenn durch in Wasser zertheiltes Brom hydrothionsaures Gas geleitet wird. Hier fällt Schwefel zu Boden und es bleibt wäßrige Hydrobromsäure zurück. Sie erzeugt mit Kali verbunden hydrobromsaures Kali, aus welchem, wenn es zur Krystallisation gebracht wird, aus seinen trockenen Krystallen, die Hydrobromsäure, durch Schwefelsäurehydrat, als hydrobromsaures Gas, durch Destillation ausgeschieden werden kann, welches Gas über Quecksilber aufgefangen werden muß.

Die Bestandtheile der wasserfreien Hydrobromsäure sind:

	1) Nach dem Atomgewicht.	2) Nach Procenten.
Brom .	1 Atom = 80	97,20
Wasserstoff	1 „ = 1	21,80
Hydrobromsäure	1 Atom = 81	100,00

c) Die Eigenschaften der Hydrobromsäure sind: 1) farbenloses Gas; 2) spec. Gewicht = 2,71; 3) dampft an der feuchten Luft und riecht stark sauer; 4) ist weder respirabel noch brennbar; 5) wird vom Wasser völlig eingesaugt und stellt damit die farbenlose wäßrige Hydrobromsäure dar, von rein saurem Geschmack und 1,29 spec. Dichtigkeit. Sie erzeugt mit Basen verbunden die hydrobromsauren Salze; die, wenn sie geschmolzen werden, in Bromüren übergeführt werden.

Anmerkung. Das Verhalten des Broms zum Stickstoff ist zur Zeit noch gänzlich unbekannt: daher solches ferneren Untersuchungen vorbehalten werden muß.

III. Brom mit Kohlenstoff, mit Schwefel, mit Phosphor, mit Chlor und mit Jod.

§. 200.

Das Verhalten des Broms zu den oben genannten Metalloiden, ist zur Zeit nur noch höchst unvollkommen bekannt, daher wir das, was zur Zeit darüber bekannt geworden ist, hier zusammenfassen wollen.

a) Tropfbarer Bromkohlenstoff. Vom Bromkohlenstoff sind zwei Arten bekannt: ein tropfbarer und ein koncreter. Man gewinnt den erstern, wenn Doppelt-Jodkohlenstoff (§. 190.) mit Brom versetzt, und die Verbindung mit Wasser ausgewaschen wird. Seine Bestandtheile sind wahrscheinlich:

	1) Nach dem Atomgewicht.	2) Nach Procenten.
Brom .	3 Atom = 240	59,30
Kohlenstoff . . .	2 „ = 12	40,70
Bromkohlenstoff	1 Atom = 252	100,00

Seine Eigenschaften sind: 1) farbenlose Flüssigkeit; 2) sehr flüchtig; 3) spec. dichter als Wasser; 4) aromatisch von Geruch und Geschmack.

b) Koncreter Bromkohlenstoff. Man gewinnt diesen, wenn wasserfreies Brom mit Alkohol behandelt wird, unter bedeutender Erwärmung Man setzt der Verbindung in Alkohol gelöstes Aetzkali so lange zu, bis sie entfärbt wird; versetzt den Rückstand mit wenig Wasser und dunstet die Verbindung ab. Der koncrete Bromkohlenstoff krystallisirt in fettig anzufühlenden Schuppen, ist spec. dichter als Wasser, leicht schmelzbar in der Wärme, sehr flüchtig, schmeckt scharf und brennend; er soll aus gleichen Atomen Brom und Kohlenstoff zusammengesetzt sein.

c) Wird Brom mit ölbildendem Gas (§. 105.) in Berührung gebracht, so erzeugt sich ein öläหnliches Fluidum, von 2,78 spec. Gewicht; das aus 1 Atom Brom und 2 Atomen ölbildendem Gas zusammengesetzt sein soll, einen angenehmen aromatischen Geruch besitzt, und flüssiger Bromkohlenstoff genannt wird.

d) Bromschwefel. Er wird erzeugt, wenn Brom und Schwefel in Wechselwirkung gesetzt werden. Seine Eigenschaften sind: 1) öläหnliches Fluidum; 2) spec. dichter als Wasser; 3) Farbe roth; 4) sehr flüchtig, dampft an der

Luft; 5) Geruch ähnlich dem Chlorschwefel: 6) röthet nicht das Lakmus; 7) wird vom Wasser langsam zersetzt.

e) Bromphosphor. Er erzeugt sich, wenn Brom und Phosphor in gegenseitige Wechselwirkung gesetzt werden. Das Brom kann sich unter mehr als einem Verhältniß mit dem Phosphor verbinden: 1) zu anderthalb und 2) zu drittehalb Bromphosphor. Die erste Verbindung erscheint tropfbar; die zweite ist koncret, gelb, krystallinisch. Beide sind sehr flüchtig und besitzen einen widrigen Geruch.

f) Die Verbindung des Broms mit dem Selen ist zur Zeit noch nicht bekannt.

g) Bromchlor. Man gewinnt dieses Produkt, wenn Chlorgas in Brom geleitet wird und die dabei sich entwickelnden Dämpfe, in sehr stark abgekühlten Gefäßen, aufgefangen werden, in Form einer tropfbaren Flüssigkeit: röthlich gelb von Farbe, sehr flüchtig, reizt die Augen zu Thränen, und krystallisirt, wenn wenig Wasser hinzukommt als Bromchlorhydrat, in gelben Krystallen.

h) Bromjod. Das Bromjod wird gewonnen, wenn Brom und Jod in gegenseitige Wirkung gesetzt werden. Das Brom kann sich in zwei Verhältnissen mit dem Jod verbinden: 1) im Maximum; 2) im Minimum. Das Erstere erscheint tropfbar flüssig, von hellröthlicher Farbe. Das Zweite ist krystallisirbar, von rothbrauner Farbe.

Eilfte Abtheilung.

Von dem Fluor und den Produkten seiner Verbindung mit den vorhergehenden Metalloiden.

§. 201.

Mit dem Namen Fluor oder Fluorine (Fluorium) wird ein eigenthümliches Metalloid bezeichnet, das bis jetzt noch nicht völlig isolirt hat dargestellt werden können; das aber, an metallische Substrate gebunden, in verschiedenen Fossilien, im Mineralreiche ziemlich reichlich verbreitet vorgefunden wird. Sein (wahrscheinliches) Atomgewicht erhält die stöchyometrische Zahl 18.

a) Am reichlichsten findet sich das Fluor, an Kalcium gebunden, in den verschieden gearteten Flußspaten, den derben und den krystallisirten, von verschiedenen Farben: als gelb, grün, blau, roth ꝛc.; weniger häufig im Lepidolith, im Cerit, Kryolith, im Wavellith, im Topas, im Apophillith, im Amblygonit, in verschiedenen Glimmerarten u. s. w.

b) Das Fluor gehört seiner Natur nach zu den Halloiden oder Salzzeugern, weil solches in der Verbindung mit den Metallen, salzähnliche Produkte (Fluorüren) bildet.

I. Fluor und Sauerstoff. (Oxyfluorsäure. Fluorsauerstoffsäure.)

§. 202.

Ob das reine, für sich jetzt noch nicht isolirt dargestellte Fluor mit dem Sauerstoff überhaupt, und unter welchen proportionalen Verhältnissen, sich verbinden kann? solches ist zur Zeit noch nicht mit Bestimmtheit erforschet; also haben wir auch von einer Oxyfluorsäure oder Fluorsauerstoffsäure zur Zeit noch keine bestimmte Kenntniß. Berzelius denkt sich eine solche als möglich; ihre Bestandtheile würden sein:

	1) Nach dem Atomgewicht.	2) Nach Procenten.
Fluor	1 Atom = 18,0	69,0
Sauerstoff	1 „ = 8,0	31,0
Oxyfluorsäure	1 Atom = 26,0	100,0

Hydrat der Fluorsäure.

	3) Nach dem Atomgewicht.	4) Nach Procenten.
Fluorsäure	1 Atom = 26,0	73,30
Wasser	1 „ = 9,0	26,70
Fluorsaures Hydrat . . .	1 Atom = 35,0	100,00

II. Fluor und Wasserstoff. (Hydrofluorsäure. Fluorwasserstoffsäure. Flußspatsäure.)

§. 203.

Wenn reiner gut ausgeglüheter und gepulverter Flußspat (Fluorkalcium) mit Schwefelsäurehydrat versetzt, erhitzt wird, so entwickelt sich hydrofluorsaures Gas, und es bleibt schwefelsaurer Kalk zurück. Das Gas verdichtet sich in strenger Kälte und stellt nun die tropfbare Fluorwasserstoffsäure dar.

a) Man übergieße (in einer Retorte von reinem Blei, Platin oder Silber) 1 Gewichtstheil zart gepulverten Flußspat mit 2 Gewichtstheilen reinem Schwefelsäurehydrat (höchst koncentrirter Schwefelsäure), lege eine Vorlage von Blei, Platin oder Silber vor, und umgebe sie mit einem Gemenge von Eis und krystallinischen Chlorkalcium. Nach beendigter Operation findet man in der Vorlage die Fluorwasserstoffsäure, frei von hygroscopischem Wasser, in tropfbarer Form.

b) Der Flußspat ist aus Fluor und Calcium zusammengesetzt; das schwefelsaure Hydrat aber, aus gleichen Atomen Schwefelsäure und Wasser. Das Wasser setzt seinen Sauerstoff an das Calcium ab, und erzeugt Calciumoxyd. Der Wasserstoff tritt an das Fluor und erzeugt Fluorwasserstoffsäure, die gasförmig entweicht; bei — 20 bis 25° R. aber zur tropfbaren Flüssigkeit verdichtet wird. Die Bestandtheile dieser Säure sind:

	1) Nach dem Atomgewicht.	2) Nach Procenten.
Fluor . .	1 Atom = 18,0	94,90
Wasserstoff	1 " = 1,0	5.10
Fluorwasserstoffsäure .	1 Atom = 19,0	100,00

Physische und chemische Eigenschaften der Fluorwasserstoffsäure.

§. 204.

Die physischen und chemischen Eigenschaften der Fluorwasserstoffsäure sind folgende.

a) Physische Eigenschaften: 1) bei — 20° R. tropfbar flüssig; 2) wasserklar; 3) 1,060 spec. Gewicht; 4) siedet bei + 12° R. und geht in der Gasform über; 5) sehr scharf und fressend; zerstöhrt die Haut, die Nägel und reizt stark die Lunge; 6) bringt Wasser zum erstarren, wenn sie hineingetröpfelt wird; 7) raucht an der Luft; 8) vereinigt sich reichlich mit Wasser.

b) Chemische Eigenschaften. 1) Löset Kieselsäure und Glas auf; 2) wird, dem Strom der Voltaschen Säule ausgesetzt, zerlegt, wobei sich am negativen Pol Wasserstoffgas, am positiven hingegen eine braune Substanz entwickelt, die den leitenden Platindrath anfrißt und (wahrscheinlich) eine Verbindung von Fluor und Platin (Fluorplatin) ausmacht; 3) mit Metallen in Berührung gebracht, werden Fluormetalle (Fluorüren) erzeugt und Wasserstoffgas entwickelt; 4) mit Metalloxyden in Berührung gebracht, werden Fluormetalle und Wasser erzeugt.

c) Leitet man das sich entwickelnde fluorwasserstoffsaure Gas in Wasser, so wird solches unter bedeutender Erhitzung davon eingesaugt, und stellt damit die wäßrige Fluorwasserstoffsäure dar. Sie besitzt im Ganzen dieselben Eigenschaften, wie das fluorwasserstoffsaure Gas; ihr spec. Gewicht ist = 1,250 sie muß in Gefäßen von Gold, Silber, Platin oder Blei aufbewahrt werden.

d) Die wäßrige Säure ist stets mit wenig Kieselsäure verbunden, weil der Flußspat nur selten frei von Kiesel gefunden wird. Man reinigt sie davon, wenn ihr so lange wäßriges fluorsaures Kali zugesetzt wird, bis kein gallertartiger Niederschlag mehr erfolgt, und man die Flüssigkeit aus einer Platinretorte überdestillirt.

e) Das Verhalten des Fluors zu den anderweitigen früher erörterten Metalloiden, ist zur Zeit noch nicht mit Bestimmtheit entwickelt, muß also ferneren Untersuchungen vorbehalten werden.

Zwölfte Abtheilung.

Von dem Boron.

§. 205.

Mit dem Namen Boron, auch Bor und Borne (Borium) wird ein eigenthümliches Metalloid bezeichnet welches, mit Sauerstoff verbunden, eine eigenthümliche Säure erzeugt, die an Natriumoxyd gebunden, in dem unter den Namen Borax allgemein bekannten Salze vorgefunden wird. Das Boron ist zur Zeit noch nicht frei vorgefunden worden, sondern stets mit Sauerstoff verbunden, als Boronsäure; und diese wieder zum größten Theil schon an Salzbasen gebunden. Man kann das Boron auf 4 verschiedenen Wegen darstellen.

a) Zart gepulverte vorher verglaste Boronsäure (§. 207 d.) wird mit dem gleichen Gewicht zart zertheiltem Kalium gemengt und das Gemenge in einer mit einem Gasentbindungsrohr versehenen Röhre von Platin oder Glas geglühet, der Rückstand wird mit wäßriger Chlorwasserstoffsäure (Salzsäure) ausgekocht, dann mit Wasser ausgewaschen, und bei gelinder Wärme ausgetrocknet. Wegen der leichten Zertheilung des Borons in Wasser, ist es besser, solches mit Salmiaklösung auszulaugen, und dann den Rückstand mit Alkohol zu digeriren, wodurch solches rein erhalten wird.

b) Außerdem kann das Boron dargestellt werden: 1) wenn reines Fluorborongas (§. 209, a.) mit erhitztem Ka=

lium in Berührung gesetzt wird. Es verbrennt mit röthlicher Flamme und bildet ein Gemenge von Boron und Fluorkalium, welches durch Auswaschen mit Wasser gereinigt wird. Das so gewonnene Boron enthält stets etwas Silicium.

c) Auch kann das Boron gewonnen werden: wenn Fluorboronkalium nach dem Glühen gepulvert, dann mit dem gleichen Gewicht Kalium in einer Platinröhre geglühet, und die rückständige Masse mit Salmiakwasser ausgelaugt wird.

d) Am allerreinsten gewinnt man das Boron, wenn die vorher verglaste, zart gepulverte, dann mit wenigem Wasser versetzte Boronsäure, der Einwirkung der Voltaschen Säule unterworfen wird. Hier setzt sich am negativen Pol des Platindraths reines Boron ab, am positiven wird Sauerstoffgas entwickelt.

e) Das Boron zeichnet sich durch folgende physische und chemische Eigenschaften aus: 1) dunkel grünbraun von Farbe; 2) zerreibbar; 3) Glas nicht ritzend; 4) spec. dichter als Vitriolöl; 5) geruch- und geschmacklos; 6) nicht flüchtig und nicht schmelzbar in der Hitze; 7) leitet nicht die Elektricität; 8) verbrennt in Sauerstoffgas und wird in Boronsäure umgewandelt. Sein Atomgewicht erhält die stöchyometrische Zahl 20.

I. Boron und Sauerstoff. (Boronsäure. Borsäure. Boraxsäure.)

§. 206.

Wenn reines Boron in einem (bis 250° R.) erhitzten Zustande in wasserfreies Sauerstoffgas getaucht wird, so verbrennt solches mit glänzendem Licht, und sublimirt sich in glänzenden Krystallen, welche Boronsäure ausmachen. In der atmosphärischen Luft verbrennt es mit röthlichem und zuweilen auch mit grünlichem Lichte. Die Bestandtheile der Boronsäure sind:

1) Nach dem Atomgewicht.		2) Nach Procenten.
Boron .	1 Atom = 20	29,41
Sauerstoff .	6 „ = 48	70,59
Boronsäure .	1 Atom = 68	100,00

a) Die Boronsäure findet sich fertig gebildet, theils frei, theils an Basen gebunden: 1) frei im Lagune-Sier-cajo und andern Seen, im Toskanischen, als Sassolin; 2) an Salzbasen gebunden, in verschiedenen Fossilien, namentlich: im Tinkal, im Boracit und im Axinit.

II. Bereitung der Boronsäure.

§. 207.

Die Bereitung der Boronsäure (auch Borsäure und Boraxsäure, desgleichen Sedativsalz genannt), geschiehet durch die Zersetzung des Borax mittelst Schwefelsäure, wobei die Säure in Krystallen als krystallisirte (wäßrige) Boronsäure sich ausscheidet, welche bei + 80° R. ausgetrocknet, die Hälfte ihres Wassers von sich läßt, und in boronsaures Hydrat übergehet; woraus dann, durch Ausglühen und Schmelzen, das Hydratwasser entfernt und die reine Boronsäure, im verglasten Zustande, gewonnen werden kann.

a) Krystallisirte Boronsäure (wäßrige Boraxsäure). Man löset 1 Gewichtstheil reinen Borax (boronsaures Natron), in 4 Gewichtstheilen Wasser, in der Siedhitze, auf, filtrirt die Lösung, und setzt ihr 2 Gewichtstheile reines Schwefelsäurehydrat zu, rührt alles unter einander, und läßt die Flüssigkeit erkalten; wobei die Boronsäure (bis auf einen kleinen Rückhalt) in blättrigen Krystallen sich ausscheidet, die durch ein Filtrum getrennt, und mit Wasser ausgesüßt werden. Durch nochmaliges Lösen in Wasser und Krystallisiren, erhält man die Säure rein. Die Bestandtheile der krystallisirten wäßrigen) Boronsäure sind:

	1) Nach dem Atomgewicht.	2) Nach Procenten.
Boronsäure	1 Atom = 68	55,74
Hydrat- u. Krystallwasser	6 „ = 54	44,26
Krystallisirte Boronsäure	1 Atom = 122	100,00

b) Die krystallisirte wäßrige Boronsäure zeichnet sich durch folgende physische und chemische Eigenschaften aus: 1) farbenlos, in glänzenden fettig anzufühlenden Schuppen krystallisirt; zuweilen sechsseitige Tafeln; 2) spec. Gewicht = 1,479; 3) schmeckt kaum säuerlich, röthet aber das Lakmus; 4) erfordert bei $12\frac{1}{2}^{\circ}$ R. 25 Theile, bei 80° R. nur 3 Theile Wasser zur Lösung; 5) wird leichter gelöst vom Alkohol, der dann mit gelbgrüner Flamme verbrennt; 6) bildet mit Basen verbunden die boronsauren Salze.

c) Boronsäure-Hydrat. Man gewinnt dieses, wenn die krystallisirte Boronsäure in einem Platin-Tiegel bis zu 80° R. erhitzt wird. Seine Bestandtheile sind:

	1) Nach dem Atomgewicht.	2) Nach Procenten.
Boronsäure	1 Atom = 68	71,58
Hydratwasser	3 = 27	28,42
Boronsäure-Hydrat	1 Atom = 95	100,00

d) Reine Boronsäure (verglaste Boronsäure). Man gewinnt solche, wenn die krystallisirte Boronsäure in einen Platin-Tiegel so lange geschmolzen wird, bis sie ruhig fließt. Ihre Bestandtheile sind (§. 206.) angegeben. Ihre Eigenschaften bestehen in folgende: 1) glasartig, durchscheinend, farbenlos, sehr hart und spröde; 2) spec. Gewicht = 1,83; 3) in der Rothglühhitze schmelzbar, aber feuerbeständig; 4) geruchlos; 5) säuerlich bitter von Geschmack; 6) röthet Lakmus.

III. Boron und Wasserstoff. (Boronwasserstoff.)

§. 208.

Nach H. Davy wird eine Verbindung des Borons mit dem Wasserstoff, in Gasform, als Boronwasserstoffgas gewonnen, wenn Boronkalium in Wasser gelöst wird. Das Gas läßt beim Verbrennen Boronsäure fallen. Seine Eigenschaften, so wie das Verhältniß seiner Bestandtheile, sind zur Zeit noch nicht genau bekannt.

Anmerkung. Die Verbindung des Borons mit dem Stickstoff, dem Kohlenstoff, dem Schwefel, dem Phosphor, dem Selen, dem Chlor, dem Jod und dem Brom, sind zur Zeit noch nicht bekannt; verdienen also noch erforscht zu werden.

IV. Boron und Fluor. (Fluor-Boron.)

§. 209.

Die Vereinigung des Borons mit dem Fluor erfolgt (nach Gay-Lussac), wenn 1 Gewichtstheil verglaste Boronsäure mit 2 Gewichtstheilen zart zerriebenem kieselfreien Flußspat, in einem Flintenlauf bis zum Weißglühen erhitzt wird. Nach H. Davy wird solches erhalten: wenn 1 Gewichtstheil verglaste Boronsäure, 2 Flußspat und 12 Schwefelsäurehydrat, in eine Platingeräthschaft erhitzt und das sich entwickelnde Gas über Quecksilber aufgefangen wird.

a) Man kann die Bestandtheile jenes Gases aus zweierlei Gesichtspunkten betrachten:

1. Als Fluorborongas.

	1) Nach dem Atomgewicht.		2) Nach Procenten.
Boron	1 Atom	= 20	15,60
Fluor	6 „	= 108	84,40
Fluorborongas .	1 Atom	= 128	100,00

2. Als wasserfreie Boronfluorsäure.

	1) Nach dem Atomgewicht.		2) Nach Procenten.
Boronsäure	1 Atom	= 68	51,67
Fluorsäure . .	6	= 63,6	48,33
Fluorboronsäure	1 Atom	= 131,6	100,00

Seine Eigenschaften sind: 1) farbenlos; 2) spec. Gewicht = 2,280; 3) taugt nicht zur Verbrennung und zur Respiration; 4) riecht erstickend; 5) röthet Lakmus; 6) dampft an der Luft; 7) verkohlt organische Stoffe; 8) greift Glas und Kiesel an; 9) wird vom Wasser eingesaugt, und dabei in Boronsäure und Fluorwasserstoffsäure zersetzt.

b) Man gewinnt die Fluorboronsäure, wenn das Fluorborongas gleich in Wasser geleitet wird, das Wasser kann sein 700faches Volum jenes Gases aufnehmen. Hierbei vereinigt sich das Boron mit 6 Atomen Sauerstoff zur Boronsäure; und das Fluor mit dem Wasserstoff zur Fluorwasserstoffsäure. Dieses Produkt ist Sechsfach-Fluorboronsäure. Wird diese Säure mit mehr Wasser versetzt, so scheidet sich der vierte Theil der Boronsäure aus, und jene wird in Achtfach-Fluorboronsäure umgewandelt. Beide bedürfen noch einer genaueren Erforschung.

Dreizehnte Abtheilung.

Von dem Kiesel.

§. 210.

Mit dem Namen Kiesel (Silicium) bezeichnet Berzelius ein eigenes von ihm zuerst entdecktes Metalloid, das an Sauerstoff gebunden, als Kieselsäure, in allen zum Kieselgeschlecht gehörigen Fossilien, in erdiger oder in steiniger Form, also überaus reichlich, im Mineralreiche vorkommend.

a) Zu den Fossilien, in welchen der Kiesel entweder rein (als Kieselsäurehydrat) oder auch mit Metalloxyden verbunden vorkommt, gehören: 1) der Bergkrystall; 2) der Quarz; 3) der farbenlose Sand; 4) der Calcedon; 5) der Opal; 6) der Feuerstein u. a. m. Auch in einigen Vegetabilien, namentlich in Tabascher und in der Asche vieler Holzarten, findet sich die Kieselsäure gegenwärtig; seltner in den Erzeugnissen des Thierreiches.

I. Reiner Kiesel (Silicium). Darstellung desselben.

§. 211.

Man gewinnt den reinen Kiesel (Silicium), wenn der wasserfreien Kieselsäure (Kieselerde) der Sauerstoff, auf irgend eine schickliche Weise, entzogen wird.

a) Man schichtet grob gepulvertes, durch Glühen von allem Wassergehalt befreietes, Fluor-Silicium-Kalium (s. dieses) in einer am einen Ende zugeschmolzenen Glasröhre, und erhitzt solche zum Glühen. Hier erfolgt eine Reduktion des Siliciums unter schwachem Glühen. Der Rückstand wird durch Extraktion mit Wasser vom erzeugten Kaliumoxyd befreiet, die dabei etwa noch befindliche Kieselsäure mit liquider Fluorwasserstoffsäure ausgezogen, dann stark ausgetrocknet.

b) Der reine Kiesel (das Silicium) zeichnet sich durch folgende Eigenschaften aus: 1) dunkelbraunes Pulver; 2) ohne Metallglanz, selbst wenn solches gedrückt oder gestrichen wird; 3) stark abfärbend; 4) stark an Glas hängend; 5) nicht schmelzbar vor dem Blaserohre und unverbrennlich; 6) nicht leitend für die Elektricität. Sein Atomgewicht erhält die stöchyometrische Zahl 44,469.

II. Kiesel und Sauerstoff. (Kieselsäure.)

§. 212.

Wenn reines stark ausgeglühetes Silicium mit Kaliumoxydhydrat zum Glühen gebracht wird, so verbrennt es mit lebhaftem Feuer und unter Entwickelung von Wasserstoffgas. Wird der Rückstand mit Salzsäure ausgekocht, um ihm die Salztheile zu entziehen, dann ausgesüßt, und geglühet: so bleibt Kieselsäure in Form eines weißen Pulvers zurück. Ihre Bestandtheile sind:

1) Nach dem Atomgewicht.			2) Nach Procenten.
Silicium	. 1 Atom	= 44,469	84,80
Sauerstoff	. 1 „	= 8	15,20
Kieselsäure	1. Atom	= 52,469	100,00

a) Man bereitet die Kieselsäure am besten, aus dem Bergkrystall oder dem Quarz. Derselbe wird im zart gepulverten Zustande, mit dem dreifachen Gewicht einfach-kohlensaurem Kali gemengt, in einen Silbertiegel geschmolzen, und wenn alles fließt, die Masse ausgegossen. Sie wird im doppelten Gewicht reinem Wasser gelöst. Diese Lösung wird Kieselfeuchtigkeit (Liquor Silicis) genannt; sie ist ihrer Grundmischung zu Folge ein basisches kieselsaures Kali.

b) Wird die Kieselfeuchtigkeit bis zum Vorwalten der Letztern mit reiner Chlorwasserstoffsäure versetzt, so kommt sie zum gerinnen. Diese Säure verbindet sich mit dem Kali (auch mit Eisenoxyd und Thonerde) falls sie vorhanden sind, und läßt die Kieselsäure als Hydrat zurück, das, nach vollkommenen Aussüßen mit Wasser, in Form eines weißen Pulvers zurückbleibt. Das Kieselsäurehydrat enthält im Durchschnitt 10 — 11 Procent Hydratwasser.

Seine Eigenschaften sind: 1) blendend weißes Pulver, das zwischen den Zähnen knirscht; 2) geschmack- und geruchlos; 3) röthet nicht das Lakmus; 4) höchst schwer lösbar in Wasser; 5) leichter in Säuren, besonders dann, wenn solches frisch bereitet damit in Berührung gebracht wird.

c) Das vollkommen ausgeglühete Kieselsäurehydrat stellt nun die reine Kieselsäure dar. Sie wird nur allein von der Fluorwasserstoffsäure auf dem nassen Wege aufgelöst; dagegen verbindet sie sich mit allen Salzbasen zu kieselsauren Salzen; die, wenn die Säure vorwaltet, verglasbar sind.

Anmerkung. Wenn (nach Fuchs) 10 Gewichtstheile einfach kohlensaures Kali mit 15 Theilen gepulverten thonfreien Kiesel (Quarz, Quarzsand) bis zum raschen Fluß zusammen geschmolzen wird, so ist diese Verbindung in 4—5 Theilen siedendem Wasser vollkommen löslich. Wird die Flüssigkeit bis zu 1,24 spec. Gewicht abgedampft: so kann sie zum Überstreichen am Holz benutzt werden. Der Ueberzug trocknet an der Luft aus und erscheint glasartig. Diese Flüssigkeit wird Wasserglas genannt.

III. Verhalten des Kiesels zum Schwefel, zum Chlor und zum Fluor.

§. 213.

Die Verbindung des Kiesels (des Siliciums) mit den anderweitigen oben genannten Metalloiden, sind zur Zeit noch sehr unvollkommen bekannt.

a) Eine Verbindung des Kiesels mit dem Schwefel (Schwefelkiesel) wird erhalten, wenn Schwefelgas über glühendes Silicium hingeleitet wird. Die Verbindung erfolgt unter Feuerentwickelung. Der Schwefelkiesel ist farbenlos und zersetzt sich, wenn er an der Luft verbrannt wird, in Kieselsäure und Schwefelsäure.

b) Eine Verbindung des Kiesels mit dem Chlor wird erhalten, wenn erwärmtes Silicium in wasserfreies Chlorgas gebracht wird. Es verbrennt, und der Dampf welcher gebildet wird, verdichtet sich in der Kälte zu einer gelben Flüssigkeit. Das Chlor-Silicium zersetzt sich, in Wasser gebracht, in Kieselsäure und Chlorwasserstoffsäure.

c) Die Verbindung des Kiesels mit dem Fluor wird erhalten, wenn Flußspat, Kieselsand und Schwefelsäurehydrat, in einer pneumatisch chemischen Geräthschaft destillirt und das sich entwickelnde Gas, über Quecksilber aufgefangen wird. Die Bestandtheile des gasförmigen Fluorsiliciums (Fluorkiesels) sind:

	1) Nach dem Spec. Gew. Volum.	2) Nach dem Atomgewicht.	3) Nach Procenten.
Kieselgas . .	2 Maaß = 1,1093	1 Atom = 44,469	70,0
Fluorgas . .	1 „ = 2,5791	1 „ = 18,0	30,0
Fluorsiliciumgas	1 Maaß = 3,6884	1 Atom = 62,469	100,0

Seine Eigenschaften sind folgende: 1) farbenloses Gas; 2) spec. Gewicht = 3,688; 3) riecht stechend sauer, dampft an der feuchten Luft und röthet Lakmus; 4) ist nicht brennbar und nicht respirabel; 5) wird vom Wasser eingesaugt und dabei in Kieselsäurehydrat und Fluorwasserstoffsäure zersetzt.

c) Fluor-Silicium-Ammoniak. Wird das Fluor-Siliciumgas mit Ammoniakgas in Berührung gebracht, so vereinigen sich 1 Maaß Fluor-Siliciumgas mit 2 Maaß Ammoniakgas zu der innigsten Verbindung, welches das Fluor-Silicium-Ammoniak darstellt. Seine Bestandtheile sind:

1) Nach dem Atomgewicht.			2) Nach Procenten.
Fluor-Silicium	2 Atom	= 124,938	86,37
Ammoniakgas . .	1 "	= 17	13,63
Fluor-Kiesel-Ammoniak	1 Atom	= 141,938	100,00

Vierter Abschnitt.

Von den organischen Säuren und deren Unterschied von den, früher abgehandelten, anorganischen Säuren.

I. Allgemeine Betrachtung der organischen Säuren.

§. 214.

Es ist bereits (§. 49. b.) angezeigt worden, welche chemische Eigenschaften ein Körper besitzen muß, wenn ihm das Prädikat einer Säure (Acidum) zuerkannt werden soll; eben so ist bereits bemerkt worden, daß keine Säure als chemisch einfach, sondern stets als ein aus zweien heterogenen Bestandtheilen, einem säurefähigen Radical oder Substrat und einem säurezeugenden Stoffe, zusammengesetztes Produkt angesehen werden muß. Desgleichen ist bemerkt worden, daß wir zur Zeit zwei verschieden geartete säurezeugende Stoffe kennen: 1) den Sauerstoff (Oxygenium) der mit allen säurefähigen Radicalen (im gehörigen Verhältniß seiner Verbindung mit ihnen), solche in Säuren umwandelt; 2) den Wasserstoff (Hydrogenium), der nur einige Radikale in Säuren umzuwandeln vermag.

§. 215.

Jenen Grundsätzen zufolge lassen sich die uns überhaupt bekannten Säuren unterscheiden: 1) in Säuren mit einfachem Radikal; 2) in Säuren mit zusammengesetztem Radikal; 3) in Sauerstoffsäuren und 4) in Wasserstoffsäuren.

a) Säuren mit einfachem Radikal werden diejenigen genannt, welche aus der Verbindung der einfachen Metalloide, so wie der elektronegativen Metalle, mit dem Sauerstoffe oder dem Wasserstoffe, als säurezeugenden Prinzipien, hervorgehen.

b) Die Säuren mit einfachem Radikal, sind binäre Verbindungen; sie gehören also der anorganischen Natur an: sie werden daher anorganische Säuren genannt. Sie zerfallen in zwei Hauptabtheilungen: 1) in Metalloidsäuren; 2) in Metallsäuren; je nachdem das Radikal derselben, in einem einfachen Metalloid, oder einem elektronegativen Metall besteht.

c) Die Säuren mit zusammengesetztem Radikal sind stets ternaire Verbindungen. Ihr Radikal ist ein zusammengesetztes Wesen: aus Kohlenstoff und Wasserstoff, oder aus Kohlenstoff und Stickstoff. Sie gehören zu den Sauerstoffsäuren, wenn der Sauerstoff; oder zu den Wasserstoffsauren, wenn der Wasserstoff das säurezeugende Prinzipium darin ausmacht Die meisten Säuren mit zusammengesetztem Radikal finden sich, fertig gebildet, in den organischen Erzeugnissen der Natur; sie werden daher organische Säuren genannt.

d) Die Säuren erscheinen bald in Gasform, bald tropfbar, bald krystallinisch, bald concret, bald in Pulverform.

e) Oft können zwei verschieden geartete Säuren sich mit einander chemisch verbinden. In diesem Fall vertritt nun die stärkere Säure die Stelle einer Säure, die schwächere hingegen, die Stelle einer Basis.

f) Ein gleiches Verhalten findet auch zwischen den Säuren und dem Wasser statt, bei welchen das Wasser gegen die Säure, wie eine Basis wirkt. Säuren solcher Art, erscheinen stets als saure Hydrate und lassen, ohne an eine salzfähige Basis gebunden zu sein, das Wasser nie ganz von sich.

g) Beträgt der Wassergehalt in einer Säure mehr, als zum Hydrat derselben erfordert wird, dann wird sie eine wäßrige Säure genannt.

Sättigungscapacität der Säuren.

§. 216.

Wenn eine völlig wasserfreie Säure mit einer salzfähigen Basis verbunden wird (einem Alkali, einer Erde, einem Erz-Metalloxyd): so nimmt sie von jedem eine bestimmte Quantität in sich auf, um sich mit ihr auszugleichen (zu neutralisiren). Die Quantität einer solchen Basis, welche erfordert wird, ein gegebenes Gewicht z. B. hundert Gewichtstheile einer Säure, zu neutralisiren, bestimmt sich nach der Quantität des Sauerstoffes, den die Basis enthält; und dessen Zahl wird die Sättigungscapacität für die Säure genannt.

a) Um z. B. 100 Gewichtstheile wasserfreie Schwefelsäure, mit irgend einer Basis, zu sättigen und daraus ein neutrales Salz hervorgehen zu lassen, wird so viel von der Basis erfordert, daß 19,96 Theile Sauerstoff darin enthalten sind, d. i. ohngefähr der dritte Theil so viel, als in der Säure (welche in 100 Gewichtstheilen 59,86 Sauerstoff enthält), wovon der dritte Theil 19,96 beinahe beträgt. Aber 100 Theile Kali enthalten 16 95 Sauerstoff; also werden 118,340 Kali erfordert, um 100 Theile wasserfreie Schwefelsäure zu neutralisiren; darin sind 19,96 Sauerstoff enthalten.

b) Um 100 Theile wasserfreie Salpetersäure zu neutralisiren, wird so viel von der Basis erfordert, daß darin 14,75 Sauerstoff enthalten sind. 100 Theile Salpetersäure enthalten 74 Theile Sauerstoff. 100 Theile Kali enthalten 16,95 Sauerstoff; also werden 87,020 Kali erfordert, um 100 Theile Salpetersäure zu neutralisiren, worin 14,75 Sauerstoff enthalten sind, solches beträgt also $5\frac{2}{3}$ des Sauerstoffgehaltes von der Säure.

c) Ein gleiches finden wir auch bei der Verbindung der Säuren mit dem Hydratwasser, 100 Theile wasserfreie Schwefelsäure binden 22,45 Wasser, um Hydrat zu werden. Aber in 22,45 Wasser sind 19,96 Sauerstoff, also etwa der dritte Theil so viel, als in der Säure enthalten.

II. Specielle Betrachtung der organischen Säuren.

Erste Abtheilung.

Von der Weinsäure.

§. 217.

Die Weinsäure, auch Weinsteinsäure genannt, (Acidum tartaricum), findet sich fertig gebildet, aber zum Theil an Kali gebunden, im frischen Traubenmost, so wie in dem nach vollendeter Gährung sich daraus ablagernden Weinstein. Ihre Bestandtheile sind im wasserfreien Zustande:

	1) Nach dem Atomgewicht.	2) Nach Procenten.
Kohlenstoff	4 Atom = 24	36,36
Wasserstoff	2 „ = 2	3,03
Sauerstoff	5 „ = 40	60,61
Wasserfreie Weinsäure .	1 Atom = 66	100,00

Im lufttrocknen krystallisirten Zustande hingegen, ist diese Säure zusammengesetzt aus:

	1) Nach dem Atomgewicht.	2) Nach Procenten.
Wasserfreier Weinsäure	. 1 Atom = 66	88,0
Wasser	1 » = 9	12,0
Krystallisirte Weinsäure	. 1 Atom = 75	100,0

a) Außer dem Weinstein findet sich jene Säure noch: 1) in den Tamarinden; 2) in den Säften verschiedener saurer Obst- und Beerenfrüchte, 3) in vielen Wurzeln. Sie wurde sonst wesentliches Weinsteinsalz (Sal tartari acidum) genannt.

I. Bereitung der Weinsäure.

§. 218.

Unter mehreren Bereitungsarten der Weinsteinsäure, verdient folgende den Vorzug; weil sie dadurch am reinsten gewonnen wird.

a) Man sättiget gepulverten kohlensauren Kalk (Marmor, Kreide, Austerschaalen) nachdem man sie in einem Kessel von Zinn oder Platin, mit Wasser übergossen, zum Sieden erhitzt hat, mit hinzugetragenem gepulverten reinen Weinstein. Hier wird weinsaure Kalkerde erzeugt, die unauflöslich zu Boden fällt, und neutrales weinsaures Kali bleibt in der Flüssigkeit gelöst. Man trennt die weinsaure Kalkerde von der Flüssigkeit, süßt sie mit Wasser aus, und versetzt die rückständige Flüssigkeit mit in Wasser gelöstem Chlorkalk (salzsaurer Kalkerde). Hier fällt abermals weinsaure Kalkerde zu Boden, und es bleibt Chlorkalium (salzsaures Kali) gelöst zurück. Der Niederschlag wird ausgesüßt, getrocknet und zum Erstern gebracht. 16 Gewichtstheile der trocknen weinsauren Kalkerde, werden mit dem 10fachen Gewicht Wasser verdünnt, dem vorher 7 Gewichtstheile Schwefelsäurehydrat zugesetzt sind, alles wohl untereinander gerührt, und das Ganze in einem Platinkessel (oder einem gläsernen oder porzellanenen Geräthe), 2 Stunden lang in gelindem Sieden erhalten. Nach der Erkaltung wird die Flüssigkeit vom Bodensatz abgegossen, und sch

jener darauf so oft mit Wasser ausgewaschen, bis er die freie Säure verloren hat. Er ist nun schwefelsaure Kalkerde (Gyps), und wird weggeworfen. Die Flüssigkeit wird gelinde abgedunstet, bis sie die Konsistenz eines dünnen Syrups annimmt. Hier scheidet sich beim Erkalten noch viel Gyps in Krystallen (Selenit) aus. Die Flüssigkeit wird nun filtrirt und langsam der Verdunstung an der Luft unterworfen, da dann die Weinsäure in Krystallen sich ausscheidet; die hierauf mit Wasser abgewaschen und an der Luft getrocknet werden.

b) Die reine krystallisirte Weinsäure zeichnet sich durch folgende Eigenschaften aus: 1) farbenlos; 2) theils tafelförmige, theils säulenförmige Krystalle (bei schneller Krystallisation in unförmlichen Krystallen); 3) starken angenehm sauren Geschmack; 4) verbindet sich gern im Uebermaaß mit Kali und Ammoniak, zu schwer lösbaren sauerwirkenden Salzen; 5) schmilzt bei 80° R. zu einer wasserklaren Flüssigkeit; 6) ist im gleichen Gewicht Wasser bei 12½° R. lösbar; 7) wird bei trockner Destillation zersetzt und bildet brenzliche Weinsäure; es bleibt dann Kohle zurück.

c) 1 Theil Weinsäure mit 12 Theilen Zucker zusammen gerieben, welchem Gemenge etwas mit Zucker abgeriebene Citronenschaale zugesetzt wird, stellt ein sehr angenehmes Limonadenpulver dar.

II. Weinsäure und Ammoniak. (Weinsaures Ammoniak.)

§. 219.

Weinsäure und Ammoniak können sich unter zwei Verhältnissen mit einander verbinden, zum einfachen und zum doppelt weinsauren Ammoniak.

a) Das einfach weinsaure Ammoniak, wird durch die neutrale Verbindung des Ammoniaks mit der Weinsäure gewonnen. Es erscheint in vierseitigen Säulen; von kühlem Geschmack; ist an der Luft verwitternd; sehr leicht lösbar im Wasser. Wahrscheinlich aus gleichen Atomen Weinsäure und Ammoniak zusammengesetzt.

b) Das doppelt weinsaure Ammoniak wird gewonnen, wenn liquides Ammoniak in eine koncentrirte Lösung von Weinsäure getröpfelt wird. Es fällt in Pulverform, schwer lösbar zu Boden. Es ist sehr schwer in Wasser lösbar, säuerlich von Geschmack; röthet Lakmus; wahrscheinlich aus 2 Atomen Säure und 1 Atom Ammoniak zusammengesetzt.

Anmerkung. Eine von der Weinsäure (Weinsteinsäure) verschieden geartete Säure, hat man mit dem Namen Traubensäure auch Voghesensäure bezeichnet. Sie soll sich im Traubensafte, so wie im Weinstein, neben der Weinsäure, befinden. Man erhielt sie aus dem Städtchen Tan im Departement des Vogheses, wo Weinsäure im Großen aus weinsaurem Kalk, durch die Scheidung mittelst Schwefelsäure, fabricirt, und jene Säure nebenbei gewonnen wurde. Sie hat in ihren Eigenschaften vieles mit der Weinsäure gemein, weicht aber in andern wieder davon ab: 1) sie krystallisirt in schiefen Rhomben; 2) sie besitzt eine größere Anziehung zur Kalkerde, als Salpeter- und Chlorwasserstoffsäure. Sie verdient noch näher erforscht zu werden.

Zweite Abtheilung.

Von der Citronensäure.

§. 220.

Die Citronensäure (Acidum citricum) verdankt ihren Namen den Citronen, in deren Safte sie, außer dem noch mit 2 andern Säuren (Aepfelsäure und Gallertsäure) gemengt, vorgefunden wird. Sie wurde 1784 durch Scheele zuerst als eine eigenthümliche Säure dargestellt. Ihre Bestandtheile sind, im wasserfreien Zustande:

	1) Nach dem Atomgewicht.	2) Nach Procenten.
Kohlenstoff	4 Atom = 24	41,38
Wasserstoff	2 „ = 2	3,45
Sauerstoff	4 „ = 32	55,17
Wasserfreie Citronensäure	1 Atom = 58	100,00

Die lufttrockene krystallisirte Citronensäure ist zusammengesetzt aus:

	1) Nach dem Atomgewicht.	2) Nach Procenten.
Wasserfreier Citronensäure	1 Atom = 58	82,86
Wasser	$1\frac{1}{3}$ „ = 12	17,14
Krystallisirte Citronensäure	1 Atom = 70	100,00

a) Außer dem Citronensafte, der am reichlichsten mit Citronensäure beladen ist, findet solche sich auch: 1) mit gleichviel Aepfelsäure (wahrscheinlich auch Gallertsäure) gemengt, im Safte der Stachelbeeren, der Johannisbeeren; der sauren Kirschen; der Himbeeren; der Erdbeeren; der Heidebeeren; der Traubenkirschen; der Preißelbeeren, und in mehreren andern Vegetabilien.

Bereitung der Citronensäure.

§. 221.

Um die Citronensäure zu bereiten, wird der Citronensaft, im siedend heißen Zustande, mit zart gepulvertem kohlensauren Kalk (Marmor oder Austerschaalen) bis nahe zur Neutralität versetzt. Man gießt das Flüssige (welches äpfelsaure und gallertsaure Kalkerde aufgelöst enthält) vom niedergefallenen citronensauren Kalk ab, süßt denselben vollkommen mit Wasser aus, und trocknet ihn. 16 Theile des trocknen citronensauren Kalks werden nun mit 7 Theilen Schwefelsäurehydrat, das mit dem 8fachen Gewicht Wasser verdünnt ist, gemengt. Das Gemenge wird digerirt; man filtrirt die Flüssigkeit ab, süßt den dabei erzeugten schwefelsauren Kalk (Gyps) mit Wasser aus, verdunstet die Flüssigkeit zur Konsistenz eines dünnen Syrups, läßt sie erkalten, filtrirt nochmals, um sie von dem noch ausgeschiedenem Gyps zu befreien. und läßt nun die flüssige Säure langsam verdunsten: da dann die Citronensäure in Krystallen anschießt. Die mit Wasser abgespühlten und an der Luft getrockneten Krystalle, stellen nun die krystallisirte reine Citronensäure dar.

a) Die reine krystallisirte Citronensäure zeichnet sich durch folgende Eigenschaften aus: 1) farbenlose Krystalle von säulenförmiger Gestalt; 2) 1,617 spec. Gewicht; 3) von scharf angenehm saurem Geschmack; 4) sehr leicht lösbar in Wasser; 5) erzeugt mit Ammoniak und Kali keine übersaure Salze; 6) leicht schmelzbar in der Hitze; 7) bietet, trocken destillirt, die brenzliche Citronensäure dar.

Dritte Abtheilung.

Von der Aepfelsäure.

§. 222.

Die Aepfelsäure (Acidum malicum), auch wohl Spiersäure und Vogelbeersäure genannt, wurde zuerst von Scheele (im Jahr 1785) im Safte der sauren Aepfel, als eine eigenthümliche Säure entdeckt, dem sie auch den Namen verdankt. Bràcconot zeigte späterhin (1818), daß sie auch aus dem Safte der Ebereschenbeeren (von Sorbus aucuparia) dargestellt werden kann. Die Bestandtheile der reinen Aepfelsäure sind:

a) Im wasserfreien Zustande.

	1) Nach dem Atomgewicht.	2) Nach Procenten.
Kohlenstoff	4 Atom = 24	40,68
Wasserstoff	3 „ = 3	5,08
Sauerstoff	4 „ = 32	54,24
Wasserfreie Aepfelsäure .	1 Atom = 59	100,00

b) Im krystallisirten Zustande.

	1) Nach dem Atomgewicht.	2) Nach Procenten.
Kohlenstoff	. 4 Atom = 24	35,30
Wasserstoff	4 " = 4	5,88
Sauerstoff	5 " = 40	58,82
Krystallisirte Aepfelsäure .	1 Atom = 68	100,00

Oder

Wasserfreie Aepfelsäure .	1 Atom = 59
Wasser	1 " = 9
Krystallisirte Aepfelsäure	1 Atom = 68

a) Die Aepfelsäure findet sich übrigens reichlich in vielen andern Vegetabilien verbreitet; auch gewinnt man sie, obschon sehr unrein, wenn Zucker mit dem dreifachen Gewicht Salpetersäure von 1,200 spec. Gewicht gekocht wird, bis eine kastanienbraune Flüssigkeit entsteht; welche größtentheils Aepfelsäure ist. Am besten scheidet man solche (nach Wöhler) aus dem Safte der Ebereschenbeeren.

Bereitung der Aepfelsäure.

§. 223.

Frisch gepreßter Saft von noch nicht völlig reifen Ebereschenbeeren, wird mit seinem dreifachen Volum Wasser verdünnet, dann filtrirt, und der Flüstigkeit, während dem Sieden, so lange in Wasser gelöstes essigsaures Blei zugesetzt, als noch eine Trübung hervorgebracht wird. Was hierbei zu Boden fällt, ist ein schmutziges äpfelsaures Bleioxyd. Aus der siedend heiß filtrirten Flüssigkeit scheidet sich hingegen, beim Erkalten, reines äpfelsaures Bleioxyd, in farbenlosen Krystallen aus. Sie werden im Wasser zertheilt und hydrothionsaures Gas durch die Flüssigkeit geleitet. Hier fällt das Ble als Schwefelblei zu Boden. Die klare Flüssigkeit ist nun reine Aepfelsäure, welche durch Abdunsten und Krystallisiren daraus geschieden wird.

a) Die krystallisirte Aepfelsäure zeichnet sich durch folgende Eigenschaften aus: 1) farbenlos; 2) kleine sechsseitige Krystalle; 3) sehr sauer von Geschmack; 4) schmelzbar bei gelinder Wärme; 5) sehr leicht lösbar im Wasser; 6) zerstöhrbar in der Hitze wenn sie den Siedpunkt des Wassers übersteigt; 7) fäure aus der Lösung von Chlorgold, das Gold regulinisch.

Vierte Abtheilung.

Von der Benzoesäure.

§. 224.

Die Benzoesäure (Acidum benzoicum) sonst Benzoeblumen genannt), findet sich vorzüglich im Benzoeharze, aus welchem sie am einfachsten und reichlichsten geschieden werden kann. Ihre Bestandtheile sind:

	1) Nach dem Atomgewicht.	2) Nach Procenten.
Kohlenstoff	15 Atom = 90	75,0
Wasserstoff .	6 „ = 6	5,0
Sauerstoff .	3 „ = 24	20,0
Benzoesäure	1 Atom = 120	100,0

a) Außer dem Benzoeharze findet diese Säure sich noch in den Schoten der Vanille; im schwarzen indischen Balsam; im Storax; in vielen ätherischen Oelen exotischer Vegetabilien, und in Gewürzen; desgleichen im Urin der grasfressenden Pferde, Kühe und Kameele; in geringer Quantität auch im Urin des Menschen, besonders der Kinder.

Darstellung der Benzoesäure.

§. 225.

Man kann diese Säure aus dem Benzoeharze auf mannigfache Weise erhalten: 1) durch trockne Destillation desselben; 2) durch Sublimation; 3) durch Auskochen mit Wasser; 4) durch Behandeln mit gebranntem Kalk und Wasser; 5) durch Behandeln mit kohlensaurem Natrum und Wasser, und auf verschiedenen andern Wegen. Die einfachste Methode besteht in folgender:

a) Man reibt zart gepulvertes Benzoeharz mit seinem doppelten Gewicht kohlensaurem krystallisirten Natron, das in wenig Wasser gelöst ist, zusammen, so daß ein Brei daraus entsteht, und läßt diesen, unter öfterm Umrühren, 48 Stunden lang in mäßiger Wärme stehen. Man reibt ihn hierauf mit mehreren Wasser an und seihet die Flüssigkeit durch. Der Rückstand wird mit dem vierten Theil Natron nochmals ebenso behandelt. Die gesammte Flüssigkeit wird zum Sieden erhitzt, dann durch Thierkohle filtrirt. Das filtrirte Fluidum wird mit so viel Schwefelsäure versetzt, bis solches neutral erscheint; dann nochmals filtrirt, und dem Filtrat so lange Schwefelsäure zugesetzt, bis diese vorwaltet: da dann die Benzoesäure sich in Pulverform abscheidet; dagegen schwefelsaures Natron in der rückständigen Flüssigkeit gelöst bleibt.

b) Um die Benzoesäure aus dem Harn der Thiere zu scheiden, worin sie an Natron gebunden ist, wird der frisch gesammlete Harn, mit Zusatz von gepulverter Thierkohle, gekocht, bis nur noch der vierte Theil Flüssigkeit übrig bleibt. Diese wird filtrirt, mit Eiweiß klarisicirt, dann nochmals filtrirt, und hierauf mit Schwefelsäure, bis zum Vorwalten derselben, versetzt: wobei die unreine Benzoesäure in Pulverform sich ausscheidet.

c) Diese Säure wird am besten gereinigt wenn sie, mit Thierkohle gemengt, einer Sublimation unterworfen wird.

d) Die reine Benzoesäure zeichnet sich durch folgende Eigenschaften aus: 1) farbenlose, silberartig glänzende, blättrige und spitzige Krystalle; zuweilen sechsseitige Säulen; 2) im reinsten Zustande meist geruchlos; 3) kaum merkbar sauer von Geschmack; 4) röthet Lakmus; 5) in 480 Theilen kaltem, aber schon in 24 Theilen siedendem Wasser lösbar; 6) in der Hitze schmilzt sie und verflüchtigt sich dann vollkommen, in sublimirbaren Dämpfen, welche zum Husten reizen.

Anmerkung. Liebig glaubt, daß die aus dem Harn erhaltene Säure nur dann erst der Benzoesäure gleich komme, nachdem sie sublimirt worden ist. Dieses wird dadurch hauptsächlich nur befördert, daß sie durch die Sublimation von einem ihr inhärirenden animalischen Stoffe befreiet wird.

Fünfte Abtheilung.

Von der Gallussäure.

§. 226.

Mit dem Namen Gallussäure (Acidum gallicum), auch Galläpfelsäure genannt, bezeichnet man eine eigene von Scheele zuerst in den Galläpfeln entdeckte organische Säure; welche auf mannigfache Weise, nach Braconot's Methode aber am leichtesten und reichlichsten, daraus geschieden werden kann. Ihre Bestandtheile sind im sublimirten, also wasserfreien Zustande:

	1) Nach dem Atomgewicht.	2) Nach Procenten.
Kohlenstoff	6 Atom = 36	57,14
Wasserstoff	3 „ = 3	4,76
Sauerstoff	3 „ = 24	38,10
Wasserfreie Gallussäure	1 Atom = 63	100,00

Bereitung der Gallussäure.

§. 227.

Die von Braconot angegebene Bereitung der Gallussäure, habe ich unter allen andern Methoden als die Beste befunden. Man operirt zu dem Behufe folgendermaßen:

a) Eine beliebige Quantität schwarzer levantischer Galläpfel werden, in einer porzellanenen Schaale, so oft mit destillirtem Wasser übergossen, als solches noch eingesaugt wird. Die dadurch erweichten Gallen werden nun zerrieben, und das Zerriebene so oft mit reinem heißen Wasser ausgewaschen, bis solches klar abfließt. Die Flüssigkeit wird mit mehrerem Wasser verdünnt, mit Eiweiß gekocht um sie zu klären, hierauf siedend heiß durch Druckpapier filtrirt. Das klare Fluidum wird hierauf so lange abgedunstet, bis wenn eine Portion erkaltet ist, sich ein pulveriger Satz (Gallussäure) daraus ausscheidet; worauf die ganze Flüssigkeit erkaltet wird. Das übrige Fluidum wird hierauf ebenso behandelt, so lange sich noch Gallussäure ausscheidet. Die gesammelte Säure wird nochmals in Wasser gelöst, mit Thierkohle gekocht und der Krystallisation unterworfen: da sie dann reiner, in kleinen blättrigen Krystallen, gewonnen wird: die von der Flüssigkeit getrennt und dann getrocknet werden. Auf solchem Wege gewinnt man meist den vierten Theil ihres Gewichts an Säure aus den Galläpfeln

b) Die Gallussäure zeichnet sich durch folgende Eigenschaften aus: 1) seidenartig glänzende Nadeln; 2) sublimirt in der Hitze in farbenlosen wie Perlmutter glänzenden blättrigen Krystallen; 3) Geschmack säuerlich zusammenziehend; 4) vollkommen flüchtig in der Hitze; 5) wird von 24 Theilen kaltem aber schon von 2 Theilen siedendem Wasser gelöst; leichter vom Alkohol; 6) fället das Eisen aus seinen Auflösungen blauschwarz; 7) das Gold regulinisch; 8) sie dient als ein Prüfungsmittel für das Dasein des Eisens.

Sechste Abtheilung.

Von der Bernsteinsäure.

§. 228.

Die Bernsteinsäure (Acidum succinicum) findet sich im Bernstein, wahrscheinlich zum Theil an einer Salzbasis gebunden. Sie läßt sich auf mehr als einem Wege daraus abscheiden. Ihre Bestandtheile sind:

Im wasserfreien Zustande.

	1) Nach dem Atomgewicht.	2) Nach Procenten.
Kohlenstoff	4 Atom = 24	48,0
Wasserstoff	2 „ = 2	4,0
Sauerstoff	3 „ = 24	48,0
Wasserfreie Bernsteinsäure	1 Atom = 50	100,0

In der krystallisirten wasserhaltigen Säure.

	1) Nach dem Atomgewicht.	2) Nach Procenten.
Wasserfreie Bernsteinsäure	1 Atom = 50,0	77,0
Wasser	1 „ = 13,5	23,0
Krystallisirte Bernsteinsäure	1 Atom = 63,5	100,0

Bereitung der Bernsteinsäure.

§. 229.

Man kann die Bernsteinsäure auf eine dreifach verschiedene Weise aus dem Bernstein scheiden, wie folgende Beispiele lehren:

a) Man destillirt trocknen Bernstein für sich, aus einer etwas geräumigen gläsernen Retorte, im Sandbade, bei nach und nach verstärktem Feuer, bis sich nichts mehr verflüchtigt. In der Vorlage gewinnt man: 1) bernsteinsäurehaltiges Wasser (Bernsteinphlegma); 2) mit Oeltheilen durchdrungene krystallisirte Bernsteinsäure; 3) Bernsteinöl; 4) im Rückstande Bernstein-Colophonium (Bernsteinkohle) als eine schwarze glänzende Masse.

b) Operirt man eben so, versetzt aber den gepulverten Bernstein vorher mit dem dritten Theile seines Gewichts, aus Knochen bereiteter Phosphorsäure (§. 147. b.), so sind die Erfolge zwar im Ganzen dieselben; man gewinnt aber beinahe doppelt so viel Bernsteinsäure: wahrscheinlich aus dem Grunde, weil ein Theil derselben im Bernstein an einer

Basis gebunden war, und durch die Phosphorsäure daraus geschieden wurde.

c) Man löse (nach Lampadius) Bernstein in der hinreichenden Menge Schwefelkohlenstoff (§ 137.) auf. Das Harz wird aufgelöst, und die Bernsteinsäure bleibt zurück: ein Beweis, daß sie vor der Einwirkung der Hitze, im Bernstein präexistirte.

d) Um die (in a und b) gewonnene Bernsteinsäure zu reinigen, wird sie in siedendem Wasser gelöst, welches die Säure in sich nimmt, die Oeltheile aber zurückläßt.

e) Wird die Lösung mit Knochenkohle gekocht, bis sie farbenlos wird, dann filtrirt, abgedunstet und krystallisirt, so erscheint die Säure völlig farbenlos und geruchlos.

f) Die reine krystallisirte Bernsteinsäure zeichnet sich durch folgende Eigenschaften aus: 1) farbenlose luftbeständige säulenförmige Krystalle; 2) spec. Gewicht = 1,53; 3) schmilzt in der Hitze und sublimirt sich in (die Lunge reizenden) Dämpfen ohne Rückstand; 4) schmeckt mäßig sauer, röthet Lakmus stark; 5) ist in 24 Theilen kaltem aber schon in 2 Theilen siedendem Wasser lösbar; 6) die mit Kali, Natron und Ammoniak gebildeten bernsteinsauren Salze, bieten Reagentien für das Eisenoxyd dar; 7) ist lösbar im Alkohol.

Siebente Abtheilung.

Von der Schleimsäure. (Milchzuckersäure.)

§. 230.

Diese Säure wurde im Jahre 1780 von Scheele und mir selbst, bei der Behandlung des Milchzuckers mit Salpetersäure in der Hitze, entdeckt, und Milchzuckersäure genannt. Andere fanden, daß sie aus allen gummigen und schleimigen Substanzen, auf eine gleiche Weise behandelt, gewonnen werden könne; daher wurde sie

Schleimsäure (Acidum mucosum) genannt. Ihre Bestandtheile sind:

	1) Nach dem Atomgewicht.	2) Nach Procenten.
Kohlenstoff	6 Atom = 36	34,29
Wasserstoff	5 Atom = 5	4,76
Sauerstoff . .	8 " = 64	60,95
Schleimsäure	1 Atom = 105	100,00

Darstellung der Schleimsäure.

§. 231.

Um die Schleimsäure zu bereiten, wird 1 Gewichtstheil zerkleinerter Milchzucker mit 6 Gewichtstheilen Salpetersäure (von 1,200 spec. Gewicht) in einen Kolben so lange gekocht, bis keine gelbe Dämpfe sich mehr entwickeln. Wenn die Flüssigkeit erkaltet, so sondert sich die Säure in Form eines weißen Pulvers ab; das mit Wasser ausgesüßt wird, um solches von der anklebenden Oxal- und Aepfelsäure zu trennen. 4 Theile Milchzucker geben ungefähr einen Theil jener Säure.

a) Wird die Schleimsäure aus Tragantschleim, oder arabischen oder Senegal-Gummi bereitet, so ist sie mit etwas oxalsauren Kalk gemengt, der durch schwache Salpetersäure ausgezogen werden kann. Die Flüssigkeit, die zurückbleibt, giebt beim Verdunsten noch etwas Schleimsäure, dann schießt Oxalsäure daraus an.

b) Die reine Schleimsäure zeichnet sich durch folgende Eigenschaften aus: 1) farbenloses krystallinisches Pulver; 2) schmeckt säuerlich und röthet Lakmus; 3) erfordert 80 Theile siedendes Wasser zur Lösung, und es scheidet sich beim Erkalten $\frac{3}{4}$ daraus ab; 4) zersetzt sich in der Hitze, wobei ein Theil sublimirt (brenzliche Schleimsäure), und brenzliche Essigsäure und Oel entwickelt werden, mit Zurücklassung von glänzender Kohle; 5) erzeugt mit den Salzbasen vereinigt, die schleimsauren Salze.

Achte Abtheilung.

Von der Essigsäure.

§. 232.

Die Essigsäure (Acidum aceticum) macht den reichlichsten und wesentlichsten sauren Gemengtheil in jeder Art Essig (Acetum) aus. Im Essig, der schon zu Mosis Zeiten bekannt war, liegt die Essigsäure mit vielem Wasser, so wie mit Aepfelsäure und Weinsäure, auch wohl Weinstein gemengt vorhanden. Sie kann durch Destillation von jenen nicht flüchtigen Säuren getrennt werden; so gewinnt man den destillirten Essig. Durch Abscheidung des Wassergehaltes aus diesem wird die reine Essigsäure, als Hydrat, gewonnen.

a) Die Essigsäure findet sich, theils fertig gebildet in vielen Vegetabilien, theils wird sie (und zwar am gewöhnlichsten), durch den Erfolg der sauren Fermentation, weiniger Flüssigkeiten, erzeugt. Frei findet sich die Essigsäure: 1) in dem Safte der Früchte von Rhus Typhynum, woraus sie durch Destillation geschieden werden kann; 2) in den meisten frischen Pflanzen- und Blumenblättern, woraus sie bei der Destillation mit Wasser entfernt wird; 3) an Alkalien und Erden zum Theil gebunden, in dem Safte der Eichen, der Buchen, der Rüster, der Elsen rc. 4) in allen Holzarten liegt sie theils frei, theils an Basen gebunden vorhanden, und wird, bei der trocknen Destillation des Holzes, als brenzliche Essigsäure (Holzessig) daraus gewonnen. Die Bestandtheile der reinsten wasserfreiesten Essigsäure sind:

	1) Nach dem Atomgewicht.		2) Nach Procenten.
Kohlenstoff	4 Atom	= 24	47,06
Wasserstoff	3	=	5,88
Sauerstoff	3	= 24	47,06
Wasserfreie Essigsäure	1 Atom	= 51	100,00

Aus gleichen Atomen wasserfreie Essigsäure und Wasser, gehet das essigsaure Hydrat (Eisessig) hervor, seine Gemengtheile sind:

	1) Nach dem Atomgewicht.	2) Nach Procenten.
Wasserfreie Essigsäure .	1 Atom = 51	85,0
Wasser	1 „ = 9	15,0
Essigsaures Hydrat (Eisessig)	1 Atom = 60	100,0

Anmerkung. Die Fabrikation der verschiedenen Arten des Essigs wird hier übergangen, da solche unter der Abtheilung der landwirthschaftlichen Gewerbe abgehandelt werden wird.

Darstellung des essigsauren Hydrats.

§. 233.

Man gewinnt das essigsaure Hydrat, wenn ein möglichst entwässertes essigsaures Satz (am besten völlig trocknes entwässertes essigsaures Natron), mit völlig entwässertem saurem schwefelsauren Kali gemengt, der Destillation unterworfen, und die Vorlage sehr kalt gehalten wird.

a) Man mengt 1 Gewichtstheil höchst wasserfreies essigsaures Natron, mit 2 Gewichtstheilen höchst wasserfreien saurem schwefelsauren Kali und $\frac{1}{16}$ Mangan-Superoxyd, damit ein gleichförmiges Pulver daraus hervorgeht; füllet solches in eine gläserne Retorte, leitet die übergehenden Dämpfe durch ein mit geglüheter Alaunerde gefülletes Rohr; legt eine mit Eis und Kochsalz umgebene Vorlage mit 2 Oeffnungen vor, und verrichtet dann die Destillation, bei nach und nach verstärktem Feuer, bis nichts flüchtiges mehr übergeht. In der Vorlage findet sich nun die wasserfreie Essigsäure in Form einer wasserklaren Flüssigkeit.

b) Bei dieser Operation verbindet sich die wasserfreie Schwefelsäure, aus dem sauren schwefelsauren Kali, mit dem Natron, des wasserfreien essigsauren Natrons, und die Essigsäure wird als Gas ausgeschieden; das sich nun in der Vorlage zu Tropfen verdichtet. Das Mangansuperoxyd ist dazu bestimmt, die Bildung der schwefelichen Säure zu verhindern.

c) Die wasserfreie Essigsäure zeichnet sich durch folgende Eigenschaften aus: 1) bei der Frostkälte wasserklares Fluidum; 2) bei + 20° R. in Dämpfen sich verflüchtigend; 3) durchdringenden Geruch und scharf sauren Geschmack; 4) 1,040 spec. Dichtigkeit; 5) ihre Dämpfe sind entzündlich und brennen mit blauer Flamme.

d) Durch ein glühendes Porzellanrohr geleitet, wird sie in Kohlenwasserstoffgas, in kohlensaures Gas, brenzliche Essigsäure und in Kohle zerlegt.

e) Das essigsaure Hydrat (Essigalkohol) entsteht, wenn gleiche Atome wasserfreie Essigsäure und Wasser vereinigt werden. Es krystallisirt in der Kälte zu dentritischen Krystallen, oft schon bei 8 Grad über Null R., zeigt ein spec. Gewicht von 1,063, und siedet bei 80° R. Es wird Eisessig genannt.

f) Mit mehr Wasser verdünnt, geht daraus die wäßrige Essigsäure (Acetum concentratum) hervor von 1,035 spec. Gewicht.

Neunte Abtheilung.

Von der Ameisensäure.

§. 234.

Die Ameisensäure (Acidum formicicum), findet sich im Safte der lebenden Ameisen, besonders reichlich in der rothen Ameise (Formica rufa Lin.), aus dem sie, nach Absonderung des dem Safte beigemengten fetten Oels, durch Destillation, geschieden werden kann. Ihre Bestandtheile sind:

	1) Nach dem Atomgewicht.		2) Nach Procenten.
Kohlenstoff	2 Atom	= 12	32,43
Wasserstoff	1	= 1	2,70
Sauerstoff	3	= 24	64,87
Ameisensäure	1 Atom	= 37	100,00

Darstellung der Ameisensäure.

§. 235.

Die Ameisensäure kann entweder aus dem Safte der Ameisen geschieden, oder durch die künstliche Erzeugung dargestellt werden; wie folgende Beispiele lehren.

a) Man stelle einen (inwendig mit einen Beutel von Leinwand ausgelegten) irdenen Topf, dessen Leinwand mit etwas Honigwasser benetzt ist, über einen Ameisenhaufen, besonders im Monat Junius. Nach ein paar Stunden wird der Beutel sich mit den erdefreien Ameisen angefüllet haben. Man bindet den Beutel zu, und bringt ihn unter eine zinnerne Presse: so wird ein schmutziger saurer Saft gewonnen, und die Häute der Ameisen bleiben im Beutel zurück.

b) Man erwärmt diesen Saft bis auf 50° R., es sondert sich meist der 8te Theil des Volums, eines fetten Oels auf der Oberfläche ab, das mittelst einem Trichter abgenommen werden kann. Es ist das ölartige Ameisenfett. Werden die Häute der Ameisen mit Wasser destillirt, so gewinnt man noch ein sehr flüchtiges gelbes ätherisches Oel, das ätherisches Ameisenöl genannt wird.

c) Wird der vom Fett befreiete Saft langsam destillirt, so gewinnt man in der Vorlage die Ameisensäure, in dem Zustande der Koncentration, in welchem sie in den Ameisen enthalten war; als ein wasserklares Fluidum; von stark sauren Geruch und Geschmack.

d) Wird diese Säure mit Natron neutralisirt, das daraus gebildete ameisensaure Natron zur völligen Trockne gebracht und nun das trockne Salz mit ⅔ Braunstein und der Hälfte koncentrirter Schwefelsäure gemengt destillirt: so gewinnt man in der Vorlage die koncentrirte Ameisensäure, das ameisensaure Hydrat.

e) Durch eine künstliche Erzeugung gewinnt man die Ameisensäure, wenn ein Gemenge von 10 Gewichtstheis len Weinsäure, 14 Theilen Braunstein, 30 Theilen Wasser und 15 Theilen koncentrirter Schwefelsäure gebildet wird. Das Gemenge erhitzt sich, es wird daraus kohlensaures Gas entwickelt. Nach dem Erkalten wird es filtrirt, der Rückstand ausgesüßt, das gewonnene Fluidum mit Natron neutralisirt, zur Trockne abgedampft, und das trockne Salz, versetzt mit der Hälfte Schwefelsäure und in Verbindung mit etwas Braunstein, destillirt: da dann die koncentrirte Ameisensäure, in die Vorlage übergeht.

f) Die reine Ameisensäure zeichnet sich durch folgende Eigenschaften aus: 1) wasserklar; 2) spec. Gewicht = 1,116; 3) Geruch eigenthümlich säuerlich stechend; 4) Geschmack scharf sauer der Essigsäure ähnlich; 5) nicht erstarrend in strenger Kälte; 6) reducirt das Quecksilber in der Wärme; 7) ebenso das salpetersaure Silber und Quecksilber in der Hitze; 8) wird, mit koncentrirter Schwefelsäure behandelt, in Kohlenoxydgas und Wasser zerlegt.

Zehnte Abtheilung.

Von der Honigsteinsäure.

§. 236.

Die Honigsteinsäure (Acidum Mellithicum) findet sich im Honigstein, an Thonerde gebunden; worin sie durch Klaproth zuerst entdeckt wurde. Nach Wöhler scheidet man sie auf folgende Weise:

a) Der zart gepulverte Honigstein wird mit liquidem kohlensauren Ammoniak gekocht, die Flüssigkeit filtrirt, und zur Krystallisation abgedunstet, wobei honigsteinsaures Ammoniak in Krystallen gewonnen wird. Man zerlegt die in Wasser gemachte Lösung, mittelst einer wäßrigen Lösung von essigsaurem Blei (Bleizucker), zerlegt den ausgeschiedenen Niederschlag (honigsteinsaures Bleioxyd) mit Hydrothionsäure, und dampft die filtrirte

Flüssigkeit ab. Die trockne pulverförmige Honigsteinsäure, wird in Weingeist gelöst und die Lösung der freiwilligen Verdunstung überlassen; da dann die Honigsteinsäure in nadelförmigen Krystallen anschießt.

b) Die Honigsteinsäure zeichnet sich durch folgende Eigenschaften aus: 1) saurer Geschmack; 2) leicht lösbar in Wasser und in Alkohol; 3) krystallisirbar; 4) zerstöhrbar in trockner Hitze. Ihre Bestandtheile sind noch nicht bekannt. Ihr Atomgewicht ist = 49,5.

c) Der Honigstein (Mellilithus) ist ein Fossil das sich, oft mit Bernstein gemengt, besonders bei Artern in Thüringen, in den dortigen Braunkohlen-Flözen findet. Es ist von honiggelber Farbe, octaëdrischer Krystallisation, von 1,6 spec. Gewicht; sehr weich, brennt sich in der Hitze weiß.

Eilfte Abtheilung.

Von der Korksäure. (Suberinsäure.)

§. 237.

Wenn Korkholz mit Salpetersäure in der Wärme behandelt wird, so wird solches in eine gelbe Substanz verändert, aus der man mit Wasser eine eigne Säure extrahiren kann, welche Korksäure (Acidum Subericum) genannt wird. Ihre Bestandtheile sind:

	1) Nach dem Atomgewicht.	2) Nach Procenten.
Kohlenstoff .	6 Atom = 36	35,30
Wasserstoff	18 „ = 18	17,64
Sauerstoff	6 „ = 48	47,06
Korksäure	1 Atom = 102	100,00

Darstellung der Korksäure.

§. 238.

Man gewinnt die Korksäure, außer aus dem Korkholz, auch aus der Epidermis der weißen Birkenrinde, reichlicher noch aus der Epidermis von mehreren anderen Rindenarten, auf folgende Weise:

a) Zart zerraspeltes Korkholz wird, in einer porzellanenen Schaale, mit dem sechsfachen Gewicht Salpetersäure von 1,200 spec. Gewicht übergossen, und damit gekocht, bis eine honigdicke Masse übrig geblieben ist. Man kocht diese mit Wasser aus, welches die Korksänre daraus in sich nimmt und ein Gemenge von wachsartiger Substanz und einem bitterschmeckenden Wesen zurückläßt. Aus der Flüssigkeit scheidet sich die Korksäure in der Kälte, in Pulverform aus. Man reinigt sie durch nochmaliges Lösen in Wasser, löset sie dann in Ammoniak auf, und fället die filtrirte Lösung durch Chlorwasserstoffsäure. Die gewonnene Säure beträgt nur den 9ten bis 12ten Theil des gebrauchten Korkholzes.

b) Die Korksäure zeichnet sich durch folgende Eigenschaften aus: 1) körniges Pulver; 2) schwach sauer von Geschmack; 3) röthet Lakmus; 4) schmilzt im Feuer wie Fett; 5) sublimirt sich in der Hitze in weißen wie Talg riechenden Dämpfen, die zu weißen Nadeln erstarren; 6) sehr schwer löslich in Wasser.

Zwölfte Abtheilung.

Von der Talg- oder Stearinsäure.

§. 239.

Diese Säure gewinnt man aus allen starren und liquiden Fettarten, wenn solche mit Alkalien verseifet werden. Die Fettarten, sowohl die animalischen als die vegetabilischen, sind aus zwei verschiedenen Stoffen zusammengesetzt: Talgstoff (Stearine) und Oelstoff (Elaine), welche, wenn sie durch Alkalien oder auch andere Metalloxyde verseift werden, sich in Säuren umwandeln, von denen die eine Talgsäure (Stearinsäure), die zweite Oelsäure (Oleinsäure) genannt wird. Gewöhnlich wird noch eine dritte Säure dabei erzeugt, die man Margarinsäure nennt. Diese 3 verschiedenen Säuren, kommen in ihren Bestandtheilen, qualitativ betrachtet, fast ganz überein; quantitativ betrachtet, weichen sie aber, sowohl darin, als auch in der Form und andere Eigenschaften, von einander ab.

1) Die Talg- oder Stearinsäure.

§. 240.

Man kann die Stearinsäure aus zwei Gesichtspunkten betrachten: 1) wasserfrei; 2) krystallisirt. Die Bestandtheile sind folgende:

a) wasserfrei.

	1) Nach dem Atomgewicht.	2) Nach Procenten.
Kohlenstoff	35 Atom = 210	79,55
Wasserstoff	34 " = 34	12,88
Sauerstoff	2,5 " = 20	7,57
Wasserfreie Talgsäure .	1 Atom = 264	100,00

b) krystallisirt.

	1) Nach dem Atomgewicht.	2) Nach Procenten.
Kohlenstoff	35 Atom = 210	76,92
Wasserstoff	35 " = 35	12,82
Sauerstoff	2,5 " = 28	10,26
Krystallisirte Talgsäure	1 Atom = 213	100,00

Darstellung der Talgsäure.

§. 241.

Man gewinnt die Talgsäure, wenn reine Talgseife in destillirtem Wasser gelöst und die Lösung, bis zum Vorwalten derselben, mit Schwefelsäure zersetzt, der geronnene Niederschlag mit Wasser ausgesüßt, dann von der inhärirenden Wäßrigkeit durch Auspressen befreiet, hierauf mit dem zehnfachen Gewicht Alkohol gekocht, und die Lösung siedend heiß filtrirt wird; da dann in der Kälte die Stearinsäure heraus krystallisirt. Durch nochmaliges Auflösen in Alkohol und Krystallisiren, wird die Säure gereinigt.

a) Die reine Talgsäure (Acidum stearinicum) zeichnet sich durch folgende Eigenschaften aus: 1) perlmutterartig glänzende fettig anzufühlende Blätter; 2) geschmacklos; 3) riecht wachsähnlich; 4) röthet Lakmus; 5) 0,01 spec. Gewicht; geschmolzen 0,854; 6) ist nicht lösbar im reinen Wasser; 7) schmilzt bei + 60° R. zu einer farbenlosen Flüssigkeit und erstarrt bei 56° R.; 8) wird vom Alkohol gelöset; 9) ist verbrennlich; 10) wird in der Glühhitze zersetzt; 11) erzeugt mit Alkalien verbunden Seifen (d. i. stearinsaure Salze).

2) Die Margarinsäure.

§. 242.

Die Margarinsäure (Acidum margarinicum), welche in ihrer Grundmischung und ihren Eigenschaften von der Stearinsäure nur wenig unterschieden ist, findet sich neben derselben in den verseiften Feltarten, an Alkalien gebunden, vorzüglich reichlich aber, im Menschenfett, im Gänseschmalz, im Schweineschmalz und den übrigen schmalzartigen Fettarten. Sie wird nach deren Verseifung wie die Stearinsäure daraus geschieden. Ihre Bestandtheile sind:

a) wasserfrei.

	1) Nach dem Atomgewicht.	2) Nach Procenten.
Kohlenstoff .	35 Atom = 210	78,95
Wasserstoff .	32 „ = 32	12,03
Sauerstoff	3 „ = 24	9,02
Wasserfreie Säure	1 Atom = 266	100,00

b) krystallisirt.

	1) Nach dem Atomgewicht.	2) Nach Procenten.
Kohlenstoff .	35 Atom = 210	76,36
Wasserstoff .	33 " = 33	12,00
Sauerstoff	4 " = 32	11,60
Krystallisirte Säure	1 Atom = 275	100,00

a) Um die Margarinsäure darzustellen, werden die oben genannten Fettarten mit Kali oder Natron verseifet, die im Wasser gelösete Seife mit Schwefelsäure übersetzt, das Ausgesonderte mit Wasser gewaschen, dann, wie bei der Stearinsäure, mit Alkohol behandelt. Die ausgeschiedene krystallisirte Säure, ist dann ein Gemenge von Margarinsäure und von Stearinsäure. Man löset das Gemenge zu wiederholten Malen aufs Neue in Alkohol auf und läßt es so oft krystallisiren, bis die sich ausscheidende Säure schon bei + 48° R. schmilzt. In allen übrigen Eigenschaften ist die Margarinsäure von der Stearinsäure nicht wesentlich verschieden, außer daß die Krystalle kleiner, weicher, weniger glänzend, und mehr durcheinander angeschlossen sind.

Dreizehnte Abtheilung.

Von der Oel- oder Elainsäure.

§. 243.

Die Oel- oder Elainsäure, auch Oleinsäure (Acidum Elainicum) genannt, wird bei der Verseifung der Fettarten, aus dem Oelstoff derselben, erzeugt; reichlicher aus den Oelseifen als aus den Talg- oder Schmalzseifen. Sie bleibt, nach der Extraktion mit Alkohol und nach dem Ausscheiden der krystallinischen Stearin- und Margarinsäure in der Flüssigkeit gelöset zurück; ihre Bestandtheile sind folgende:

a) wasserfreie Oelsäure.

	1) Nach dem Atomgewicht.	2) Nach Procenten.
Kohlenstoff	35 Atom = 210	81,08
Wasserstoff	29 „ = 29	11,20
Sauerstoff	2,5 „ = 20	7,72
Wasserfreie Oelsäure .	1 Atom = 259	100,00

b) krystallisirte Oelsäure.

	1) Nach dem Atomgewicht.	2) Nach Procenten.
Kohlenstoff	35 Atom = 210	78,36
Wasserstoff	30 „ = 30	11,19
Sauerstoff	3,5 „ = 28	10,45
Krystallisirte Oelsäure	1 Atom = 268	100,00

a) Um die Elainsäure darzustellen, wird die alkoholische Extraktion, aus der die Stearin- und Margarinsäure auskrystallisirt ist, mit Wasser versetzt und der Alkohol durch gelinde Destillation abgeschieden; die zurückbleibende Flüssigkeit stellt nun die Elainsäure dar.

b) Die reine Elainsäure zeichnet sich durch folgende Eigenschaften aus: 1) bei gewöhnlicher Temperatur tropfbar; 2) erstarrt bei 0° R. zu kleinen nadelförmigen Krystallen; 3) thet Lakmus; 4) nicht lösbar in Wasser; 5) spec. Gewicht = 0,898; riecht und schmeckt rancide, wie altes Fett; 6) erzeugt mit Alkalien elainsaure Salze, d. i. Seifen.

Vierzehnte Abtheilung.

Von der Margaritinsäure, der Elaidsäure, der Ricinsäure, der Delphinsäure, der Buttersäure, der Capronsäure, der Caprinsäure und der Hircinsäure.

§. 244.

Die oben genannten acht verschieden gearteten Säuren stehen den vorher erörterten mehr oder weniger nahe. Da sie zur Zeit nur noch als chemische Merkwürdigkeiten bekannt sind: so sollen sie hier nur im Kurzen angedeutet werden.

1. Die Margaritinsäure.

§. 245.

Die Margaritinsäure (Acidum margaritinicum) (von Büssy und Lecanù entdeckt) wird gewonnen, wenn ächtes Ricinöl durch Kaliätzlauge verseifet, die Seife in Wasser gelöset, und die Lösung durch Chlorwasserstoffsäure zersetzt wird. Hier scheidet sich ein geruchloses Gemenge von Margaritin-, von Elaid- und Ricinsäure aus, das scharf schmeckt und eine ölartige Beschaffenheit besitzt. Aus jener ölartigen Flüssigkeit setzt sich nach längerem Stehen, bei 15° R., ein krystallinisches Wesen ab, das durch Alkohol gelöset wird, nach dem Erkalten daraus krystallisirt, und so die Margaritinsäure darstellt. Ihre Eigenschaften sind: 1) zart anzufühlende, blättrige Krystalle, von Perlmutterglanze; 2) in deren Vereinigung aber, eine harte, spröde, farbenlose Masse; 3) geruch- und geschmacklos; 4) röthet (in Alkohol gelöst) Lakmus; 5) schmilzt erst bei 104° R.; ist schwerer als Margarinsäure in Alkohol löslich; 7) verflüchtigt sich in der Destillationswärme, bildet mit Alkalien Seifen; 8) die Bestandtheile sind in 100 Theilen: 70,5 Kohlenstoff, 10,9 Wasserstoff und 18,6 Sauerstoff.

2. Die Elaidsäure.

§. 246.

Die Elaidsäure (Acidum elaidicum) (gleichfalls von Büssy und Lecanù entdeckt), gewinnt man, wenn Ricinusöl für sich destillirt, das Destillat mit Wasser ausgekocht wird, um das brenzliche Oel und die darin enthaltene Essigsäure zu verflüchtigen. Der im Wasser gelöst zurück bleibende Theil ist ein Gemenge von Elaidsäure und von Ricinsäure. Solches erstarret bei 0° R. zu einer krystallinischen Masse. Diese wird zwischen Druckpapier gepresset, welches die Elaidsäure einsaugt und die Ricinsäure zurückläßt. Alkohol nimmt aus dem damit getränkten Papier die Elaidsäure in sich, und läßt solche, nach Verflüchtigung des Alkohols, zurück. Ihre Eigenschaften sind: 1) gelb, ölartig; 2) erstarrt erst unter Null zu kleinen Krystallen; 3) riecht wie ein brenzliches Oel; 4) wird von Aether und von Alkohol, in allen Verhältnissen, gelöst.

3. Die Ricinsäure.

§. 247.

Die Ricinsäure (Acidum ricinicum) bleibt zurück, wenn das Destillat des Ricinusöls, durch Kochen mit Wasser, von der Essigsäure, und die krystallinische Masse, durch Pressen zwischen Papier, von der Elaidsäure befreiet worden ist. Ihre Bestandtheile sind, nach Procenten berechnet: 73,56 Kohlenstoff; 9,86 Wasserstoff; 16,58 Sauerstoff. Ihre Eigenschaften sind: 1) farbenlose Krystalle von perlartigem Glanze; 2) schmilzt erst bei + 17° R.; 3) verflüchtigt sich in mäßiger Hitze ohne Zerlegung; 4) schmeckt scharf; 5) röthet Lakmus, wenn sie vorher in Aether oder Alkohol gelöst war; 6) erzeugt, mit Alkalien verbunden, seifenähnliche Produkte.

4. Die Delphinsäure.

§. 248.

Die Delphinsäure (Acidum delphinicum) entdeckt von Chevreul, findet sich im Oel oder Thran vom

Delphinus globiceps, auch in den reifen Fruchtbeeren von Viburnum Opulus. Sie wird gewonnen, wenn jenes Oel durch Kali verseift und die Seife durch Weinsäure zersetzt wird. Sie bleibt nach dem Ausscheiden von Stearin- Margarin- und Oleinsäure, in der wäßrigen Flüssigkeit gelöst. Diese wird mit mehr Weinsäure zersetzt, um alles Kali als Weinstein auszusondern, dann die rückständige Flüssigkeit destillirt. Das Destillat wird mit Baryt neutralisirt, darauf abgedunstet. 100 Gewichtstheile des delphinsauren Baryts werden, mit einem Gemenge aus gleichen Theilen Schwefelsäure und Wasser behandelt: wodurch schwefelsaurer Baryt erzeugt wird, der zu Boden fällt, von dem die darüber stehende Delphinsäure, mittelst einem Heber, abgenommen werden kann. Sie wird im Wasserbade destillirt, da dann das Destillat die reine Delphinsäure darstellt, die von dem darunter liegenden Wasser abgenommen werden kann. Ihre Bestandtheile sind (nach Chevreul), in 100 Gewichtstheilen: 65 Kohlenstoff, 8,25 Wasserstoff, 26,75 Sauerstoff. Ihre Eigenschaften sind: 1) farbenlos, dünnflüssig; noch bei — 7° R. flüssig; 2) siedet erst bei + 80 R. und verdampft ohne zersetzt zu werden; 3) besitzt einen aromatischen Geruch; 4) einen brennend sauren Geschmack, hinterher süßlich; 5) röthet Lakmus; 6) ist leicht zersetzbar, in Berührung mit Luft; 7) erzeugt mit Salzbasen die delphinsauren Salze; keine Seifen.

5. Die Buttersäure.

§. 249.

Die Buttersäure (Acidum butyrinicum) wird gewonnen, wenn durch Kali oder Natron verseifte Butter, durch Weinsäure zersetzt, und das Auswaschwasser destillirt, dann mit Baryt neutralisirt, hierauf aber so wie bei der Delphinsäure (§. 248.) bemerkt worden, behandelt wird. Man gewinnt hier ein Gemenge von buttersaurem, von capronsaurem und von caprinsaurem Baryt. Wird das Gemenge zu wiederholten Malen mit 2,77 seines Gewichts Wasser behandelt, so nimmt dieses den buttersauren Baryt daraus hinweg und läßt die übrigen Salze ungelöst zurück. Aus dem buttersauren Baryt wird die Buttersäure, durch die Behandlung mit Phosphorsäure, ausgeschieden. Die ausgeschiedene Flüssigkeit wird destillirt, das Destillat giebt die Buttersäure. Ihre Bestandtheile sind (im wasserfreien Zustande), in 100 Gewichtstheilen: 62,82 Kohlenstoff; 7,01 Wasserstoff und 30,17 Sauerstoff. Im wasserhaltigen Zustande hingegen: 89,6 Säure, 10,4 Wasser. Ihre Eigenschaften sind: 1) farbenlose ölähnliche Flüssigkeit; 2) spec. Gewicht 0,967; 3) erst bei — 7° R. erstarrbar; 4) verdampft an der freien Luft; 5) siedet bei + 89° R.; 6) riecht wie Butter; 7) röthet Lakmus; 8) schmeckt scharf; 9) zersetzt sich leicht an der Luft; 10) bildet mit Salzbasen die buttersauren Salze, die sämmtlich nach Butter riechen.

6. Die Capronsäure.

§. 250.

Die Capronsäure (Acidum capronicum), (gleichfalls von Chevreul entdeckt), findet sich, neben der Buttersäure, in der Butter aus der Kuh- und Ziegenmilch, und wird daraus bereitet. Man gewinnt die Capronsäure aus dem nicht gelösten Rückstande (§. 249.) nachdem der buttersaure Baryt mit Wasser daraus extrahirt worden ist. Er ist ein Gemenge von capronsaurem von caprinsaurem und von kohlensaurem Baryt. Man versetzt 1 Theil desselben, mit der Hälfte seines Gewichts, eines Gemenges aus gleichen Theilen Schwefelsäurehydrat und Wasser, und gießt die vom erzeugten schwefelsauren Baryt getrennete Flüssigkeit ab: diese Flüssigkeit, welche Capronsäure (frei von Schwefelsäure) ist, wird mit ihrem gleichen Gewicht Chlorcalcium digerirt, darauf destillirt. Ihre Bestandtheile sind: in 100 Gewichtstheilen, im wasserfreien Zustande: 68,33 Kohlenstoff, 9,00 Wasserstoff, und 22,67 Sauerstoff. Im wasserhaltigen Zustande hingegen: 91,34 Capronsäure und 8,66 Wasser. Ihre Eigenschaften sind: 1) farbenlose ölähnliche Flüssigkeit; 2) spec. Gewicht = 0,922; 3) siedet bei + 80° R.; 4) erstarrt noch nicht bei — 7° R.; 5) riecht essigartig; 6) schmeckt stechend sauer; 7) röthet Lakmus; 8) zersetzt sich leicht an der Luft; 9) erzeugt, mit Salzbasen verbunden, die capronsauren Salze.

7. Die Caprinsäure.

§. 251.

Die Caprinsäure (Acidum caprinicum) findet sich, neben der Buttersäure, in der aus Kuhmilch gewonnenen Butter. Sie findet sich im Rückstande, welcher bei Bereitung der Buttersäure (§. 249.), nach Ausscheidung des buttersauren Baryts, ungelöst zurückbleibt. Man zersetzt ihn mit Phosphorsäure und gießt die sich hierbei aussondernde ölähnliche Caprinsäure ab. Ihre Bestandtheile sind, im wasserfreien Zustande, in 100 Theilen: 74,0 Kohlenstoff, 9,75 Wasserstoff, 16,25 Sauerstoff. Im krystallisirten Zustande: 93,19 wasserfreie Säure, und 6,909 Wasser. Ihre Eigenschaften sind: 1) in der Kälte krystallinisch, aus Nadeln bestehend; 2) schmilzt bei + 15° R.; 3) spec. Gewicht = 0,910; 4) siedet bei +

80° R. ohne zersetzt zu werden; 5) schmeckt scharf sauer; 6) riecht bockartig; 7) bildet, mit Salzbasen, die caprinsauren Salze.

8. Die Hircinsäure.

§. 252.

Die Hircinsäure (Acidum hircinicum) findet sich, besonders in dem Hammeltalg, dessen eigner Geruch und Geschmack von ihr abhängig ist. Um die Hircinsäure darzustellen, wird Hammeltalg durch Kali verseift, die in Wasser gelöste Seife durch Weinsäure zersetzt: da dann Stearin- und Oleinsäure zu Boden fallen. Man destillirt das Auswaschwasser, sättigt das Destillat mit Barytwasser, filtrirt die neutrale Flüssigkeit ab, und zersetzt das trockne Salz durch wäßrige Schwefelsäure: da dann die Hircinsäure sich als ein ölartiges Fluidum ausscheidet. Die Bestandtheile der Hircinsäure sind zur Zeit noch nicht ermittelt. Ihre Eigenschaften sind: 1) farbenloses Oel; 2) spec. leichter als Wasser; 3) sehr wenig lösbar in Wasser; 4) bei 0° R. nicht erstarrbar; 5) röthet stark das Lakmus; 6) ist leicht verdunstbar; 7) zeichnet sich durch einen essigartigen und Bockgeruch aus; 8) ist leicht lösbar im Alkohol.

Funfzehnte Abtheilung.

Verschiedene andere noch näher zu bestimmende Säuren.

§. 253.

Außer den (S. 214 bis S. 252) hier ausführlicher erwähnten organischen Säuren, welche zur richtigen Beurtheilung der Gegenstände vieler, in der Kammeralchemie späterhin vorkommenden, Naturerzeugnisse, so wie der landwirthschaftlichen, der forstwissenschaftlichen und der städtischen Gewerbe bekannt sein müssen, kennt man in der allgemeinen Chemie noch mehrere, die, weil sie theils noch nicht vollständig erforscht, theils weniger in Betracht kommen, hier nur kurz angedeutet werden sollen. Es gehören dahin: a) die Kamphorsäure; b) die Aethersäure; c) die Milchsäure; d) die Käsesäure; e) die Säure des Muskelfleisches; f) die Mohnsäure; g) die Schwammsäure; h) die Ambrafettsäure; i) die Gallenfettsäure; k) die Sabadillsäure; l) die Crotonsäure; m) die Pilzsäure; n) die Igasursäure; o) die Stocklacksäure; p) die Soleninsäure; q) die Laksäure; r) die Chinasäure; s) die verschiedenen brenzlichen Säuren rc. Einige derselben werden, bei andern Gegenständen, theilweise erörtert werden.

Anmerkung. Außer den aufgeführten anorganischen und organischen Säuren, kennt man in der allgemeinen Chemie noch weit mehrere. Die Zahl der organischen Säuren vermehrt sich fast mit jedem Jahre. Wir haben indessen hier nur diejenigen vorzugsweise näher gedacht, welche zur richtigen Beurtheilung der Gegenstände der Kameralchemie bekannt sein müssen.

Fünfter Abschnitt.

Von den Metallen und den Produkten ihrer Vereinigung mit den Metalloiden.

§. 254.

Wir haben (S. 11 §. 16.) bereits die Namen der bis jetzt bekannt gewordenen Metalle aufgeführt; auch ist (§. 17.) ihre Eintheilung in Alkalimetalle, in Erdmetalle und in Erzmetalle; so wie der Unterschied der sämmtlichen Metalle, in elektronegative und in elektropositive Metalle (§. 15.) erörtert worden. Hier sollen die Metalle einzeln näher erörtert werden.

Allgemeiner Karakter der Metalle.

§. 255.

Der Hauptkarakter aller bekannten Metalle, besteht in folgenden Eigenschaften derselben: 1) Unburchsichtigkeit; 2) Metallglanz; 3) Leitungsfähigkeit für die Wärme und die Elektricität; 4) Schmelzbarkeit im Feuer; 5) Verbrennlichkeit im Sauerstoffgas; 6) Mischbarkeit mit den Metalloiden.

Vorkommen der Metalle im Mineralreiche.

§. 256.

Die meisten Metalle finden sich als natürliche Erzeugnisse im Mineralreiche. Einige finden sich auch als entfernte Bestandtheile in den Vegetabilien und selbst in den Animalien. In der Natur finden sie sich entweder gediegen; oder oxydirt; oder durch säurefähige Metalloide vererzt; oder oxydirt und an Säuren gebunden, (als Salze).

a) Gediegne Metalle (Metalla nativa s. nuda) werden diejenigen genannt, welche mit allen metallischen Eigenschaften begabt, im Mineralreiche vorkommen: wie Gold, Silber, Platin, Quecksilber, Kupfer, Antimon u. s. w.

b) Metalloxyde (Oxyda metallica) werden die im Mineralreiche vorkommenden natürlichen Verbindungen der Metalle mit dem Sauerstoff genannt. Sie zerfallen in 3 Hauptabtheilungen: Alkalien, Erden und Oxyde der Erzmetalle.

c) Erze (Minerae) werden die im Mineralreiche vorkommenden natürlichen Verbindungen der Metalle mit Schwefel, mit Chlor, mit Selen 2c., oder auch mit elektronegativen Metallen, z. B. dem Arsen, dem Chrom, dem Tellur, dem Titan 2c., genannt.

Scheidung der Metalle aus ihren Erzen und ihren Oxyden.

§. 257.

Die Scheidung der Metalle aus ihren Erzen, geschiehet durch zweckmäßige Entfernung der Vererzungsmittel, und nachmaliges Ausschmelzen mit Kohle, unter verschiedenen Zuschlägen; die Scheidung aus den natürlichen Oxyden derselben, durch die Reduktion.

a) Die Erze werden gepulvert, darauf geröstet um die Vererzungsmittel (Schwefel, Arsen rc.) zu verjagen; dann, in der Versetzuug mit den zweckmäßigsten Zuschlägen (Kalk, Flußspat) in den dazu schicklichen Oefen, mit Kohle vereinigt geschmolzen, wobei die Oxyde zu Metallen reducirt werden.

b) Die natürlichen Oxyde bedürfen keiner vorher bewirkten Röstung. Bloß Pochen derselben und Versetzung mit Fluß befördernden Zuschlägen, und Ausschmelzen mit Kohle, ist hinreichend, die Reduktion derselben zu bewirken.

Oxyde der reinen Metalle. (Metalloxyde.)

§. 258.

Reine Metalloxyde erhält man nur dann, wenn die chemischreinen Metalle, auf irgend einem schicklichen Wege, mit Sauerstoff verbunden werden. Nach den verschiedenen Verhältnissen, in denen sie den Sauerstoff aufgenommen haben, werden sie: 1) in Suboxyde; 2) in Oxydüle; 3) in Oxyde und 4) in Superoxyde unterschieden.

a) Suboxyde der Metalle, sind in der Regel bloß Mengungen von regulinischen Metallen und Metalloxyden. Sie entwickeln beim Auflösen in wäßrigen Säuren sogleich Wasserstoffgas.

b) Oxydüle der Metalle werden diejenigen genannt, die aus der Verbindung von 1 Atom des Metalls mit 1 Atom des Sauerstoffs hervorgegangen sind. Sie werden von den wäßrigen Säuren ohne Entwickelung von Wasserstoffgas aufgelöst.

c) Oxyde der Metalle werden diejenigen genannt, welche aus der Verbindung von 1 Atom des Metalls mit $1\frac{1}{2}$ oder 2 Atomen des Sauerstoffs hervorgegangen sind. Jedoch giebt es auch Metalle, die sich nur in einem einzigen Verhältniß mit dem Sauerstoff verbinden können, wie z. B. das

Cadmium ꝛc. Sie werden, gleich den Oxyden, ohne Gasentwickelung in wäßrigen Säuren aufgelöst.

d) Superoxyde oder Hyperoxyde der Metalle werden diejenigen genannt, welche aus der Verbindung von 1 Atom des Metalls mit $2\frac{1}{2}$ bis 3 auch wohl 4 Atomen des Sauerstoffs hervorgegangen sind. Sie entwickeln bei der Auflösung in Chlorwasserstoffsäure allemal Chlorgas, und geben, für sich, im Glühen einen Theil Sauerstoffgas von sich.

Oxydation der Metalle.

§. 259.

Die Oxydation der Metalle kann auf verschiedene Weise veranlasset werden: 1) durch das Glühen derselben in Berührung mit atmosphärischer Luft; 2) durch das Verbrennen derselben im reinen Sauerstoffgas; 3) durch die Behandlung derselben mit Salpetersäure; 4) durch die Auflösung derselben in andern wäßrigen Säuren; 5) durch ihre Berührung, im glühenden Zustande, mit den Dämpfen des siedenden Wassers; 6) durch die Verpuffung derselben mit Salpeter.

a) Durch die Oxydation verlieren die Metalle ihren Glanz, ihren Zusammenhang, ihr spec. Gewicht; sie gehen in den Zustand zerreiblicher, erdförmiger Substanzen über. Diese sind bald farbenlos, bald verschiedentlich gefärbt. Sie wiegen mehr als das Metall vorher wog.

Reduktion der Metalle aus ihren Oxyden.

§. 260.

Wenn einem Metalloxyd der Sauerstoff wieder entzogen wird: so geht solches in seinen metallischen (regulinischen) Zustand zurück. Diese Operation wird Reduktion (Wiederherstellung) genannt. Die Reduktion des

Metalloxyds kann auf folgende verschiedene Weise bewirkt werden.

a) Wenn das Oxyd eines edlen Metalls in einer Retorte zum Rothglühen erhitzt wird. Hier entwickelt sich Sauerstoffgas und das Metall bleibt regulinisch zurück (Reduktion für sich); auch wenn die edlen Metalloxyde der Einwirkung des Sonnenlichts ausgesetzt werden.

b) Wenn über das Oxyd eines nicht edlen Metalles, im geglüheten Zustande, trocknes Wasserstoffgas hingeleitet wird. Hier wird Wasser erzeugt, das sich in der Vorlage verdichtet, und das Metall bleibt regulinisch zurück.

c) Indem das in einer Säure aufgelöste Metalloxyd, mit einem andern Metalle in Berührung gesetzt wird, das eine größere Anziehung zum Sauerstoff besitzt. (Reduktion auf nassem Wege).

d) Indem das Metalloxyd mit reiner Kohle, oder einen kohlenstoffhaltigen Körper (schwarzem Fluß, Seife, Harz, verschiedenen vegetabilischen Säuren rc.) im Feuer behandelt wird. Hier erfolgt die Reduktion unter Entwickelung von Kohlenoxydgas.

e) Endlich, wenn das Metalloxyd mit einem andern Metall in Berührung gebracht wird, das eine größere Anziehung zum Sauerstoff besitzt, als das im Oxyd dazu besaß (z. B. Kalium).

f) Versinnlichung durch Experimente, in den Vorlesungen.

Verbindungen der Metalle mit den Metalloiden; und der Metalloxyde mit den Säuren, zu Salzen.

§. 261.

Während alle regulinischen Metalle sich mit dem Sauerstoff zu Oxyden vereinigen, können einige derselben, sich auch mit einem oder dem andern Metalloide verbinden (mit Wasserstoff, Schwefel, Phosphor, Chlor, Jod u. s. w.). Sie werden Hydrüren, Sulfüren, Phosphüren, Chlorüren, Joduren ꝛc. genannt. Sie sollen bei den einzelnen Metallen näher erörtert werden. Aus der Verbindung der Metalle mit denjenigen Metalloiden, welche Haloide genannt werden (Chlor, Jod, Brom, Fluor ꝛc.), gehen salzähnliche Produkte (Haloidsalze) hervor; die jedoch von den wahren Salzen wesentlich verschieden sind.

Allgemeiner Begriff von den Salzen.

§. 262.

Der wahre Begriff von den Salzen ist durch Berzelius entwickelt worden. Nach diesen haben wir 3 Arten der Salze zu unterscheiden: 1) Sauerstoffsalze; 2) Haloidsalze; 3) Schwefelsalze.

a) Zur Klasse der Sauerstoffsalze, wohin die allermeisten gerechnet werden müssen, gehören alle diejenigen, welche aus der Verbindung einer Säure mit einem elektropositiven Metalloxyd hervorgehen; sie sind die wahren Salze.

b) Zur Klasse der Haloidsalze gehören diejenigen salzähnlichen Produkte, welche aus der Vereinigung der regulinischen Metalle, mit den bekannten Haloiden (Salzzeugern §. 48.) hervorgehen, in welcher also kein Sauerstoff nachzuweisen ist.

c) Zur Klasse der Schwefelsalze gehören diejenigen salzähnlichen Produkte, welche aus der Vereinigung eines elektropositiven Schwefelmetalls, mit einem elektronegativen Schwefelmetall hervorgehen; worin der Schwefel dieselbe Rolle, wie der Sauerstoff in den Sauerstoffsalzen spielet.

d) Nach dieser letzten Bestimmung werden wir also auch Jodsalze, Chlorsalze, Fluorsalze, Bromsalze ꝛc. annehmen müssen. Die Salze werden durch den vorgesetzten Namen des elektropositiven Metalls in Kalium-Schwefelsalze, in Kupfer-Schwefelsalze, in Antimon-Schwefelsalze u. s. w. unterschieden.

Von den Sauerstoff-Salzen.

§. 263.

Die überaus zahlreiche Klasse der Sauerstoff-Salze, sind Produkte der Verbindung eines elektropositiven Metalloxyds mit einer Säure; in welcher das Oxyd die Salzbasis genannt wird. Nach der Verschiedenheit der Salzbasis werden sie: 1) in alkalische Salze; 2) in Erdsalze und 3) in Metallsalze unterschieden; der Name der Säure wird hingegen, als Beiwort, dem Namen des Salzes vorgesetzt, wie z. B. schwefelsaure Salze, salpetersaure Salze, phosphorsaure Salze 2c.

Neutrale Salze.

§. 264.

Wenn eine Salzbasis (ein Alkali, eine Erde, ein Erzmetalloxyd), nach und nach in kleinen Portionen, in eine Säure eingetragen wird, so verliert endlich die Säure ihre Eigenschaft das Lakmus zu röthen; so wie auch die Basis (wenn sie ein Alkali war) die röthende Wirkung auf das blaue Lakmus verloren hat. Säure und Basis haben sich also ausgeglichen (gesättigt, neutralisirt), die Verbindung wird nun eine neutrale, und das daraus hervorgehende Salz ein neutrales Salz (Sal neutrum) genannt.

a) Um die stattgefundene Neutralität des Salzes zu beurtheilen, bedient man sich des blauen und des gerötheten Lakmuspapiers. Jenes deutet durch sein Rothwerden die vorwaltende Säure; Letzteres durch sein Blauwerden, das Vorwalten der Basis an. Eine solche Salzlösung ist neutral wenn, im erhitzten Zustande, jene beiden Reagentien darin keine Veränderung ihrer Farbe erleiden.

b) Die neutrale Salzlösung schmeckt nun salzig, und diese Salzigkeit ist verschieden: bald bitterlich (Glaubersalz, Bittersalz); bald süßlich (Bleizucker); bald säuerlich styptisch (Alaun); bald rein salzig (schwefelsaures Kali, Salpeter rc.) in allen Fällen aber etwas widrig.

c) Aus der neutrale Salzlösung gewinnt man nun das Salz, durch Abdunsten derselben und Erkalten: 1) entweder in Krystallen (krystallisirbare Salze); 2) oder in Pulverform (nicht lösbare oder schwer lösbare Salze); oder 3) nach Abdunstung bis zur Trockne, in einer pulverförmigen oder einer klebrigen Form (nicht krystallisirbare Salze). Die schönsten Krystallsalze werden gewonnen, wenn man die Salzlösung der freiwilligen Verdunstung, an warmer Luft, überläßt.

Saure Salze.

§. 265.

Manche Salzbasen haben die Eigenschaft, ein größeres Maaß der Säure in sich aufzunehmen, als ihre Neutralisation erfordert, d. i. sie nehmen $1\frac{1}{2}$, oder 2, 3 selbst 4mal so viel Säure in sich auf, als im neutralen Salze an die Basis gebunden ist: wobei die Basis stets bestimmte proportionale Verhältnisse gegen die Säure beobachtet; die daraus hervorgehenden Salze (saures schwefelsaures Kali, Weinstein, Sauerkleesalz rc.), werden saure Salze (Salia acida) genannt.

Anmerkung. Sonst wurden die Säuren selbst, saure Salze genannt; jetzt bezeichnet man mit diesem Namen nur die übersauren Salze, in welche das neutrale Salz, gegen die überschüssige Säure, als Basis wirkt.

Basische Salze.

§. 266.

Andere Salze sind von der Art, daß sie nur mit einen Ueberschuß der Basis krystallisiren können. In diesen ist die Säure mit 1½, 2, 3, 4, 6 bis 12 mal so viel der Basis verbunden, als im neutralen Zustande; sie werden basische Salze genannt (z. B. basisches essigsaures Blei, basisches phosphorsaures Natron u. s. w.).

a) Bei den basischen Salzen läßt sich stets aus der Sättigungs-Capacität der Säure, verglichen mit ihrem Gehalte an Sauerstoff, das Verhältniß der Basis berechnen, in welchem die Säure mit der Basis übersetzt werden kann. So nimmt z. B. die Schwefelsäure (eben so auch jede andere Säure, welche in der neutralen Verbindung 3 mal so viel Sauerstoff als die Basis enthält), nicht etwa 2 oder 4 mal so viel von der Basis auf, als sie im neutralisirten Zustande gebunden enthält: sondern stets 1½, 3, 6, 12 mal so viel, welches also Zweimal oder Viermal so viel Sauerstoff besagt, als in der neutralisirenden Basis enthalten war.

b) Säuren hingegen, welche doppelt oder vierfach so viel Sauerstoff enthalten, als die sie neutralisirende Basis, können, um basische Salze zu erzeugen, nicht das anderthalb oder dreifache von der im neutralen Salze enthaltenen Basis aufnehmen, sondern stets das doppelte, das vierfache oder das achtfache Gewicht.

Doppel-Salze.

§. 267.

Wenn eine Säure mit zwei verschiedenen Basen, oder eine Basis mit zwei verschiedenen Säuren sich verbindet und die daraus hervorgehenden Salze sich chemisch mit einander vereinigen; so gehen Doppelsalze (Sales duplici) daraus hervor.

a) Beispiele von solchen Doppelsalzen geben: 1) der Alaun (aus schwefelsaurem Kali und schwefelsaurer Thonerde zusammengesetzt); 2) das Seignettsalz (aus weinsaurem Kali und weinsaurem Natron; 3) der Brechweinstein, aus weinsaurem Kali und weinsaurem Antimonoxyd zusammengesetzt.

Elektropositive Metalle.

§. 268.

Die elektropositiven Metalle zeichnen sich dadurch von den elektronegativen aus: daß sie, mit Sauerstoff verbunden, stets die Säuren neutralisirende Basen erzeugen. Sie zerfallen in drei Hauptabtheilungen: 1) in Alkalimetalle; 2) in Erdmetalle; 3) in Erzmetalle. Die Alkalimetalle werden auch wohl leichte; die Erzmetalle hingegen schwere Metalle genannt. Die uns bis jetzt bekannt gewordenen elektropositiven Metalle ergeben sich aus dem Folgenden.

Erste Abtheilung.

Die Alkali-Metalle.

Von dem Kalium, seinen Oxyden und seinen Salzen.

§. 269.

Das Kaliummetall (Kalium, Potasium) findet sich im Weltraum nie regulinisch, sondern stets als Oxyd und an Säuren gebunden. Das Oxyd des Kaliums wird Kali genannt. Als solches findet es sich an anorganische Säuren gebunden in vielen natürlichen Salzen: 1) an Schwefelsäure gebunden, im schwefelsauren Kali; 2) an Kieselsäure gebunden, im Feldspat und im Glimmer; 3) an organische Säuren gebunden, im Weinstein und in dem Safte der meisten Vegetabilien.

a) Das Kalium zeichnet sich durch folgende Eigenschaften aus: 1) Farbe zinnweis, stark glänzend; 2) sehr weich und geschmeidig; 3) spec. Gewicht = 0,865; 4) bei 0° R. hart und spröde; 5) bei + 44° R schmelzbar; 6) bei der Rothglühhitze sich verflüchtigend, in grünen Dämpfen; 7) oxydirt sich an der feuchten Luft; 8) entzündet sich, in Wasser gebracht, mit Entwickelung von Wasserstoffgas, brennt mit röthlichem Lichte, und wird oxydirt; 9) entziehet den meisten Oxyden ihren Sauerstoff; 10) vereinigt sich mit allen Metalloiden und vielen Metallen; 11) leitet vollkommen die Elektricität; 12) kann nur unter reinem Petrolium aufbewahrt werden; 13) sein Atomgewicht erhält die stöchyometrische Zahl 39,2.

I. Darstellung des Kaliums.

§. 270.

Das reine Kaliummetall kann nur durch eine Reduktion des Kaliumoxyds (des Kali) dargestellt werden. Solches kann auf eine dreifache Art veranstaltet werden: 1) (nach H. Davy) wenn Kalihydrat für sich, oder in Berührung mit Quecksilber, der Einwirkung der Volta'schen Säule (§. 44. b.) unterworfen wird; 2) (nach Gay-Lussac) wenn die Dämpfe des Kaliumoxyd-Hydrats, in der Weißglühhitze, über reines Eisen hingeleitet werden, und das sich entwickelnde Kalium, in Steinöl (Petroleum) aufgefangen wird; 3) (nach Brunner) wenn kohlenhaltiges, kohlenstoffsaures Kali (schwarzer Fluß), in einem dazu geschickten Apparate aus Schmiedeeisen, in der Hitze behandelt, und das sich entwickelnde Kalium, in Petroleum aufgefangen wird.

a) Unter jenen Methoden das Kalium darzustellen, gewinnt man solches aus der kalihaltigen Weinsteinkohle (schwarzem Fluß) am leichtesten. Man füllet sie in eine Reben von Schmiedeeisen, verbindet den Hals derselben mit einem Apparat aus Kupfer, in welchem Petroleum enthalten ist, und verrichtet nun die Destillation; wobei das Kalium in grünen Dämpfen sich entwickelt, die sich im Petroleum zu metallischen Kügelchen verdichten.

b) Bei dieser Arbeit wird kohlensaures Gas, Kohlenoxydgas, Kohlenwasserstoffgas und Kaliumwasserstoffgas entwickelt, die durch Quecksilber abgeleitet werden.

c) Neben dem Kalium wird auch krokonsaures Kali (§. 92.) ja selbst oxalsaures Kali erzeugt welche, neben dem Kalium, in der Vorlage gefunden werden. Durch eine nochmalige Destillation des vom krokonsauren Kali befreieten Kaliums, gewinnt man solches im reinen Zustande.

II. Kalium und Sauerstoff. (Kaliumoxyd.)

§. 271.

Das Kalium kann sich unter 3 Verhältnissen mit dem Sauerstoff verbinden: 1) zum Suboxyd; 2) zum Oxyd und 3) zum Superoxyd.

a) Das Kalium-Suboxyd (Suboxydum Kalicum; Oxydulum Kalicum), vielleicht bloß ein Gemenge aus Kalium und Kaliumoxyd, wird gewonnen, wenn 1 Atom Kalium (39,2 Gran), in einem Glase mit 8 bis 9 Kubikzoll trocknem Sauerstoffgas gesperrt wird. Dieses Gas wird völlig eingesaugt und bildet das Kalium-Suboxyd. Seine Bestandtheile sind:

	1) Nach dem Atomgewicht.	2) Nach Procenten.
Kalium . .	1 Atom = 39,2	90,40
Sauerstoff .	0,5 „ = 4,0	9,60
Kalium-Suboxyd	1 Atom = 43,2	100,00

Seine Eigenschaften sind: 1) Farbe bläulich grau; 2) nicht metallisch glänzend; 3) entwickelt in Wasser geworfen, Wasserstoffgas und geht in Kaliumoxyd-Hydrat über.

b) Das Kaliumoxyd (Oxydum Kalium). Solches wird gewonnen, wenn Kalium so lange im trocknen Sauerstoffgas der atmosphärischen Luft eingeschlossen wird, bis solches kein Gas mehr einsaugt. Seine Bestandtheile sind:

1) Nach dem Atomgewicht.			2) Nach Procenten.
Kalium . .	1 Atom	= 39,2	83,05
Sauerstoff .	1 „	= 8,0	16,95
Kaliumoxyd	1 Atom	= 47,2	100,00

Seine Eigenschaften sind: 1) Farbe gelblich weiß; 2) hart, spröde, muschlicher Bruch; 3) Geschmack scharf ätzend; 4) leicht lösbar in Wasser und in Alkohol; 5) ohne Gasentwickelung in Säuren lösbar; 6) färbt Veilchensaft grün, Kurkumä braun und Fernambuk carmoisin; 7) löset Kieselsäure und Glas auf, so wie Schwefel und Fettigkeiten; 8) zerfließt an der feuchten Luft und saugt Kohlensäure ein.

c) Das Kalium-Superoxyd (Superoxydum Kalicum). Man gewinnt dasselbe, wenn man über in einem silbernen Rohr eingeschlossenes Kaliumoxyd, in der Hitze, so lange trocknes Sauerstoffgas hinleitet, bis solches nicht mehr eingesaugt wird. Seine Bestandtheile sind:

1) Nach dem Atomgewicht.			2) Nach Procenten.
Kalium	1 Atom	= 39,2	62,0
Sauerstoff . . .	3 „	= 24,0	38,0
Kalium-Superoxyd	1 Atom	= 63,2	100,0

Seine Eigenschaften sind: 1) Farbe gelblich; 2) Schmelzbarkeit, schwerer als die des Oxyds; 3) das Geschmolzene krystallisirt beim Erstarren in Blättern; 4) wird in mit Wasser verdünnter Schwefelsäure unter Entwickelung von Sauerstoffgas; in Chlorwasserstoffsäure wird solches unter Entbindung von Chlorgas aufgelöst; 5) giebt im Glühen Sauerstoffgas von sich, und geht in Kaliumoxyd (Aetzkali) über.

III. Kaliumoxyd und Wasser. Kaliumoxyd-Hydrat. (Kali-Hydrat.)

§. 272.

Wenn das Kaliumoxyd mit Wasser in Berührung kommt, so bindet solches 1 Atom desselben als Hydratwasser. Das Produkt wird Kalihydrat (Aetzkali auch kaustisches Kali) genannt. Seine Bestandtheile sind:

	1) Nach dem Atomgewicht.	2) Nach Procenten.
Kaliumoxyd	1 Atom = 47,2	84,0
Hydratwasser	1 „ = 9,0	16,0
Kaliumoxyd-Hydrat	1 Atom = 56,2	100,0

Seine Eigenschaften sind: 1) farbenlos; 2) hart, spröde; 3) 2,10 spec. Gewicht; 4) schmilzt vor dem Rothglühen, ohne das Hydratwasser von sich zu lassen und verflüchtigt sich beim Weißglühen; 5) leicht lösbar im Wasser und im Alkohol; 6) krystallisirt in farbenlosen Octaedern, in welchen dasselbe mit 4 Atomen Wasser vereinigt ist; 7) zerstöhrt Wolle, Haare, und alle animalische Substanzen; 8) löset Schwefel, Kieselsäure und Thonerde auf dem nassen und dem trocknen Wege auf; 9) erzeugt mit Säuren verbunden, die Kali-Salze.

IV. Vorkommen des Kali in der Natur.

§. 273.

Außerdem, daß das Kali in vielen Fossilien (§. 269.) mit erdigen Oxyden vereinigt gefunden wird; seltner in einigen animalischen Erzeugnissen; findet sich solches vorzüglich vorkommend in den Vegetabilien (besonders Strauch- und Baumgewächsen), an Säuren gebunden und damit übersetzt. Werden dergleichen Vegetabilien zur Asche verbrannt, so werden die organischen Säuren zerstöhrt, und das Kali bleibt, zum Theil an Kohlensäure, zum Theil an anorganischen Säuren gebunden, in der Asche zurück, woraus solches durch Auslaugen derselben mit Wasser und Eindicken der Lauge zur Trockne, gewonnen werden kann.

a) Pottasche. Die organischen Säuren, an welche das Kali gebunden in den Pflanzen angetroffen wird, sind vorzüglich Weinsäure (§. 217.), Essigsäure (§. 232.), Oxalsäure (§. 88.). Diese werden beim Einäschern zerstöhrt; es wird Kohlensäure erzeugt und das freigewordene Kali bleibt, damit vereinigt, als einfach kohlensaures Kali in der Asche zurück.

b) Wird die Asche mit Wasser ausgelaugt, die Lauge zur Trockne abgedunstet und die trockne Salzmasse, mit Berührung der Luft, bis zur Farbenlosigkeit geglühet: so wird das daraus hervorgegangene unreine Kali jetzt Pottasche (Cineres clavellati) genannt. Ihre Fabrikation wird bei den forstwissenschaftlichen Gewerben näher erörtert.

c) Weißer Fluß. Reiner als aus der Pflanzenasche (und frei von fremdartigen Salzen und Erden) gewinnt man das einfach kohlensaure Kali, wenn 1 Gewichtstheil reiner Salpeter mit $1\frac{1}{2}$ Gewichtstheilen reinem Weinstein in Pulverform gemengt und das Gemenge nach und nach in ein, vorher bis zum anfangenden Glühen erhitztes, eisernes Gefäß eingetragen wird. Die Masse verpuffet und es bleibt ein weißes farbenloses Salz zurück. Man nennt solches weißen Fluß (Fluor albus) auch Weinsteinsalz (Sal tartari); durch Lösung in kaltem Wasser, filtriren der Lösung und Abdunstung derselben zur Trockne, gewinnt man das einfach kohlensaure Kali daraus im reinern Zustande.

d) Schwarzer Fluß. Werden 1 Theil Salpeter und 3 Theile Weinstein zusammen verpufft, so bleibt eine kalihaltige Kohle zurück, welche schwarzer Fluß (Fluor niger) genannt wird; er wird zur Reduktion der Metalle aus ihren Oxyden angewandt.

e) Versinnlichung durch Experimente und Erklärung der sie begleitenden Erscheinungen, in den Vorlesungen.

V. Darstellung des Kalihydrats. (Aetzkali, Aetzkalilauge, Seifensiederlauge.)

§. 274.

Wenn das einfach kohlensaure Kali (§. 273. a. b. c.) in Wasser gelöst und die Lösung, im angemessenen Verhältniß, mit gebrannten Kalk versetzt, dann filtrirt, der Rückstand mit Wasser ausgesüßt, die Lauge zur Trockne abgedunstet, und die trockne Salzmasse in der Rothglühhitze geschmolzen, dann ausgegossen wird: so stellt sie das Kalihydrat (Aetzkali) dar. Man gewinnt solches auf folgende Art.

a) Man löse 1 Gewichtstheil einfach kohlensaures Kali in seinem 20fachen Gewichtstheil reinem Wasser und setze der Lösung $1\frac{1}{2}$ Gewichtstheil Kalciumoxyd (gebrannten Kalk), der vorher mit Wasser gelöscht worden ist, zu, erhalte die Flüssigkeit 15 Minuten lang im Sieden, seihe sie dann durch gebleichte Leinwand oder Druckpapier, süße den Rückstand mit Wasser aus, verdampfe die gesammelte Flüssigkeit, bis ihre Dichtigkeit sich zu der des Wassers verhält, wie 4 : 3, und bewahre sie in gut verschlossenen Gefäßen. Sie wird Kaliätzlauge (Liquor Kali caustici) genannt.

b) Die reine Kaliätzlauge zeichnet sich durch folgende Eigenschaften aus: 1) farbenlos; 2) 1,335 spec. Gewicht; 3) Geschmack scharf ätzend; 4) brauset nicht mit Säuren; 5) wird von kohlensaurem Kali nicht getrübt. Die Kaliätzlauge ist nichts anderes, als eine Lösung des Kalihydrats (§. 272.) in Wasser, besitzt daher alle Eigenschaften desselben. Der Gehalt an Kaliumoxyd (Kali) in der Lauge, gegen die Wäßrigkeit, ergiebt sich aus der specif. Dichtigkeit der Lauge, wie folgende Tabelle nachweiset:

Specifikes Gewicht	Kali	Wasser	Specifikes Gewicht	Kali	Wasser
2,000	72,4	27,6	1,230	39,6	60,4
1,420	63,6	36,4	1,190	36,8	63,2
1,390	56,8	43,2	1,150	34,4	65,6
1,360	51,2	48,8	1,110	32,4	67,6
1,330	46,7	53,3	1,060	29,4	70,6
1,280	42,9	57,1			

c) Wird jene Lauge in einem silbernen Geräthe zur Trockne abgedunstet, hierauf die trockne Masse geschmolzen, bis sie beim Rothglühen ruhig fließt, dann ausgegossen, so stellt sie das reine Kalihydrat dar, dessen Eigenschaften (§. 272.) bereits erörtert sind.

d) Versinnlichung durch Experimente, in den Vorlesungen.

VI. Kaliumoxyd und Säuren. (Kalisalze.)

§. 275.

Das Kali gehet mit allen bekannten Säuren Verbindungen ein, welche die Kalisalze (Salia Kalina) darstellen. Man gewinnt diese auf 3 verschiedenen Wegen: 1) durch direkte Neutralisation des Kali mit den dazu bestimmten Säuren; 2) indem ein Kalisalz durch eine andere Säure zerlegt wird; 3) indem die Auflösung eines erdigen oder metallischen Salzes durch Kali gefället und das Absüßwasser zur Krystallisation disponirt wird.

a) Wir lassen hier die Kalisalze nach der Ordnung der abgehandelten Säuren auf einander folgen: Aus der großen Anzahl der in der allgemeinen Chemie bekannten Kalisalze, werden hier nur diejenigen ausgehoben, welche vor das Forum der Kammeralchemie gehören, welches auch bei den Salzen, welche aus den anderweitigen Oxyden in ihren Verbindungen mit Säuren hervorgehen, befolgt werden soll.

1. Kaliumoxyd und Salpetersäure. (Salpetersaures Kali. Salpeter.)

§. 276.

Das salpetersaure Kali (aus 1 Atom Kali und 1 Atom Salpetersäure), (nach Procenten aus 46,64 Kali und 53,36 Säure) zusammengesetzt, zeichnet sich durch folgende Eigenschaften aus: 1) Krystallisation: sechsseitige Säulen; 2) leicht zerbrechlich; 3) kühlem Geschmack; 4) leicht lösbar in Wasser (bei 0° R. nehmen 100 Theile Wasser 12 Theile; bei 14° 30; bei 36° 75; bei 78° 236 Salpeter auf); 5) schmilzt in der Hitze und es wird daraus Sauerstoffgas entwickelt; 6) verpufft auf glühende Kohlen; 7) verpufft in der Glühhitze mit Schwefel und mit Metallen, wobei die letztern oxydirt werden.

a) Der Salpeter findet sich natürlich gebildet, aus der Erde hervorwitternd: in Indien, in Südamerika, in Spanien, in Sicilien, in Italien, in Portugal, in Ungarn rc. Als ein Bestandtheil in mehreren Pflanzen (im Boretschkraut, im Dill, in der Schaafgarbe, in vielen Beeten und Rübenarten) in derem Safte; besonders wenn solche mit Pferde- oder Schaafmist kultivirt worden sind.

b) Erzeugt wird der Salpeter in den Salpeterplantagen, aus stickstoffhaltigen animalischen Abfällen (Leder, Horn, Blut, Harn, Schaafmist, Pferdemist 2c.), wenn solche mit kalkhaltigen Erden gemengt, in niedrigen leicht bedachten Schuppen gebunden (Plantagen), sich selbst überlassen, und gewöhnlich 2 mal im Jahre mit gefaulten Menschenharn begossen werden. Die Erzeugung erfolgt aus dem Stickstoff jener Materien, und dem Sauerstoff der Atmosphäre. Die erzeugte Säure tritt mit Kalkerde und dem Ammoniak in Verbindung; das erzeugte Salz wittert aus, wird abgekratzt, dann ausgelaugt und die Lauge mit Holzaschenlauge versetzt: da dann das Kali derselben sich mit der Säure verbindet, Kalk und Ammoniak ausscheidet und durch Abdunsten und Krystallisiren der Lauge, als unreiner (roher) Salpeter gewonnen wird, aus dem, durch wiederholte Krystallisation, der reine Salpeter geschieden werden kann.

c) Ueber die beste Art der Reinigung des Salpeters nebst Versinnlichung durch Experimente, in den Vorlesungen.

2. Kalium und Oxalsäure. (Oxalsaures Kali.)

§. 277.

Mit der Oxalsäure kann das Kali sich in 3 verschiedenen Verhältnissen verbinden: einfach, doppelt und vierfach.

a) Das einfach oxalsaure Kali (Oxalas Kalicus) ist aus 1 Atom Kali und 1 Atom Oxalsäure, (nach Procenten): aus 56,73 Kali und 43,27 Oxalsäure zusammengesetzt. Im krystallinischen Zustande, aus 1 Atom wasserfreiem oxalsauren Kali und 1 Atom Wasser, (nach Procenten, aus 51,19 Kali, 39,81 Oxalsäure und 9 Wasser). Man gewinnt solches, wenn doppelt oxalsaures Kali mit Kali neutralisirt und die Lösung krystallisirt wird. Seine Eigenschaften sind; 1) farbenlos; 2) 4, 6 und mehrseitige geschobene Krystalle; 3) Geschmack salzig bitter; 4) in 3 Theilen Wasser in der Kälte lösbar; 5) giebt beim Ausglühen kohlensaures Kali, doch ohne Kohle; 6) dienet als Reagenz für die Kalkerde.

b) Das doppelt oxalsaure Kali (Bis oxalas Kalicus) auch Sauerkleesalz (Oxalium, Sal acetosellae) genannt, aus 1 Atom Kali, 2 Atom Oxalsäure und 2 Atom Wasser; (oder nach Procenten, aus 34,40 Kali, 52,48 Oxalsäure und 13,12 Wasser) zusammengesetzt, findet sich fertig gebildet im Safte des Sauerklees (Oxalis acetosella Lin.), und andern Oxalisarten, aus dem solches durch Abdunsten und Krystallisiren gewonnen wird. Künstlich bereitet man dasselbe; indem eine koncentrirte Lösung von Kali in Wasser, in eine gleichfalls koncentrirten Lösung von Oxalsäure so lange getröpfelt wird, als noch ein Niederschlag sich bildet: der dann, von der Flüssigkeit getrennt, in siedend heißem Wasser gelöst und die Lösung der Krystallisation unterworfen wird.

c) Das doppelt oxalsaure Kali gehört zu den wesentlichen Sauersalzen. Seine Eigenschaften sind: 1) farbenlose parallelepipedische Krystalle; 2) säuerlich von Geschmack; 3) in 14 Theilen Wasser in der Siedhitze lösbar; schwerer in der Kälte; findet jetzt allein Anwendung in der Färberei und Cottondruckerei, zum Zerstöhren des Eisens; selten als Arzneimittel.

d) Die Oxalsäure kann sich auch im vierfachen Atomverhältniß mit dem Kali verbinden, woraus ein Quader-Oxalat des Kali (Quater oxalas Kalicus) hervorgeht. Man gewinnt dieses Salz, wenn das doppelt oxalsaure Kali mit mehr Oxalsäure versetzt wird. Seine Bestandtheile sind: 1 Atom Kali, 4 Atomen Säure, 3 Atomen Wasser Seine Eigenschaften sind; 1) kleine nadelförmige Krystalle; 2) saurer Geschmack; 3) schwer lösbar in Wasser. Es findet zur Zeit keine Anwendung.

3. Ammoniak und Oxalsäure. (Oxalsaures Ammoniak.)

§. 278.

Auch mit dem Ammoniak kann die Oxalsäure im einfachen und doppelten Verhältniß sich verbinden. Wir heben hier nur das einfach oxalsaure Ammoniak aus, weil solches allein als chemisches Reagenz gebraucht wird. Man gewinnt solches durch die Neutralisation der Oxalsäure mit Ammoniak und nachmaliger Krystallisation. Seine Bestandtheile sind: 1 Atom Ammoniak, 1 Atom Oxalsäure und 1 Atom Wasser; (nach Procenten: 23,94 Ammoniak, 63,30 Säure und 12,76 Wasser). Seine Eigenschaften sind: 1) büschelförmige Säulen; 2) schwer lösbar in Wasser; 3) an der Luft verwitternd; 4) Geschmack ähnlich dem Salmiak; dient als Reagenz für Kalkerde.

4. Kaliumoxyd und Kohlensäure. (Kohlensaures Kali.)

§. 279.

Das Kali gehet mit der Kohlensäure unter drei Verhältnissen in Verbindung: a) einfach; b) anderthalbfach; c) doppelt.

a) Das einfach kohlensaure Kali (sub-carbonas Kalicus), aus 1 Atom Kali und ½ Atom Kohlensäure; (nach Procenten aus 83 Kali und 17 Kohlensäure), zusammengesetzt, ist dasjenige, welches nach dem Verpuffen des reinen Weinsteins mit reinem Salpeter (§. 273 c.) zurückbleibt. Auch wird es gewonnen, wenn anderthalbfach kohlensaures Kali bis zum Anfang des Rothglühens erhitzt wird. Seine Eigenschaften sind: 1) farbenloses Pulver, nicht krystallisirend; 2) scharf alkalisch von Geschmack; 3) zerfließt an der Luft und im gleichen Gewicht Wasser lösbar; 4) brauset mit Säuren unter Entwickelung von kohlensaurem Gas. In diesem Zustande befindet sich auch das Kali in guter trockner Pottasche.

b) Das anderthalb kohlensaure Kali (sesqui carbonas Kalicus) wird gewonnen, wenn das doppelt kohlensaure Kali bis zur Entfernung aller Wassertheile (jedoch ohne Glühen) aus seiner Lösung in Wasser abgedunstet wird. Seine

Bestandtheile sind: 1 Atom Kali und 1 Atom Kohlensäure; (nach Procenten: 68,2 Kali und 31,8 Kohlensäure). Seine Eigenschaften sind: 1) farbenlos; 2) weniger scharf schmeckend als das Einfache; 3) schwer krystallisirbar; 4) in anderthalb Theilen Wasser lösbar; zerfließend an der Luft; 5) brauset mit Säuren und läßt sich nicht wasserleer darstellen.

c) Das doppelt kohlensaure Kali (Bicarbonas Kalicus) wird gewonnen, wenn durch eine mit Wasser gemachte Lösung des einfach kohlensauren Kali so lange kohlensaures Gas geleitet wird, bis solche neutral geworden ist; oder wenn man das Kali so lange der Luft in einem Raume aussetzt, wo Bierwürze oder Brandtweinmaische in Gährung ist, da denn die dabei sich entwickelnde Kohlensäure vom Kali, bis zur Neutralität desselben, eingesaugt wird. Seine Bestandtheile sind: 1 Atom Kali, 4 Atome Kohlensäure und 2 Atome Wasser. (Nach Procenten: 47,08 Kali, 43,95 Kohlensäure und 8,97 Wasser). Seine Eigenschaften sind: 1) farbenlose, vierseitige rhomboidale Krystalle; 2) mild salziger nicht alkalischer Geschmack; 3) ändert nicht die Farbe des Kurkumäpapiers; 4) wird bei mittler Temperatur von 4 Theilen Wasser gelöset; 5) läßt in der Siedhitze die Hälfte Kohlensäure von sich und gehet in einfach kohlensaures Kali zurück; 6) ist nicht wasserfrei darstellbar.

5. Kaliumoxyd und Cyansäure. (Cyansaures Kali.)

§. 280.

Das cyansaure Kali (Cyanus Kalicus) gehet aus der neutralen Verbindung des Kali mit der Oxycyansäure (§. 111.) hervor: solches findet keine Anwendung unter den Gegenständen der Kammeralchemie; desto mehr aber das Cyankalium (Cyanuretum Kalii) (Blaustoffeisen-Kalium; fälschlich hydrocyansaures Kali genannt).

a) Das Blaustoff-Eisen-Kalium (Kalium-Eisen-Cyanür) wird gewonnen: 1) wenn Hydrocyansäure (§. 112.) mit Kaliätzlauge (§. 274.) so lange verbunden wird, bis die alkalische Reaction verschwindet. Hierbei vereinigt sich das Cyan mit dem Kalium, während der Sauerstoff des Kali, mit dem Wasserstoff der Hydrocyansäure verbunden, Wasser erzeugt. 2) Wenn reines Blaustoff-Eisen (Berlinerblau) so lange mit Kaliätzlauge digerirt wird, bis das Blaustoffeisen seine blaue Farbe nicht mehr verliert. Beide Flüssigkeiten geben beim Abdunsten das Blaustoff-Eisen-Kalium in Krystallen. In chemischen Fabriken wird jenes Haloidsalz durch das Glühen von Thierkohle mit Pottasche, unter Zusatz von etwas Eisen, nachmaligem Auslaugen des Rückstandes mit Wasser und Krystallisation der Lauge bereitet.

b) Das reine Cyankalium, im krystallinischen Zustande, ist aus 1 Atom Kalium, 2 Atomen Cyan und 2 Atomen Wasser; (nach Procenten: aus 55,9 Kalium, 37,6 Cyan und 6,5 Wasser) zusammengesetzt. Seine Eigenschaften sind: 1) hellgelbe tafelförmige Krystalle; 2) milder etwas den bittern Mandeln ähnlichen Geschmack; 3) in sechs Theilen kaltem Wasser lösbar; 4) die Lösung fället das Eisenoxyd aus seinen Auflösungen blau, das Kupferoxyd braun. Es ist als chemisches Reagenz unentbehrlich.

6. Kaliumoxyd und Schwefelsäure. (Schwefelsaures Kali.

§. 281.

Mit der Schwefelsäure kann das Kali sich im einfachen und doppelten Verhältniß verbinden.

a) Das einfach schwefelsaure Kali (Sulphas Kalicus) wird gewonnen: 1) aus dem Rückstande welcher nach der Ausscheidung der Salpetersäure aus dem Salpeter durch Schwefelsäure (§. 70.) zurückbleibt; 2) in allem Fällen da, wo Schwefelsäure und Kali in neutrale Verbindung treten. Seine Bestandtheile sind: 1 Atom Kali und 2 Atomen Schwefelsäure; (nach Procenten: 54,07 Kali und 45,93 Schwefelsäure). Seine Eigenschaften sind: 1) farbenlose geschobene vier- und sechsseitige Krystalle; 2) salziger etwas bitterer Geschmack; 3) unveränderlich an der Luft; 4) in vier Theilen siedendem aber nur in sechszehn-Theilen kaltem Wasser lösbar.

b) Das doppelt schwefelsaure Kali (Bisulphas Kalicus), auch saures schwefelsaures Kali genannt, wird gewonnen, wenn 2 Gewichtstheile einfach schwefelsaures Kali mit 1 Gewichtstheil Schwefelsäure-Hydrat versetzt, in Wasser gelöst und die Lösung entweder krystallisirt oder zur Trockne abgedunstet wird. Seine Bestandtheile sind: 1 Atom Kali, 4 Atomen Schwefelsäure; (nach Procenten: 37 Kali und 63 Schwefelsäure). Im krystallinischen Zustande hingegen enthält solches 2 Atome Wasser. Seine Eigenschaften sind: 1) glänzende Nadeln oder sechsseitige Säulen; 2) scharf saurer Geschmack; 3) verwittert an trockner Luft; 4) läßt in der Rothglühhitze seine Säure nicht von sich: 5) ist in der Siedhitze im gleichen Gewicht Wasser lösbar.

c) Das unterschwefelichsaure, das schwefelichsaure und das unterschwefelsaure Kali werden übergangen, da sie keine Gegenstände der Kammeralchemie ausmachen.

7. Kaliumoxyd und Phosphorsäure. (Phosphorsaures Kali.

§. 282.

Die Phosphorsäure kann sich, gleich der Schwefelsäure, unter 2 Verhältnissen mit dem Kali verbinden, zum einfach phosphorsauren Kali (Phosphas Kalicus), aus 1 Atom Kali und 1 Atom Phosphorsäure; oder (nach Procenten: aus 57 Kali und 43 Phosphorsäure), zusammengesetzt; und zum doppelt phosphorsauren Kali (Biphosphas Kalicus), und 1 Atom Kali und

2 Atomen Phosphorsäure zusammengesetzt. Das Erstere ist schwer, das Letztere Salz ist leichter krystallisirbar. Beide verglasen im Feuer. In der Kammeralchemie finden sie keine Anwendung.

8. Kaliumoxyd und Selensäure. (Selensaures Kali.)

§. 283.

Das Kali kann sich mit der Selensäure (§. 157.) so wie mit der selenigen Säure zu neutralen Salzen vereinigen. Sie werden hier übergangen, da sie keine Nutzanwendung finden.

9. Kaliumoxyd mit chloriger Säure, mit Chlorsäure und mit Chlor.

§. 284.

Von diesen Salzen gehören die beiden Erstern zu den Sauerstoffsalzen, das Dritte zu den Haloidsalzen.

a) Das chlorigsaure Kali (Chloris Kalicus) bildet sich, wenn Chlorgas in eine etwas koncentrirte mit Wasser gemachte Lösung von Kali so lange geleitet wird, bis eben sich zarte Krystallflocken auszuscheiben beginnen. Im mit Wasser verdünnten Zustande stellt solches das kalische Bleichwasser, auch Eau de Javelle genannt, dar, welches zum Bleichen vegetabilischer Gegenstände benutzt wird.

b) Das chlorsaure Kali (Chloras Kalicus), sonst auch oxydirt salzsaures Kali genannt, wird gewonnen, wenn in eine koncentrirte Lösung von einfach kohlensaurem Kali oder auch Aetzkali so lange Chlorgas geleitet wird, bis das erzeugte chlorsaure Kali in zarten glänzenden Krystallen sich auszuscheiden aufhört. Es ist aus 1 Atom Kali und 2 Atomen Chlorsäure; (nach Procenten aus 38,5 Kali und 61,5 Chlorsäure), zusammengesetzt. Seine

Eigenschaften sind: 1) glänzende kleine vier- und sechsseitige Tafeln; 2) kühlender Geschmack; 3) in 2½ Theilen siedendem nnd in 16 Theilen kaltem Wasser lösbar; 4) verpuffet leicht mit starkem Knall, wenn solches mit Phosphor, mit Schwefel und andern verbrennlichen Substanzen verbunden, geschlagen wird; 5) giebt, wenn es geschmolzen wird, viel reines Sauerstoffgas von sich (§. 53. a. 3.) und geht in Chlorkalium über. Zur Darstellung des reinen Sauerstoffgases, so wie zur Bereitung der Zündhölzer ist es unentbehrlich.

c) Das Chlorkalium (Chloretum Kalii) wird gewonnen, wenn Kali mit Chlorwasserstoffsäure neutralisirt und die Flüssigkeit krystallisirt oder zur Trockne abgedunstet wird. Seine Bestandtheile sind: 1 Atom Kalium und 47,4 Chlor. Seine Eigenschaften sind: 1) farbenlose, würfliche Krystalle; 2) Geschmack wie Kochsalz; 3) in 4 Theilen Wasser lösbar; 4) schmilzt in der Rothglühhitze ohne Zersetzung; 5) in der Weißglühhitze wird es verflüchtigt. Wurde sonst Sylvisches Digestivsalz genannt; macht einen Bestandtheil in vielen Pflanzen aus; gehört zu den Haloidsalzen.

10. Kali und Jodsäure. (Kalium und Jod.)

§. 285.

Wenn Kali und Jodsäure (§. 187. b.) bis zur Neutralität vereinigt werden, so geht das jodsaure Kali (Jodas Kalicus) daraus hervor. Seine Bestandtheile sind: 1 Atom Kali und 2 Atome Jodsäure; (nach Procenten: 22,2 Kali und 77,8 Jodsäure). Seine Eigenschaften sind: 1) farbenlose, körnige Krystalle; 2) scharfer kühlender Geschmack; 3) in 13—14 Theilen kaltem Wasser lösbar; 4) giebt im Glühen Sauerstoffgas von sich.

a) Das Jodkalium (Jodetum Kalii), Kaliumjodüre bleibt zurück, wenn das jodsaure Kali so lauge im Feuer geschmolzen wird, bis sich kein Sauerstoffgas mehr entwickelt. Seine Bestandtheile sind: 1 Atom Kalium und 2

Atome Jod; (nach Procenten: 23,8 Kalium und 76,2 Jod). Seine Eigenschaften sind: 1) farbenlose perlmutterartig glänzende Würfel; 2) scharf salziger Geschmack; 3) sehr leicht in Wasser lösbar; 4) fället das Quecksilber aus seinen Salzen fast Scharlachroth. Das Jodkalium ist ein Haloidsalz. Ob solches im krystallinischen Zustande als hydriodsaures Kali angesehen werden kann? ist noch nicht entschieden.

11. Kali und Bromsäure. (Kalium und Brom.)

§. 286.

Es ist bereits (§. 198. und §. 199.) bemerkt worden, daß wir eine Oxybromsäure und eine Hydrobromsäure unterscheiden, die beide mit dem Kali neutrale Verbindungen eingehen. Die erste Verbindung ist ein Sauerstoffsalz, die Letztere ein Haloidsalz. Beide Salze finden sich im Wasser des todten Meers, in vielen Soolquellen, im Meerschwamm, im Meerwasser, fast immer mit Jodsalzen gemengt. Sie werden hier nicht weiter erörtert, da sie keine Anwendung finden.

12. Kaliumoxyd und Fluor. (Fluorkalium.)

§. 287.

Die Oxyfluorsäure (Fluor-Sauerstoffsäure) gehört zur Zeit noch zu den problematischen Gegenständen. Deutlicher ist nns die Flußspatsäure oder Hydrofluorsäure (§. 203.) bekannt. Mit Kali neutralisirt erzeugt sie Fluorkalium (Fluoretum Kalii) oder Kalium-Fluorür. Ob das krystallinische Salz als ein hydrofluorsaures Kali (Kali hydrofluoricum) anerkannt werden kann? ist noch problematisch.

13. Kaliumoxyd und Boronsäure. (Boronsaures Kali.)

§. 288.

Das Kali verbindet sich leicht mit der Boronsäure (§. 206.) und erzeugt damit, in der neutralen Verbindung, das boronsauren Kali (Boras Kalicus). Seine Bestandtheile sind: 1 Atom Kali und 2 Atomen Boronsäure. (Nach Procenten: 40,35 Kali und 59,65 Boronsäure). Seine Eigenschaften sind: 1) sechsseitige Säulen; 2) Geschmack schwach alkalisch; 3) verglaset im Feuer. Nicht im Gebrauch.

14. Kaliumoxyd und Kieselsäure. (Kieselsaures Kali.)

§. 289.

Daß das Kali mit der Kieselsäure (sonst Kieselerde) unter mehreren Verhältnissen in Verbindung treten kann, ist bereits (§. 112.) erörtert worden. Die wichtigste Verbindung stellt sich uns als Glas dar; welches als ein saures kieselsaures Kali (Sesilicias Kalicus), aus 1 Atom Kali und 4 Atomen Kieselsäure, angesehen werden muß. Bei der Glasfabrikation wird dieser Gegenstand näher erörtert werden.

15. Kaliumoxyd und Weinsäure. (Weinsaures Kali.)

§. 290.

Das Kali kann sich mit der Weinsäure (Weinsteinsäure) im einfachen und im doppelten Verhältnisse verbinden.

a) Das einfach weinsaure Kali (Tartaras Kalicus) wird gewonnen, wenn doppelt weinsaures Kali bis zur Neutralität mit Kali gesättigt wird. Seine Bestandtheile sind:

1 Atom Kali und 2 Atomen Weinsäure; (nach Procenten: 41,4 Kali und 58,6 Weinsäure). Seine Eigenschaften sind: 1) vierseitige säulenförmige Krystalle; 2) mild salziger Geschmack; 3) in der Siedhitze im gleichen Gewicht Wasser lösbar; 4) wird in der Glühhitze vollkommen zersetzt, und es bleibt einfach kohlensaures Kali zurück (§. 279.); 5) wird durch die meisten Säuren zersetzt und in doppelt weinsaures Kali umgewandelt.

b) Das doppelt weinsaure Kali (Bitartaras Kalicus) findet sich fertig gebildet im rohen Weinstein (Tartarus), aus welchem solches durch Depuration geschieden wird. Seine Bestandtheile sind: 1 Atom Kali, 4 Atomen Weinsäure und 2 Atomen Wasser; (nach Procenten: 24,88 Kali, 70,38 Säure und 4,74 Wasser). Seine Eigenschaften sind: 1) lange vierseitige Säulen; 2) säuerlichen Geschmack; 3) in 15 Theilen siedendem und 95 Theilen kaltem Wasser lösbar; 4) unveränderlich an der Luft; 5) in der Glühhitze wird es verkohlt und läßt eine kalihaltige Kohle zurück.

16. Kaliumoxyd und Citronsäure. (Citronsaures Kali.)

§. 291.

Mit der Citronsäure kann das Kali sich nur in einem Verhältniß verbinden.

a) Man gewinnt das citronsaure Kali (Citras Kalicus), wenn reines Kali mit reiner Citronsäure bis zur Neutralität verbunden, und die Lösung der Krystallisation unterworfen wird. Seine Bestandtheile sind: 1 Atom Kali und 2 Atomen Citronsäure; (nach Procenten: 44,8 Kali und 55,2 Citronsäure). Seine Eigenschaften sind: 1) kleine und dichte spießige Krystalle; 2) mild salziger Geschmack; 3) leicht lösbar in Wasser und zerfließbar an der Luft; 4) verkohlbar im Feuer und läßt Kali zurück.

17. Kaliumoxyd und Aepfelsäure. (Aepfelsaures Kali.)

§. 292.

Die Aepfelsäure (§. 222.) kann sich nur in einem Verhältniß mit dem Kali verbinden. Das äpfelsaure Kali (Malas Kalicus) gewinnt man durch unmittelbare Zusammensetzung. Es ist schwer krystallisirbar, leicht zerfließbar an der Luft. Das gegebene Verhältniß der Bestandtheile ist nicht genau bekannt.

18. Kaliumoxyd und Benzoesäure. (Benzoesaures Kali.

§. 293.

Mit der Benzoesäure verbindet sich das Kali unter 2 Verhältnissen. Das einfach benzoesaure Kali (Benzoicas Kalicus) ist aus 1 Atom Kali und 2 Atomen Benzoesäure; (nach Procenten: aus 28,16 Kali und 71,84 Säure) zusammengesetzt. Man gewinnt solches durch directe Zusammensetznng. Seine Eigenschaften sind: 1) kleine fadenförmige Krystalle; 2) süßlich scharfen Geschmack; 3) zerfließbar; 4) lösbar in Alkohol; 5) leicht lösbar in Wasser. Es dient als Scheidungsmittel des Eisenoxyds von Manganoxyd und Erden.

19. Kaliumoxyd und Gallussäure. (Gallussaures Kali.)

§. 294.

Mit der Gallussäure hat sich bisher kein Kalisalz darstellen lassen; sie wird durch das Kali zersetzt.

20. Kaliumoxyd und Bernsteinsäure. (Bernsteinsaures Kali.)

§. 295.

Man gewinnt das bernsteinsaure Kali (Succinas kalicus) durch die unmittelbare Sättigung der Säure mit dem Kali. Seine Bestandtheile sind: 1 Atom Kali und 2 Atomen Säure (nach Procenten: 48,5 Kali und 51,5 Säure). Seine Eigenschaften sind: 1) kleine säulenförmige Krystalle; 3) bitterer salziger Geschmack; 3) ziemlich leicht lösbar in Wasser. Dient als chemisches Scheidungsmittel für Eisenoxyd von Manganoxyd, aus ihren Auflösungen.

a) Das schleimsaure Kali findet keine Anwendung; wird also hier übergangen.

21. Kali und Essigsäure. (Essigsaures Kali.)

§. 296.

Das essigsaure Kali (Acetas kalicus) gewinnt man am reinsten, wenn Kali und reine Essigsäure bis zur Neutralität verbunden werden. Seine Bestandtheile sind: 1 Atom Kali und 2 Atomen Säure. (Nach Procenten: 47 Kali und 52 Säure). Seine Eigenschaften sind: 1) schwer krystallisirbar in kleinen Säulen oder Schuppen; 2) schmeckt erwärmend, ist zerfließbar an der Luft; 3) vollkommen löslich im Alkohol.

a) Das ameisensaure Kali (Formias kalicus), das honigsteinsaure Kali (Mellilitas kalicus) und das korksaure Kali (Suberias kalicus), finden zur Zeit keine Anwendung.

b) Die Salze aus dem Kali in Verbindung mit der Stearinsäure, der Margarinsäure, der Elainsäure, und den übrigen (§. 244. bis 254.) erörterten Fettsäuren, werden bei den Seifen näher erörtert werden.

Von dem Natrium, seinen Oxyden und seinen Salzen.

§. 297.

Das Natriummetall (Natrium. Sodium) findet sich niemals regulinisch, sondern stets schon oxydirt und mit Säuren vereinigt, im Weltraume verbreitet. Das Oxyd des Natriums wird Natron (Natrum) genannt. Als solches findet es sich:

a) An Thonerde, Kieselsäure, Kalkerde und Eisenoxyd gebunden: 1) im Natrolith; 2) im Nosin; 3) im Sodalit; 4) im Analzim; 5) im Mesotyp; 6) im Eudialit; und vielen andern Fossilien.

b) An Kohlensäure gebunden: 1) in der Trone der Araber; 2) im Borech der Persier; 3) in Sibirien; 4) in Ungarn; 5) in vielen Mineralquellen.

c) An Chlor gebunden; 1) im Steinsalz; 2) im Meersalz; 3) im Kochsalz; 4) im Blödit; 5) im Polyhalit.

d) An Schwefelsäure gebunden: 1) im Glaubersalz; 2) im Anhydrit; 3) in vielen Mineralquellen.

e) An Boronsäure gebunden, im Tinkal.

f) An organische Säuern gebunden, in den sogenannten Kalikräutern, und in allen auf mit Kochsalz durchdrungenem Boden gewachsenen Vegetabilien.

I. Darstellung des Natriums.

§. 298.

Man stellt das reine Natrium auf eine gleiche Weise wie das Kalium (§. 270.) dar, d. i. wenn reines Natriumoxyd (Natron): 1) der Einwirkung der Volta'schen Säule ausgesetzt; 2) oder in Vermengung mit reinem Eisen, oder mit Kohle, der Weißglühhitze unterworfen, und das sich entwickelnde Natrium, unter Petroleum aufgefangen und aufbewahrt wird.

a) Das reine Natrium (Natronium) zeichnet sich durch folgende Eigenschaften aus: 1) Farbe, silberweiß stark glänzend; 2) bei geringer Temperatur starr, spröde; 3) bei 72° R. schmelzbar; 4) flüchtig in der Weißglühhitze; 5) spec. Gewicht 0,972; 6) sein Atomgewicht erhält die stöchyometrische Zahl 23,3.

II. Natrium und Sauerstoff. (Natrumoxyde.)

§. 299.

Das Natrium kann, gleich dem Kalium, sich unter 3 Verhältnissen mit dem Sauerstoff verbinden: 1) zum Suboxyd; 2) zum Oxyd und 3) zum Superoxyd.

a) Das Natrium-Suboxyd (Suboxydum Natronicum. Oxydulum Natronicum) wird auf gleiche Weise dargestellt wie das Oxydul vom Kalium. Seine Bestandtheile sind:

	1) Nach dem Atomgewicht.	2) Nach Procenten.
Natrium	1 Atom = 23,3	89,53
Sauerstoff	0,5 „ = 4,0	10,47
Natrium-Suboxyd	1 Atom = 27,3	100,00

Seine Eigenschaften sind: 1) graue Farbe; 2) nicht metallisch glänzend; 3) entwickelt in Wasser geworfen Wasserstoffgas und wird in Natriumoxyd-Hydrat umgewandelt.

b) Das Natriumoxyd (Oxydum Natronicum) wird gewonnen, wenn das Natrium so lange in trocknem Sauerstoffgas eingeschlossen wird, bis solches nichts mehr davon einsaugt. Seine Bestandtheile sind:

	1) Nach dem Atomgewicht.	2) Nach Procenten.
Natrium .	1 Atom = 23,3	14,4
Sauerstoff	1 „ = 8,0	85,6
Natriumoxyd	1 Atom = 31,3	100,0

Seine Eigenschaften sind: 1) grau weiß; 2) muschlicher Bruch; 3) nicht leitend für Elektricität; 4) scharfer ätzenden Geschmack; 5) ändert die gefärbten Papiere; 6) löset Kieselsäure und Glas auf, so wie Schwefel und Fettigkeiten; 7) löset sich ohne Veränderung in Wasser auf.

c) Das Natrium-Superoxyd (Superoxydum Natronicum. Hyperoxydum Natronicum) wird gewonnen, wenn das Natriumoxyd der beim Kaliumoxyd (§. 271. c.) gedachten Behandlung mit Sauerstoffgas unterworfen wird. Seine Bestandtheile sind:

	1) Nach dem Atomgewicht.	2) Nach Procenten.
Natrium .	1 Atom = 23,3	69,61
Sauerstoff	1,5 " = 12,0	30,39
Natrium-Superoxyd .	1 Atom = 35,3	100,00

Seine Eigenschaften sind: 1) meist farbenlos; 2) löst sich ohne Veränderung in Wasser auf; 3) zugesetzte Schwefelsäure entwickelt Sauerstoffgas; 4) zugesetzte Chlorwasserstoffsäure, entwickelt Chlorgas.

III. Natriumoxyd und Wasser. (Natriumoxyd-Hydrat.)

§. 300.

Wenn die mit Wasser gemachte Lösung des Natriumoxyds (Natronlauge) zur Trockne abgedunstet, und die trockne Masse in einem Gefäß von feinem Silber bei der Rothglühhitze geschmolzen wird, bis sie ruhig fließt, ohne zu schäumen, so stellt sie in diesem Zustande das Natriumoxyd-Hydrat (Hydras natricus) dar. Seine Bestandtheile sind:

	1) Nach dem Atomgewicht.	2) Nach Procenten.
Natriumoxyd	1 Atom = 31,3	77,7
Hydratwasser	1 " = 9,0	22,3
Natriumoxyd-Hydrat .	1 Atom = 40,3	100,0

Seine Eigenschaften sind: 1) farbenlos, undurchsichtig, spröde, faseriger Bruch; 2) specifisches Gewicht = 2,00; 3) nicht flüchtig bei der Rothglühhitze; 4) flüchtig bei der Weißglühhitze; 5) scharfer ätzender Geschmack.

IV. Scheidung und Darstellung des Natrons aus seinen natürlichen Verbindungen.

§. 301.

Es ist (§. 297.) bereits bemerkt worden, daß das Natron (Natriumoxyd) nie rein, sondern stets an Säuren oder andere Stoffe gebunden, in der Natur vorkommt; aus denen solches abgeschieden und zum Gebrauch dargestellt werden kann. Diese Darstellung geschieht theils aus der Soda, theils aus dem Kochsalze, theils aus dem Glaubersalze, auf folgende Weise.

a) Die Soda (Soda) ist eine natronhaltige Pflanzenasche, welche in mehreren Küstenländern durch das Verbrennen der sogenannten Kalikräuter, als eine zusammengesinterte Asche gewonnen wird. Man unterscheidet davon: 1) die Orientalische; 2) die Spanische oder Alikantische; 3) die Französische; 4) die Engländische.

b) Die orientalische (auch ägyptische, und weil sie über Alexandrien zu uns kommt, alexandrinische Soda genannt), ist die vorzüglichste. Sie wird in Aegypten, in Tripolis, in Syrien, ja selbst in Astrakan fabricirt. In Konstantinopel führt sie den Namen Laya-Tachi. Man verwendet dazu das Salzkraut (Salsola Kali); das Glasschmelzkraut (Salicornia arabica); die Nachts blühende afrikanische Feige (Mesembryanthemum noctiflorum); und den schuppigen Wegerich (Platago squarrosa).

c) Die alikantische oder spanische Soda zerfällt: 1) in die wahre alikantische (la Bariglia), bei den Franzosen Caillotis genannt; 2) die carthagenische (Soda Carthagenensis). Sie wird in der Gegend von Malaga und der Küste von Granada fabricirt. Dort verwendet man dazu das strauchartige Glasschmelzkraut (Salicornia fruticosa); das krautartige (Salicornia herbacea); und den Meer-Gänsefuß (Genopodium maritimum).

d) An den französischen Küstenländern wird das gemeine Salzkraut (Salsola Kali); das Sodasalzkraut (Salsola Soda); das stachliche Salzkraut (Salsola Tragus); das spanische Salzkraut (Salsola sativa); der blasige Tang oder die Meereiche (Fucus vesiculosus) verwendet. Aus der letzteren wird (zu Bourde und Cherbourg) die sogenannte Tang-Soda (Soude de Bourdine, Soude de Varech) verfertigt.

e) Die schlechteste Soda ist die engländische oder Kelp-Soda, auch schlechtweg Kelp genannt. Sie wird in England, so wie auf einigen Inseln Schottlands und den Scilly-Inseln, aus mehreren Arten Seegras, besonders Fucus natans, bereitet.

f) Man bauet jene Pflanzen absichtlich an, mähet sie wie Heu, trocknet sie und verbrennet sie dann in länglich viereckigen in die Erde gemachten Gruben, bis sie in eine zusammen gesinterte in Stücken zusammen gebackene Asche umgewandelt worden sind, welche nun die Soda darstellt.

§. 302.

Die Soda erscheint in harten porösen Stücken von grauer Farbe, beschlägt an der Luft mit einem weißen Pulver, schmeckt alkalisch, merklich schweflich. Sie ist ein Gemenge von einfach kohlensaurem Natron, von schwefelsaurem Natron, von Chlornatrium, von Schwefelnatrium und erdigen Theilen. Mit Wasser ausgelaugt und krystallisirt, liefert sie (auch die beste) selten mehr als 40 Procent krystallinisches kohlensaures Natron, worin nur 16 Theile wasserfreies Natron enthalten sind.

Scheidung des Natrons aus dem Glaubersalze. (Künstliche Soda.)

§. 303.

Der zunehmende Bedarf des Natrons in den technischen Gewerben, so wie der geringe Gehalt an Natron in der gewöhnlichen Soda, haben die Veranlassung gegeben, solches aus dem Glaubersalze (dem schwefelsauren Natron) zu scheiden, und so eine künstliche Soda darzustellen, die weit reichhaltiger an Natron ist.

a) Die vorzüglichste Methode eine künstliche Soda zu bereiten, besteht in folgendem. 4 Gewichtstheile krystallinisches Glaubersalz werden (in einem zum Kalciniren der Pottasche gebräuchlichen Ofen) in der Versetzung mit 1½ Gewichtstheilen gepulverter Holzkohle so lange geschmolzen, bis alles ruhig fließt, ohne zu schäumen. Dann werden noch ½ Theil Kohle und eben so viel Kreide (kohlensaurer Kalk) und ½ Theil Braunstein zugegeben, und abermals geschmolzen. Wenn alles ruhig fließt, wird die Masse abgelassen und wenn sie erstarrt ist, in Stücke zerschlagen und diese 4 Wochen lang der freien Luft ausgesetzt. Diese künstliche Soda besitzt eine braune Farbe und liefert aus dem Centner 90 Pfund krystallinisches kohlensaures Natron. Diese Methode der Sodabereitung verdient jeder anderen vorgezogen zu werden.

Scheidung des Natrons aus dem Stein- und Kochsalze.

§. 304.

Noch reiner gewinnt man das Natron aus dem Stein- und Kochsalze, welche beide Verbindungen aus Natron und Chlor ausmachen.

a) Zu dem Behufe werden 100 Gewichtstheile Stein- oder Kochsalz mit 80 Theilen Pottasche versetzt, das Gemenge in siedendem Wasser gelöset und so lange im Sieden erhalten, bis sich eine Salzhaut auf der Oberfläche der Flüssigkeit erzeugt. Die Lauge wird nun filtrirt. Wenn die filtrirte Flüssigkeit sich bis auf + 6° R. abgekühlt hat, so läßt man das Flüssige von den ausgesonderten Krystallen ab und setzt solches einer niederen Temperatur (von 3—4°) aus, woraus alsdann das Natron in Krystallen anschießt. Was sich zuerst aussondert, ist Chlorkalium.

b) Die übrige Flüssigkeit wird wieder bis zur Krystallhaut abgedunstet, und wie vorher behandelt, da man dann abermals 2 verschiedene Salze gewinnt. Was zuerst in würflichen und säulenförmigen Krystallen anschießt, ist Chlorkalium; was in rhomboidalen Krystallen anschießt, ist kohlensaures Natron.

c) Aus 100 Pfund Salz und 80 Pfund Pottasche gewinnt man auf solche Weise: 100 bis 120 Pfund einfach kohlensaures Natron in Krystallen und 80 Pfund Chlorkalium. Durch nochmaliges Lösen jedes einzelnen Salzes in Wasser und Krystallisation, werden jene Salze reiner erhalten.

d) Wem wohlfeile Holzasche zu Gebote stehet, kann diese mit Wasser auslaugen und die Lauge statt der Pottasche gebrauchen. Es genüget ein bestimmtes Maaß der Lauge zur Trockne abzudunsten, oder auch den Kaligehalt in derselben durch ein Aräometer zu ermitteln, um das Verhältniß des Koch- oder Steinsalzes darnach zu bestimmen.

e) Auf gleiche Weise gewinnt man kohlensaures Natron in Krystallen, wenn 8 Gewichtstheile krystallinisches Glaubersalz und $3\frac{1}{2}$ Gewichtstheile reine Pottasche zusammen in Wasser gelöset und die Lauge der Krystallisation unterworfen wird. Auch hiezu kann, statt der Pottasche, die Holzasche benutzt werden. Man gewinnt dabei 1) einfach kohlensaures Natron in Krystallen und 2) schwefelsaures Kali.

f) Die Darstellung des Natrons, durch die Zerlegung des Kochsalzes mit Bleiglätte, ist durchaus verwerflich.

g) Das bei a) und bei d) als Nebenprodukt abfallende Chlorkalium; so wie das bei e) abfallende schwefelsaure Kali, können bei der Alaunfabrikation zur Präcipitation des Alaunmehls benutzt werden.

V. Chemisch reines einfach kohlensaures Natron.

§. 305.

Am reinsten gewinnt man das einfach kohlensaure Natron, wenn schwefelsaures Natron (Glaubersalz) durch essigsaures Blei oder essigsauren Baryt mit Ueberschuß des einen oder des andern zersetzt, die Lauge zur Trockne abgedampft, und die trockne Salzmasse ausgeglühet, die rückständige natronhaltige Kohle mit Wasser ausgelaugt, und die Lauge krystallisirt wird.

VI. Natriumoxyd und Wasser. Natronhydrat. Aetznatron. (Darstellung desselben.)

§. 306.

Wenn das einfach kohlensaure Natron in Wasser gelöst, die Lösung mit gebranntem Kalk versetzt, das Gemenge mit Wasser ausgelaugt, die Lauge zur Trockne abgedunstet und die trockne Salzmasse bis sie ruhig fließt, bei der Rothglühhitze geschmolzen wird: so gewinnt man das Natrum frei von Kohlensäure, als Aetznatron.

a) Man löset 5 Gewichtstheile einfach kohlensaures Natron in Krystallen im 16fachen Gewicht reinem Wasser auf, setzt der Flüssigkeit 4 Gewichtstheile gebrannten Kalk zu der vorher mit dem doppelten Gewicht reinem Wasser gelöscht worden war, erhält das Gemenge 10 Minuten lang im Sieden und filtrirt dann die Flüssigkeit durch gebleichte Leinwand, süßt den Rückstand mit Wasser aus, und dampft die klare Lauge so weit ab, daß ihr spec. Gewicht sich verhält zu dem des reinen Wassers, wie 1,450 zu 1,000. Sie stellt nun die Natronätzlauge (Lixivium, s. Liquor Natri caustici) dar.

b) Wird diese Lauge nun in einer eisernen (besser silbernen) Pfanne zur Trockne abgedunstet, und die trockne Salzmasse so lange geschmolzen, bis sie nicht mehr schäumt, sondern bei der Rothglühhitze ruhig fließt, dann auf einer Porphyrplatte ausgegossen, so erstarrt sie zu einer farbenlosen Masse, welche das Natriumoxyd-Hydrat oder Aetznatron (Hydras natricus) darstellt. Das Natriumoxyd-Hydrat ist aus 1 Atom Natriumoxyd und 2 Atomen Wasser zusammengesetzt; (nach Procenten: aus 84,00 Natron und 16,00 Hydratwasser.

c) Dalton hat den Gehalt an Aetznatron, in der Natronätzlauge, in folgende Tabelle berechnet:

Specifikes Gewicht der Lauge	Natrongehalt in Procenten	Specifikes Gewicht der Lauge	Natrongehalt in Procenten
2,00	77,8	1,40	29,0
1,85	63,6	1,36	26,0
1,72	53,8	1,32	23,0
1,63	46,6	1,29	19,0
1,56	41,2	1,23	16,0
1,50	36,8	1,18	13,0
1,47	34,0	1,12	9,0
1,44	31,0	1,06	4,7

Nach welcher Tabelle, mittelst einem schicklichen Aräometer (Laugenprober), der Gehalt an Natronoxyd-Hydrat in jeder Lauge leicht berechnet werden kann.

VII. Natriumoxyd und Säuren. (Natronsalze.)

1. Natronoxyd und Kohlensäure. (Kohlensaures Natron.)

§. 307.

Die Kohlensäure kann sich unter 2 Verhältnissen mit dem Natron verbinden, zum einfachen und zum doppelt kohlensauren Natron.

a) Das einfach kohlensaure Natron (Carbonas Natricus) ist das bereits abgehandelte. Es ist dasjenige, wie solches gewöhnlich im Hydrat vorkommt. Seine Bestandtheile sind, im trocknen Zustande: 1 Atom Natron, 2 Atomen Kohlensäure; (nach Procenten: 60,17 Natriumoxyd und 39,83 Kohlensäure), im krystallinischen Zustande (Carbonas natricus cum aqua): 1 Atom Natron, 2 Atomen Kohlensäure, 20 Atomen Wasser. (Nach Procenten: 21,77 Natron, 15,33 Kohlensäure und 62,90 Wasser. Seine Eigenschaften sind: 1) rhomboidale Säulen; 2) kühlend alkalischer Geschmack; 3) im gleichen Gewicht kochenden und im doppelten Gewicht kalten Wasser lösbar; 4) verwittert leicht an der warmen Luft zu einem weißen Pulver (Carbonas natricus delapsus). Solches ist seiner Natur nach kohlensaures Natron-Hydrat (Hydras natricus), aus 1 Atom kohlensaures Natron und 2 Atomen Wasser; (nach Procenten: aus 77,66 kohlensaures Natron und 22,34 Wasser) zusammengesetzt.

b) Das doppelt kohlensaure Natron (Bicarbonas natricus) wird gewonnen, wenn das in 4 Theilen Wasser gelöste einfach kohlensaure Natron so lange mit Kohlensäure versetzt wird, bis dasselbe das Kurkumäpapier nicht mehr bräunet; wobei solches in Pulverform sich aussondert. Seine Bestandtheile sind: 1 Atom Natron, 4 Atome Kohlensäure, 2 Atome Wasser. (Nach Procenten: 37,06 Natron, 52,20 Kohlensäure und 10,74 Wasser). Seine Eigenschaften sind: 1) krystallisirt in vierseitigen Tafeln; 2) mild salziger nicht alkalischer Geschmack; 3) bräunet nicht das Kurkumäpapier; 4) ist nur in 13 Theilen Wasser lösbar; 5) läßt in der Siedhitze 1 Atom Kohlensäure entweichen, und geht in anderthalb kohlensaures Natron über.

§. 308.

Das Cyan-Eisennatrium und das cyansaure Natron werden übergangen, weil sie keine Anwendung finden. Man gewinnt sie auf gleiche Weise, wie die Cyan-Kaliumsalze (§. 108. a.), wo statt des Kali das Natron angewendet wird.

2. Natriumoxyd und Schwefelsäure. (Schwefelsaures Natron. Glaubersalz.)

§. 309.

Die Schwefelsäure kann sich mit dem Natron

im einfachen und im doppelten Verhältniß verbinden.

a) Das einfach schwefelsaure Natron (Sulphas natricus), gewöhnlich Glaubersches Salz genannt, weil solches von Glauber im Jahre 1658 zuerst entdeckt worden, ist im krystallisirten Zustande aus 1 Atom Natron, 2 Atomen Schwefelsäure und 20 Atomen Wasser; (nach Procenten: 19,39 Natron, 24,85 Schwefelsäure und 55,76 Wasser) zusammengesetzt. Es findet sich folgendermaßen verbreitet: 1) im Karlsbader Wasser (Karlsbader-Salz); 2) in der Quelle von Friedrichshall bei Hildburgshausen (Friedrichs-Salz); 3) im Pfannestein und in der Mutterlauge vieler Salinen. Gewonnen wird selbiges aus dem Rückstande, welcher nach der Austreibung der Chlorwasserstoffsäure und dem Kochsalze durch Schwefelsäure (§. 173.) zurückbleibt; wenn er in Wasser gelöst, die freie Säure gesättigt und dann krystallisirt wird. Seine Eigenschaften sind: 1) krystallisirt in vier- und sechsseitigen Säulen; 2) schmeckt kühlend bitter, wirkt laxirend; 3) ist in 6 Theilen kaltem und 2 Theilen siedendem Wasser lösbar; 4) zerfällt an der Luft mit Verlust vom Krystallwasser. Das wasserfreie Salz ist aus 1 Atom Natron und 2 Atomen Schwefelsäure; (nach Procenten: 43,82 Natron und 56,18 Schwefelsäure) zusammengesetzt; erscheint in Pulverform.

Anmerkung. Das schwefelsaure Natron bietet ein heilsames Purgativ für Pferde, Schweine und Schaafe dar, wenn man sie gegen den Herbst und des Frühjahrs damit behandelt. Einem Pferde giebt man 12 Loth; einem Schaafe oder Schweine 4 Loth; 3 Tage hintereinander.

b) Das doppelt schwefelsaure Natron (Bisulphas natrici), auch saures schwefelsaures Natron genannt, ist aus 1 Atom Natron nnd 4 Atomen Schwefelsäure zusammengesetzt. Es wird gewonnen, wenn zerfallenes neutrales schwefelsaures Natron, mit der Hälfte schwefelsaurem Hydrat versetzt, bei der Siedhitze eingedickt wird, bis alles Wasser abgedunstet ist Seine Eigenschaften sind: 1) saurer Geschmack; 2) feucht werden an der Luft; 3) in 2 Theilen kaltem Wasser löslich; 4) krystallisirt in sechsseitigen Säulen. Findet keine Anwendung.

c) Das unterschwefelichsaure Natron, das schwefelichsaure Natron und das unterschwefelsaure Natron werden übergangen, da sie keine Anwendung finden.

3. Natriumoxyd und Phosphorsäure. (Phosphorsaures Natron.)

§. 310.

Die Phosphorsäure kann sich unter 2 Verhältnissen mit dem Natron verbinden: einfach und doppelt.

a) Das einfach phosphorsaure Natron (Phosphas natricus) wird gewonnen, wenn die Phosphorsäure mit Natron neutralisirt wird. Das wasserfreie Salz ist zusammengesetzt aus 1 Atom Natron und 1 Atom Phosphorsäure. (Nach Procenten: aus 46,70 Natron und 53,30 Säure). Im krystallisirten Zustande aus 1 Atom Natron, 1 Atom Phosphorsäure und 24 Atomen Wasser. (Nach Procenten: aus 17,80 Natron, 20,31 Säure und 61,89 Wasser. Seine Eigenschaften sind: 1) geschobene vierseitige Säulen; 2) ein dem Kochsalz ähnlicher Geschmack; 3) zerfällt an der Luft; 4) verglaset im Feuer; 5) ist in 4 Theilen kaltem und 2 Theilen siedendem Wasser löslich; 6) reagirt schwach alkalisch; 7) wirkt laxirend.

b) Mit phosphorsaurem Ammoniak gemengt findet sich dieses Salz im Harn des Menschen, so wie der fleisch- und körnerfressenden Thiere; in welchem Zustande solches mikrokosmisches Salz (Sal microcosmicum) genannt wird.

c) Das doppelt phosphorsaure Natron (Biphosphas natricus), aus 1 Atom Natron und 2 Atomen Säure; (nach Procenten: aus 30,46 Natron und 69,54 Säure) zusammengesetzt; wird nicht gebraucht.

Anmerkung. Die selensauren Salze werden hier ganz übergangen, da sie keine Anwendung in der Kammeralchemie finden.

4. Natriumoxyd mit chloriger Säure, mit Chlorsäure und mit Chlor.

§. 311.

Man gewinnt dieses Salz, wenn das Natron auf gleiche Weise mit dem Chlor behandelt wird, wie solches bei dem Kali (§. 284.) erörtert worden ist.

a) Das chlorigsaure Natron (Chloris natricum), so wie das chlorsaure Natron (Chloras natricus), letzteres aus 1 Atom Natron und 2 Atomen Chlorsäure; (nach Procenten: aus 29,3 Natron und 70,7 Chlorsäure) zusammengesetzt; finden in der Kammeralchemie keine Anwendung.

b) Das Chlornatrium (Chloretum Natrii), gewöhnlich Kochsalz (Sal culinare) genannt, ist ein Haloidsalz. Seine Bestandtheile sind: 1 Atom Natrium und 2 Atomen Chlor; (nach Procenten: 40 Natron und 60 Chlor). Im krystallisirten Zustande enthält solches kein Hydrat- oder Krystallwasser; wohl aber eine geringe Portion Decrepitationswasser.

c) Ganz rein gewinnt man dieses Haloidsalz, wenn Natron durch Chlorwasserstoffsäure (§. 173.) neutralisirt und die Flüssigkeit der freiwilligen Abbunstung unterworfen wird. Seine Eigenschaften sind: 1) vollkommne Würfel, zuweilen trichterförmige Krystalle; 2) bekannter eigenthümlicher Geschmack; 3) in 3 Theilen kaltem und in eben so viel siedendem Wasser lösbar; 4) nicht lösbar im Alkohol; 5) luftbeständig; 6) verprasselnd in der Glühhitze; 7) dann schmelzbar.

d) Das Chlornatrium findet sich reichlich im Weltraume verbreitet: 1) als Steinsalz (Sal Gemmae. Sal fossile); als Flötzgebirgsart, in Wielicja, in Bayern, in Polen, in Ungarn, in England und vielen andern Ländern, theils in würflichen, theils in unförmlichen Krystallen; bald farbenlos, bald blau, grün, gelb; bald mit Thon mehr oder weniger gemengt (Salzthon). Dasselbe findet in der Landwirthschaft Anwendung, für Schaafe und Kühe. Als Meersalz findet solches sich im Wasser des ganzen Oceans mit andern Salzen gemengt; als Kochsalz oder Soolsalz wird solches durch, wenn es nöthig ist, vorher gegangenes Graduiren, dann Versieben der Salzsoolen gewonnen. In den Soolen ist solches oft mit Gyps, mit Chlorcalcium, mit Chlormagnium, mit schwefelsaurem Natron und schwefelsaurer Bittererde gemengt.

e) Das Kochsalz dient zum Würzen der Speisen, zum Einpökeln des Fleisches, der Häringe und vieler Vegetabilien, um solches vor der Fäulniß zu bewahren.

Anmerkung. Die Salze, welche das Jod in Verbindung mit dem Natron darbietet: das Jodnatrium (Jodetum Natrii), das hydriodsaure (Hydriodas natricus), ebenso die Verbindungen der Hydrobromsäure, der Bromsäure, so wie des Fluors und der Hydrofluorsäure mit dem Natron, werden hier übergangen, da sie keine Anwendung in der Kammeralchemie finden.

5. Natriumoxyd und Boronsäure. (Boronsaures Natron. Borax.)

§. 312.

Das Natron kann sich mit der Boronsäure in 2 Verhältnissen, zum einfachen und zum doppelt boronsauren Natron vereinigen.

a) Das einfach boronsaure Natron (Boras natricus), auch Borax und von den Alten Chrysocolla genannt, ist im krystallinischen Zustande aus 1 Atom Natron, 2 Atomen Boronsäure und 20 Atomen Wasser; (nach Procenten: aus 16,37 Natron, 36,52 Boronsäure und 47,11 Wasser) zusammengesetzt. Seine Eigenschaften sind:

1) sechsseitige Säulen, mit 3 Flächen zugespitzt; 2) süßlich alkalischer Geschmack; 3) in 12 Theilen kaltem und 2 Theilen siedendem Wasser lösbar; 4) leicht verwitternd an der warmen Luft; 5) schmilzt im Feuer, blähet sich auf und gehet, mit Verlust seines Wassers, in eine lockere weiße Masse über, die kalcinirter Borax (Borax calcinata) genannt wird, und im starken Feuer verglaset, in welchem Zustande es das Boraxglas darstellt.

b) Der Borax findet sich natürlich gebildet, als roher Borax oder Tinkal (tibetanisch Zulä oder Sinaga und chinesisch (Pounxa) genannt), in verschiedenen Gegenden von Südasien, ebenso auf Ceylon und in der Tartarey, theils als ein fossiles Salz, theils in Seen gelöst. Der Tinkal erscheint grünlich gelb, in unförmigen Stücken, mit erdigen und fettartigen grauschwarzen Theilen durchdrungen. Er ist ein saures boraxsaures Natron, durch Lösen in Wasser und Versetzen mit Natron, wird er raffinirt, und stellt nun den Borax dar. Ein künstlicher Borax wird aus der im Toskanischen vorkommenden natürlichen Boronsäure und Natron zusammengesetzt; dem Letzteren mangelt das organische Prinzipium.

c) Das doppelt boronsaure Natron (Biboras natricus), aus 1 Atom Natrum und 4 Atomen Boronsäure zusammengesetzt, ist nicht krystallisirbar, und findet auch keine Anwendung.

6. Natriumoxyd und Kieselsäure. (Kieselsaures Natron. Natronglas.)

§. 313.

Das Natron kann sich, gleich dem Kali, mit der Kieselsäure (Bergkrystall, Quarz) unter mehreren Verhältnissen verbinden, zum basischen und zum sauren kieselsauren Natron, wenn beide zusammen geschmolzen werden.

a) Wenn 4 Gewichtstheile kohlensaures Natron-Hydrat und 1 Theil Kieselsäure (Quarz) zusammen geschmolzen werden, so geht eine opalisirende in 2 Theilen Wasser vollkommen lösbare Masse daraus hervor; welche nun die Kieselfeuchtigkeit darstellt. 2 Theile Natron-Hydrat und 1 Theil Kiesel bilden das Wasserglas; 1 Theil Natron-Hydrat mit 3 bis 4 Theilen Kiesel zusammen geschmolzen, stellt das Natronglas (welches als ein saures kieselsaures Natron zu betrachten ist), dar; es wird dargestellt in den Glashütten.

7. Natriumoxyd und Weinsäure. (Weinsaures Natron.)

§. 314.

Mit der Weinsäure (Weinsteinsäure) kann das Natron sich im einfachen und im doppelten Verhältniß verbinden. Man gewinnt diese Salze, wenn das Natron mit der Weinsäure im gehörigen Verhältniß verbunden und die Lösung krystallisirt wird.

a) Das krystallisirte einfach weinsaure Natron (Tartaras natricus cum aqua), ist aus 1 Atom Natron, 2 Atomen Weinsäure und 2 Atomen Wasser; (nach Procenten: aus 29,22 Natron, 62,38 Säure und 8,40 Wasser) zusammengesetzt. Man gewinnt solches durch die Verbindung des Natrons mit der Weinsäure bis zur Neutralität. Seine Eigenschaften sind: 1) mild kühlend salziger Geschmack; 2) vierseitige säulenförmige Krystalle; 3) in 5 Theilen kaltem, reichlicher im siedenden Wasser lösbar; 4) nicht lösbar im Alkohol.

b) Das doppelt weinsaure Natron (Bitartaras natricus) wird gewonnen, wenn eine sehr koncentrirte Lösung von Natron in eine koncentrirte Lösung von Weinsäure, tropfenweise eingetragen, der Niederschlag in Wasser gelöst, dann krystallisirt wird. Seine Bestandtheile sind: 1 Atom Natron, 4 Atomen Weinsäure und 2 Atomen Wasser; (nach Procenten: 13,00 Natron, 76,83 Weinsäure,

5,17 Wasser). Seine Eigenschaften sind: 1) sechsseitige Säulen; 2) saurer Geschmack; 3) in 8 Theilen kaltem und in 1,8 siedendem Wasser lösbar.

c) Wird saures weinsaures Kali (Weinstein) mit Natron neutralisirt, so entsteht ein Doppelsalz, das weinsaure Kali-Natron (Tartarus natronatus) auch Seignette Salz genannt wird. Seine Bestandtheile sind: gleiche Atome weinsaures Kali und weinsaures Natron und 20 Atome Wasser; (nach Procenten: 15,63 Kali, 10,36 Natron, 44,22 Weinsäure und 29,79 Wasser). Seine Eigenschaften sind: 1) mild salziger etwas bitterer Geschmack; 2) vier- und sechsseitige Säulen; 3) luftbeständig; 4) in 2,5 kaltem leichter in siedendem Wasser lösbar. Das letzte Salz findet Anwendung in der Arzneikunst.

8. Natriumoxyd mit Citronsäure und mit Aepfelsäure.

§. 315.

Da jene Salze gar keine Anwendung in der Kammeralchemie finden, so werden sie hier nur in kurzen angedeutet.

a) Das citronsaure Natron (Citras natricus), ist im krystallinischen Zustande aus 1 Atom Natron und 2 Atomen Säure; (nach Procenten: aus 35 Natron und 65 Citronsäure), zusammengesetzt. Es bildet sechsseitige durchscheinende Krystalle von mild salzigem Geschmack, die an der warmen Luft leicht verwittern. Es enthält viel Krystallwasser.

b) Das äpfelsaure Natron (Malas natricus) ist zur Zeit noch nicht sattsam bekannt.

9. Natriumoxyd und Benzoesäure. (Benzoesaures Natron.)

§. 316.

Die Benzoesäure kann sich nur in einem Verhältnisse mit dem Natron verbinden. Das daraus hervorgehende benzoesaure Natron (Benzoas natricus) ist aus 1 Atom Natron und 2 Atomen Benzoesäure; (nach Procenten: aus 20,6 Natron und 74,4 Benzoesäure), zusammengesetzt. Es bildet federartige Krystalle, von stechend säuerlichem Geschmack; zerfällt an der Luft und ist in Wasser leicht lösbar. Als natürliches Salz findet es sich im Haar der krautfressenden Thiere.

a) Das benzoesaure Natron ist ein chemisches Reagens für Eisenoxyd.

Anmerkung. Das gallussaure Natrum ist zur Zeit noch nicht bekannt.

10. Natriumoxyd und Bernsteinsäure. (Bernsteinsaures Natron.)

§. 317.

Das Natron verbindet sich mit der Bernsteinsäure nur in einem Verhältnisse. Das daraus hervorgegangene bernsteinsaure Natron (Succinas natricus) ist aus 1 Atom Natron und 2 Atomen Säure; (nach Procenten: aus 38,37 Natron und 61,63 Säure), zusammengesetzt. Man gewinnt solches durch unmittelbare Zusammensetzung. Es bildet tafelförmige Krystalle, und dient als chemisches Scheidungsmittel des Eisenoxyds von Mangan und Erden.

Anmerkung. Das äpfelsaure Natron wird hier übergangen, da solches keine Anwendung in der Kameralchemie findet.

11. Natriumoxyd und Essigsäure. (Essigsaures Natron.)

§. 318.

Das essigsaure Natron (Acetas natricus) gehet aus der neutralen Verbindung des Natrons mit der

Essigsäure hervor. Seine Bestandtheile sind, im wasserfreien Zustande, 1 Atom Natron, 2 Atomen Essigsäure; (nach Procenten: 37,88 Natron, 62,12 Säure). Im krystallisirten Zustande (Acetas natricus cum aqua): 1 Atom Natron, 2 Atomen Säure, 12 Atomen Wasser; (nach Procenten: 22,91 Natron, 37,57 Säure, 39,52 Wasser. Seine Eigenschaften sind: 1) es krystallisirt in Octaedern und Säulen; 2) schmeckt kühlend angenehm salzig; 3) wird von 2,86 kaltem Wasser gelöst, und von 21 Theilen Alkohol; 4) zerfällt an der warmen Luft mit Verlust von 40 Procent Wasser. Das entwässerte dient zur Därstellung des essigsauren Hydrats.

§. 319.

Die Salze, welche aus der Verbindung des Natrons mit der Ameisensäure, der Honigsteinsäure, und der Korksäure hervorgehen, werden hier übergangen, da solche in der Kammeralchemie keine Anwendung finden: die Verbindung des Natrons mit den Fettsäuren wird bei der Fabrikation der Seifen näher erörtert werden.

Von dem Lithium, seinen Oxyden, und seinen Salzen.

§. 320.

Das Lithium (von dem griechischen Worte το λιϑειον, λιϑιδιον, das Steinchen, abgeleitet) wurde als Oxyd vom Dr. Arvedson im Jahre 1817 im Petalith und im Spadumen oder Triphan, als ein Bestandtheil zuerst entdeckt, und durch Berzelius Lithion genannt. H. Davy zeigte zuerst dessen Reduction zu dem eigenen Metall, Lithium genannt.

a) Spätere Entdeckungen haben gezeigt, daß das Lithium (als Oxyd) auch einen Bestandtheil im Lepidolith; im Grönländischen Turmulin; im Turmulin von Utoen; im Amblygonith, (an Phosphorsäure und Fluor gebunden); im Altenberger Glimmer (Lithionglimmer), und im Apyrit ausmacht; so wie solches in verschiedenen Mineralquellen vorkommt. Sein Atomengewicht hat die stöcheometrische Zahl 8. Die Gegenwart des Lithions in den Fossilien erkennt man dadurch, daß wenn sie in Vermengung mit Flußspath und doppelt schwefelsaurem Kali vor der Flamme des Löthrohrs behandelt werden, sie die Flamme roth färben.

I. Lithium und Sauerstoff. (Lithiumoxyd. Lithion.)

§. 321.

Aus der Verbindung des Lithiums mit dem Sauerstoff gehet das Lithiumoxyd (Oxydum Lithii), gewöhnlich Lithion genannt, hervor. Seine Bestandtheile sind 1 Atom Lithium und 2 Atomen Sauerstoff (nach Procenten: 58,05 Lithium und 41,95 Sauerstoff). Es ist bis jetzt nur als Hydrat (wahrscheinlich 1 Atom Wasser haltend) dargestellt werden. Seine Eigenschaften sind: 1) farbenlos; 2) scharf ätzend von Geschmack und alkalisch reagirend; 3) unveränderlich an der Luft; 4) ziemlich schwer lösbar im Wasser; 5) greift beim Schmelzen das Platin an, keinesweges das Silber.

a) Man gewinnt das Lithion, aus irgend einem der genannten Fossilien, wenn solches zart gepulvert und geschlämmt, mit dem 3fachen Gewicht salpetersaurem Baryt gemengt, dem Ausglühen so lange uuterworfen wird, bis sich kein Sauerstoffgas mehr entwickelt. Der Rückstand wird mit Wasser versezt, dann mit wässriger Schwefelsäure ausgekocht und filtrirt. Die Flüssigkeit enthält jetzt schwefelsaures Lithion und schwefelsaure Thonerde. Sie wird mit Aetzammoniak zersetzt: die Thonerde wird gefället und es bleibt ein Gemenge von schwefelsaurem Lithion und schwefelsaurem Ammoniack zurück. Die Flüssigkeit wird zur Trockne abgedunstet und der Rückstand ausgeglühet. Was zurückbleibt ist schwefelsaures Lithion (Sulphas lithicus).

b) Wird dessen mit Wasser gemachte Lösung durch essigsauren Baryt zersezt, so wird schwefelsaurer Baryt erzeugt, der zu Boden fällt, und essigsaures Lithion, das gelöst bleibt. Wird das essigsaure Lithion zur Trockne abgedunstet und in einem silbernen Gefäße ausgeglühet, so bleibt einfach kohlensaures Lithion (Carbonas lithicus) zurück.

c) Wird dessen mit Wasser gemachte Lösung durch Aetzkalk oder Aetzbaryt zersezt, so bleibt kohlensaurer Kalk oder Baryt ungelöst zurück; was sich löset ist Aetzlithion. Dieses zur Trockne abgedunstet und im Silbertiegel bei der Rothglühhitze geschmolzen, läßt Lithionoxyd-Hydrat (Hydras lithicus) zurück.

d) Das Lithion-Hydrat stellt eine farbenlose krystallinische Masse dar, die folgende Eigenschaften hat: 1) wird nicht feucht an der Luft; 2) schmeckt scharf alkalisch und reagirt alkalisch; 3) greift Platina an; 4) ist schwer lösbar in Wasser. Seine Bestandtheile sind (wahrscheinlich): 24 Theile Lithion, 48 Sauerstoff, und 28 Hydratwasser.

Anmerkung. Die Verbindung des Lithions mit den Metalloiden, so wie die Lithionsalze, werden hier übergangen, weil sie keine Anwendung in der Kameralchemie finden.

Zweite Abtheilung.

Die Erdmetalle.

§. 322.

Die Erdmetalle sind von den Alkalimetallen dadurch unterschieden, daß sie mit dem Sauerstoff meist

Oxyde von erdiger Form erzeugen, die schwerer vom Wasser gelöst werden als die der Alkalimetalle. Es gehören zu diesen folgende: 1) das Baryum; 2) das Strontion; 3) das Calcium; 4) das Magnium; 5) das Alumium; 6) das Beryllium; 7) das Yttrium; 8) das Zirkonium; 9) das Thorium.

Alkalische und nicht alkalische Erden.

§. 323.

Unter den genannten Erdmetallen bilden das Baryum, das Strontium und das Calcium, in Verbindung mit dem Sauerstoff, erdförmige Oxyde, die wenn sie frei von Kohlensäure sind, sich wirklich wenn auch nur schwer in reinem Wasser lösen, ätzend schmecken und die gefärbten Papiere ändern; sie werden daher alkalische Erden (Terrae alcalinae) genannt. Die übrigen, das Magnium, das Alumium, das Beryllium, das Yttrium, das Zirkonium und das Thorium zeigen sich durch Geschmacklosigkeit und Nichtlösbarkeit in reinem Wasser aus, und zeigen keine Veränderung auf die gefärbten Papiere, ihre Oxyde stellen die nicht alkalischen Erden dar.

a) Das Silicium, dessen Oxyd sonst Kieselerde genannt wurde, gehört jetzt zu den elektronegativen Metallen vielleicht besser zu den Metalloiden. Seine Verbindung mit dem Sauerstoff, ist die Kieselsäure (§. 212).

Von dem Baryum, seinen Oxyden und seinen Salzen.

§. 324.

Das Baryum (Baryum, Barytium, Plutonium) findet sich als Baryumoxyd (Baryterde), an Säuren gebunden, sehr reichlich verbreitet im Mineralreiche, in vielen Fossilien, die in der Mineralogie das Barytgeschlecht bilden.

a) Die Baryterde (Schwerspatherde) findet sich an Kohlensäure gebunden: im Witherit; an Schwefelsäure gebunden: 1) im Barytspat; 2) im strahligen Baryt (Bologneserstein).

I. Darstellung des Baryums.

§. 325.

Man gewinnt das Baryum auf mehr als einem Wege, und zwar folgendermaßen:

a) Wenn Baryumoxyd-Hydrat (oder auch kohlensaurer Baryt) in einer Platinschale, die mit dem positiven Pol einer Voltaischen Säule in Verbindung steht, und in dem Baryt ein Quecksilberkügelchen placirt wird, das mit dem negativen Pol in Verbindung gesetzt ist. Das sogeschiedene Baryum wird durch das Quecksilber amalgamirt, welches Amalgam durch Erhitzung, in einem gläsernen Rohre, darauf getrennt wird.

b) Wenn die Dämpfe von Kalium, über in einem Platinrohr eingeschlossenes geschmolznes Chlorbaryum geleitet werden; doch weniger rein, als im ersten Fall.

c) Wenn Baryumoxyd in einer ausgehöhlten Kohle durch einen Strom von wasserfreiem Knallgas (§. 58. d.) reducirt wird.

d) Das regulinische Baryum zeichnet sich, als eigenthümliches Metall, durch folgende physische und chemische Eigenschaften aus: 1) Farbe dunkler als Gußeisen, metallisch glänzend; 2) dehnbar; 3) spec. Gewicht: dichter als Schwefelsäure, worin es zu Boden sinkt; 4) schmilzt beim Rothglühen, verflüchtigt sich beim Weißglühen; 5) wird an der atmosphärischen Luft und im Wasser oxydirt, im letzten unter Entwicklung von Wasserstoffgas; 6) muß, gleich dem Kalium, unter Petroleum aufbewahrt werden. Sein Atomgewicht ist = 68,6.

II. Baryum und Sauerstoff. Baryumoxyd. (Aetzbaryt. Baryterde.)

§. 326.

Das Baryum kann sich (nach Berzelius unter 2, nach Arwedson unter 4 Verhältnissen) mit dem Sauerstoff verbinden. Zur Darstellung des Baryumoxyds kann man sich drei Methoden bedienen: 1) die Oxydation mit Sauerstoffgas; 2) die Ausglühung eines Gemenges von kohlensaurem Baryt und Kohle; 3) die Ausglühung des salpetersauren Baryts; letztere Methode verdient den Vorzug.

a) Man glühe eine beliebige Portion krystallisirten salpetersauren Baryt, in einen Platintiegel, so lange, bis sich kein Sauerstoffgas mehr entwickelt und die Masse nicht mehr fließt. Hier wird die Säure zerlegt, und das Oxyd (Oxydum Baryi) bleibt zurück. Seine Bestandtheile sind:

	1) Nach dem Atomgewicht.	2) Nach Procenten.
Baryum	1 Atom = 68,60	89,55
Sauerstoff	2 „ = 16,00	10,45
Baryumoxyd	1 Atom = 84,60	100,00

Seine Eigenschaften sind: 1) Farbe, ziemlich weiß; 2) hart, aber zerreibbar; 3) idioelektrisch; 4) specif. Gewicht 4,000; 5) ist in sehr starker Hitze schmelzbar; 6) Geschmack, scharf ätzend alkalisch.

b) Wird über in ein Platinrohr eingeschlossenes Baryumoxyd, in der Hitze, so lange Sauerstoffgas hingeleitet, bis dieses nicht mehr eingesaugt wird: so nimmt solches noch 1 Atom Sauerstoff in sich und stellt nun das Baryum-Superoxyd (Superoxydum Baryi) dar. Man gewinnt solches auch, wenn salpetersaurer Baryt so lange in einer Retorte geglühet wird, bis reines Sauerstoffgas sich zu entwickeln beginnt. Seine Bestandtheile sind:

	1) Nach dem Atomgewicht.	2) Nach Procenten.
Baryum . . .	1 Atom = 68,60	85,04
Sauerstoff	3 „ = 24,00	14,96
Baryum-Superoxyd . . .	1 Atom = 92,60	100,00

Seine Eigenschaften sind wenig verschieden von denen des Oxyds; nur wird es in Salpetersäure mit Entwickelung von Sauerstoffgas, in Chlorwasserstoffsäure mit Entwickelung von Chlorgas aufgelöst.

c) Versinnlichung durch Experimente in den Vorlesungen.

III. Baryumoxyd und Wasser. (Baryumoxyd-Hydrat.)

§. 327.

Wenn Baryumoxyd in Wasser gebracht wird, so erhitzt es sich bedeutend, nimmt 1 Atom Wasser daraus in sich auf, und geht in Baryumoxyd-Hydrat (Hydras baryticus) über.

a) Man gewinnt das Baryumoxyd-Hydrat, wenn das Baryumoxyd im dreifachen Gewicht siedendem Wasser gelöst, die Lösung filtrirt, und das Fluidum der Krystallisation überlassen wird. Die farbigen säulenförmigen Krystalle stellen das wasserhaltige Baryumoxyd-Hydrat dar.

b) Werden die Krystalle der Ausglühung unterworfen, so entfernt sich das Krystallwasser, das Hydratwasser wird zurück gehalten. Die Bestandtheile des so dargestellten reinen Baryum-Oxyd-Hydrats sind:

	1) Nach dem Atomgewicht.	2) Nach Procenten.
Baryumoxyd	1 Atom = 81,60	81,10
Wasser . :	1 „ = 9,00	18,90
Baryumoxyd-Hydrat	1 Atom = 90,60	100,00

Das geschmolzene Baryumoxyd-Hydrat zeichnet sich durch folgende Eigenschaften aus: 1) Farbenlos; 2) krystallinisch im Bruch; 3) in Wasser lösbar; 4) scharf alkalisch von Geschmack; 5) ist das empfindlichste Reagenz für Schwefelsäure.

c) Versinnlichung durch Experimente in den Vorlesungen.

IV. Barumoxyd und Säuren. (Barytsalze.)

§. 328.

Das Barumoxyd gehet mit allen Säuren Verbindungen ein und stellt damit die Barytsalze dar. Von diesen werden hier diejenigen ausgehoben, welche in der Kameralchemie als Hülfsmittel unentbehrlich sind. Es gehören dahin folgende:

1. Barumoxyd und Salpetersäure. (Salpetersaurer Baryt.)

§. 329.

Der salpetersaure Baryt (Nitras baryticus) wird gewonnen, wenn kohlensaurer Baryt bis zur Neutralität mit Salpetersäure verbunden, und die Flüssigkeit krystallisirt wird.

a) Seine Bestandtheile sind, 1 Atom Barumoxyd und 2 Atome Salpetersäure (nach Procenten: 58,56 Oxyd, und 41,44 Säure). Seine Eigenschaften sind: 1) durchsichtige, Luft beständige Oktaëder; 2) in 20 kaltem, in 3 Theilen siedendem Wasser lösbar; 3) giebt durch Ausglühen das Barumoxyd; 4) ist das empfindlichste Reagens für Schwefelsäure.

Anmerkung. Das oxalsaure Baryt (Oxalas baryticus) wird hier übergangen, weil dieses Salz in der Kameralchemie keine Anwendung findet.

2. Barumoxyd und Kohlensäure (Kohlensaurer Baryt.)

§. 330.

Der kohlensaure Baryt (Carbonas baryticus) findet sich natürlich gebildet als Witherit (§. 324. a.). Künstlich stellt man ihn dar: 1) wenn salpetersaurer Baryt durch kohlensaures Kali oder Natron zerlegt wird; 2) wenn hydrothionsaures Barymoxyd durch kohlensaures Kali oder Natron zerlegt wird.

a) Seine Bestandtheile sind: 1 Atom Barymoxyd, 2 Atome Kohlensäure (nach Procenten: 77,66 Oxyd und 22,34 Säure). Seine Eigenschaften sind: 1) weißes Pulver; 2) geschmacklos; 3) unschmelzbar im Glühen; 4) in allen Säuren leicht lösbar.

Darstellung des kohlensauren Baryts.

§. 331.

Man mengt 4 Gewichtstheile zart gepulverten schwefelsauren Baryt (Schwerspat, Spatum ponderosum) mit 2 Theilen geglühter Holzkohle und 1 Theil Colophonium, glühet das Gemenge in einen bedeckten Schmelztiegel 1 Stunde lang wohl durch, kocht solches darauf in einen eisernen Kessel mit destillirtem oder Regenwasser, filtrirt die Flüssigkeit, und fället sie mit kohlensaurem Natron. Der erhaltene Niederschlag wird mit Wasser vollkommen ausgesüßt und getrocknet. Er stellet ein weißes reines kohlensaures Baryt dar. 8 Theile Schwerspat geben 5 Theile vom Letztern.

a) Hier wird dem Barymoxyd und der Schwefelsäure des Schwerspats der Sauerstoff entzogen, der Rückstand ist Schwefelbarym. Kommt dasselbe zum Wasser, so verbindet sich dessen Sauerstoff mit dem Barym zum Barymoxyd und der Wasserstoff tritt an den Schwefel. So wird hydrothionsaures Barymoxyd gebildet. Bei der Präcipitation vereinigt sich das Natron mit der Hydrothionsäure zu hydrothionsaures Natron das gelöst bleibt. Die Kohlensäure tritt an das Barymoxyd und fällt damit als kohlensaurer Baryt zu Boden; der nun ausgesüßt und getrocknet wird.

b) Versinnlichung durch ein Experiment in den Vorlesungen.

Anmerkung. Die Verbindungen des Baryts mit dem Cyan und der Hydrocyansäure werden hier übergangen, da sie keine Anwendung in der Kameralchemie finden.

3. Barynmoxyd und Schwefelsäure. Schwefelsaures Barynmoxyd. (Schwerspat.)

§. 332.

Der Schwerspat findet sich natürlich gebildet als Fossil und ist als solches (§. 324. a.) bereits angeführt worden. Der natürliche Schwerspat enthält stets etwas schwefelsauren Strontit. Der reine schwefelsaure Baryt (Sulphas baryticus) wird durch die Fällung des salpetersauren Barynmoxyds mit Schwefelsäure gewonnen. Der Niederschlag stellt, nach gehörigem Aussüßen und Trocknen, ein zartes unauflösliches, geschmack- und geruchloses weißes Pulver dar. Er ist aus 1 Atom Barynmoxyd und 2 Atomen Schwefelsäure (nach Procenten aus 65,63 Oxyd und 34,37 Säure) zusammengesetzt.

Anmerkung. Das phosphorsaure und selensaure Baryt werden übergangen, da sie keine Anwendung finden.

4. Barynmoxyd und Chlorwasserstoffsäure. (Chlorbarynm.)

§. 333.

Das Barynmoxyd, so wie der kohlensaure Baryt werden von der Chlorwasserstoffsäure leicht aufgelöst. Die Auflösung enthält Chlorbarynm. Hier verbindet sich das Chlor mit dem Barynm, und der Sauerstoff des letztern mit dem Wasserstoff der Salzsäure zu Wasser, und läßt hier Chlorbarynm zurück. Das geschmolzene Chlor-Baryum (Chloretum Barii) ist aus 1 Atom Baryum und 2 Atomen Chlor (nach Procenten aus 73,63 Baryum und 26,37 Chlor) zusammengesetzt; im krystallinischen Zustande aus: 62,8 Baryum, 22,5 Chlor, 14,7 Krystallwasser. Seine Eigenschaften sind: 1) Vierseitige Tafeln und Säulen; 2) spec. Gewicht = 2,825; 3) Luft beständig; 4) scharf ekelhafter Geschmack; 5) in 8 Theilen kaltem und 3 Theilen siedendem Wasser lösbar; 6) unveränderlich an der Luft. Dient als chemisches Reagens für Schwefelsäure.

Anmerkung. Der chlorsaure- und chlorigsaure Baryt werden übergangen, da sie keine Anwendung finden. Eben so werden die Verbindungen des Baryumoxyds mit der Jodsäure, der Bromsäure, der Fluorsäure, der Boronsäure und Kieselsäure hier übergangen, da sie in der Kameralchemie keine Anwendung finden.

Von dem Strontium, seinen Oxyden und seinen Salzen.

§. 334.

Das Strontium (Strontium) findet sich gleich dem Baryum nur als Oxyd und an Säuren gebunden im Mineralreiche, macht übrigens einen Gemengtheil in der Schwefelsäure aus.

a) Zu den natürlich vorkommenden Fossilien, worin das Strontiumoxyd enthalten ist, gehören: 1) der natürliche kohsaure Strontit aus Strontionoxyd und Kohlensäure zusammengesetzt (aus Strontion in Schottland; 2) der Cölestin (aus Sicilien, aus Nord-Amerika und aus Dornburg; sie sind sämmtlich aus Strontiumoxyd und Schwefelsäure zusammengesetzt); 3) der gemeine schwefelsaure Strontit, aus England und Schottland; 4) im Arragonit.

I. Darstellung des Strontiums.

§. 335.

Man gewinnt das Strontium aus dem reinen Strontiumoxyd, wenn solches einer gleichen Reduktion unterworfen worden, wie bei dem Baryumoxyd (§. 325.) gelehrt wurde.

a) Der Strontium zeichnet sich durch folgende Eigenschaften aus; 1) Farbe und Metallglanz, ähnlich dem des Baryums, doch heller; 2) spec. Gewicht: 4,000; 3) strengflüssiger als Baryum. Sein Atomgewicht erhält die stöcheometrische Zahl 44; 4) Oxydirbar an der Luft und im Wasser; muß daher unter Petroleum aufbewahrt werden.

II. Strontium und Sauerstoff. (Strontiumoxyd.)

§. 336.

Das Strontium oxydirt sich an der Luft und im Wasser. Regelmäßiger wird das Oxyd, gleich dem Baryumoxyd (§. 326.) dargestellt, wenn salpetersaurer Strontit, bis zur Entfernung aller Säure, ausgeglühet wird.

a) Die Bestandtheile des Strontiumoxyds (Oxydum stronticum) sind:

	1) Nach dem Atomgewicht.	2) Nach Procenten.
Strontium	1 Atom = 44	84,55
Sauerstoff	2 „ = 16	15,45
Strontiumoxyd . . .	1 Atom = 60	100,00

b) Seine Eigenschaften sind: 1) Farbe, grauweiß, porös; 2) spec. Gewicht desselben 3—4,000; 3) nicht schmelzbar und höchst feuerbeständig; 4) Geschmack, scharf alkalisch, ändert die gefärbten Papiere.

c) Das Strontiumoxyd erhitzt sich mit Wasser; löset sich in 50 Theile siedendem auf und schießt, in der Kälte, daraus in nadel- und tafelförmigen Krystallen an, welche das Strontium-Hydrat (Hydras Stronticus) darstellen, das sein Hydratwasser selbst in der Glühhitze nicht von sich läßt.

Anmerkung Die Verbindungen des Strontiums mit den Metalloiden (mit Ausnahme des Chlors) werden hier übergangen, da sie keine Nutzanwendung in der Kameralchemie finden.

III. Strontiumoxyd und Säuren (Strontitsalze).

§. 337.

Das Strontiumoxyd (Oxydum stronticum), auch Strontit und Strontinerde (Terra strontiana) genannt, verbindet sich mit allen Säuren und stellt damit die Strontitsalze dar. Wir heben daraus nur die Verbindungen des Strontinoxyd mit Kohlensäure, mit Salpetersäure und mit Chlor hervor.

a) Der salpetersaure Strontit (Nitras stronticus) wird erhalten, wenn kohlensaurer Strontit bis zur Neutralität mit Salpetersäure vereinigt, und die Auflösung der Krystallisation überlassen wird. Die Bestandtheile desselben sind: 1 Atom Strontiumoxyd, 2 Atomen Salpetersäure; (nach Procenten: 49,38 Oxyd und 50,62 Säure); im wasserhaltigen crystallinischem Zustande: 34,44 Oxyd; 35,76 Säure und 26,80 Wasser. Seine Eigenschaften sind: 1) vierseitige Säulen; 2) Geschmack kühle salzig; 3) leicht lösbar in Wasser, schwer im Alkohol; 4) Verpuffet mit verbrennlichen Körpern, mit rother Flamme.

b) Der kohlensaure Strontit (Carbonas stronticus) findet sich natürlich gebildet in Schottland (§. 334. a. 3.); künstlich stellt man ihn dar, aus dem natürlichen schwefelsauren Strontit, dem Coelestin (§. 334. a. 1.), wenn solcher ganz ebenso mit Kohle und Kolophonium geglüht, und dann derselben Bearbeitung unterworfen wird, wie solches bei der Darstellung des kohlensauren Baryts aus dem Schwerspate (§. 331.) gelehrt worden ist. Der reine kohlensaure Strontit ist aus 1 Atom Strontiumoxyd und 2 Atomen Kohlensäure; (nach Procenten: aus 70,3 Oxyd und 29,7 Kohlensäure) zusammengesetzt

Seine Eigenschaften sind: 1) weißes Pulver; 2) geschmacklos; 3) schmilzt im Feuer zu Glas; 5) verbrennt auf glühenden Kohlen, unter Mitwirkung des Sauerstoffgases, mit rothem Lichte.

c) Chlor-Strontium (Chloretum strontii). Wenn kohlensaures Strontium, bis zur Neutralität in Chlorwasserstoffsäure (Salzsäure) aufgelöst, und die Flüssigkeit krystallisirt wird, so gewinnt man das Chlor Strontium. Hier vereinigt sich der Sauerstoff des Oxyds mit dem Wasserstoff der Säure zu Wasser; das Chlor hingegen tritt mit dem Strontium in Mischung und erzeugt Chlor-Strontium. Seine Bestandtheile sind, im wasserfreien Zustande: 1 Atom Strontium, 2 Atomen Chlor (nach Procenten: 65,5 Strontium, 72 Chlor); im krystallisirten Zustande: 1 Atom Chlor-Strontium und 5 Atomen Wasser. Seine Eigenschaften sind: 1) nadelförmige Krystalle; 2) zerfließbar an der feuchten Luft; 3) leicht lösbar im Alkohol, dem es die Fähigkeit ertheilt, mit rother Flamme zu brennen, 4) schmilzt und verbrennt mit rother Flamme, auf glühenden Kohlen. Solches dient zur Erzeugung des rothen Feuers.

d) Versinnlichung durch ein Experiment, in den Vorlesungen.

Anmerkung. Die übrigen Salze des Strontiums werden hier übergangen, da sie in der Kameralchemie keine Anwendung finden.

Von dem Calcium, seinen Oxyden und seinen Salzen.

§. 338.

Das Calcium (Calcium) ist das metallische Substrat der reinen Kalkerde, in welchem dasselbe an Sauerstoff gebunden und dadurch oxydirt, in den Erzeugungen aller Naturreiche vorgefunden wird. Als roher und als gebrannter Kalk, ist dieses Metall von den ältesten Zeiten her bekannt. Die Natur bietet das Calciumoxyd (die Kalkerde) unter verschiedenen Formen dar.

a) Das Mineralreich bietet die Kalkerde dar: I) an Kohlensäure gebunden: 1) als Marmor; 2) Kalkspat; 3) Kreide; 4) Kalkstein. II) An Schwefelsäure gebunden: 1) als Anhydrit; 2) als Gypsspat; 3) als Alabaster; 4) als gemeiner Gypsstein. III) An Phosphorsäure gebunden: 1) im Apatit. IV) An Fluor gebunden, in allen Arten des Flußspats. V) An Arseniksäure gebunden: im Pharmacolith. VI) An Wolframsäure gebunden, im Scheelit oder Tungstein.

b) Das Thierreich bietet die Kalkerde an Kohlensäure, Phosphorsäure und Thierschleim gebunden dar: 1) in den Krebssteinen; 2) den weißen Korallen; 3) den rothen Korallen; 4) den ächten Perlen; 5) der Perlmutter; 6) in allen Schaalgehäusen der Conchilien; 7) in dem Panzer der Krebse; 8) in den Knochen der Thiere, so wie in den Gräten der Fische.

c) Das Pflanzenreich bietet die Kalkerde dar, an Kohlensäure gebunden, in mehreren zum Geschlecht der Charen gehörenden Begetabilien, besonders 1) der Chara tomentosa Lin. (den filzigen Armleuchter); 2) in der Osteocolla (dem Beinbruchstein); außerdem an verschiedene Säuren gebunden, in mehreren Vegetabilien.

I. Darstellung des Calciums.

§. 339.

Man gewinnt das Calcium, wenn dem reinen Calciumoxyd (der Kalkerde) der Sauerstoff auf irgend eine schickliche Weise entzogen wird. Man kann sich hierzu derselben Methode bedienen, durch welche das Baryum (§. 325.) aus seinen Oxyden dargestellt wird. Seine Eigenschaften sind: 1) metallisch glänzend, heller als Baryum und Strontium; 2) bei gewöhnlicher Temperatur starr, hart; 3) spec. Gewicht, mit dem des Wassers gleich; 4) oxydirt sich an der Luft und im Wasser, im letzteren unter Entwicklung von Wasserstoffgas. Sein Atomgewicht erhält die stöchiometrische Zahl 20,5.

II. Calcium und Sauerstoff (Calciumoxyd).

§. 340.

Wenn reines Calcium-Metall in wasserfreiem Sauerstoffgas eingeschlossen erhalten wird, so wandelt es sich in reines Calciumoxyd (Oxydum calcicum) um. Reiner und wohlfeiler stellt man das reine Calciumoxyd dar, wenn reiner salpetersaurer Kalk so lange in einen Platintiegel ausgeglühet wird, bis sich kein Sauerstoffgas mehr entwickelt. Seine Bestandtheile sind:

	1) Nach dem Atomgewicht.	2) Nach Procenten.
Calcium . . .	1 Atom = 20,50	75,5
Sauerstoff	2 „ = 16,00	24,5
Calciumoxyd	1 Atom = 36,50	100,00

Seine Eigenschaften sind: 1) farbenlos; 2) leicht zerbrechlich; 3) spec. Gewicht 2,3; 4) höchst strengflüssig; 5) Geschmack: scharf alkalisch, ändert die gefärbten Papiere; 6) erhitzt sich stark mit Wasser, und ist in 400 Theilen siedendem Wasser und 700 Theilen kaltem lösbar.

II. Calciumoxyd und Wasser. (Calciumoxyd-Hydrat. Kalk-Hydrat.)

§. 341.

Wenn Calciumoxyd (gebrannter Kalk) mit Wasser in Berührung gebracht wird, so bindet solches 2 Atome Wasser, die Wärme des Wassers wird frei und es erfolgt eine bedeutende Erhitzung. Man nennt solches das Löschen (Extinctio) des Kalks. Das Calciumoxyd wird dadurch in Calciumoxyd-Hydrat (Hydras Calcicus) umgewandelt.

a) Tausend Gewichtstheile reinen cararischen Marmor (kohlensaurer Kalk) glühe man in einen bedeckten Tiegel so lange aus, bis derselbe mit Säuren nicht mehr brauset. Es bleiben 550 Theile zurück, welche Calciumoxyd sind.

b) Man übergieße 36½ Gewichtstheile desselben (= 1 Atom) mit 18 Gewichtstheilen (= 2 Atomen) reinem Wasser. Die Mischung erhitzt sich, der Kalk zerfällt in ein weißes Pulver, das keine Spur von Feuchtigkeit wahrnehmen läßt; dies ist Calciumoxyd-Hydrat (Kalk-Hydrat). Seine Bestandtheile sind:

	1) Nach dem Atomgewicht.	2) Nach Procenten.
Calciumoxyd	1 Atom = 36,50	75,75
Wasser	2 " = 18,00	24,50
Kalk-Hydrat	1 Atom = 54,50	100,00

Seine Eigenschaften sind: 1) zartes weißes Pulver; 2) alkalischer Geschmack; 3) in 500 Theilen Wasser lösbar (Kalkwasser Aqua Calcariae); 4) krystallisirt aus der Lösung in sechsseitigen Tafeln; 5) saugt aus der Luft Kohlensäure an, und wird in Wasser unlösbar; 6) mit mehr Wasser verdünnt, stellt es die Kalkmilch, mit wenigerem Wasser den Kalkbrey dar.

Anmerkung. Eine weitere Ausführung dieses Gegenstandes bei der Kalkbrennerey.

III. Calcium und Metalloide.

§. 342.

Von den Verbindungen des Calciums mit den Metalloiden kommen hier nur die mit dem Schwefel, dem Chlor, dem Fluor und dem Silicium in näherer Betrachtung; die übrigen finden keine Anwendung in der Kameralchemie.

a) Das Schwefelcalcium (Sulphuretum Calcii) auch Kalkleber (Hepar Calcii) genannt. Man gewinnt dieses Präparat: 1) wenn über in einer Porzellanröhre eingeschlossenes Calciumoxyd, im glühenden Zustande, so lange trockenes hydrothionsaures Gas geleitet wird, bis sich solches nicht mehr einsaugt; 2) wenn schwefelsaurer Kalk

(Gyps) in Versetzung mit dem vierten Theil Kohle in einem verschlossenen Gefäße so lange durchgeglühet wird, bis die schwarze Farbe sich verloren hat. Das Letztere ist ein Gemenge von Schwefelcalium und schwefelsaurem Kalk. Die Bestandtheile des reinen Schwefelcalcium's sind:

	1) Nach dem Atomgewicht.	2) Nach Procenten.
Calcium . .	1 Atom = 20,50	60,00
Schwefel	2 " = 32,00	40,00
Schwefelcalium .	1 Atom = 52,50	100,00

Seine Eigenschaften sind: 1) gelbliches Pulver; 2) hepatischer Geschmack; 3) in 500 Theilen siedendem Wasser lösbar; 4) entwickelt, mit Säuren versetzt, hydrothionsaures Gas, dient zur Darstellung künstlicher Schwefelbäder.

b) Das Chlorcalcium (Chloretum calcii) entsteht, wenn in Chlorwasserstoffsäure gelöster Kalk zur Trockne abgedunstet und darauf im Feuer geschmolzen wird. Es ist ein Haloidsalz, dessen Bestandtheile sind:

	1) Nach dem Atomgewicht.	2) Nach Procenten.
Calcium	1 Atom = 20,50	36,7
Chlor	2 " = 72,00	63,3
Chlorcalcium .	1 Atom = 92,30	100,00

Seine Eigenschaften sind: 1) farbelos, krystallinisch; 2) Geschmack erwärmend; 3) zieht Feuchtigkeit aus der Luft an und zerfließt; leicht in Wasser lösbar; 4) aus der konstanten Lösung krystallisirt es in der Kälte zu säulenförmigen Krystallen, wurde vormals Cantonscher Phosphor, auch fixer Salmiak genannt; 5) dient zu Entwässerungen gasförmiger Flüssigkeiten.

c) Das Fluorcalcium (Fluoretum Calcii) findet sich natürlich gebildet, in allen Arten des Flußspates. Es ist ein Haloidsalz. Seine Bestandtheile sind:

	1) Nach dem Atomgewicht.	2) Nach Procenten.
Calcium	1 Atom = 20,50	72,7
Fluor	2 " = 77,20	27,3
Fluor-Calcium	1 Atom = 97,70	100,00

Seine Eigenschaften sind: 1) theils würfliche, theils rhomboidale Krystalle, von verschiedenen Farben; 2) sehr hart und spröde; 3) geschmacklos; 4) nicht lösbar in Wasser. Dient zur Darstellung der Fluorsäure (§. 203.)

d) Das Kieselcalcium ist nicht bekannt, wohl aber die kieselsaure Kalkerde. Man gewinnt sie, wenn Kalkwasser in Kieselfeuchtigkeit (§. 212.) gebracht wird; der Niederschlag ist kieselsaure Kalkerde (Silicias calcicus) schmilzt im Feuer zu Glas.

IV. Calciumoxyd und Säuren. (Kalksalze.)

§. 343.

Das Calciumoxyd (die Kalkerde) gehet mit allen Säuren Verbindungen ein, wodurch die Kalksalze (Salica calcica) erzeugt werden. Wir heben hier nur diejenigen aus, welche in der Kameralchemie specielle Anwendung finden. Es gehören dahin folgende:

1. Calciumoxyd und Salpetersäure. (Salpetersaure Kalkerde.)

§. 344.

Die Salpetersäure löset die Kalkerde sehr leicht auf und erzeugt damit die salpetersaure Kalkerde (Nitras Calcicus). Man gewinnt dies Salz, wenn Marmor bis zur Neutralität mit Salpetersäure verbunden, und die filtrirte Lösung zur Trockne abgedampft wird. Seine Bestandtheile sind:

	1) Nach dem Atomgewicht.	2) Nach Procenten
Calciumoxyd	1 Atom = 20,50	34,45
Salpetersäure . . .	2 „ = 108,00	65,54
Salpetersaure Kalkerde	1 Atom = 128,50	100,00

Seine Eigenschaften sind: 1) farbenlose säulenförmige Krystalle; 2) kühlender bitterer Geschmack; 3) zerfließbar an der feuchten Luft; 4) enthält im krystallinischen Zustande 2 Atome

Wasser; 5) wird in der Glühhitze vollkommen zerlegt, und läßt reine Kalkerde (Calciumoxyd) zurück.

a) Jenes Salz findet sich oft in der Ackererde natürlich gebildet; besonders da wo gemergelt und mit Schaafmist gedünget wird.

2. Calciumoxyd und Kohlensäure. (Kohlensaure Kalkerde.)

§. 345.

Die kohlensaure Kalkerde (Carbonas calcicus) findet sich reichlich verbreitet in der Natur, in allen zum Kalkgeschlecht gehörenden Fossilien; am meisten im carrarischen Marmor und im Kalkspath. Künstlich wird sie gewonnen, wenn die wässrige Lösung von salpetersaurer Kalkerde durch kohlensaures Natron gefället, der Niederschlag ausgesüßt und getrocknet wird. Ihre Bestandtheile sind:

	1) Nach dem Atomgewicht.	2) Nach Procenten.
Calciumoxyd	1 Atom = 20,50	56,39
Kohlensäure	2 „ = 44,00	43,61
Kohlensaure Kalkerde	1 Atom = 64,50	100,00

Ihre Eigenschaften sind: 1) farbenlos, geruch- und geschmacklos; 2) nicht lösbar in Wasser; 3) brauset mit Säuren; 4) ist im kohlensauren Wasser lösbar, und bildet doppelt kohlensaure Kalkerde, die in dreiseitigen Säulen krystallisirt. Sie dient vorzüglich zur Erzeugung des kohlensauren Gases.

a) Die vollkommen kohlensaure Kalkerde dient in der Ackerbaukunde als ein vorzügliches Düngungsmittel für sauren Boden, indem sie die Säure absorbirt, und Kohlensäure von sich läßt, die als Nahrung für die Pflanzen würket.

3. Calciumoxyd und Schwefelsäure. (Schwefelsaure Kalkerde. Gyps.)

§. 346.

Die schwefelsaure Kalkerde (Sulphas calcicus), findet sich reichlich verbreitet in der Natur, als Gyps (Gypsum) in verschiedener Gestalt. Künstlich wird sie erzeugt, wenn eine Lösung von salpetersaurem Kalk durch Schwefelsäure gefället wird, hier stellt sie sich in zarten spießigen Krystallen dar, und wird Selenit (Selenites) genannt. Die Bestandtheile der reinen schwefelsauren Kalkerde sind:

	1) Nach dem Atomgewicht.	2) Nach Procenten.
Calciumoxyd . . .	1 Atom = 20,50	41,53
Schwefelsäure . . .	2 „ = 80,00	48,47
Schwefelsaure Kalkerde	1 Atom = 100,50	100,00

Im wasserhaltigen Zustande: 1 Atom schwefelsaure Kalkerde und 4 Atomen Wasser; oder 32,91 Kalkerde, 46,31 Säure und 20,78 Wasser. Seine Eigenschaften sind: 1) farbenlos; 2) geschmacklos; 3) lösbar in 500 Theilen Wasser; 4) verliert im Glühen sein Wasser und geht in den Zustand des gebrannten Gyps (Gypsum ustum) über, der 5) mit Wasser versetzt sich sehr gelinde erwärmt, und damit erhärtet das sogenannte Estrich darstellt.

Anmerkung. Der rohe Gyps im gewöhnlichen Zustande, dient dem Landwirth als Düngungsmittel für Klee, Wicken, Kohlarten, Beeten und Rüben; weniger zu empfehlen ist hiezu der gebrannte Gyps.

4. Calciumoxyd und Chlorwasserstoffsäure. (Chlorcalcium.)

§. 347.

Man gewinnt dieses Salz, wenn reine Kalkerde in Chlorwasserstoffsäure bis zur Neutralität aufgelöst und die filtrirte Flüssigkeit zur Trockne abgedampft und im

Feuer geschmolzen wird. Es ist ein Haloidsalz aus Calcium und Chlor (Chloretum Calcii) zusammengesetzt. Seine Bestandtheile sind: 1 Atom Calcium und 2 Atome Chlor; nach Procenten: 51,117 Calcium und 48,883 Chlor; (im krystallischen Zustande 50,397 Chlorcalcium und 49,603 Wasser.) Seine Eigenschaften sind: 1) farblos, krystallinisch, durchscheinend; 2) Geschmack scharf; 3) zerfließbar an der Luft, leicht lösbar im Wasser und im Alkohol; 4) Gestalt im krystallisirten Zustande, sechsseitige gestreifte Krystalle. Es findet sich im Rückstand nach der Austreibung des Ammoniaks aus dem Salmiak durch Kalk; auch in vielen Salzquellen und im gemeinen Wasser. Findet Anwendung beim Ackerbau.

5. Calciumoxyd und chlorige Säure. (Chlorigsaure Kalkerde.)

§. 348.

Wird in Kalkhydrat so lange Chlorgas geleitet, bis der Kalk das Chlorgas nicht mehr einsaugt, so wird die pulverige Masse Bleichpulver genannt, mit Wasser ausgelaugt, so stellt die Flüssigkeit die chlorigsaure Kalkerde (Chloris calcicus) dar.

a) Das Fluorcalcium wird hier übergangen; es findet sich natürlich gebildet in dem Flußspat (§. 343. c.). Man gebraucht dasselbe allein zur Bereitung der Fluorsäure (§. 203.).

6. Calciumoxyd und Phosphorsäure.

§. 349.

Die Phosphorsäure kann sich in mehrfachen Verhältnissen mit dem Calciumoxyd (der Kalkerde) verbinden.

a) Die einfach phosphorsaure Kalkerde (Phosphas calcicus) ist zusammengesetzt, aus 1 Atom Calciumoxyd und 2 Atomen Phosphorsäure; (nach Procenten 35,42 Oxyd aus 41,90 Säure; im wasserhaltigen Zustande, aus 34,66 Oxyd, 43 Säure und 21,90 Wasser. Man gewinnt sie, wenn in Wasser gelöste salpetersaure Kalkerde, durch phosphorsaures Natrum gefället wird. Die Eigenschaften sind: 1) krystallinisches, geschmackloses Pulver; 2) vollkommen lösbar in Salpetersäure; 3) geht mit Kohle geglühet, in Phosphorcalcium über. Mit kohlensaure Kalk, Fett und Gallertem findet sie sich in den Thierknochen, die als Dünger benutzt werden.

b) Die doppelt-phosphorsaure Kalkerde (Biphosphas calcicus), aus 1 Atom Kalkerde und 4 Atomen Phosphorsäure nach Procenten aus 28,52 Kalk und 71,48 Säure zusammengesetzt) wird gewonnen, wenn die aus Knochen bereitete Phosphorsäure; bis zur Verglasung geschmolzen wird: als ein saures durchsichtiges Glas, das an der Luft feucht wird.

c) Die anderthalbfache phosphorsaure Kalkerde (sesqui phosphas calcicus), wird gewonnen, wenn die aus Knochen bereitete Phosphorsäure mit alkoholisirtem Weingeist extrahirt wird; wobei solche als eine weiße Masse zurückbleibt.

Nicht alkalische Erden.

Von dem Magnium (Magnesium), seinen Oxyden und seinen Salzen.

§. 350.

Das Magnium, auch Magnesium (Magnium, Magnesium) genannt, findet sich nie regulinisch, sondern stets als Oxyd mit andern Oxyden, so wie an Säuren gebunden in der Natur verbreitet. Sein Oxyd hat die Eigenschaft, in Verbindung mit Säuren, bitter schmeckende Salze zu produciren: daher wird solches auch Bittererde genannt. Sein Vorkommen in allen zum Talkgeschlecht gehörigen Fossilien, hat ihm den Namen Talkerde zugezogen.

a) Zu den vorzüglichsten Fossilien, in welchen die Talkerde dargeboten wird, gehören: 1) das Talk-Hydrat (70 Talkerde und 30 Wasser); 2) der Magnesit (Talkerde, Kohlensäure und Wasser); 3) der Meerschaum (Talkerde, Kieselsäure, Wasser); 4) der Speckstein (Talkerde, Kieselsäure, Thonerde, Wasser); 5) der Nephrit (Talkerde, Kieselsäure, Thonerde, Eisenoxyd, Chromoxyd, Wasser); 6) der Ophyt (eben so); 7) der Chrysolith und der Olivin (Talkerde, Kieselsäure, Eisenoxyd, im Olivin noch Kalkerde); 8) der Augit (Diopsit, Malakolith, Kokkolith; 9) die Hornblende; 10) der Strahlstein; 11) der Asbest (Amianth, biegsamer Asbest, der gemeine Asbest, der Holzasbest, der Bergkork) und andere Arten; 12) das natürliche Bittersalz.

b) Geschichte des Magniumoxyds (der Bittererde, Talkerde oder Magnesia), welche erst seit dem Jahre 1708 bekannt ist, in den Vorlesungen.

I. Darstellung des Magniums.

§. 351.

Man kann das Magnium aus seinen Oxyden auf eine dreifach verschiedene Weise darstellen: 1) indem solches, unter Mitwirkung von Quecksilber, dem Strome der Voltaischen Säule ausgesetzt wird; 2) indem man die Dämpfe von Kalium im glühenden Zustande darüber hinstreichen läßt. 3) Wenn Chlormagnium durch die Dämpfe des Kaliums zersetzt wird. Hier bildet sich Magnium und Chlorkalium, welches letzteres leicht durch Wasser vom Magnium getrennt werden kann.

a) Die Eigenschaften des Magniums sind: (im reinen Zustande) 1) Farbe, silberweiß; 2) dehnbar; 3) unveränderlich an der Luft und im Wasser; 4) Verbrennlich unter Mitwirkung der atmosphärischen Luft, wodurch solches in Magniumoxyd (Talkerde) umgewandelt wird. Sein Atomgewicht ist = 12.

II. Magnium und Sauerstoff. (Magniumoxyd.)

§. 352.

Das reine Magniumoxyd (Oxydum Magnicum) repräsentirt sich in der ausgeglühten Talk- oder Bittererde. Seine Bestandtheile sind:

	1) Nach dem Atomgewicht.	2) Nach Procenten.
Magnium . . .	1 Atom = 12	61,29
Sauerstoff	2 „ = 16	38,71
Magniumoxyd . .	1 Atom = 28	100,00

Seine Eigenschaften sind: 1) farblos; 2) geschmack- und geruchlos; 3) spec. Gewicht 2,3; 4) verglaset in sehr starker Hitze; 5) nicht lösbar in reinem Wasser.

III. Magniumoxyd und Wasser (Magnium-Oxyd-Hydrat).

§. 353.

Wenn das Magniumoxyd aus seinen Verbindungen mit Säuren durch ätzende Alkalien gefället wird, so hält solches einen Theil Wasser zurück, und erscheint nun als Magniumoxyd-Hydrat (Hydras magnicus). Seine Bestandtheile sind:

	1) Nach dem Atomgewicht.	2) Nach Procenten.
Magniumoxyd	1 Atom = 28	70,20
Wasserstoff	2 „ = 18	29,80
Magnium-Hydrat .	1 Atom = 46	100,00

Seine Eigenschaften sind: 1) farbenloses Pulver; 2) sehr locker; 3) geschmack- und geruchlos; 4) nicht lösbar im Wasser.

a) Man gewinnt das Magnium-Hydrat, wenn die Lösung von schwefelsauren Magnesium durch Aetzkalium-Lauge gefället, der Niederschlag vollkommen ausgesüßt, und bei der Temperatur des siedenden Wassers getrocknet wird.

Anmerkung. Viele Chemiker rechnen das Magniumoxyd (die Talkerde) zu den alkalischen Erden und schreiben ihr die Eigenschaft zu, sich in Wasser zu lösen, und alkalisch zu reagiren. Reine Talkerde thut beides nicht. Wird reine schwefelsaure Talkerde durch Ammoniak zersetzt, die Salzmasse zur Trockne abgedunstet, und darauf in einen Platintiegel vollkommen ausgeglüht: so zeigt das rückständige Magniumoxyd durchaus keine alkalische Reaktion.

IV. Magniumoxyd und Säuren (Magnium-Salze).

§. 354.

Das Magniumoxyd (Talkerde, Bittererde) kann sich mit allen Säuren verbinden, woraus die Magniumsalze (Talk- oder Bittererde-Salze) hervorgehen. Wir heben davon hier nur diejenigen aus, deren Kenntniß in der Kameralchemie nicht vorenthalten werden kann. Es gehören dahin folgende.

1. Magniumoxyd und Salpetersäure.

§. 355.

Man gewinnt dieses Salz, wenn reine Talkerde bis zur Neutralität in Salpetersäure aufgelöst und die Lösung zur Krystallisation disponirt wird. Das salpetersaure Magniumoxyd (Nitras magnicus) ist zusammengesetzt, aus 1 Atom Magniumoxyd und 2 Atomen Salpetersäure; (nach Procenten aus 27,61 Oxyd, 72,39 Säure; im krystallisirten Zustande aus 27 Oxyd, 43 Säure, und 30 Wasser) (nach Bergmann). Seine Eigenschaften sind: 1) geschobene vierseitige Säulen; 2) Geschmack, kühlend bitter; 3) zerfließbar an der Luft; 4) lösbar im Alkohol; 5) vollkommen zersetzbar in der Glühhitze.

a) Jenes Salz findet sich zuweilen in der Ackererde; häufiger in der Mutterlauge des Salpeters.

2. Magniumoxyd und Oxalsäure. (Oxalsaure Talkerde).

§. 356.

Man gewinnt dieses Salz, das oxalsaure Magniumoxyd (Oxalas magnicus) wenn eine wässrige Lösung der schwefelsauren Talkerde mit einer von einfach-oxalsaurem Kali versetzt wird, in Form eines krystallinischen Pulvers. Seine Bestandtheile sind: 1 Atom Oxyd und 2 Atomen Säure; (nach Procenten: 36,38 Oxyd und 63,32 Säure). Seine Eigenschaften sind: 1) farben- und geschmackloses Pulver; 2) nicht lösbar im Wasser und im Alkohol; 3) zerstörbar in der Glühhitze.

a) Aus der nicht Löslichkeit jenes Salzes im Wasser folgt, daß die Verbindung von Talkerde und Kalkerde, aus einer gemeinschaftlichen Lösung ihrer Salze, nicht durch Oxalsäure getrennt werden kann.

3. Magniumoxyd und Kohlensäure. (Kohlensaure Talkerde.

§. 357.

Mit der Kohlensäure kann das Magniumoxyd sich im einfachen und im doppelten Verhältniß verbinden. Das einfach-kohlensaure Magniumoxyd (Carbonas magnicus) wird gewonnen, wenn die neutrale Lösung der schwefelsauren Talkerde mit der neutralen Lösung von doppelt-kohlensaurem Kali im Ueberschuß kalt versetzt und die klare Flüssigkeit sich selbst überlassen wird, wobei einfach-kohlensaure Talkerde in kleinen Krystallen zu Boden, die kalt mit Wasser abgewaschen und getrocknet werden. Seine Bestandtheile sind: im frisch gefälleten Zustande 1 Atom Oxyd, 2 Atomen Säure und 6 Atomen Wasser; (nach Procenten: 29,67 Oxyd, 31,61 Säure und 38,72 Wasser). Seine Eigenschaften sind: 1) farbenloses krystallinisches Pulver; 2) fast geschmacklos; 3) in 48 Theilen Wasser lösbar; 4) zerfallbar an warmer Luft, wo das Wasser entweicht.

a) Die doppelt-kohlensaure Talkerde (Bicarbonas magnicus) wird gewonnen, wenn die einfach-kohlensaure Talkerde, mit wäßriger Kohlensäure behandelt wird. Ihre Bestandtheile sind: 1 Atom Magniumoxyd und 4 Atomen Kohlensäure nebst Wasser. Die Lösung schmeckt bitter und geht, bei der Krystallisation, in einfach-kohlensaure Talkerde zurück.

b) Von jenen Salzen verschieden ist die bekannte Magnesia (Magnesia alba). Man gewinnt solche, wenn in Wasser gelöstes Bittersalz, siedend heiß, mit gelöstem einfach kohlensaurem Kali oder Natron gefället, der Niederschlag mit mehr Wasser gekocht, dann ausgesüßt und an der warmen Luft getrocknet wird. Die Bestandtheile derselben sind: 3 Atome einfach kohlensaure Talkerde und 1 Atom Talkerde-Hydrat. Sie erscheint als ein lockres, leichtes, farben- geruch- und geschmackloses Pulver. Sie wird als Säure dämpfendes Arzneimittel gebraucht.

c) Nach der Behauptung einiger agronomischen Autoren soll die Talkerde, in vielen Fällen, wohlthätig auf die Vegetation einwirken, nach anderen nicht.

4. Magniumoxyd und Schwefelsäure. (Schwefelsaure Talkerde. Bittersalz.)

§. 358.

Das schwefelsaure Magniumoxyd (Sulphas magnicus), gewöhnlich Bittersalz (Sal amarum, Sal catharticum) genannt, kommt natürlich gebildet vor (als Haarsalz, Feder-Alaun als Epsomer-Salz, (in Arragonien, in Katalonien); in Wasser gelöst: 1) in den Bittersalzquellen zu Epsom; 2) denen zu Saidschütz und Bilin in Böhmen (als Saidschützer oder Biliner Bittersalz), zugleich mit schwefelsaurem Natron gemengt. Seine Bestandtheile sind, (im wasserserfreien Zustande) 1 Atom Magniumoxyd und 2 Atomen Schwefelsäure; (nach Procenten: 34,02 Oxyd und 65,98 Säure). Im krystallinischen Zustande: 1 Atom Oxyd, 2 Atomen Säure und 10 Atomen Wasser; (nach Procenten: 19,54 Oxyd, 37,92 Säure und 42,54 Wasser). Seine Eigenschaften sind: 1) farbenlose durchsichtige Krystalle; bald große vierseitige Säulen, bald kleine spießige Krystalle; 2) schmelzbar in der Hitze, ohne im Glühen die Säure von sich zu lassen; 3) verwitternd an der warmen Luft; 4) Geschmack, bitter; 5) in 2 Theilen Wasser lösbar, bei mittlerer Temperatur; 6) wirkt laxirend.

a) Man gewinnt jenes Salz am gewöhnlichsten durch Abdunstung und Krystallisation der oben genannten natürlichen Bittersalz-Quellen; 2) indem man Chlormagnium haltende Mutterlauge der Salinen, mit Glaubersalz versetzt, bei 74° Reaum. langsam abdunstet. Hierbei fällt Kochsalz in kleinen Krystallen zu Boden; aus der übrigen Flüssigkeit krystallisirt in der Kälte Bittersalz.

b) Erscheint das Bittersalz feucht, dann ist es mit Chlormagnium verunreinigt.

5) Magniumoxyd und Phosphorsäure. (Phosphorsaure Talkerde.)

§. 359.

Man gewinnt das phosphorsaure Magniumoxyd (Phosphas magnicus), wenn essigsaure Talkerde durch reine liquide Phosphorsäure zersetzt wird, in zarten sechsseitigen nadelförmigen Krystallen. Die Bestandtheile dieses Salzes sind 1 Atom Magniumoxyd und 2 Atomen Phosphorsäure; (nach Procenten 36,67 Oxyd und 63,33 Säure). Dieses Salz macht einen natürlichen Bestandtheil in vielen organischen Erzeugnissen aus. Es findet sich in den Getreidearten und Hülsenfrüchten, so wie im Harn mehrerer Thiere.

a) Die Verbindungen des Magniumoxyds mit den anderweitigen Säuren werden hier übergangen, da sie in der Kammeralchemie keine Anwendung finden.

Von dem Alumium, seinen Oxyden und seinen Salzen.

§. 360.

Mit dem Namen Alumium (Alumium, Aluminium) wird das metallische Substrat der Thon- oder Alaunerde (Alumia) bezeichnet. Seine Benennung ist darauf gestützt, daß jene Erde, in Verbindung mit Schwefelsäure und einem Alkali, den Alaun erzeugt, aus welchem sie rein abgeschieden werden kann. Sie stellt in ihrem möglichst reinsten Zustande das Oxyd des Alumiums dar.

a) Der Name Thonerde, womit das Alumiumoxyd ebenfalls bezeichnet wird, beziehet sich auf sein Vorkommen, als bildender Bestandtheil in jedem Thon (Argilla). Der Thon ist, seinen wesentlichen Bestandtheilen zufolge, stets eine chemische Verbindung von Alumiumoxyd und Kieselsäure. Der Unterschied zwischen fettem und magerm Thon, gründet sich allein auf das proportionelle Verhältniß, unter welchen beide Erden im Thon vereinigt sind; jemehr das Alumiumoxyd verwaltet, je fetter ist der Thon.

b) Die Natur bietet uns das Alumiumoxyd (die Thon- oder Alaunerde) fast rein dar: 1) im Rubin; 2) im Saphyr; 3) im Demanthspat oder Corund; 4) als

Hydrat, im Aluminit; 5) an Schwefelsäure gebunden, im Alaunstein und im natürlichen Alaun; 6) an Phosphorsäure gebunden, im Kryolith und im Wavellit; 7) an Kieselsäure gebunden, im Porzellanthon; 8) an Kieselsäure und Kali gebunden, im Feldspat; 9) an verschiedene Oxyde der Erzmetalle gebunden, in den farbigen Thonarten, vielen Halb-Edelsteinen. Eine weitere Erörterung davon sehe man im agronomischen Theile der Chemie.

I. Darstellung des Alumiums.

§. 361.

Man gewinnt das Alumium aus seinem Oxyd (der reinen Alaun- oder Thonerde), wenn solches mit Kalium behandelt wird.

a) Indem man in der Glühhitze die Dämpfe von Kalium über reines Alumiumoxyd, in verschlossenen Gefäßen, hinleitet. Das Kalium vereinigt sich mit dem Sauerstoff und bleibt als Kaliumoxyd zurück; das Alumium wird frei.

b) Wenn die Dämpfe von Kalium über Chlor-Alumium hingeleitet werden. Es bildet sich Chlorkalium und das Alumium bleibt regulinisch zurück.

c) Das Alumium zeichnet sich durch folgende Eigenschaften aus: 1) kleine metallisch glänzende Blätter; 2) wird an der Luft nicht leicht oxydirt; 3) verbrennt unter Mitwirkung der atmosphärischen Luft, und geht in Oxyd über; 4) in Wasser geworfen wird Wasserstoffgas entwickelt, das Metall geht in Oxyd über. Sein Atomgewicht erhält die stöcheometrische Zahl = 9.

II. Alumium und Sauerstoff. (Alumiumoxyd. Alaun- oder Thonerde.)

§. 362.

Wenn das reine regulinische Alumium mit Sauerstoff in Verbindung tritt: so geht daraus das Alumiumoxyd (die Alaun- oder Thonerde) hervor. Man stellt sie auf folgende Weise dar.

a) Indem reiner eisenfreier Ammoniak-Alaun einer Ausglühung unterworfen wird.

b) Indem man reinen eisenfreien Alaun im 20fachen Gewicht destillirtem Wasser auflöset, und die Auflösung, bis zum Vorwalten des letztern, mit kohlensaurem Natron versetzt. Hier verbindet sich das Natron mit der Schwefelsäure und das Alumiumoxyd fällt als Alumiumoxyd-Hydrat zu Boden. Die Kohlensäure entweicht mit Brausen. Der Niederschlag wird vollkommen mit destillirtem Wasser ausgesüßt, getrocknet und im Platintiegel ausgeglühet. Die ausgeglühete Masse stellt das reine Alumium-Oxyd (Oxydum aluminicum) dar. Seine Bestandtheile sind:

	1) Nach dem Atomgewicht.	2) Nach Procenten.
Alaunerde	1 Atom = 9	53,3
Sauerstoff	3 „ = 24	46,7
Alaunoxyd	1 Atom = 33	100,00

Seine Eigenschaften sind: 1) farbenloses Pulver; 2) so hart daß Stahl davon angegriffen wird; 3) geschmacklos, stark an der Zunge haftend; 4) nicht erweichbar in Wasser; 5) lösbar in Säuren, mit denen es süßlich zusammenziehend schmeckende Salze erzeugt.

c) Versinnlichung durch Experimente in den Vorlesungen.

III. Alumiumoxyd und Wasser. (Alumiumoxyd-Hydrat.)

§. 363.

Das Alumium-Oxyd-Hydrat (Hydras aluminicus) ist der vorher (§. 362.) gedachte Präzipitat (die Thon- oder Alaunerde), also das Alumiumoxyd im wasserhaltigen Zustande. Seine Bestandtheile sind: 1 Atom Oxyd und 3 Atome Wasser; (nach Procenten: 65,37 Oxyd, 34,43 Wasser). Seine Eigenschaften sind: 1) leicht, farbenlos, zusammenhängend, geschmack- und geruchlos, stark an der Zunge haftend; 2) leicht lösbar in den Säuren; 3) lösbar in den ätzenden Alkalien (nicht im Ammoniak); 4) in der Glühhitze stark zusammenziehend, mit Verlust seines Hydratwassers, bleibt als Oxyd zurück; 5) zeigt große Neigung sich mit Pigmenten zu verbinden.

IV. Alumiumoxyd und Säuren. (Alumiumsalze.)

§. 364.

Mit Ausnahme der Kohlensäure, gehet der Alumiumoxyd, wenn auch nicht mit gleicher Leichtigkeit, mit allen übrigen Säuren Verbindungen ein, und stellt damit die Alumiumtsalze dar. Von diesen heben wir hier diejenigen vorzugsweise aus, welche als Gegenstände der Kameralchemie eine specielle Beachtung verdienen. Es gehören dahin folgende.

1. Alumiumoxyd und Salpetersäure. (Salpetersaure Alaunerde.)

§. 365.

Das reine Alumiumoxyd (die Thon- oder Alaunerde) wird von der Salpetersäure leicht aufgelöset. Wird die Säure bis zur Neutralität mit der Erde verbunden, so krystallisirt das Salz, nur schwer, in dünnen Blättern; gewöhnlich nimmt solches eine schleimähnliche Gestalt an. Seine Bestandtheile sind: 1 Atom Alumiumoxyd und 3 Atomen Salpetersäure. (Nach Procenten: 24,02 Oxyd und 75,98 Säure). Seine Eigenschaften sind: 1) Geschmack, herbe, säuerlich; 2) röthet Lackmus; 3) leicht lösbar im Wasser und im Alkohol; 4) zerstörbar im Glühen. Dient in der Färberey.

a) Die Oxalsaure und die kohlensaure Alaunerde werden hier übergangen. Die Erstere findet keine Anwendung; die Letztere ist nicht bekannt in der Kammeralchemie.

2. Alumiumoxyd und Schwefelsäure. (Schwefelsaure Alaunerde, Alaun.)

§. 366.

Mit der Schwefelsäure kann die Alaunerde sich in mehreren Verhältnissen verbinden. Natürlich gebildet findet sie sich, aber überbasisch, im Aluminit (§. 360. b. 4.) in größerer Menge, auch im Alaunstein (§. 360. b. 5.). Neutral gewinnt man die schwefelsaure Alaunerde (Sulphas alumnicus), wenn Alumiumoxyd-Hydrat in Schwefelsäure so lange gelöst wird, bis sie nichts mehr aufnehmen will. Ihre Bestandtheile sind 1 Atom Oxyd, 3 Atome Säure (nach Procenten: 30 Oxyd, 70 Säure). Ihre Eigenschaften sind: 1) durchscheinend biegsame Blätter; 2) süßlich zusammenziehender Geschmack; 3) in 2 Theilen Wasser lösbar, nicht lösbar im Alkohol. Findet zuweilen in der Färberey Anwendung.

Alaun.

§. 367.

Wenn schwefelsaure Alaunerde mit schwefelsaurem Kali oder schwefelsaurem Ammoniak in Verbindung tritt, so gehet daraus ein Doppelsalz hervor, das den Namen Alaun (Alumen) führt. Man unterscheidet daher vorzüglich zwei Alaunarten, den Kali-Alaun und den Ammoniak-Alaun.

a) Der Alaun war schon Dioskorides und Plinius bekannt, auch kannten sie bereits seine Anwendung in der Färberey und zur Bereitung der Malerfarben. Bei den alten Griechen führt er den Namen στυπτηρια auch τριχιτες, bei den Römern Alumen. Er findet sich theils natürlich gebildet (besonders im Alaunstein zu Tolfa und Civita-Vecchia, zu Piombina und zu Solfatara am Vesuv, in Böhmen namentlich beim Dorfe Tschermiz zwischen Kaden und Komotau). Gewonnen wird er aus den Alaunerzen (dem Alaunstein den Alaun-Schiefern und Alaunerden) verschiedener Länder.

b) Zur Gewinnung des Alauns aus dem Alaunstein von Tolfa (ein natürliches Erzeugniß aus Feldspat mit Schwefelsäure durchdrungen), wird solcher mit Holzfeuer geröstet, zerkleinert, ausgelaugt und die Lauge krystallisiert. Dieser sogenannte römische Alaun hält stets ein Gemenge von Eisenoxyd und Thon eingemengt, das ihm eine blaß röthliche Farbe ertheilt.

c) Der gemeine Alaun wird aus dem Alaunthon (Alaunschiefer oder Alaunerde) bereitet. Jene Alaunerze enthalten noch keinen Alaun. Sie sind Gemenge von Eisen, Schwefel, Thon und Erdharz. Werden sie im feuchten Zustande, übereinander gehäuft sich selbst überlassen, so erhitzen sie sich von selbst bis zur Entzündung. Man nennt solches das Rösten derselben. Nach diesem Rösten enthalten sie noch keinen Alaun, wohl aber schwefelsaures Eisenoxydul (Eisenvitriol). Erst nach mehreren Monaten zeigt sich ein Gehalt von schwefelsaurer Alaunerde und schwefelsaurem Eisen. Sie werden nun mit Wasser ausgelaugt, die schwache Lauge bis zu 25 Procent Salzgehalt abgedunstet, hierauf geklärt und die klare Lauge, unter stetem Umrühren, mit in Wasser gelöstem Chlorkalium (Seifenfluß, Alaunfluß) versetzt, wobei der gebildete Alaun in kleinen mehlförmigen Krystallen (als Alaunmehl) sich aussondert, das aus der Lauge herausgeschöpft, mit kaltem Wasser gewaschen, dann im dritten Theil seines Gewichtes siedendem Wasser gelöst, und so der Krystallisation unterworfen wird. Die gebildeten Krystalle werden zerschlagen, nochmals mit Wasser gewaschen, und an der Luft getrocknet. Sie stellen nun den verkäuflichen Alaun dar.

d) Bei dieser Arbeit wird Wasser zerlegt. Sein Sauerstoff verbindet sich mit dem Eisen des Erzes zu Eisenoxydul und mit dem Schwefel zur Schwefelsäure, die nun, mit einander verbunden, das schwefelsaure Eisenoxydul (Vitriol) erzeugen. Es wird Wasserstoffgas entwickelt, so wie die Wärme aus dem Wasser; daher die oft in Flamme ausbrechende Erhitzung der röstenden Erze. Die eingedickte und geklärte Lauge enthält jetzt schwefelsaure Alaunerde und schwefelsaures Eisenoxyd mit Ueberschuß von Säure. Das zugesetzte Chlorkalium (der Seifenfluß), entzieht dem Wasser Sauerstoff, wodurch das Kalium in Oxyd umgewandelt wird. Dieses vereinigt sich mit der Schwefelsäure zu schwefelsaurem Kali, welches, mit der schwefelsauren Alaunerde vereinigt, den Alaun erzeugt, der, weil er nicht die erforderliche Masse Lösungswasser vorfindet, sich zum größten Theil in Krystallen ausscheidet; dagegen das Chlor mit dem Eisen verbunden, als schwer krystallisirbares Eisenchlorid, gelöst zurück bleibt. Damit dieses nicht in die Krystallen des Alauns eingehen kann, muß die Flüßigkeit bis zum Erkalten gerührt werden, um die Krystallisation des Alauns zu stören, und ihn in möglichst kleinen Körnern auszuscheiden Die nochmalige Krystallisation des Alaunmehls wird das Wachsmachen, der krystallisirte Alaun wird Wachsalaun genannt.

e) In Alaunwerken, wo kein Seifenfluß zu haben ist, wird gefaulter Menschen-Harn an dessen Stelle gebraucht. Hier wird schwefelsaures Ammoniak gebildet, das die schwefelsaure Alaunerde zur Krystallisation disponirt. Wo auch dies Mittel fehlt, wird Pottasche oder Holzaschenlauge, und wo man es haben kann, auch schwefelsaures Kali angewendet.

f) Wo keine Alaunerze zu haben sind, fabricirt man den Alaun aus Thon und Schwefelsäure. Zu dem Behuf werden z. B. 10 Pfund trockner eisenfreier Thon mit 16 Loth Kochsalz versetzt, das vorher in Wasser gelöst ist. Der daraus gebildete Teig wird zu Kugeln geformt, hierauf getrocknet, dann gepulvert. Das Pulver wird mit 2½ Pfund koncentrirter Schwefelsäure (Vitriolöl) zusammengerührt, und wenn keine Dämpfe sich mehr entwickeln, 3 Pfund Wasser zugegeben und alles unter einander gearbeitet. Die Masse erhitzt sich, schwillt auf, und nimmt einem Alaungeschmack an. Sie wird nun mit Wasser ausgelaugt, die Lauge bis auf den Umfang von 10 Pfund Wasser abgedampft, dann 1 Pfund schwefelsaures Kali zugegeben, das vorher in 4 Pfund siedendem Wasser gelöst worden war, und alles bis zum Erkalten gerührt. Hier fällt Alaunmehl zu Boden, das dann nochmals in wenig Wasser gelöset und krystallisirt werden kann.

Verschiedene Sorten des Alauns.

§. 368.

Von dem Alaun kommen im Handel gewöhnlich drei verschiedene Sorten vor: 1) der römische oder neapolitanische Alaun; 2) der gemeine Alaun; 3) der natronhaltige Alaun.

a) Der römische Alaun ist ein kalihaltiger Alaun, enthält in 100 Gewichtstheilen 10,76 Alaunerde, 90,95 Kali, 33,47 Schwefelsäure und 48,7 Krystall- und Hydratwasser. Stets hält er aber etwas mit rothen Eisenoxyd gemengten Thon mechanisch eingemengt, dem er die röthliche Farbe und die unburchsichtige Beschaffenheit seiner Krystalle verdankt.

b) Der gemeine kalihaltige Alaun enthält in 100 Gewichtstheilen gemeiniglich 10,82 Alaunerde, 9,94 Kali, 33,77 Schwefelsäure, 45,47 Hydrat- und Krystallwasser. Seine Krystalle stellen regelmäßige Octaëder dar, die 18 Gewichtstheile kaltes Wasser zur Lösung erfordern. Im Feuer schmilzt er, läßt sein Krystallwasser von sich und geht in gebrannten Alaun über.

c) Der ammoniakhaltige Alaun enthält in 100 Gewichtstheilen 11,5 Alaunerde, 36,0 Schwefelsäure, 3,82 Ammoniak nebst 48,7 Krystall- und Hydratwasser. Seine Eigenschaften sind: 1) farbenlose durchsichtige Krystalle; 2) süßlich zusammenziehender Geschmack; 3) röthet Lackmus; 4) vollkommen zerlegbar in der Glühhitze.

d) Der natronhaltige Alaun ist aus 10,91 Alaunerde, 34,24 Schwefelsäure, 6,70 Natron und 48,15 Wasser zusammengesetzt. Er bildet gleichfalls octaëdrische Krystalle, die leicht verwittern, und im gleichen Gewicht Wasser lösbar sind. Er findet sich häufig dem gemeinen kalihaltigen Alaun beigemengt.

Anmerkung. Das Verhalten des Alumiumoxyds zur Phosphorsäure, zur Chlorsäure, zur Jodsäure, zur Bromsäure und zum Fluor, wird hier übergangen, weil die dahin gehörigen Salze keine Anwendung in der Kameralchemie finden.

4. Alumium und Chlor. (Chloralumium.)

§. 369.

Wenn Alumiumoxyd (reine Alaunerde) in Chlorwasserstoffsäure aufgelöst und die Auflösung zur völligen Trockne abgedampst wird, so geht daraus das Chloralumium (Chloretum Aluminii) hervor. Es ist nicht krystallisirbar, schwach zusammenziehend, ist zerfließbar; selbst im Alkohol lösbar. Dienet in der Färberey als Basis.

5. Alumiumoxyd und Kieselsäure. (Kieselsaure Alaunerde.)

§. 370.

Die Alaunerde kann sich mit der Kieselsäure unter mehreren Verhältnissen verbinden, woraus die verschiede-schiedenen in der Natur vorkommenden Silikate der Alaunerde, die sich in den verschiedenen Thonarten repräsentiren, hervorgehen. Wir finden sie in jeder Art Thon, wenn die beigemengten Sand- und Steintheile durch

Schlämmen daraus getrennet worden sind. Eine weitere Aufklärung dieser Gegenstände sehe man in dem agronomischen Theile der Chemie, bei der Bodenkunde.

6. Alumiumoxyd und Weinsäure. (Weinsaure Alaunerde)

§. 371.

Das Alumiumoxyd (die Alaunerde) wird von der Weinsäure aufgenommen, und stellt damit eine nicht krystallinische klebende wie gummiähnliche Salzmasse, von süßlich zusammenziehendem Geschmack, die weinsaure Alaunerde (Tartaras Aluminicus) dar. Sie ist nicht zerfließbar, aber leicht in Wasser lösbar. Alkalien bringen keine Fällung darin hervor.

a) Kocht man Weinstein (saures weinsaures Kali) mit Alaun mit dem vierfachen Gewicht Wasser, so werden gegen 2 Theile Weinstein 1 Theil Alaun erfordert, um eine vollständige Auflösung zu erhalten. Auch diese Verbindung stellt eine klebrige leicht lösbare Salzmasse dar. Beide Salze machen Gegenstände der Färberei aus.

Anmerkung. Die Verbindungen des Alaunoxyds mit der Citronsäure, der Aepfelsäure, der Benzoesäure, der Gallussäure und der Bernsteinsäure, finden keine Anwendung in der Kameralchemie, daher sie hier übergangen werden.

7. Alumiumoxyd und Essigsäure. (Essigsaure Thonerde.)

§. 372.

Das Alumiumoxyd (die Alaun- oder Thonerde) gehet weder im Trocknen, noch als Hydrat eine direkte Verbindung mit der Essigsäure ein; wohl aber erfordert dieselbe auch eine Austauschung der Bestandtheile, wenn schwefelsaure Alaunerde und essigsaures Bley-oxyd, im durch Wasser gelösten Zustande, mit einander gemengt werden. Die Lösung krystallisirt nur schwer zu farbenlosen an der Luft zerfließbaren und in gelinder Hitze zersetzten nadelförmigen Krystallen.

a) Man gewinnt diese Verbindungen, wenn zu einer mit 6 Theilen Wasser gemachten Lösung von essigsaurem Blei-oxyd so lange eine Lösung von schwefelsaurer Alaunerde gesetzt wird, bis keine Trübung mehr erfolgt. Die von dem Bodensatz, der schwefelsaures Blei ist, getrennte Flüssigkeit, stellt die essigsaure Alaunerde (Acetas aluminicus) dar. Sie ist besonders wichtig in der Cotton- und Seiden-Druckerei.

Anmerkung. Der Verbindung der Alaunerde mit den Fettsäuren, wird bei den Seifen gedacht werden.

Von dem Beryllium, seinen Oxyden und seinen Salzen.

§. 373.

Das Beryllium (Beryllium), von seinem Entdecker Vauquelin Glycium (Glycium) genannt, von dem griechischen Worte γλυκος (süß) abgeleitet, weil sein Oxyd in Verbindung mit Säuren zuckersüß schmeckende Salze darstellt, findet sich, als Oxyd, im Beryll, im Euklas, im Smaragd, weniger im Helvin, aus denen das Beryllium Metall als Oxyd dargestellt werden kann.

a) Der zart gepulverte Beryll wird mit seinem dreifachen Gewicht einfach kohlensaurem Kali geschmolzen, die ausgegossene Masse mit Wasser erweicht, dann bis zum Vorwalten mit Chlorwasserstoffsäure (Salzsäure) behandelt, die Flüßigkeit zur Trockne abgedunstet, der Rückstand wieder in Wasser gelöst. Was nicht gelöst zurück bleibt, ist Kieselsäure, die Flüssigkeit enthält Chlorberyllium, Chloraluminium und Chlor-Eisen. Man versetzt sie mit Aetzammoniak, bis zum Vorwalten desselben. Was zu Boden fällt, ist ein Gemenge von Beryllerde, von Alaunerde und von Eisenoxyd, welches vollkommen mit Wasser ausgesüßt wird. Man löset solches in Schwefelsäure auf, und fället die Lösung (kalt) mit kohlensaurem Ammoniak bis zum Vorwalten desselben. Die Alaunerde und das Eisenoxyd werden gefället, die Beryllerde bleibt im kohlensauern Ammoniak gelöst zurück. Die filtrirte Flüssigkeit wird abgedunstet. Es entweicht Aetzammoniak und es fällt kohlensaures Beryllerde-Hydrat nieder, das ausgesüßt und getrocknet wird.

b) Wird die kohlensaure Beryllerde der Ausglühung unterworfen, so stellt der Rückstand das Berylliumoxyd dar. Seine Bestandtheile sind: 1 Atom Beryllium, 3 Atome Sauerstoff (nach Procenten: 68,83 Beryllium und 31,17 Sauerstoff). Seine Eigenschaften sind: 1) zartes farben-, geschmack- und geruchloses Pulver; 2) 2,967 spec. Gewicht; 3) lösbar in Aetzkalium, in Aetznatron, so wie in den kohlensauren Salzen dieser Alkalien; keineswegs aber im Aetzammoniak lösbar. 4) erzeugt mit Säuren verbunden farbenlose süßschmeckende Salze.

c) Wird das Beryll-Oxyd mit Kalium behandelt, so gewinnt man ein Gemenge aus Kaliumoxyd und metallisch glänzenden Blättchen, welche das Beryllium darstellen das im Glühen, unter Mitwirkung der atmosphärischen Luft, in Berylliumoxyd übergehet.

Anmerkung. Das Beryllium so wie seine Salze gehören zur Zeit noch zu den chemischen Seltenheiten; auch die Salze welche das Beryllium in Verbindung mit Säuren darstellet sind noch wenig bekannt. Aus dem Grunde, und weil der Gegenstand zur Zeit in der Kameralchemie keine Anwendung findet, wird die weitere Erörterung hier übergangen.

Von dem Yttrium, seinen Oxyden und seinen Salzen.

§. 374.

Mit dem Namen Yttrium (Yttrium) wird ein eigenthümliches Metall bezeichnet, das Gadolin zuerst (1794) als einen Gemengtheil im Ytterit entdeckte und im gewöhnlichen Zustande Yttererde nannte. Jenes seltene Fossil, das sich in einem Mineral, (einer Art Feldspat zu Ytterby bei Roslagen in Schweden) findet, wird, dem Entdekker zu Ehren, Gadolinit genannt ward. Späterhin fand man jenes Metall auch im Yttrotantalit, im Yttrocerit, im Orthit, und im Pyrorthit. Es macht das seltenste aller bekannten Metalle aus.

a) Um das Yttriumoxyd (die Yttererde) darzustellen, bedient man sich des Gadolinits (der aus Yttriumoxyd, Kieselsäure, Eisenoxydul, Ceroxydul und Mänganoxydul besteht). Das Fossil wird zart gepulvert, dann mit Königswasser (§. 177.) gekocht, die Flüssigkeit von der rückständigen Kieselsäure getrennt, dann die Flüssigkeit mit so viel schwefelsaurem Kali versetzt, das ein Theil desselben nicht gelöst zurück bleibt, und 24 Stunden damit stehen gelassen. Nach dem Maße, daß die Flüssigkeit sich mit dem schwefelsauren Kali verbindet, fällt ein weißes oder gelbliches Pulver zu Boden, das ein aus schwefelsaurem Kali und schwefelsaurem Ceroxydul gebildetes Doppelsalz ausmacht, das zwar in reinem Wasser, keineswegs aber in der Lösung von schwefelsaurem Kali lösbar ist. Jenes Pulver wird mit einer gesättigten Lösung von schwefelsaurem Kali ausgesüßt. Hierauf wird die gesammte Flüßigkeit filtrirt, dann mit ätzendem Ammoniak neutralisirt, und das Eisenoxyd durch bernsteinsaures Ammoniak gefället. Der Niederschlag wird durch ein Filtrum getrennt, und die Flüssigkeit mit Aetzammoniak gefället: das ausgesüßte Präcipitat stellt nun die Yttererde mit etwas Manganoxydul vermengt dar. Um sie rein darzustellen, wird sie im noch feuchten Zustande mit liquidem kohlensaurem Ammoniak eingeweicht, welches die Yttererde auflöset: da dann die filtrirte Flüssigkeit, wenn sie gekocht wird, unter Entwicklung von Aetzammoniak, als kohlensaure Yttererde sich aussondert. Die ausgesüßte kohlensaure Yttererde stellt, nach dem Trocknen und Ausglühen, das reine Yttriumoxyd (Oxydum Yttricum) dar.

b) Das Yttriumoxyd ist aus 1 Atom Yttrium und 2 Atomen Sauerstoff (nach Procenten 80,10 Yttrium und 19,90 Sauerstoff) zusammengesetzt. Seine Eigenschaften sind: 1) farbenloses, geschmack- und geruchloses Pulver; 2) 4,842 spec. Gewicht; 3) nicht lösbar in den ätzenden Alkalien; vorzüglich lösbar im kohlensauren Ammoniak, doch schwerer als die Beryllerde; 4) wird aus seinen Auflösungen durch Cyan-Eisenkalium gefället; 5) bildet mit Säuren süßschmeckende Salze, die röthlich gefärbt erscheinen.

c) Das Yttriumoxyd-Hydrat (Hydras yttricus) wird gewonnen, wenn Chlor-Yttrium mit Aetzammoniak im Ueberschuß versetzt wird; ein voluminisches milchweißes Pulver.

d) Mit Kaliumdämpfen im Glühen behandelt, gewinnt man aus dem Yttriumoxyd das Yttrium-Metall, jedoch nur in Spuren desselben.

Anmerkung. Die anderweitigen Verbindungen des Yttriums werden aus dem Grunde übergangen, weil sie höchst mittelmäßig bekannt sind, und keine Gegenstände der Kameralchemie ausmachen.

Von dem Zirkonium, seinen Oxyden und seinen Salzen.

§. 375.

Mit dem Namen Zirkonium (Circonium) wird das metallische Substrat der Zirkonerde bezeichnet, aus der solches dargestellt werden kann. Die Zirkonerde wurde im Jahr 1789 durch Klaproth in dem Zirkon oder Jargon, einem Edelstein aus Ceylon, als eine eigenthümliche Erde entdeckt; späterhin auch im Hyacinth und im Endialyt gefunden, und von ihm Zirkonerde genannt.

a) Das Zirkonoxyd findet sich im Zirkon an Kieselsäure und Eisenoxyd (oft auch Titanoxyd, Kalk und Natron) gebunden. Um diese Erde daraus darzustellen, wird der Zirkon geglühet, dann zart gepulvert, hierauf mit Chlorwasserstoffsäure digerirt, die den größten Theil des Eisenoxyds daraus hinweg nmmt. Der Rückstand wird mit dem vierfachen Gewicht Aetzkali 2 Stunden lang in einem Silbertiegel geschmolzen. Die Masse wird mit Wasser erweicht, dann bis zum Vorwalten mit Chlorwasserstoffsäure anhaltend gekocht, hierauf zur Trockne abgedunstet, und mit schwacher Chlorwasserstoffsäure ausgelaugt. Was zurück bleibt, ist Kieselsäure, oft noch mit unzersetztem Zirkon gemengt. Die Flüssigkeit wird filtrit, dann durch Aetzkalilauge zersetzt, wobei ein Gemenge von Zirkonerde und Eisenoxyd gefället wird. Man löset dieses dann in Chlorwasserstoffsäure bis zur Neutralität auf, fället das Eisen durch bernsteinsaures Kali und schlägt aus der übrigen Flüssigkeit die Zirkonerde durch Aetzkali nieder; der Niederschlag wird ausgesüßt, getrocknet und ausgeglühet und stellt nun die reine Zirkonerde (Zirkonoxyd) dar.

b) Das Zirkonoxyd (Oxydum circonicum) ist aus 1 Atom Zirkonmetall und 3 Atomen Sauerstoff (nach Procenten 73,686 Metall und 26,314 Sauerstoff) zusammengesetzt. Seine Eigenschaften sind: 1) farbenloses rauh anzufühlendes Pulver; 2) geruch- und geschmacklos; 3) 4,300 spec. Gewicht; 4) schmilzt im Feuer, in Verbindung mit Kalk, zu einer porzellanartigen Substanz.

c) Im Hydratzustande (Hydras circonicus) enthält es nur 0,5 Atomen Wasser; (nach Procenten: 63 Oxyd; 37 Hydratwasser.

d) Um das reguliniche Zirkon darzustellen, erhitzt man in einem gläsernen Rohr ein schichtweises Gemenge aus trocknem Fluorzirkon und Kalium, bis zum anfangenden Glühen, unter öfterm Umrühren mit einem Stahldrathe.

Die rückständige Masse wird dann mit Wasser aufgeweicht, dann ausgesüßt, und mit Chlorwasserstoffsäure digerirt; wobei das Zirconium (in Form eines schwarzen Pulvers) zurück bleibt. Seine Eigenschaften sind: 1) Kakler Metallglanz wie Graphit; 2) idioelektrisch; 3) schwer lösbar in Salpetersäure und Königswasser; 4) leicht lösbar in Fluorwasserstoffsäure; 5) verpuffet mit Knall, wenn es (mit chlorsaurem Kali gemengt) geschlagen wird; 6) Verbrennt, mit Berührung der Luft erhitzt, unter starker Lichtverbreitung. Sein Atomgewicht erhält die stöchyometrische Zahl 22,4.

Anmerkung. Die Verbindung des Zirkonoxyds mit den Säuren (die Zirkonsalze) und mit andern Stoffen werden übergangen, da sie keine Gegenstände der Kameralchemie ausmachen.

Von dem Thorium, seinen Oxyden und seinen Salzen.

§. 376.

Das Thorium, im Jahr 1829 von Berzelius entdeckt, findet sich als Oxyd (Thorine, Thorinerde) im Thorit, einem von Esmark entdeckten Fossil, das in sehr geringer Menge sich bei Brewig in Norwegen vorfindet, und in der Verbindung mit Kalkerde, Eisenoxyd, Manganoxyd, Uranoxyd, Bleyoxyd, Zinnoxyd, Kieselerde, Kali, Natron, Alaunerde und Wasser, 57,91 Procent in jenem Fossil beträgt.

a) Der Thorit ist schwarz, glasig glänzend wie Gadolinit, zeigt auf der Spaltungsfläche einen röthlichen Anflug und giebt ein röthliches Pulver. Es ist halbhart, und von 4,800 spec. Gewicht.

b) Um die Thorerde darzustellen, wird der Thorit in Chlorwasserstoffsäure aufgelöst, und die Auflösung durch Ammoniak gefället. Das gut ausgesüßte Präzipitat wird in Schwefelsäure aufgelöst, und die Auflösung abgedunstet, wobei ein voluminöses schwefelsaures Salz sich absetzt. Dieses wird mit kochendem Wasser ausgewaschen, getrocknet und ausgeglühet, wobei die Thorerde rein zurück bleibt.

c) Wird jenes mit heißem Wasser ausgewaschene Salz mit kaltem Wasser gelöset, welches vollständig erfolgt, und die Lösung durch Aetzkali gefället, so gewinnt man das Thorerde-Hydrat (Hydras thoricus). Es erscheint im feuchten Zustande gallertartig, zieht leicht Kohlensäure an, wenn es an der Luft getrocknet wird, und klebt zu einem harten glasigen Klumpen zusammen. Im luftleeren Raume getrocknet erscheint es hingegen als weißes Pulver. Im noch feuchten Zustande wird es leicht von den Säuren zerlegt. Wird das Thorerde-Hydrat ausgeglühet, so stellt es das reine Thoroxyd dar, das aus 1 Atom Thorium und 1 Atom Sauerstoff zusammengesetzt ist; (nach Procenten 88,16 Thorium und 11,84 Sauerstoff). Das Hydrat ist aus 88,25 Oxyd und 11,75 Wasser zusammengesetzt.

d) Man gewinnt das regulinische Thorium, wenn Chlorthorium durch Kalium zersetzt wird, die Zersetzung erfolgt unter schwacher Verpuffung. Die gebildete schwarze Masse läßt, nach dem Auswaschen mit Wasser, das Thorium in Form eines Eisengrauen metallischen Pulvers zurück. In Berührung mit Sauerstoffgas erhitzt, verbrennt es mit Glanz und geht in Oxyd zurück.

Anmerkung. Berzelius hat gezeigt, daß das Thoroxyd mit den meisten Säuren Verbindungen eingehet und damit die Thorin-Salze erzeugt. Sie gehören zu den chemischen Seltenheiten, finden unter den Gegenständen der Kameralchemie keine Anwendung, und werden hier übergangen.

Dritte Abtheilung.

Die schweren oder Erzmetalle.

§. 377.

Die schweren oder Erzmetalle, wovon wir zur Zeit 29 kennen, zerfallen in elektro-positive und in elektro-negative (§. 17.) Wir lassen sie hier in der Ordnung folgen, wie sie (§. 16.) aufgestellt sind, und heben vorzüglich dasjenige von ihnen aus, was als Gegenstand der Kameralchemie zu wissen unentbehrlich ist.

Von dem Platin, seinen Oxyden und seinen Salzen.

§. 378.

Das Platin (Platinum), in seinem chemisch-reinen Zustande zu den edlen Metallen gehörig, wurde 1736 von Antonio d'Ulloa in Süd-Amerika (am Pintofluß und bei dem Dorfe Chocco), entdeckt und 1741 durch Wood nach Europa gebracht, aber erst 1752 als ein eignes Metall anerkannt. In seinem rohen Zustande erscheint es in Gestalt kleiner abgeplatteter Körner, selten in größern Klumpen, und fast stets mit Körnern von Palladium, Iridium, Rhodium, Osmium, Eisen, Kupfer, Chromeisen, Titaneisen und Spinellen gemengt. In diesem Zustand wird es Platinerz oder Platin-Sand genannt, worin höchstens 80 Procent reines Platin enthalten sind.

a) Späterhin hat man das Platin auch zu Maltogrossa in Brasilien, auf Hayti im Sande des Flusses Jacki; in Columbien in der Provinz Berbacoas und Chocco, und in Sibirien, am Ural, gefunden. Das rohe Platin besitzt die Farbe des Eisens und 17,7 spec. Dichtigkeit.

I. Reines Platin.

§. 379.

Um das Platin rein darzustellen, wird das rohe Platin so oft mit Königswasser gekocht, bis solches keine Farbe mehr annimmt, wobei ein schwarzes Pulver zurück bleibt, welches Iridium und Osmium enthält. Die braunrothe Auflösung wird mit Natron neutralisirt, und hierauf mit einer Lösung von Cyan-Quecksilber versetzt. Der Niederschlag, der sich bildet, ist Cyan-Palladium. Alle andere Metalle bleiben in der vom Palladium getrennten Auflösung zurück. Die filtrirte Flüssigkeit wird mit etwas Salpetersäure angesäuert, um die Fällung von Iridium zu verhüten, dann so lange eine Auflösung von Salmiak zugegeben, als noch ein Niederschlag erfolgt. Der Niederschlag ist Chlorplatin-Ammoniak (Platin-Salmiak). Er wird abfiltrirt, einigemal ausgesüßt und getrocknet; worauf das Salz einer Ausglühung unterworfen wird: da denn eine dunkelschwarzgraue Masse übrig bleibt (Platinschwamm genannt), welche regulinisches Platin ist.

a) Um das Platin schmiedbar zu machen, wird solches in einer eisernen Form, mittelst einer Schraubenpresse, stark zusammen gepresset, dann der Weißglühhitze unterworfen, und nochmals gepresset, in welchem Zustande es sich nun schmieden läßt.

b) Das reine Platin zeichnet sich durch folgende Eigenschaften aus: 1) Farbe, der des Silbers nahe kommend, weniger glänzend; 2) spec. Gewicht, 21,5; 3) härter als Kupfer, aber höchst dehnbar; 4) schweißbar in der Weißglühhitze; 5) schmelzbar in der durch Sauerstoffgas unterhaltenen Flamme des Alkohols; 6) auf trocknem Wege nicht oxydirbar; 7) schwer mischbar mit den Metalloiden; 8) nur im Chlor und dem Königswasser auflösbar. Sein Atomgewicht ist = 48. Es ist unentbehrlich zu Geräthschaften in der Chemie.

II. Platin und Sauerstoff. (Platinoxyde.)

§. 380.

Das Platin kann sich unter 3 Verhältnissen mit dem Sauerstoff verbinden, 1) zum Oxydul, 2) zum Oxyduloxyd (Suboxyd), 3) zum Oxyd, welches letztere gegen Basen als Säure wirkt.

a) Das Platinoxydul wird erhalten, wenn Platinchlorür mit Kalium-Oxyd-Hydrat (Aetzkali) zersetzt, dann die Masse ausgelaugt und gelinde erhitzt wird. Seine Bestandtheile sind; 1 Atom Platin, und 1 Atom Sauerstoff, (nach Procenten aus 92,49 Platin umd 7,51 Sauerstoff zusammengesetzt). Schwarzgraues Pulver. Wandelt Alkohol, in Berührung mit atmosphärischer Luft, leicht in Essigsäure um; ist in Aetzkali auflösbar.

b) Das Platin-Oxydul-Oxyd (Suboxyd) wird gewonnen: 1) wenn Platinstaub mit Aetzkali geglühet, dann ausgesüßt wird; 2) wenn Knallplatin (§. 382. c.) mit Salpetersäure versetzt, dann zur Trockne abgedunstet und ausgesüßt wird. Seine Bestandtheile sind 1 Atom Platin und 1,5 Atom Sauerstoff (nach Procenten: 89,15 Platin und 10,85 Sauerstoff). Seine Eigenschaften sind: 1) dunkelgraues Pulver; 2) etwas metallisch glänzend; 3) wandelt Alkohol leicht in Essigsäure um.

c) Das Platinoxyd wird gewonnen, wenn schwefelsaures Platin (§. 382. c.) in rauchende Salpetersäure aufgelöst, dann die Auflösung durch Aetzkali bis zur Hälfte gefället, der Niederschlag ausgesüßt und durch Erhitzung von der Wässrigkeit befreiet wird. Seine Bestandtheile sind: 1 Atom Platin, 2 Atome Sauerstoff, (nach Procenten: 86,04 Metall und 13,96 Sauerstoff); sein Hydrat ist Rostfarbig. Seine Eigenschaften sind; 1) Farbe, schwarz; 2) geschmacklos; 3) in Säuren und Alkalien auflösbar; 4) verhält sich gegen Basen, wie eine Säure (Platinsäure) und erzeugt damit platinsaure Salze.

III. Platin und Metalloide.

§. 381.

Von den Platin = Metalloiden werden hier allein diejenigen ausgehoben, die als Gegenstände der Kameralchemie, oder zur Darstellung anderer dahin gehörenden Platinpräparate, erforderlich sind. Es gehören dahin Folgende:

a) Das Schwefelplatin (Sulphuretum Platini). Man gewinnt dasselbe am leichtesten, wenn die Lösung des Platinchlorids (§. 381. b.) mit hydrothionsaurem Ammoniak gefället, der Niederschlag ausgesüßt und im Schatten getrocknet wird. Seine Bestandtheile sind gleiche Atome Platin und Schwefel (nach Procenten: 85,97 Platin, 14,03 Schwefel). Seine Eigenschaften sind: 1) blauschwarz; 2) etwas metallisch glänzend; 3) unveränderlich an der trocknen Luft; 4) nicht zersetzbar durch Schwefelsäure und schwachen Salzbasen.

b) Das Platinchlorid. Das Platin verbindet sich mit dem Chlor im Maximum (Platinchlorid) und im Minimum (Platinchlorür). Das Platinchlorid (Chloridum Platini) wird gewonnen, wenn die gesättigte Auflösung des reinen Platins im Königswasser langsam zur Trockne abgedunstet wird. Seine Bestandtheile sind: 1 Atom Platin, 4 Atome Chlor; (nach Procenten 58,21 Platin und 41,79 Chlor). Seine Eigenschaften sind: 1) rothbraune Salzmasse; 2) im Wasser, Alkohol und Aether lösbar; 3) empfindliches Reagenz für Kali und Ammoniak.

c) Das Platinchlorür (Chloretum Platini) wird gewonnen, wenn das Chlorid so lange in gelinder Hitze erhalten wird, bis solches seine Lösbarkeit in Wasser verloren hat. Seine Bestandtheile sind: 1 Atom Platin und 2 Atome Chlor; (nach Procenten: 73,58 Platin und 26,42 Chlor). Seine Eigenschaften sind: 1) Grüngraues Pulver; 2) nicht lösbar in Wasser, Alkohol und Aether.

IV. Platin und Säuren. (Platinsalze.)

§. 382.

Von diesen Verbindungen des Platins werden hier nur diejenigen erörtert, welche nicht entbehret werden können. Dahin gehören: 1) das schwefelsaure Platin; 2) das salpetersaure Platin; 3) das Knallplatin.

a) Das schwefelsaure Platin (Sulphas platinicus) wird gewonnen, wenn Schwefelplatin (§. 381. a.) mit rauchender Salpetersäure (§. 70. a.) bis zur Auflösung gekocht und die Lauge zur Krystallisation abgedunstet wird. Seine Bestandtheile sind: 1 Atom Platinoxyd, 2 Atome Schwefelsäure, (nach Procenten: 58,84 Oxyd, und 41,16 Säure). Seine Eigenschaften sind: 1) dunkelbraune Krystalle; 2) zusammenziehender Geschmack; 3) leicht zersetzbar. Dient zur Darstellung des Platinoxyds (§. 380. c.).

b) Das salpetersaure Platin (Nitras platinicus) wird gewonnen, wenn Platinoxyd in Salpetersäure aufgelöst wird. Seine Bestandtheile sind: 1 Atom Platinoxyd, 2 Atome Säure; (nach Procenten: 51,42 Oxyd, 48,58 Säure.

c) Das Knallplatin (Platinum fulminans) wird gewonnen, wenn schwefelsaures Platin durch Aetzammoniak gefället, der Niederschlag mit kalihaltigem Wasser ausgekocht, dann ausgesüßt und getrocknet wird. Es ist eine Verbindung von Platinoxyd, Ammoniak und Wasser. Seine Bestandtheile sind: (nach Eduard Davy) 82,5 Platinoxyd; 9,0 Ammoniak, und 8,5 Wasser. Seine Eigenschaft sind: 1) dunkelblaues Pulver; 2) verpuffet nur bei 214° Reaumür.

Von dem Palladium, seinen Oxyden und seinen Salzen.

§. 383.

Das Palladium (Palladium), im Jahr 1803 durch Wollaston im rohen Platin entdeckt, und nach dem

Planeten der Pallas, benannt, findet sich im Platinerz aller Länder. Es gehört zu den edeln Metallen.

a) Man gewinnt das Palladium, wenn reines gut ausgesüßtes Cyanplatin (§. 397.) bei der weißen Glühhitze ausgeglühet wird. Seine Eigenschaften sind: 1) Farbe, ähnlich dem Silber; 2) bedeutende Härte, aber Ductilität; 3) fasriger Bruch; 4) spec. Gewicht geschmolzen = 11,3, gehämmert 12,1; 5) schmilzt bei 160 Wedgwod; 6) ist in reiner Salpetersäure vollkommen lösbar. Sein Atomgewicht = 56,2.

I. Palladium und Sauerstoff. (Palladium-Oxyde.)

§. 384.

Das Palladium kann sich unter 2 Verhältnissen mit dem Sauerstoff verbinden, zum Oxydul und zum Oxyd.

a) Das Palladiumoxydul (Oxydulum Palladicum) wird gewonnen, wenn die Auflösung des salpetersauren Palladiums durch Aetzkalilauge gefället, der Niederschlag, (der Hydrat ist ausgesüßt) getrocknet und bis Entfernung des Hydratwassers in der Hitze behandelt wird. Seine Bestandtheile sind: gleiche Atome Palladium und Sauerstoff; (nach Procenten: 86,94 Metall und 13,06 Sauerstoff). Seine Eigenschaften sind: 1) Pulverförmig; 2) schwarzgrau glänzend; 3) im Hydratzustande ist die Farbe rothgelb; 4) erzeugt mit Säuern verbunden die palladiumhaltigen Salze, die farbig erscheinen, in Verbindung mit Kali, Natron und Ammoniak aber farbenlose Doppelsalze erzeugen.

b) Das Palladiumoxyd (Oxydum palladicum) wird gewonnen, wenn Chlorpalladinm mit Kali-Hydrat geschmolzen, dann ausgekocht wird. Sein Hydrat ist dunkelbraun; das reine Oxyd ist schwarz. Seine Bestandtheile sind: 1 Atom Palladium, 2 Atome Sauerstoff;

(nach Procenten: 72,92 Metall 23,08 Sauerstoff). Mit Säure verbunden erzeugt es gelbe Salze.

Anmerkung. Die anderweitigen Verbindungen des Palladiums werden hier übergangen, da sie keine Anwendung in der Kammeralchemie finden.

Von dem Iridium, dem Rhodium und dem Osmium.

§. 385.

Diese 3 Metalle, die seltensten unter den bekannten, machen sämmtlich Gemengtheile im rohen Platin aus. Die beiden ersten gehören zu den elektropositiven, das letztere zu den elektronegativen Metallen. Sie werden hier nur kurz erörtert, weil sie keine Gegenstände der Kameralchemie ausmachen.

a) Das Iridium (Iridium) wurde von Fourcroy und Descotil zuerst im Platinerz entdeckt und von Tennant im Jahre 1803, von Wallaston im Jahre 1804 isolirt dargestellt, und wegen den vielfarbigen Oxyden, die solches darstellen kann, nach dem griechischen Worte ἦρισ (Regenbogen), mit dem Namen Iridium belegt. (Nach andern soll der Name von der Iris, einer Tochter der Electra und Gesandtin der Juno hergeleitet sein, was wohl Tennant nicht gedacht hat.)

b) Man gewinnt das Iridium aus dem natürlichen Osmium-Iridium, oder wenn der pulvrige Rückstand, der nach der Extraktion des Platins mit Königswasser ungelöst zurückbleibt (eine Verbindung von Iridium und Osmium) mit gleichem Gewicht Salpeter gemengt der trocknen Destillation aus einer Retorte mit in der Vorlage vorgeschlagnem Ammoniak unterworfen wird. Was sich tropfbar verflüchtigt, ist Osmiumoxyd. Die rückständige Salzmasse wird mit kaltem Wasser erweicht, mit Königswasser versetzt, und destillirt, wobei Osmiumoxyd verflüchtigt wird. Der Rückstand wird mit Natron gemengt und gut ausgeglühet, und die Masse ausgelaugt. Was zurückbleibt ist Iridiumoxyd, das durch Wasserstoffgas reducirt werden muß. Das rohe Platin liefert 1 bis 5 Procent Iridium. Seine Eigenschaften sind: 1) grauweißes Pulver metallisch glänzend; 2) 15,58 spec. Gewicht; 3) unschmelzbar; 4) auflösbar in Säuren und in Königswasser.

c) Das Iridium kann sich unter 4 verschiedenen Verhältnissen mit dem Sauerstoff verbinden, woraus 4 verschiedene Oxyde hervorgehen. Diese sind: 1) das Iridiumoxydul, aus 1 Atom Iridium und 1 Atom Sauerstoff; (nach Procenten 92,49 Metalle und 7,51 Sauerstoff) zusammengesetzt. Es wird gewonnen, wenn das Iridium an der Luft geglühet wird. Als Hydrat graugrün, schwer lösbar in Säure, bildet schmutzige grüne Salze; 2) das anderthalb-Iridium Oxydul, aus 1 Atom Metall und 1,5 Atom Sauerstoff; (nach Procenten 89,16 Metalle und 10,84 Sauerstoff) zusammengesetzt: schmelzbar, nicht lösbar in Säuren. Das Hydrat ist dunkelblau, lösbar in Säuren, die Auflösung ist roth. Wird gewonnen, wenn das Iridium mit Salpeter geglühet wird; 3) das Iridiumoxyd, aus 1 Atom Iridium und 2 Atome Sauerstoff: (nach Procenten 86,6 Metall und 13,4 Sauerstoff) zusammengesetzt. Lösbar in ätzendem und kohlensaurem Alkali noch nicht für sich dargestellt; 4) das dreifache Iridiumoxyd, aus 1 Atom Metall und 3 Atomen Sauerstoff; (nach Procenten: 80,43 Metall und 19,58 Sauerstoff) zusammengesetzt. Das Hydrat braungelb, in Alkali lösbar. Man gewinnt solches, wenn ein Gemenge des dreifachen Iridiumoxyds mit dem dreifachen Gewicht chlorsaurem Kali und mit kohlensaurem Kali geschmolzen.

Das Iridium gehört zu den seltensten Metallen, findet keine Anwendung in der Kameralchemie.

d) Das Rhodium (Rhodium), welches von 1 bis 3 Procent im rohen Platin dargeboten wird, wurde durch Wollaston im Jahre 1804 entdeckt. Man gewinnt das Rhodium, indem man in der Flüssigkeit, welche nach der Ausscheidung des Palladiums durch Cyanquecksilber zurückbleibt, das Platin durch Salmiak fället, und in die davon übrig bleibende Flüssigkeit eine Platte Zink einhängt (anhoch mit Platin, Rhodium, Iridium, Eisen, Blei und Kupfer gemengt), in Form eines schwarzen Pulvers. Man behandelt jenes Pulver mit Salpetersäure, welche Kupfer, Eisen, Blei und Palladium daraus aufnimmt. Der Rückstand wird mit Königswasser behandelt, welches Platin, Rhodium und etwas Palladium daraus aufnimmt. Diese Auflösung wird mit Chlornatrium versetzt, zur Trockne abgedunstet, dann mit Alkohol gekocht, welcher das Chlorplatin und Chlornatrium in sich aufnimmt. Was ungelöst zurückbleibt, ist ein Bichlorur des Rhodiums. Solches wird in Wasser gelöst und aus der Lösung das Rhodiums durch Zink gefället. Der Niederschlag wird ausgeglühet, dann mit Wasser ausgesüßt, wobei das Rhodium zurück bleibt.

e) Das Rhodium zeichnet sich durch folgende Eigenschaften aus: 1) Farbe grauweiß, fast dem Silber gleich; 2) schmilzt nur vor dem Knallgebläse; 3) spec. Gewicht = 11,0; 4) sehr spröde; 5) wird (im vollkommen reinen Zustande) durch keine Säure aufgelöst. Sein Atomgewicht erhält die stöchyometrische Zahl 120.

f) Das Rhodium kann sich unter 2 Verhältnissen mit dem Sauerstoff vereinigen, zum Oxydul (aus gleichen Atomen Rhodium und Sauerstoff); und zum Rhodiumoxyd, (aus 1 Atom Rhodium und 1,5 Atom Sauerstoff) zusammengesetzt. Man gewinnt das letztere, wenn das Rhodium in Vermengung mit Aetzkali und Salpeter geglühet, und der Rückstand mit Wasser ausgesüßt wird. Das Hydrat ist kastanienbraun und enthält 6,6 Procente Wasser. Das reine Oxyd enthält 81,28 Metall und 18,72 Sauerstoff.

g) Das Rhodiumoxyd ist in den Säuren auflösbar; seine wasserfreien Salze sind gelb; die wasserhaltigen sind roth, schwer krystallisirbar. Die Rhodiumhaltigen Sauerstoffsalze, so wie die Haloidsalze dieses Metalles, werden hier nicht erörtert, da sie keine Gegenstände der Kameralchemie ausmachen.

h) Das Osmium (Osmium), wegen seinem scharfen Geruch so benannt, macht gleichfalls einen Gemengtheil im rohen Platin aus. Es wurde von Tennant im Jahre 1803 zuerst entdeckt. Man gewinnt solches, wenn die Masse, die bei der Auflösung des Platinoxyds in Königswasser zurück bleibt, mit Kali und Salpeter versetzt, in Feuer behandelt, dann in Versetzung mit Salpetersäure destillirt wird; wobei das Osmium als ein tropfbares Oxyd übergeht. Man versetzt dieses mit Chlorwasserstoffgas und Quecksilber, wobei das Osmium mit Quecksilber-Chlorür und metallischem Quecksilber gemengt als Amalgam zurück bleibt. Ueber dieses wird in der Hitze Wasserstoffgas hingeleitet, wobei das Osmium regulinisch, als ein schwarzes Pulver erhalten wird, das nach dem Druck mit dem Polierstahl Metallglanz annimmt. Sein spec. Gewicht ist = 10,0.

i) Das zusammen gesinterte Osmium ist in Säuren auflöslich. Man kennt davon 4 Oxyde: 1) ein Oxydul; 2) ein Oxyduloxyd; 3) ein Oxyd; 4) ein Superoxyd. Eine nähere Erörterung desselben, so wie die Schwefel- und Chlorverbindungen des Osmiums werden hier übergangen, da sie keine Gegenstände der Kameralchemie ausmachen.

Von dem Silber, seinen Oxyden und seinen Salzen.

§. 386.

Das Silber (Argentum, Luna), gehört zu den edlen Metallen. Das Mineralreich bietet solches gediegen, vererzt und an Säuren gebunden dar.

a) Die wichtigsten Silbererze sind: 1) das Glaserz (Silberglaserz) aus 85 Silber und 15 Schwefel zusammengesetzt, von bleigrauer Farbe; 2) die Silberschwärze (verwittertes Silberglanzerz); 3) das Rothgültigerz (aus Silber, Antimon und Schwefel zusammengesetzt), zuweilen auch Sauerstoff, Arsenik und Schwefelsäure enthaltend; 4) das Schwarzgültigerz (aus Silber, Antimon, Eisen, Schwefel, Kupfer und Arsenik zusammengesetzt), sonst Spröd-Glaserz und Röschgewächs genannt; 5) das Antimonsilber (aus Silber und Antimon zusammengesetzt); 6) das Silberamalgam (aus Silber und Quecksilber zusammengesetzt); 7) das Silberhornerz (aus Silber, Sauerstoff, Chlor, Eisenoxyd, Blende und Schwefelsäure zusammengesetzt), sonst Hornsilber genannt; 8) das thonige Silberhornerz (aus Silber, Chlor und Alaunerde, mit Spur von Kupfer zusammengesetzt), sonst Buttermilcherz genannt; 9) das Gänseköthigerz (ein Gemenge von gediegenem Silber, von Kobalt, Nickel, Arseniksäure und Thon), zuweilen auch Schwefel, Antimon und Arsenik enthaltend; 10) das Weißgültigerz (aus Silber, Blei, Antimon, Eisen, Schwefel, Kieselsäure und Alaunerde zusammengesetzt); 11) Fahlerz (aus Kupfer, Arsenik, Antimon, Eisen, Silber und Schwefel, zuweilen auch Zink und Mangan zusammengesetzt), im Minimum 0,4, im Maximum 0,30 Silber enthaltend); zuweilen macht es auch gewöhnlich einen Gemengtheil in den Bleiglanzen aus.

I. Gewinnung des Silbers.

§. 387.

Man gewinnt das Silber 1) aus dem gediegenen Silber, durch bloßes Ausschmelzen oder durch dessen Amalgamation. 2) Das Glanzerz wird geröstet und dann in Versetzung mit Kalk geschmolzen. 3) Die andern Erze werden in der Vermengung mit Kochsalz geröstet, darauf in den Vermengungen mit Quecksilber, Wasser und Eisen bearbeitet, wodurch das Silber mit Quecksilber in Amalgam umgewandelt wird, aus dem man, nach bewirktem Ausglühen, das Silber gewinnt. 4) Das Weißgültigerz, die silberhaltigen Bleiglanzerze, und die Fahlerze, werden geröstet, dann mit Kohlen verschmolzen, hierauf das ausgeschmolzene Silber, durch Abtreiben mit Blei von den andern Metallen befreiet.

II. Reinigung des Silbers.

§. 388.

So wie das Silber aus seinen Erzen geschieden vorkommt, ist solches noch nicht absolut rein, sondern noch mit fremdartigen Metallen verbunden. Man reinigt dasselbe entweder auf trocknem Wege durch die Kupellation, oder auf nassem Wege.

a) Die Kupellation des Silbers wird verrichtet, indem solches mit Bley zusammengeschmolzen, und die Legirung auf der Probierkapelle, unter der Müffel, im Probirofen abgetrieben (kupellirt) wird. Das Bley wird dadurch, neben den anderweitigen unedlen Metallen, oxydirt und von der Kapelle eingesengt. Das Silber, als edles Metall, bleibt als ein glänzendes Korn zurück. Es wird in diesem Zustande Kupelsilber, auch Blicksilber genannt. Der Zusatz von Bley richtet sich nach dem Gehalt der fremdartigen Metalle im Silber. Je weniger unedles Metall vorhanden ist, je mehr Bley wird erfordert.

b) Um die Reinigung auf nassem Wege zu veranstalten, wird das Silber von Salpetersäure aufgelöst, die Auflösung mit in Wasser gelöstem Chlorkalium (Kochsalz) gefället, der Niederschlag (welcher Chlorsilberhydrat ist) mit Wasser ausgesüßt, getrocknet, und, in Versetzung mit dem doppeltem Gewicht kalzinirtem Natron, unter einer Decke von Küchensalz geschmolzen. Nach dem Erkalten der geschmolzenen Masse findet sich am Boden des Gefäßes das reine Silber, über welchem eine Schlacke von Chlornatrium liegt.

c) Versinnlichung beider Prozesse, durch Experimente, in den Vorlesungen; nebst Erklärung ihrer Erfolge.

d) Erörterung der anderweitigen Methoden, Silber von Kupfer zu reinigen, in den Vorlesungen.

III. Eigenschaften des absolut reinen Silbers.

§. 389.

Das absolut reine Silber zeichnet sich durch folgende Eigenschaften aus: 1) weißer starker Metallglanz; 2) ziemlich weich; 3) sehr dehnbar; 4) spec. Gewicht, im geschmolzenen Zustande 10,474, im geschmiedeten 10,510; 5) Schmelzpunkt 22° Wedgwood; 6) flüchtig vor dem Knallgasgebläse; 7) krystallisirt in Oktaëdern. Sein Atomgewicht ist = 108.

IV. Silber und Sauerstoff. (Silberoxyde.)

§. 390.

Das Silber kann sich unter 3 Verhältnissen mit dem Sauerstoff verbinden, zum Oxydul, zum Oxyd und zum Superoxyd.

a) Das Silberoxydul (Oxydulum argenticum) wird gewonnen (nach Faraday), wenn das in Ammoniak aufgelöste Silberoxyd lange der Luft ausgesetzt wird. Seine Bestandtheile sind: 1 Atom Silber, 0,5 Atom Sauerstoff (nach Procenten 94,88 Metall, 5,12 Sauerstoff). Seine Eigenschaften sind: 1) Farbe grün, stark glänzend; 2) gegen das Licht betrachtet gelb erscheinend.

b) Das Silberoxyd (Oxydum argenticum) wird gewonnen: 1) beim Verbrennen des Silbers mittelst der Volta'schen Säule; 2) durch Fällung des in Salpetersäure aufgelösten Silbers durch Aetzkali, Aussüßen und Trocknen des Niederschlags bei 80° Reaumür. Seine Bestandtheile sind gleiche Atome Silber und Sauerstoff (nach Procenten: 93,1 Silber, 6,9 Sauerstoff). Seine Eigenschaften sind: 1) Farbe, dunkel graubraun; 2) spec. Gewicht = 7,143;

3) färbt sich im Lichte violett; 4) ist für sich reducirbar; 5) färbt Glasflüße, beim Zusammenschmelzen damit, gelb.

c) Das Superoxyd des Silbers soll gewonnen werden, (nach Ritter) wenn die salpetersaure Auflösung des Silbers durch die Volta'sche Säule zerlegt wird, und zwar am positiven Pol, in krystallinischen Nadeln, von der Farbe des Eisens.

d) Wird reines Silberoxyd in Aetzammoniak aufgelöst, und die Flüssigkeit der freiwilligen Verdunstung bis zur Trockne überlassen; so entsteht das Berthollet'sche Knallsilber, eine Verbindung von Silberoxyd und Ammoniak; eines der gefährlichsten Präparate.

V. Silber und Metalloide.

§. 391.

Von den Verbindungen des Silbers mit den übrigen Metalloiden, (dem Schwefel, dem Selen, dem Phosphor, dem Jod, dem Brom und dem Cyan), kommt nur allein die mit dem Chlor hier in nähere Betrachtung; die übrigen kommen unter den Gegenständen der Kameralchemie nicht in Anwendung.

a) Das Chlorsilber (Chloreium Argenti) findet sich natürlich gebildet (aber unrein) im Silberhornerz (§. 386. 7.). Dargestellt wird solches, wenn die Auflösung von salpetersaurem Silber durch Chlorwasserstoffsäure oder durch Chlornatrium gefället, der Niederschlag vollkommen ausgesüßt und getrocknet wird. Seine Bestandtheile sind: 1 Atom Silber, 2 Atome Chlor (nach Procenten: 76,34 Silber und 24,66 Chlor). Seine Eigenschaften sind: 1) farbenloses Pulver; 2) geschmacklos, unauflöslich in Wasser; 3) schmilzt bei 260° und erstarrt nach dem Erkalten zu einer schneidbaren, durchscheinenden hornartigen Substanz; 4) ist unveränderlich im Dunkeln; wird aber, bei der Einwirkung des Sonnenlichts, unter Entwicklung von Chlor entmischt und färbt sich; 5) mit Kali und Natron zusammengeschmolzen (§. 388. b.) giebt es regulinisches Silber.

VI. Silberoxyd und Säuren. (Silbersalze.)

§. 392.

Das Silberoxyd geht mit allen Säuren Verbindungen ein, und erzeugt damit die silberhaltigen Salze. Von diesen kommen, als Gegenstände der Kameralchemie, allein in nähere Betrachtung das schwefelsaure und das salpetersaure Silberoxyd.

a) Das schwefelsaure Silber (Sulphas argenticus) wird gewonnen, wenn die Lösung des salpetersauren Silbers durch schwefelsaures Natron zerlegt, die Flüssigkeit zur Krystallisation gebracht, die Krystalle getrocknet, und an einem dunkeln Orte aufbewahrt werden. Seine Bestandtheile sind: 1 Atom Silberoxyd und 3 Atome Schwefelsäure (nach Procenten: 74,34 Oxyd und 25,66 Säure. Seine Eigenschaften sind: 1) kleine weiße glänzende Rhomben; 2) in 88 Theilen Wasser lösbar; 3) lösbarer in Schwefelsäure und in Salpetersäure; 4) ist ein sehr empfindliches Reagenz gegen Chlor und Chlorwasserstoff-Säure.

b) Das salpetersaure Silber (Nitras argenticus) wird gewonnen, wenn reines Silber in Salpetersäure aufgelöst, dann die farbenlose Lösung der Krystallisation überlassen, und das krystallisirte Salz, so lange bis es ruhig fließt, geschmolzen wird. Seine Bestandtheile (im wasserfreien Zustande) sind, gleiche Atome Silberoxyd und Salpetersäure (nach Procenten: 58,2 Oxyd und 31,5 Säure. Seine Eigenschaften sind: 1) dunkelgraue im Bruche strahlig krystallisirte Masse; 2) leicht lösbar in reinem Wasser; 3) färbt alle animalische Substanzen schwarz und zerstört solche. Es wird in diesem Zustande Höllenstein (Lapis infernalis) genannt. Im krystallinischen Zustande enthält das salpetersaure Silberoxyd noch Hydrat- und Krystallwasser. Es erscheint in 4- und 6seitigen farbenlosen Krystallen, ist scharf und ätzend, färbt, gleich dem Höllenstein, alle thierische Substanzen schwarz, und ist im gleichen Gehalt kaltem Wasser lösbar. Dient als chemisches Reagenz für Chlor und Chlorsalze.

Von dem Quecksilber, seinen Oxyden und seinen Salzen.

§. 393.

Das Quecksilber, besser Quicksilber (Hydrargyrum. Argentum vivum. Mercurius) genannt, war bereits den ältern Griechen und Römern bekannt; es gehört zur Reihe der edlen Metalle, und zeichnet sich von allen übrigen besonders dadurch aus, daß solches stets im geschmolzenen Zustande vorkommt, und erst bei 32° Reaumür (unterm Gefrierpunkte) erstarrt.

a) Das Mineralreich bietet das Quecksilber in verschiedenen Formen dar: 1) Gediegen, als (laufendes Quecksilber, Jungfern-Quecksilber); 2) als Zinnober und Zinnobererz (aus 85,00 Quecksilber und 15,00 Schwefel zusammengesetzt); 3) als Quecksilber-Lebererz (aus Quecksilber, Schwefel, Kohle, Kieselsäure, Alaunerde, Eisenoxyd, Kupfer und Wasser zusammengesetzt); 4) als Quecksilber-Hornerz (aus Quecksilber und Chlor zusammengesetzt.

I. Darstellung des Quecksilbers aus seinen Erzen.

§. 394.

Man stellt das Quecksilber aus seinen Erzen dar, indem solche, nach dem Zerkleinern derselben, in der Vermengung mit Eisen oder Kalk, aus eisernen Retorten der trocknen Destillation unterworfen werden, dergestalt, daß die Halsöffnungen der Retorten in Wasser eintauchen. Hier vereinigt sich der Schwefel mit dem Eisen oder dem

Kalk, und das getrennete Quecksilber wird in Dämpfen verflüchtigt, die sich im Wasser verdichten, und als Quecksilber zusammenfließen.

a) Das so erhaltene Quecksilber kann, durch eine nochmalige Destillation, in Vermengung mit etwas Eisen, mehr gereinigt werden. Das Destillat wird dann vom anklebenden Wasser befreiet, durch Leder gepresset, und aufbewahrt.

b) Das reine Quecksilber zeichnet sich durch folgende Eigenschaften aus: 1) Farbe, weiß; 2) noch bei — 30° Reaum. flüssig; 3) erstarrt bei — 32° Reaum. zu Octaëdern, und zeigt sich unter dem Hammer dehnbar bei derselben Temperatur; 4) specifisches Gewicht: im flüssigen Zustande = 13,568; im starren Zustande = 14,4; 5) verdampfet bei 17—20° Reaum.; 6) siedet bei 252⅘ Reaum.; 7) löset in der Kälte und in der Wärme die edlen Metalle auf, und bildet damit Amalgame. Sein Atomgewicht ist = 200.

II. Quecksilber und Sauerstoff. (Quecksilber-Oxyde.)

§. 395.

Das Quecksilber kann sich unter 2 Verhältnissen mit dem Sauerstoff verbinden, zum Oxydul und zum Oxyd; das erstere erscheint grauschwarz, das zweite erscheint gelblichroth.

a) Man stellet das Quecksilberoxydul (Oxydum hydrargyrosum) am besten dar, wenn 110 Gewichtstheile rothes Quecksilberoxyd und 100 Theile regulinisches Quecksilber, unter Zusatz von wenigem Wasser, in einem steinernen Mörser so lange zusammen gerieben werden, bis ein gleichförmig schwarzgraues Pulver daraus hervorgegangen ist. Seine Bestandtheile sind: 1 Atom Quecksilber und 0,5 Atom Sauerstoff, (nach Procenten 96,2 Metall und 3,6 Sauerstoff). Seine Eigenschaften sind: 1) Farbe, schwarzgrau; 2) geschmacklos; 3) leicht lösbar in Salpetersäure und in Essigsäure.

b) Das Quecksilberoxyd (Oxydum hydrargyricum) kann auf nassem und auf trockenem Wege dargestellt werden. Seine Bestandtheile sind: 1 Atom Quecksilber und 1 Atom Sauerstoff (nach Procenten: 92,68 Metall und 7,32 Sauerstoff). Seine Eigenschaften sind: 1) Farbe, roth ins Gelbe sich hinneigend; 2) schuppig krystallinisch; 3) entwickelt, mit Chlorwasserstoffsäure übergossen, Chlorgas; 4) nimmt in der Hitze eine schwarze Farbe an, und wird in der Rothglühhitze in regulinisches Quecksilber und Sauerstoffgas zerlegt.

c) Man bereitet das Quecksilberoxyd, auf dem nassen Wege, wenn salpetersaures Quecksilberoxyd in einer gläsernen Retorte der Destillation aus einem Sandbade, bei nach und nach verstärktem Feuer, so lange unterworfen wird, bis der Hals der Retorte mit reinem Sauerstoffgas angefüllt erscheint. Das Quecksilberoxyd findet sich nun im Bauche der Retorte. Hier entwickelt sich salpetrige Säure, und Quecksilberoxyd bleibt zurück.

d) Auf trocknem Wege gewinnt man das Quecksilberoxyd (Oxydum hydrargyricum per se), indem man Quecksilber in einen Satzkolben mit flachem Boden, dessen Halsöffnung mit einer 18 Zoll langen an beiden Enden offenen und oben heberförmig umgebogenen gläsernen Röhre verlängert ist, einbringt und den Kolben im Sandbade bei solcher Temperatur erhält, daß das Quecksilber fortwährend kocht. Hierbei nimmt der Quecksilberdampf den Sauerstoff aus dem Dunstkreise in sich, und fällt als Quecksilberoxyd in kleinen rothbraunen Krystallen zu Boden. Die Arbeit wird so lange fortgesetzt, bis alles regulinische Quecksilber verschwunden ist.

III. Quecksilber und andere Metalloide.

§. 396.

Von den Verbindungen des Quecksilbers mit den anderweitigen Metalloiden werden hier nur diejenigen erörtert, welche Gegenstände der Kameralchemie ausmachen. Es gehören dahin die Verbindungen des Quecksilbers mit dem Schwefel und dem Chlor.

a) Das Schwefelquecksilber (Bi Sulphuretum hydrargyri) findet sich fertig gebildet im Mineralreiche als Zinnober (Cinnabaris); (§. 393. 2); künstlich wird es aus der Vereinigung von beiden, und nachmaliger Sublimation dargestellt. Die Darstellung kann auf dem trocknen und dem nassen Wege geschehen.

b) Um Zinnober auf trocknem Wege zu bereiten, wird z. B. 1 Loth Schwefel in einem, nicht glasirten, irdenen Gefäße geschmolzen. Wenn der Schwefel ruhig fließt, werden 7 Loth Quecksilber, vorher erwärmt, zu dem schmelzenden Schwefel geschüttet, und alles so lange unter einander gerührt, bis die Masse sich, unter prasselndem Geräusche, entzündet; dann das Gefäß sogleich zugedeckt. Nach dem Erkalten wird die schwarzbraune Masse herausgenommen, zart gepulvert, und in einem, mit einem Kreidestöpsel leicht verschlossenen Glase, der Sublimation im Sandbade unterworfen, so lange, bis alles Zinnober emporgestiegen ist. Derselbe erscheint am oberen Theil des Glases in Form einer rothbraunen strahligten krystallinischen Substanz, die beim Zerreiben eine schöne hellrothe Farbe annimmt. Die Bestandtheile des Zinnobers sind: 1 Atom Quecksilber und 2 Atome Schwefel, (nach Procenten aus 86,3 Quecksilber und 13,7 Schwefel). Seine Eigenschaften sind: 1) Farbe, im sublimirten Zustande rothbraun krystallinisch, im zerriebenen fast Carminroth; 2) geschmack- und geruchlos; 3) ohne Zersetzung flüchtig in der Hitze; 4) nicht lösbar in Salpetersäure; 5) vollkommen lösbar in Königswasser; 6) spec. Gewicht = 8,1.

c) Um Zinnober auf nassem Wege zu bereiten, werden (nach Kirchhof) 300 Gewichtstheile (= 5 Quentchen) Quecksilber mit 68 Theile (= 1 Quentchen 8 Gran) reinem Schwefel, und 160 Theilen (= 2 Quentchen 40 Gran) Aetzkali, und so viel Wasser zusammengerieben, als zur

Lösung des Kali erforderlich ist, das Gemenge erwärmt und unter stetem Umrühren, unter Zusatz von mehrerem Wasser, so lange erhalten, bis die Masse die rothe Farbe annimmt; dann mit Wasser ausgesüßt und getrocknet.

d) Mit dem Chlor kann das Quecksilber sich in 2 Verhältnissen vereinigen: zum Chlorür und zum Chlorid. Das Quecksilber-Chlorür (Chloretum hydrargyri) wird gewonnen, wenn 4 Gewichtstheile Quecksilberchlorid und 3 Theile regulinisches Quecksilber so lange zusammen gerieben werden, bis alles in ein schwarzgraues Pulver umgewandelt worden ist; welches nun in einem gläsernen Kolben der Sublimation unterworfen wird. Unter den Namen Mercurius dulcis, Hydrargyrum muriaticum mite und Calomel, ist dieses Präparat als Arzneimittel im Gebrauch. Seine Bestandtheile sind: gleiche Atome Quecksilber und Chlor; (nach Procenten: 85,12 Metall und 14,88 Chlor). Seine Eigenschaften sind: 1) strahlig krystallinischer Sublimat; 2) Farbe schmutzig weiß; 3) zart zerrieben blaßgelb; 4) geschmack- und geruchlos; 5) unauflöslich im Wasser, Alkohol und Aether; 6) vollkommen flüchtig in der Hize.

e) Das Quecksilberchlorid (Chloridum hydrargyri. Bichloretum hydrargyri) wird bereitet, indem gleiche Gewichtstheile trocknes schwefelsaures Quecksilber (§. 397, c.) und Chlornatrium (Küchensalz) gemengt, der Sublimation aus einer Retorte unterworfen werden. Hier entziehet das Natron dem Quecksilberoxyd den Sauerstoff und ändert sich in Natron um, welches mit der Schwefelsäure in Verbindung tritt. Dagegen vereinigt sich das Quecksilber mit dem Chlor zu doppelt Chlorquecksilber (Quecksilberchlorid), welches sublimirt. Seine Bestandtheile sind: 1 Atom Quecksilber und 2 Atome Chlor; (nach Procenten: 73,1 Quecksilber, 25,9 Chlor). Seine Eigenschaften sind: 1) Farbenlos, strahlig krystallisirt; 2) 5,139 spec. Gewicht; 3) scharfer metallisch-ätzender Geschmack; 4) in 3 Theilen siedendem und 16 Theilen kaltem Wasser lösbar; 5) auch lösbar im Aether und im Alkohol; 6) macht ein scharfes Gift aus. Unter dem Namen Aetzendes Quecksilber-Sublimat (Mercurius sublimatus corrosivus) macht es einen Gegenstand der Gold- und Silberarbeiter aus.

f) Quecksilber und Jod (Quecksilber-Jodür, (Jodetum hydrargyri). Man gewinnt diese Verbindungen, wenn eine in Wasser gemachte Lösung von Jodkalium (§. 385. a.) mit einer mit Wasser gemachten Lösung von gleichen Gewichtstheilen Quecksilberchlorid und Salmiak versetzt wird. Seine Bestandtheile sind: 1 Atom Metall, 2 Atome Jod (nach Procenten: 55,32 Metall und 44,68 Jod). Seine Eigenschaften sind: 1) scharlachrothes Pulver; 2) nicht lösbar in Wasser; 3) lösbar in Alkohol und Säuren; 4) schmelzbar und sublimirbar in der Hitze. Dient als Farbe bei der Mahlerei.

g) Quecksilber und Cyan. (Quecksilber-Cyanür (Cyanuretum hydrargyri). Man gewinnt solches, wenn rothes Quecksilberoxyd (§. 395. d.) mit Wasser und soviel Eisencyanür (Berlinerblau) digerirt wird, bis das Berlinerblau sich nicht mehr entfärbt, dann die Flüssigkeit filtrirt und der Krystallisation unterworfen wird. Seine Bestandtheile sind: 1 Atom Quecksilber, 2 Atome Cyan (§. 108.) (nach Procenten 79,32 Metall, 20,68 Cyan). Seine Eigenschaften sind: 1) farbenlose vierseitige Säulen; 2) metallischer Geschmack; 3) lösbar im Wasser, im Alkohol und in Salpetersäure; 4) zersetzbar in der Hitze.

IV. Quecksilberoxyde und Säuren. (Quecksilbersalze.)

§. 397.

Das regulinische Quecksilber wird (in der Kälte) nur von der Salpetersäure angegriffen und aufgelöst; die Quecksilberoxyde gehen mit allen Säuren Verbindungen ein und erzeugen damit die Quecksilbersalze. Hier werden nur allein diejenigen ausgehoben und näher erörtert, welche als Gegenstände der Kameralchemie in Betrachtung kommen. Die übrigen gehören vor das Forum der allgemeinen Chemie. Hieher gehören: 1) das salpetersaure Quecksilber; 2) das schwefelsaure Quecksilber; 3) das knallsaure Quecksilber.

a) Das salpetersaure Quecksilberoxydul (Nitras hydrargyrosus) wird erhalten, wenn das Quecksilber in schwacher Salpetersäure kalt aufgelöst, und die Auflösung der Krystallisation überlassen wird. Läßt man in der verdünnten Säure soviel Quecksilber in der Kälte auflösen, als sie nur immer aufnehmen will, so erzeugt sich das salpetersaure Quecksilber-Oxydul (Nitras hydrargyrosus). Seine Bestandtheile sind: 1 Atom Oxydul und 2 Atome Säure, (nach Procenten: 74,50 Oxydul, 19,16 Säure und 6,34 Wasser). Seine Eigenschaften sind: 1) farbenlose durchscheinende säulenförmige Krystalle; 2) färbt die Haut grau; 3) ist vollkommen lösbar in kaltem Wasser.

b) Das salpetersaure Quecksilberoxyd (Nitras hydrargyricus) wird gewonnen, wenn man die Auflösung des Quecksilbers, mit Ueberschuß an Säure, in der Wärme verrichtet; auch wenn rothes Quecksilberoxyd (§. 395. d.) in Salpetersäure bis zur vollkommenen Sättigung aufgelöst wird. Seine Bestandtheile sind: 1 Atom Oxyd, 2 Atome Säure; (nach Procenten: 75,18 Oxyd, 18,64 Säure und 6,18 Krystall- und Hydratwasser). Seine Eigenschaften sind: 1) farbenlose Säulen; 2) zersetzbar in Wasser; 3) scharfer ätzender Geschmack; 4) färbt die Haut braun. Bei der Lösung in Wasser, wird es in basisches und saures, salpetersaures Quecksilberoxyd zersetzt.

c) Das schwefelsaure Quecksilber (Sulphas hydrargyricus) wird gewonnen, wenn 1 Gewichtstheil regulinisches Quecksilber in einer gläsernen Retorte, mit $1\frac{1}{2}$ koncentrirter Schwefelsäure in einer Retorte übergossen und im Sandbade so lange destillirt wird, bis eine trockne farbenlose Salzmasse zurück bleibt. Während der Destillation wird schweflichsaures Gas (§. 125) entwickelt, das aufgefangen werden kann. Das Quecksilber entzieht hiebei der Schwefelsäure 1 Atom Sauerstoff und ändert sich in Quecksilberoxyd um, das mit dem unzerlegten Antheil der

Säure verbunden das schwefelsaure Quecksilberoxyd darstellt. Seine Bestandtheile sind: 1 Atom Quecksilberoxyd, 2 Atome Schwefelsäure; (nach Procenten 73,16 Oxyd und 26,84 Säure. Seine Eigenschaften sind: 1) kleine farbenlose spitzige Krystalle; 2) herber metallischer Geschmack; 3) wird beim Zusatz von siedendem Wasser, in basisches und aus saures, schwefelsaures Quecksilberoxyd zerlegt. Das letztere erscheint feurig gelb, besteht ans 3 Atome Oxyd und 1 Atom Säure, (nach Procenten, aus 89,1 Oxyd und 10,9 Säure. Es wurde sonst Mineralturpit genannt.

d) Das Knallsaure Quecksilber, (Knallquecksilber Hydraryrum fulminans), nach Howard, wird gewonnen, wenn eine in der Hitze gemachte Auflösung von Quecksilber in Salpetersäure, mit Alkohol versetzt und gelinde digerirt wird. Hier fällt ein weißes Pulver nieder, das in siedendem Wasser gelöst, krystallisirt, und im Schatten getrocknet wird. Seine Bestandtheile sind: 1 Atom Quecksilberoxydul und 2 Atome Knallsäure (§. 111. c.). Seine Eigenschaften sind: 1) glänzende zarte Nadeln; 2) verpuffet mit Knall, wenn es geschlagen, oder bis auf 186° erhitzt wird. Dient zu den Knallerbsen, den Knallfidibus und zu den Percussions-Gewehren.

Von dem Kupfer, seinen Oxyden und seinen Salzen.

§. 398.

Das Kupfer (Cuprum. Cyprum. Venus. Aes) gehört zu den unedlen Metallen, und war schon den Ebräern, den alten Aegyptiern, den Griechen und Römern bekannt. Dasselbe findet sich im Mineralreiche unter verschiedenen Formen; auch macht es einen Bestandtheil in der Asche aller gewürzhaften Vegetabilien aus wärmern Klimaten aus.

a) Das Mineralreich bietet das Kupfer dar: 1) Gediegen (Goldhaltig), vorzüglich in Sibirien; 2) als Kupferglanz. Kupferglaserz, (aus Kupfer, Schwefel, Eisen und Kieselsäure zusammengesetzt); 3) als Kupfer-Lebererz (aus Kupfer, Schwefel, Eisen und Sauerstoff zusammengesetzt); 4) als Kupferkies (aus Kupfer, Eisen und Schwefel); 5) als Kupfer-Fahlerz (aus Kupfer, Arsenik, Antimon, Eisen, Silber und Zink), lichtes und dunkles; 6) als Tennantit (aus Kupfer, Schwefel, Arsenik, Eisen und Kiesel); 7) als Roth-Kupfererz, Ziegelerz, (aus Kupfer und Sauerstoff); 8) als Kupfervitriol (aus Kupferoxyd, Schwefelsäure, Wasser); 9) als Salzkupfererz. Atakamit (aus Kupfer, Chlor und Wasser zusammengesetzt); 10) als phosphorsaures Kupfer, (aus Kupferoxyd, und Phosphorsäure); 11) als kohlensaures Kupfer. Malachit (aus Kupfer, Sauerstoff, Kohlensäure, Wasser); 12) als Kupferlasur (aus Kupfer-Superoxyd, Kohlensäure und Wasser); 13) Linsenerz (aus Kupferoxyd, Arseniksäure, Wasser); 14) Olivenit, (eben so); 15) Kupferglimmer (eben so); 16) Kupfer-Smaragd (aus Kupferoxyd, Kalkerde, Kohlensäure, Kieselsäure, Wasser); 17) Kieselkupfer (aus Kupfer, Sauerstoff, Kieselsäure, Wasser, Kohlensäure, Kalkerde, und Schwefelsäure zusammengesetzt).

I. Darstellung des Kupfers aus seinen Erzen.

§. 399.

Zur Gewinnung des reinen regulinischen Kupfers, werden die gediegenen Kupfererze im Hohofen bloß ausgeschmolzen; die Kupferoxyde (Kupferglanzerz, Malachit, Kupferlasur) werden gleichfalls im Hohofen, bloß mit Kohlen geschmolzen. Die Kupfererze (Kupferkiese und Fahlerze) werden vorher geröstet, dann mit Zusetzung von Quarz und Kalk geschmolzen, wodurch eine schwarze Masse erhalten wird (Kupferstein, Rohstein), aus Kupfer, Eisen, Schwefel und einigen andern Metallen zusammengesetzt. Diese wird zum zweiten Mal geröstet, dann ausgeschmolzen. Das Produkt ist Schwarzkupfer (ungefähr 90 Procent Kupfer, mit wenigem Schwefel und einigen andern Metallen gemischt). Das Schwarzkupfer wird auf dem Gaarheerde vor dem Gebläse nochmals verschmolzen, und bietet nun das Gaarkupfer dar, welches regulinisches Kupfer ist.

a) Wenn das Gaarkupfer nach dem Ausschmelzen durch aufgespritztes Wasser auf der Oberfläche zum Erstarren gebracht und der erstarrte Theil abgenommen wird, so stellt er runde Scheiben (Rosetten) dar, und wird Rosettenkupfer genannt.

b) Enthielt das Kupfererz Silber (wie die Kupferfahlerze), so wird das Schwarzkupfer oder auch das Gaarkupfer mit Bley zusammengeschmolzen, in halbrunde Kuchen ausgegossen, und solche der Saigerung unterworfen; wobei das Silber in Verbindung mit Bley ausschmilzt und das Kupfer, mit noch wenig Bley verbunden, in einem porösen Zustande (Kienstöcke) zurück läßt. Durch Dörren und nochmaligem Schmelzen, gewinnt man das reine Kupfer.

c) Das silberhaltige Bley wird im Treibofen abgetrieben (kupellirt), wobei das Bley sich oxydirt und in Glätte umwandelt, das Silber aber, als edles Metall, rein auf dem Treibheerde zurück bleibt; solches wird Blicksilber genannt.

d) Was man Cementkupfer nennt, wird aus dem natürlichen Cementwasser (schwefelsaures Kupferhaltiges Wasser), durch eingelegtes Eisen reducirt, dann zusammengeschmolzen.

II. Chemischreines Kupfer. Eigenschaften desselben.

§. 400.

Das allerreinste (chemischreine) Kupfer wird gewonnen, wenn reines krystallinisches essigsaures Kupfer, mit dem doppelten Gewicht schwarzem Fluß (§. 273. d.) zusammen geschmolzen, das erzeugte reguliniſche Kupfer mit Wasser gewaschen, und dann nochmals für sich, in der Versetzung mit Borax geschmolzen wird. Auch, wenn in Wasser gelöstes schwefelsaures Kupfer durch reguliniſches Eisen gefället, der braune regulinische Niederschlag mit Chlorwasserstoffsäure ausgewaschen, und dann durch schwarzen Fluß reducirt wird.

a) Das vollkommen reine regulinische Kupfer zeichnet sich durch folgende Eigenschaften aus: 1) Farbe, ein eigenthümliches Roth, stark glänzend; 2) Gestalt, Octaëder und Würfel; 3) hart, klingend, sehr dehnbar, elastisch; 4) zackiger Bruch; 5) spec. Gewicht: im geschmolzenen Zustande = 8,067; im gehämmerten Zustande = 8,90°; 6) schmilzt bei 27° Wedgwood; 7) verflüchtigt sich in der Weißglühhitze, und brennt darin mit blaugrüner Flamme; 8) wird leicht in der feuchten Luft, so wie durch Säuren und Alkalien, oxydirt, und wirkt dann im höchsten Grade giftig. Sein Atomgewicht ist = 32.

III. Kupfer und Sauerstoff. (Kupferoxydul.)

§. 401.

Das Kupfer kann sich unter 3 Verhältnissen mit dem Sauerstoff verbinden, zum Kupferoxydul, zum Kupferoxyd und zum Kupfer-Superoxyd.

a) Das Kupferoxydul (Oxydum cuprosum) wird gewonnen, wenn 5 Gewichtstheile Kupferoxyd und 4 Theile reines gefeiltes Kupfer zusammen geglühet werden.

Hier vertheilt sich der Sauerstoff des Erstern zwischen beiden, und das Produkt ist braunes Kupferoxydul. Dasselbe erzeugt sich auch beim Glühen des regulinischen Kupfers mit Berührung der Luft (Kupferhammerschlag). Seine Bestandtheile sind: 1 Atom Kupfer, 0,5 Atom Sauerstoff (nach Procenten: 88,78 Kupfer, 11,22 Sauerstoff). Seine Eigenschaften sind: 1) Farbe, rothbraun; findet sich natürlich gebildet im Rothkupfererz.

b) Wird regulinisches Kupfer, durch Hülfe des Kochens, in Chlorwasserstoffsäure bis zur Sättigung aufgelöst, und die nur mit wenigem Wasser verdünnte braune Auflösung durch Aetzkalilauge gefället, so gewinnt man ein bräunlich gelbes Präzipitat, das nach schnellem Aussüßen, unter Ausschluß der Luft, und Trocknen, das Kupferoxydul-Hydrat (Hydras cuprosus) darstellt. Seine Bestandtheile sind: 1 Atom Kupferoxydul, 1 Atom Wasser (nach Procenten 36 Oxydul und 9 Wasser). Seine Eigenschaften sind: 1) Farbe, bräunlich gelb; 2) läßt in der Hitze das Wasser von sich und es bleibt bräunliches Kupferoxydul zurück; 3) geht an der feuchten Luft in grünes Kupferoxyd-Hydrat über.

c) Das Kupferoxyd (Oxydum cupricum) wird gewonnen, wenn das salpetersaure Kupferoxyd einer vollkommnern Ausglühung so lange unterworfen wird, bis alle Säure entfernt ist, und ein geschmackloses braunschwarzes Pulver zurückbleibt. Seine Bestandtheile sind: 1 Atom Kupfer, 1 Atom Sauerstoff (nach Procenten: 97,83 Kupfer, 20,17 Sauerstoff. Seine Eigenschaften sind: 1) Farbe, dunkelbraunschwarz; 2) schmelzbar in der Weißglühhitze, erstarrt nach dem Erkalten zu einer krystallinischen Masse; 3) erzeugt, mit Säuren verbunden, die Kupferoxydsalze; 4) färbt Glasflüße grün. Dienet vorzüglich zur chemischen Zergliederung organischer Substanzen.

d) Das Kupferoxyd-Hydrat (Hydras cupricus) wird gewonnen, wenn die Auflösung von salpetersaurem Kupferoxyd durch Aetzkali gefället, der Niederschlag kalt ausgesüßt und im Schatten getrocknet wird. Seine Bestandtheile sind: 1 Atom Kupferoxyd und (wahrscheinlich) 1

Atom Wasser (nach Procenten: 82,0 Oxyd, 18,0 Wasser). Seine Eigenschaften sind: 1) hellblaues Pulver; 2) wird beim Kochen mit Wasser schwarz; 3) läßt beim Ausglühen, schon in mäßiger Hitze, das Hydratwasser von sich, und geht in schwarzes Oxyd über.

e) Das Kupfer-Superoxyd (Super-Oxydum cupricum) wird gewonnen, wenn (nach Thenard) das Kupferoxydhydrat mit Wasserstoff-Superoxyd oxydirtem Wasser behandelt wird. Seine Bestandtheile sind: 1 Atom Kupfer, 2 Atomen Sauerstoff (nach Procenten: 32,0 Kupfer, 16,0 Sauerstoff). Seine Eigenschaften sind: 1) gelbgrünes Pulver; 2) geschmacklos; 3) wirkt nicht auf Pflanzenfarben; 4) wird schon in gelinder Hitze, unter Entwickelung von Sauerstoffgas, zersetzt, und geht in Oxyd zurück.

IV. Kupfer und säurefähige Metalloide.

§. 402.

Von den Verbindungen des Kupfers mit den säurefähigen Metalloiden, werden hier allein diejenigen ausgehoben, welche unter den Gegenständen der Kameralchemie in Betrachtung kommen. Es gehören dahin die Verbindungen des Kupfers: 1) mit dem Schwefel, 2) dem Chlor, und 3) dem Cyan. Die Verbindungen des Kupfers mit dem Kohlenstoff, dem Phosphor, dem Selen, dem Jod, dem Brom, dem Fluor, dem Boron und dem Kiesel, gehören vor das Forum der allgemeinen Chemie, und finden in der Kameralchemie keine Anwendung.

1. Kupfer und Schwefel. (Schwefelkupfer.)

§. 403.

Das Kupfer kann sich mit dem Schwefel unter mehrern Verhältnissen verbinden. Wir heben hier nur diejenigen Verbindungen aus, welche in der Kameralchemie in Betrachtung kommen, wohin folgende gehören:

a) Das einfache Schwefelkupfer (Sulphuretum Cupri), auch Halbschwefelkupfer genannt. Man gewinnt solches, wenn regulinisches Kupfer in den Dämpfen von Schwefel eingetragen worden. Die Vereinigung erfolgt unterm Erglühen des Kupfers mit rothem Lichte. Die Bestandtheile sind: 1 Atom Kupfer, 0,5 Atome Schwefel; (nach Procenten: 79,73 Kupfer, 20,27 Schwefel. Seine Eigenschaften sind: 1) Farbe, bleygrau; 2) spec. Gewicht = 5,69; 3) wenig dehnbar; 4) leichter schmelzbar als regulinisches Kupfer. Natürlich gebildet, nur weniger rein, findet sich solches im Kupferglanzerz (§. 398. 2.).

b) Das doppelte Schwefelkupfer (Bisulphuretum Cupri) wird gewonnen, wenn hydrothionsaures Gas so lange in die Lösung eines Kupfersalzes geleitet wird, bis keine Trübung mehr erfolgt, dann der Niederschlag gut ausgesüßt und (mit Abhaltung der Luft) getrocknet wird. Seine Bestandtheile sind 1 Atom Kupfer und 1 Atom Schwefel; (nach Procenten: 60,3 Kupfer, 33,7 Schwefel. Seine Eigenschaften sind: 1) im feuchten Zustande, braunschwarz, im trocknen hingegen grünschwarz; 2) wird beim Glühen in verschlossenen Räumen in Schwefel und einfachem Schwefelkupfer zersetzt. Natürlich gebildet, mit Schwefelsäure versetzt, findet sich solches im Kupferkies (§. 398. 4.).

2. Kupfer und Chlor. (Chlorkupfer.)

§. 404.

Das Kupfer kann sich mit dem Chlor in mehreren Verhältnissen verbinden: einfach und doppelt.

a) Das Doppelt-Chlorkupfer, Kupferchlorid (Bichloretum Cupri. Chloridum Cupri) wird gewonnen, wenn reines Kupfer mit concentrirter Chlorwasserstoffsäure, durch Hülfe des Kochens aufgelöst, und die braune Auflösung zur Krystallisation abgedunstet wird. Seine Bestandtheile sind:

1 Atom Kupfer, 2 Atome Chlor; (nach Procenten: 47,0 Kupfer, 53,0 Chlor.) Seine Eigenschaften sind: 1) gelbbraunes Pulver; 2) schmelzbar in der Hitze; 3) ziehet leicht Feuchtigkeit aus der Luft an und zerfließt; 4) seine mit Wasser gemachte Lösung bildet tafelförmige Krystalle, von gelblicher Farbe.

b) Die mit Wasser gemachte Lösung nimmt nach und nach eine grüne Farbe an, und liefert beim Krystallisiren grüne säulenförmige Krystalle, welche das wasserhaltige Kupferchlorid darstellen. Seine Bestandtheile sind: 1 Atom Kupferchlorid und 4 Atome Wasser; (nach Procenten: 64,0 Kupferchlorid und 36,0 Wasser).

c) Das Einfach-Chlorkupfer (Kupferchlorur) (Chloretum Cupri) wird gewonnen, wenn das Kupferchlorid bis zur Entfernung der Hälfte des Chlors erhitzt wird. Seine Bestandtheile sind gleiche Atome Kupfer und Chlor; (nach Procenten: 64,0 Kupfer und 36,0 Chlor). Seine Eigenschaften sind: gelbbraune Masse.

3. Kupfer und Cyan. (Cyankupfer).

§. 405.

Man gewinnt das Cyankupfer, Kupfercyanür (Cyanuretum Cupri), wenn die neutrale Lösung des Kupfers in irgend einer Säure, im verdünneten Zustande, mit einer Lösung von Blaustoff-Eisenkalium (§. 280. a.) gefället, der Niederschlag schnell ausgesüßt und getrocknet wird. Seine Bestandtheile sind (wahrscheinlich) 1 Atom Kupfer, 2 Atome Cyan. Seine Eigenschaften sind: 1) flohbraunes Pulver; 2) leicht zerlegbar im feuchten Zustande, unter Entwickelung von Hydrocyansäure; auch in der Glühhitze. Dient als braune Malerfarbe.

a) Das Blaustoff-Eisen-Kalium, ist das empfindlichste Mittel für die Kupfersalze

V. Kupferoxyd und Säuren. (Kupfersalze.)

§. 406.

Das Kupferoxyd geht mit allen Säuren Verbindungen ein, die sich als Kupfersalze darstellen. Hier werden allein diejenigen ausgehoben, welche als Gegenstände der Kameralchemie in Betrachtung kommen. Es gehören dahin: 1) das salpetersaure, 2) das kohlensaure, 3) das schwefelsaure, 4) das arseniksaure, 5) das essigsaure Kupferoxyd.

1. Kupferoxyd und Salpetersäure. (Salpetersaures Kupferoxyd.)

§. 407.

Man gewinnt dieses Salz, wenn regulinisches Kupfer in Salpetersäure aufgelöst, und die neutrale Flüssigkeit zur Krystallisation disponirt wird. Seine Bestandtheile sind: 1 Atom Kupferoxyd und 2 Atome Salpetersäure (nach Procenten: 42,26 Oxyd, 57,74 Salpetersäure). Seine Eigenschaften sind: 1) Parallelepipedische Krystalle; 2) saphyrblaue Farbe; 3) ekelhafter ätzend metallischer Geschmack; 4) zerfließt an der feuchten Luft; 5) leicht lösbar in Wasser; 6) läßt in der Glühhitze alle Säure von sich und das Oxyd zurück.

2. Kupferoxyd und Kohlensäure. (Kohlensaures Kupferoxyd.)

§. 408.

Das kohlensaure Kupferoxyd (Carbonas cupricus) wird gebildet, wenn Kupferoxyd und Kohlensäure in Mischung treten. Dieses Salz kommt nicht nur natürlich gebildet vor, sondern kann auch künstlich dargestellt werden, und bildet Farben, die der Malerey unentbehrlich sind.

a) Natürlich gebildet findet das kohlensaure Kupferoxyd sich als Malachit (§. 398. 11.) von Schmaragdgrüner Farbe. Das künstliche wird gewonnen, wenn salpetersaures Kupferoxyd durch kohlensaures Kali gefället, der Niederschlag ausgesüßt und getrocknet wird. Seine Bestandtheile sind: 1 Atom Kupferoxyd, 0,5 Atome Kohlensäure, 0,5 Atome Wasser, (nach Procenten: 71,86 Oxyd, 19,94 Säure und 8,20 Wasser. Seine Eigenschaften sind: 1) grüne Farbe, die als Malerfarbe benutzt werden kann; 2) in Säuern leicht lösbar; 3) bietet nach dem Glühen das Kupferoxyd dar.

b) Die Kupferlasur (§. 398. 12.) ist ein natürlich gebildetes ⅔ kohlensaures Kupferoxyd-Hydrat. Seine Bestandtheile sind: 3 Atome Kupferoxyd, 2 Atome Kohlensäure, 1 Atom Wasser; (nach Procenten: 69,37 Oxyd, 25,43 Kohlensäure, 5,20 Wasser). Es unterscheibet sich also vom Malachit durch einen größern Gehalt von Oxyd und einen etwas größern Gehalt von Kohlensäure, aber einen kleinern von Wasser. Im zart gemahlenen und geschlämmten Zustande, stellt solcher das Bergblau (eine schöne blaue Malerfarbe) dar. Man gewinnt solches künstlich, wenn die wäßrige Lösung des schwefelsauren Kupferoxyd, durch ¼ kohlensaures Kali warm gefället, das blaue Präzipitat kalt ausgesüßt, und im Schatten getrocknet wird.

c) Das Braunschweiger-Grün. Solches ist gleichfalls ein kohlensaures Kupferoxyd-Hydrat. Man gewinnt diese allgemein geschätzte grüne Malerfarbe, wenn Kupferbleche mit in Wasser gelöstem Salmiak oft befeuchtet werden, bis solche in eine grüne Substanz umgewandelt sind, die abgekratzt, mit Wasser ausgesüßt und getrocknet wird. Es ist seiner Natur nach ein Gemenge von Chlorkupfer und kohlensaurem Kupferoxyd-Hydrat; dient als Oel- und Wasserfarbe.

d) Das Bremerblau. Man gewinnt diese, wenn die mit Wasser gemachte Lösung des schwefelsauren Kupferoxyds (§. 409.) durch ½ kohlensaures Natron gefället, der Niederschlag mit Wasser ausgesüßt und im Schatten getrocknet wird, eine sehr lockere hellblaugrünliche Malerfarbe.

3. Kupferoxyd und Schwefelsäure. (Schwefelsaures Kupferoxyd. Kupfervitriol.)

§. 409.

Das schwefelsaure Kupferoxyd (Sulphas cupricus), entsteht aus der neutralen Verbindung des Kupferoxyds mit der Schwefelsäure. (Sonst wird es auch cyprischer Vitriol, blauer Vitriol, und blauer Galitzenstein genannt). Seine Bestandtheile sind, (im krystallinischen Zustande) gleiche Atome Kupferoxyd und Schwefelsäure und 3 Atome Krystall- und Hydratwasser; (nach Procenten: 63,94 Oxyd, 21,55 Säure, und 14,51 Wasser). Seine Eigenschaften sind: 1) Farbe, saphyrblau; 2) Krystalle, theils Rhomben, theils Tafeln; 3) Geschmack: ekelhaft herbe; 4) in 4 Theilen kaltem und in 2 Theilen siedendem Wasser lösbar; 5) verwittert an der trocknen Luft; 6) im wasserleeren Zustande erscheint er fast schwarz.

a) Man bereitet das schwefelsaure Kupferoxyd, indem 1 Gewichtstheil gefeiltes Kupfer in einem gläsernen Kolben mit 3 Gewichtstheilen koncentrirter Schwefelsäure übergossen wird, die vorher mit ihrem gleichen Gewicht Wasser verdünnt wird. Man digerirt die Flüssigkeit im Sandbade, bis alles in eine trockne dunkelschwarzblaue Masse umgewandelt ist. Die Auflösung erfolgt mit einer Entwickelung von schweflichsaurem Gas (§. 125.). Nach dem Erkalten wird die Masse im 3fachen Gewichtstheile Wasser in der Siedhitze aufgelöst, die Lösung hierauf filtrirt, und dann der Krystallisation überlassen.

b) Auf Vitriolhütten gewinnt man dieses Salz durch Verwittern und nachmaligem Auslaugen der geröſteten Kupferkiese. Das im Großen gewonnene Salz iſt ſtets mit ſchwefelſaurem Zinn und Eiſen verunreinigt.

c) Schwefelſaures Kupferammoniak (Sulphas cupricus ammoniatus). Man gewinnt dieſes Salz, wenn zart zerriebenes ſchwefelſaures Kupferoxyd in liquidem Aetzammoniak aufgelöſt, und die dunkelblaue Löſung mit dem gleichen Umfange Alkohol übergoſſen, ruhig hingeſtellt wird, wo ſolches ſich in dunkel ſaphyrblauen Kryſtallen ausſcheidet. Seine Beſtandtheile ſind: 32,20 Kupferoxyd, 32,58 Schwefelſäure, 27,92 Ammoniak und 7,30 Waſſer. Seine Eigenſchaften ſind: 1) Farbe, ſaphyrblau, giebt ſchöne vierſeitige Säulen; 2) in $1\frac{1}{2}$ Theilen Waſſer lösbar; 3) zerlegt ſich leicht an der warmen Luft. Es dient in der Chemie als Reagenz für arſenige Säure.

d) Verſinnlichung durch Experimente in den Vorleſungen.

4. Kupferoxyd und arſenige Säure. (Arſenigſaures Kupferoxyd. Scheelſches Grün.)

§. 410.

Das arſenigſaure Kupfer (Arseniis cupricus) wird gewonnen, wenn die mit Waſſer gemachte neutrale Löſung des ſalpeterſauren oder des ſchwefelſauren Kupfers, mit einer Löſung von neutralem arſenigſauren Kali gefället, der Niederſchlag vollkommen ausgeſüßt und im Schatten getrocknet wird. Seine Beſtandtheile ſind: gleiche Atome Kupferoxyd und arſenige Säure (nach Procenten: 28,54 Oxyd und 71,46 Säure). Seine Eigenſchaften ſind: 1) gelblichgrünes Pulver; 2) nicht lösbar in Waſſer; 3) giftig; 4) haucht arſenige Säure aus, wenn es vor dem Löthrohr behandelt wird. Es dient als grüne Malerfarbe. Findet Anwendung in der Cottondruckerei und als Malerfarbe.

5. Kupferoxyd und Essigsäure. (Essigsaures Kupferoxyd. Grünspan.)

§. 411.

Die Essigsäure kann sich mit dem Kupferoxyd in einfachem und in doppeltem Verhältnisse vereinigen. Die erste Verbindung bildet den gemeinen, die zweite den krystallisirten (destillirten) Grünspan (Grünspanblumen).

a) Der gemeine Grünspan (Aerugo, Virede aeris) ist ein basisches essigsaures Kupfer, zuweilen mit kohlensaurem Kupferoxyd eingemengt. Der Grünspan ist entweder rein grün oder er neigt sich ins blaugrüne hin. Der rein grüne Grünspan ist aus 1 Atom Kupferoxyd, 2 Atomen Essigsäure, 6 Atome Wasser; (nach Procenten: 49,86 Oxyd, 36,66 Säure, 13,48 Wasser zusammengesetzt). Man gewinnt den gemeinen Grünspan, indem Kupferbleche mit frischen Weintrebern in irdenen Töpfen geschichtet und in einem Keller sich so lange, unter Mitwirkung der Luft, überlassen bleiben, bis die Bleche zu einer grünen schmierigen Substanz zerfressen sind, die abgekratzt und zur Trockne abgedampft werden. Seine Eigenschaften sind: 1) hellblau-grüne Farbe; 2) unförmliche Stücke; 3) quillt in Wasser auf, und zerfällt dabei in Kupferoxyd und neutrales essigsaures Kupfer, welches letztere von Wasser gelöset wird.

b) Das neutrale essigsaure Kupfer (Acetas cupricus), auch krystallisirter, destillirter und gereinigter Grünspan so wie Grünspanblumen genannt, wird gewonnen, wenn der gemeine in Wasser aufgequollene Grünspan bis zur völligen Auflösung mit destillirtem Essig gekocht, die Auflösung filtrirt, und der Krystallisation unterworfen wird. Seine Bestandtheile sind: 1 Atom Kupferoxyd, 1 Atom Essigsäure, 1 Atom Wasser, (nach Procenten: 40,0 Oxyd, 51,0 Säure; 9 Wasser). Seine Eigenschaften sind: 1) Gestalt, würfliche rhomboidalische Krystalle; 2) Farbe dunkelgrün; 3) leicht verwitternd; 4) in 5 Theilen kochendem, aber erst 13 Theilen kaltem Wasser (auch in 14 Theilen kochendem Alkohol) lösbar; 5) Zucker und Honig zerlegen ihn in regulinisches Kupfer und Kupferoxydul.

c) Jetzt bereitet man einen gemeinen Grünspan, indem man Kupferbleche mit alten wollenen Lappen schichtet, die mit Essig penetrirt sind. Die Essigsäure verdunstet, das Kupfer wird, unter Mitwirkung der Luft, oxydirt und das Oxyd geht mit einem Theil Säure in Verbindung, um den Grünspan zu erzeugen. Es wird abgekratzt und zur Trockne abgedunstet. Seine Bestandtheile sind: 1 Atom Kupferoxyd, 2 Atome Essigsäure, 6 Atome Wasser; (nach Procenten: aus 42,92 Oxyd, 27,85 Säure und 29,23 Wasser). Seine Eigenschaften sind: 1) Farbe, dunkelblaugrün; 2) krystallinisches Conglomerat; 3) schwerer lösbar wie der gemeine Grünspan. Alle Arten des Grünspans werden theils als Malerfarbe, theils in der Schwarzfärberei in Anwendung gesetzt.

Von dem Uran, seinen Oxyden und seinen Salzen.

§. 412.

Das Uranmetall (Uranium) entdeckte Klaproth im Jahre 1789, mit Schwefel und andern Metallen verbunden, in der sogenannten Pechblende und als Oxyd im Chalkolith. Er benannte solches nach dem damals entdeckten neuen Planeten, dem Uranus (von dem griechischen Worte *οὐρανος*, Himmel, abgeleitet).

a) Das Mineralreich bietet das Uran dar: 1) im grünen Glimmer (Uranit, grünes Uranerz, Torberit, Chalkolith) als Uranoxydulhydrat (mit wenigem Kupfer, Blei, Mangan, Magniumoxyd und Kieselsäure verbunden); 2) im Uran-Pecherz (Pechblende, Schwarz-Uranerz, (aus 86,5 Uranoxydul, mit Eisenoxydul, Schwefel, Bley und Kieselsäure verbunden, oft auch Kupfer, zusammengesetzt): zu Johann Georgstadt, Joachimsthal in Böhmen; zu Annaberg, Wiesenthal und Schneeberg in Sachsen, und Cornwall in England; findet sich am häufigsten in Böhmen.

I. Darstellung des Urans.

§. 413.

Zur Darstellung des Urans aus seinem Erze (dem Uran-Pecherz) wird solches zerkleinert, dann mit Salpetersäure kalt behandelt, welche die Metalle auflöset, und Schwefel nebst Kieselsäure ungelöst zurück läßt. Die Lösung wird mit schwefelsaurem Ammoniak zersetzt, wobei schwefelsaures Bleyoxyd zu Boden fällt. Die abfiltrirte Flüssigkeit wird zur Trockne abgedunstet, die trockne Salzmasse darauf in Wasser gelöst und mit Aetzkalilauge gefället, der gelbe Niederschlag ausgesüßt und getrocknet. Es stellt das Uran als Uranoxydhydrat dar.

a) Wird jenes in Chlorwasserstoffsäure aufgelöst, dann zur Trockne abgedunstet, so gewinnt man Chloruran, das, in verschlossenen Gefäßen mit Kalium behandelt, ein Gemenge von regulinischem Uran und Chlorkalium darstellt; durch Auslaugen mit Wasser bleibt das Uran zurück.

b) Das so gewonnene Uran zeichnet sich durch folgende Eigenschaften aus: 1) Farbe, dunkelgrau; 2) Gestalt, gleiche Octaëder; 3) gegen das Licht gehalten, durchscheinend; 4) spec. Gewicht = 9,00; 5) erzeugt in Säuren aufgelöst, grünlichgelbe Salze. Sein Atomgewicht erhält die stöchyometrische Zahl 217.

II. Uran und Sauerstoff. (Uranoxyde.)

§. 414.

Das Uran kann sich unter 2 Verhältnissen mit dem Sauerstoff verbinden, zum Oxydul und zum Oxyd.

a) Das Uranoxydul (Oxydulum Uranium) wird gewonnen, 1) wenn Uranmetall; 2) wenn Uranammoniak der Ausglühung unterworfen wird. Seine Bestandtheile sind: 1 Atom Uran, 1 Atom Sauerstoff; (nach Procenten: 96,44 Uran, 3,56 Sauerstoff.) Seine Eigenschaften sind: 1) bald pulverförmig, bald zusammenhängend; 2) schmutzig dunkelgelbe Farbe.

b) Das Uranoxyd (Oxydum uranicum) wird gewonnen, wenn die Lösung des salpetersauren Uran durch Aetzkali gefället und das Präzipitat vollkommen ausgesüßt und getrocknet wird. Das reine Uranoxyd ist aus 1 Atom Metall und 1½ Atom Sauerstoff (nach Procenten: 94,76 Metalle und 5,24 Sauerstoff) zusammengesetzt. Es hält stets eine kleine Portion Kali zurück. Es erscheint von gelber Farbe.

c) Die Uranoxyde dienen in der Porzellanmalerey, zu schönen gelben Farben.

Anmerkung. Die Verbindung des Urans mit den anderweitigen Metalloiden; so wie die des Uranoxyds mit den Säuren, (die Uransalze) werden hier übergangen, da sie nur allein vor das Forum der allgemeinen Chemie gehören, und als Gegenstände der Kammeralchemie zur Zeit keine Anwendung finden.

Von dem Wismuth, seinen Oxyden und seinen Salzen.

§. 415.

Der Name Wismuth (Bismuthum, Marcasitum), auch Aschbley, bezeichnet ein eigenthümliches unedles Metall, das im Mineralreiche unter verschiedenen Formen dargeboten wird; gediegen und vererzt, so wie mit andern Metallen verbunden, aus welchen Verbindungen solches getrennt werden muß.

a) Das Mineralreich bietet das Wismuth dar: 1) gediegen; krystallisirt, in Oktaëdern; zu Johann Georgstadt in Sachsen; auch in Schweden; 2) als Wismuthglanzerz (aus 60 Wismuth und 40 Schwefel (Joachimsthal in Böhmen); 3) als Wismuth-Nadelerz (aus Wismuth, Bley, Kupfer, Nickel, Tellur und Schwefel zusammengesetzt), in Siberien; 4) Wismuth-Kupfererz (aus Wismuth, Kupfer und Schwefel zusammengesetzt), in Schweden; 5) als Wismuth-Bleierz (aus Wismuth, Silber, Blei, Eisen, Kupfer und Schwefel zusammengesetzt), zu Schwapach in Baden; 6) als Wismuth-Eisen (aus Wismuthoxyd, Eisenoxyd, Kohlensäure und Wasser zusammengesetzt) zu Joachimsthal in Böhmen). Außerdem macht es einen Gemengtheil in den Kobalt- und Nickelerzen aus.

I. Darstellung des Wismuths.

§. 416.

Die Darstellung geschiehet aus dem gediegnen Wismuth durch bloßes Ausschmelzen seines Erzes. Die schwefelhaltigen Wismutherze werden vorher geröstet, dann in Versetzung mit Kalk und Kohle ausgeschmolzen. Ganz reines Wismuth gewinnt man nur dann, wenn reines Wismuthoxyd durchs Zusammenschmelzen mit Kohle reducirt wird.

a) Um das Wismuth zu reinigen, wird solches in Salpetersäure aufgelöst und die völlig gesättigte Auflösung in ihren 16fachen Umfang Regenwasser gegossen, wobei ein basisches salpetersaures Wismuthoxyd, in Form eines weißen Pulvers sich ausscheidet. Man wäscht solches mit Kalilauge aus, süßt es aus, und reducirt es mit Kohle.

b) Das reine regulinische Wismuth zeichnet sich durch folgende Eigenschaften aus: 1) Farbe, fast silberweiß ins röthliche hinneigend; 2) mittelmäßiger Glanz; 4) in Oktaëdern und Würfeln krystallisirt; 4) spec. Gewicht = 9,67; 5) mäßig hart, sehr spröde; 6) schmelzbar bei 199½° Reaumür; 7) siedet in der Weißglühhitze und sublimirt sich bei Abhaltung der Luft. Sein Atomgewicht erhält die stöchyometrische Zahl 71.

II. Wismuth und Sauerstoff. (Wismuth-Oxyde.)

§. 417.

Das Wismuth kann sich (wahrscheinlich) unter 2 Verhältnissen mit dem Sauerstoff verbinden, zum Oxydul und zum Oxyd.

a) Wird das reine Wismuth mit Berührung der Luft geglühet, so schmilzt es und geht nach und nach in ein graues Pulver über, welches Wismuthasche genannt wird und ein Suboxyd des Wismuths (aus regulinischem Wismuth und Wismuthoxyd gemengt) ausmacht.

b) Wird das reine Wismuth, unter Mitwirkung der Luft, zum Sieden erhitzt, so verbrennt es mit bläulicher Farbe, bildet Dämpfe, die sich an andern Körpern ansetzen, und zu einer lockern Materie erstarren. Diese Substanz ist wahrscheinlich ein Wismuthoxydul. Man nennt sie Wismuthsblumen (Flores bismuthi).

c) Das reine Wismuthoxyd (Oxydum bismuthicum) wird gewonnen, wenn reines krystallisirtes salpetersaures Wismuth, in einer nicht glasürten porzellanenen Schale so lange der Ausglühung unterworfen wird, bis alle Säure verschwunden ist, und ein röthlich braunes Pulver zurück bleibt. Das Wismuthoxyd ist zusammengesetzt aus 1 Atom Metall, und 1 Atom Sauerstoff, (nach Procenten: aus 89,87 Wismuth und 10,13 Sauerstoff). Seine Eigenschaften sind: 1) Farbe, fast orangegelb; 2) schmilzt in der Glühhitze zu einem gelblichen Glase (Wismuth-Glas); 3) und verflüchtigt sich bei der Weißglühhitze; 4) wird leicht reducirt beim Schmelzen mit Kohle.

d) Wird die Lösung des reinen Wismuths in Salpetersäure, durch Aetzkali oder Aetznatron gefället, der erhaltene Niederschlag ausgesüßt und getrocknet: so gewinnt man das Wismuth-Oxyd-Hydrat (Hydras bismuthicus) daraus, welches aus gleichen Atomen Oxyd und Wasser zusammengesetzt ist.

e) Die Verbindung des Wismuths mit den übrigen Metalloiden, dem Wasserstoff, dem Kohlenstoff, dem Schwefel, dem Phosphor, dem Selen, dem Chlor, dem Jod, dem Brom, dem Fluor, dem Boron und dem Kiesel werden hier übergangen, da einige davon noch gar nicht bekannt sind; die übrigen keine Gegenstände der Kameralchemie ausmachen.

III. Wismuthoxyd und Säuren. (Wismuth-Salze.)

§. 418.

Das Wismuthoxyd verbindet sich mit allen Säuren, und erzeugt damit die Wismuthsalze. Wir heben von ihnen hier nur allein diejenigen aus, welche in der Kameralchemie in Betrachtung kommen. Es gehören dahin:

a) Das basische-salpetersaure Wismuth-Oxyd-Hydrat (subnitras bismuthicus), oder $\frac{1}{4}$ salpetersaures Wismuthoxyd; (gewöhnlich Magisterium Bismuthi, Wismuthweiß, Schminkweiß, Perlweiß genannt), gewinnt man, wenn neutrales salpetersaures Wismuth mit vielem Wasser übergossen wird. Solches zerfällt dabei in ein saures und ein basisches Salz. Das Erstere bleibt aufgelöst; das Letztere fällt farbenlos zu Boden. Es wird mit Wasser ausgesüßt und im Schatten getrocknet. Seine Bestandtheile sind: 4 Atome Oxyd, 1 Atom Säure, 2 Atome Hydratwasser; (nach Procenten: 81,44 Oxyd, 13,92 Säure und 18 Wasser). Seine Eigenschaften sind: 1) bald farbenloses Pulver; 2) bald farbenlose schuppige Krystalle. Macht Gegenstand der Arzeneikunst, der Malerey aus, und dient auch als weiße Schminke.

b) Das neutrale salpetersaure Wismuth wird gewonnen, wenn die neutrale Auflösung des Wismuths in Salpetersäure der Krystallisation überlassen wird. Seine Bestandtheile sind: 1 Atom Wismuthoxyd, 3 Atome Salpetersäure, 9 Atome Krystalle und Hydratwasser. (Nach Procenten: 50,14 Oxyd, 34,40 Säure und 15,46 Wasser). Seine Eigenschaften sind: 1) farbenlose vierseitige Säulen; 2) ätzender metallischer Geschmack; 3) wird durch Wasser in saures und basisches salpetersaures Wismuthoxyd zerlegt.

Von dem Zinn, seinen Oxyden und seinen Salzen.

§. 419.

Das Zinn (Stannum. Jupiter), soll sich (in den Zinngruben zu Cornwall) gediegen finden, welches aber noch zweifelhaft ist; häufiger findet dasselbe sich als Oxyd, mit andern Metallen verbunden, und als Zinnkies, an Schwefel gebunden.

a) Das Mineralreich bietet das Zinn dar: 1) als spätiges Zinnerz (Zinnstein, Zinngraupen, Zinnzwitter,) (aus Zinnoxyd, Eisenoxyd, Kieselsäure und Alaunerde; oft auch Manganoxyd und Tantaloxyd zusammengesetzt); vorzüglich in Urgebirgen im Gneuß und Sienit, zu Joachimsthal, zu Schlaggenwalde in Böhmen, zu Altenberg und Ehrenfriedrichsdorf, Geier, Beutelin, Johann Georgstadt, und Zinnwalde zu Cornwall in England, in Spanien; in Frankreich; in Schweden; in Grönland; in Sibirien; und Sumatra, besonders der Insel St. Banka; in China; in Ostindien, vorzüglich hinter Malakka; 2) als fasriges Zinnerz (Holzzinn, fasriger Zinnstein, cornisches Zinnerz); in England zu Cornwall; in Brasilien; in Mexiko. 3) Als Zinnkies, (aus Zinn, Kupfer, Schwefel und Eisen zusammengesetzt) zu Cornwall in England.

I. Darstellung und Eigenschaften des Zinns.

§. 420.

Um das Zinn aus seinen Erzen darzustellen, werden solche geröstet, wobei der Schwefel und (wenn er vorhanden ist) der Arsenik verjaget wird, die anderweitigen Metalle aber mit der Bergart in Verbindung treten. Das geröstete wird gewaschen, um die etwa erzeugten Metallsalze abzuscheiden, hierauf der getrocknete Schlich durch Schmelzung mit Kohle reducirt.

a) Das reinste Zinn ist, 1) das von der Insel Banka in Sumatra; 2) das von der Insel Malta in Ostindien; 3) das von Cornwall. Jenen steht das Zinn aus Sachsen und Böhmen nach, welches stets mehr oder weniger, doch nie über $\frac{1}{500}$ Arsenik enthält.

b) Das chemisch reine Zinn zeichnet sich durch folgende Eigenschaften aus: 1) Farbe, fast silberweiß, ins blaue sich hinneigend; 2) krystallisirt in Rhomboiden; 3) sehr dehnbar (Zinnfolie, Stanniol); 4) härter als Blei doch so weich, daß es sich mit dem Messer schneiden läßt; 5) spec. Gewicht = 7,285; 6) schmilzt bei 182 $\frac{2}{5}$° Reaumür; 7) knistert wenn es gebogen wird, erhitzt sich und verbreitet einen eigenen Geruch; 8) verflüchtigt sich in der Weißglühhitze. Sein Atomgewicht erhält die stöchyometrische Zahl = 59.

Anmerkung. Um das Zinn (nach dem ersten Ausschmelzen) mehr zu reinigen, wird solches aufs neue in einem

Reverberirofen gelinde ausgeschmolzen (geseigert). Hier fließt zuerst das reine Zinn ab, und läßt die anderweitigen noch damit verbundenen Metalle zurück. Ein solches ausgeflossenes Zinn ist dasjenige, welches in England mit dem Namen grain-tin bezeichnet wird. Der Rückstand wird zusammen geschmolzen, und läßt nun das Blockzinn (ordinary-tin) zurück. Man sieht also, daß nicht alles Zinn was aus England kommt, als ein reines Zinn angesehen werden kann.

II. Zinn und Sauerstoff. (Zinnoxyd.)

§. 421.

Das Zinn kann sich unter zwei Verhältnissen mit dem Sauerstoffe verbinden, zum Oxydul und zum Oxyd.

a) Man gewinnt das Zinnoxydul (Oxydum Stannosum), wenn reines Zinn in Chlorwasserstoffsäure aufgelöst wird, und man die Auflösung durch einen Ueberschuß von Ammoniak zersetzt, den Niederschlag vollkommen aussüßt, und ihn mit Wasser kochen läßt. Was nicht aufgelöst wird, wird nochmals ausgesüßt und getrocknet. Es stellt das wasserfreie Zinnoxydul dar. Seine Bestandtheile sind: 1 Atom Zinn, 1 Atom Sauerstoff. (Nach Procenten: 88,06 Metall, 11,94 Sauerstoff). Seine Eigenschaften sind; 1) dunkelgraues Pulver; 2) nicht lösbar in Wasser; 3) lösbar in Aetzkalilauge.

b) Das Zinnoxyd (Oxydum stannicum), auch oft Zinnsäure genannt, wird gewonnen, wenn reines Zinn mit einem Ueberschuß von reiner Salpetersäure so lange gekocht wird, bis keine gelben Dämpfe sich mehr entwickeln, und alles Zinn zu einem weißen Pulver zerfressen ist. Das rückständige giebt, mit Wasser ausgesüßt, das Zinnoxyd-Hydrat (Hydras stannicus). Wird jenes Hydrat einer schwachen Glühung unterworfen, um alles Wasser zu entfernen, so bleibt das reine Zinnoxyd zurück. Seine Bestandtheile sind: 1 Atom Zinn, 2 Atome Sauerstoff. (Nach Procenten: 78,67 Zinn, 21,33 Sauerstoff). Seine Eigenschaften sind: 1) hellbräunlich gelb an Farbe; 2) spec. Gewicht = 6,639; 3) höchst strengflüssig im Feuer; 4) nicht lösbar in Schwefel und Salpetersäure; dient zum Polieren der Metalle, des Stahls ꝛc. Natürlich gebildet krystallisirt, jedoch weniger rein, findet das Zinnoxyd sich im faserigen Zinnstein (§. 419. 2.) vorhanden.

Anmerkung. Was man im gemeinen Leben Zinnasche oder Zinnkrätze nennt, ist ein Suboxyd des Zinns, ein Gemenge von Zinn und Zinnoxyd.

III. Zinn und Metalloide.

§. 422.

Von den Verbindungen des Zinns, mit den anderweitigen Metalloiden, kommen hier, als Gegenstände der Kameralchemie, nur allein in Betrachtung das Schwefelzinn und das Chlorzinn.

a) Das Schwefelzinn (Sulphuretum stanni) welches sich, natürlich gebildet, als Zinnkies (§. 419. 3.) vorfindet. Das Zinn kann sich in mehr als ein Verhältniß mit dem Schwefel verbinden. Von diesen Verbindungen heben wir nur diejenigen hier aus, die unter dem Namen Musivgold (Aurum mosaicum) bekannt ist, auch mit dem Namen Bronce bezeichnet wird.

b) Man gewinnt das Musivgold, indem ein Gemenge von von 12 Gewichtstheilen Zinn, 6 Theilen Quecksilber, 7 Theilen Schwefel und 6 Theilen Salmiak in eine Retorte gebracht wird, die sich nur $\frac{2}{3}$ damit anfüllet. Man legt sie in ein Sandbad, erhitzt solches eine Stunde lang gelinde, späterhin stärker, jedoch nicht zum Glühen, so lange, bis keine Dämpfe sich mehr entwickeln. Nach beendigter Operation und Erkalten des Gefäßes, findet man das Musivgold theils am Boden des Gefäßes, theils oben sublimirt, in schönen Goldgelb glänzenden Schuppen.

c) Das Musivgold ist seiner Natur nach ein Zinnsulphurit, d. i. Doppelt-Schwefelzinn (Sulpharidum stanni). Seine Bestandtheile sind: 1 Atom Zinn und 2 Atome Schwefel. (Nach Procenten: 59 Zinn und 41 Schwefel). Seine Eigenschaften sind: 1) zarte glänzende Schuppen; 2) Farbe des Goldes; 3) fettig im Gefühl; 4) sublimirbar in der Hitze. Es findet Anwendung in der Malerei, so wie zum Bronciren der Gypsbüsten, Statuen ꝛc.

d) Das Chlorzinn. Mit dem Chlor kann das Zinn sich unter 2 Verhältnissen verbinden, zum Zinnchlorür und zum Chlorid. Das Zinnchlorür (Chloretum stanni) wird gewonnen, wenn gleiche Gewichtstheile regulinisches Zinn und Quecksilberchlorid gemengt, und das Gemenge aus einer Retorte im Sandbade überdestillirt wird. Seine Bestandtheile sind: 1 Atom Zinn, 2 Atome Chlor (nach Procneten 62,22 Zinn und 37,78 Chlor). Seine Eigenschaften sind: 1) grauweiße glänzende Masse; 2) glasiger Bruch; 3) schmelzbar in der Hitze und sublimirbar.

e) Werden gleiche Atome Zinnchlorür und Wasser mit einander verbunden, so entsteht das Zinnchlorür-Hydrat. Man gewinnt dasselbe auch, wenn Zinn, mit Hülfe der Wärme, bis zur Sättigung in Chlorwasserstoffsäure aufgelöst und die Auflösung zur Krystallisation disponirt wird. Seine Bestandtheile sind: gleiche Atome Zinnchlorür und Wasser. Seine Eigenschaften sind: 1) farbenlose säulen- und nadelförmige Krystalle; 2) zusammenziehender Geschmack; 3) theilweise zersetzbar, beim Lösen in Wasser; 4) erzeugt, mit Chlorgold versetzt, Goldpurpur. Findet vorzüglich Anwendung in der Färberey und Zeuchdruckerei. Führt auch den Namen Zinnsalz.

f) Das Zinnchlorid (Chloridum stanni, Bichloretum stanni) wird gewonnen, wenn 1 Gewichtstheil feingeraspeltes Zinn mit 4 Gewichtstheilen Quecksilberchlorid in einem steinernen Mörser zusammengerieben, und das Gemenge der Destillation aus dem Sandbade unterworfen wird. Seine Bestandtheile sind: 1 Atom Zinn und 4 Atome Chlor (nach Procenten: 29 Zinn und 71 Chlor). Seine Eigenschaften sind: 1) farbenloses Fluidum; 2) nicht gefrierbar in der

Frostkälte; 3) dampft stark mit Berührung der feuchten Luft; 4) nimmt mit Begierde Wasser in sich auf, und krystallisirt damit zu zarten Nadeln, welche das Quecksilberchlorid-Hydrat darstellen. Es wurde sonst Libav's rauchender Salzgeist genannt.

IV. Zinnoxyde und Säuren. (Zinnsalze.)

§. 423.

Das Zinn kann sich, als Oxyd und als Oxydul, mit fast allen Säuren vereinigen, woraus die Zinnsalze hervorgehen. Hier werden von ihnen nur diejenigen ausgehoben, welche Gegenstände der Kameralchemie ausmachen; dahin gehören folgende:

1. Zinnoxydul und Schwefelsäure. (Schwefelsaures Zinnoxydul.

§. 424.

Das regulinische Zinn wird von der koncentrirten Schwefelsäure in der Wärme aufgelöst. Die Verbindung ist aber sehr unzuverläßig. Regelmäßiger bereitet man die Verbindungen, wenn Zinnoxydul-Hydrat in mäßig verdünnter Schwefelsäure bis zur Sättigung derselben aufgelöst und die Auflösung zur Krystallisation disponirt wird. Das schwefelsaure Zinnoxydul (Sulphas stannosus), ist aus gleichen Atomen Zinnoxydul und Schwefelsäure, nebst Krystall- und Hydratwasser (nach Procenten: aus 67 Zinnoxydul, 40 Schwefelsäure und 9 Wasser) zusammengesetzt. Seine Eigenschaften sind: 1) farbenlose nadelförmige Krystalle; 2) schwefelig ätzender Geschmack; 3) zersetzt sich beim Lösen in Wasser in saures und in basisches Salz. Findet in der Färberei Anwendung.

a) Hieher gehört auch das sogenannte schwefel-salz-saure Zinn (eigentlich schwefel-salzsaures Zinnchlorür). Man bereitet solches (nach Bankroft), indem 12 Gewichtstheile Chlorwasserstoffsäure und 1 Gewichtstheil koncentrirte Schwefelsäure mit einander gemengt werden, worin so viel Zinn aufgelöst wird, als die Flüssigkeit auf zunehmen vermag. Das Produkt wird in liquider Form aufbewahrt. Es findet Anwendung in der Wollen- und Seidenfärberei.

2. Zinnoxydul und Weinsäure. (Weinsaures Zinnoxydul.)

§. 425.

Von der reinen in Wasser gelösten Weinsäure wird das Zinn in der Wärme leicht aufgelöst. Die Lösung bildet beim Abdunsten das weinsaure Zinnoxydul (Tartaras stannosus) in kleinen im Wasser schwer lösbaren Krystallen. Das proportionale Verhältniß seiner Bestandtheile ist noch nicht ermittelt, wahrscheinlich gleiche Atome Oxydul und Säure. Seine Eigenschaften sind: 1) kleine nadelförmige Krystalle; 2) schwer lösbar in Wasser; 3) ihre Lösung wird durch Alkalien nicht gefället.

a) Hieher gehört auch das weinsaure Zinnoxydul-Kali (Tartaras stannosus kalisatus). Man gewinnt solches, wenn Zinnoxydul mit so viel saurem weinsaurem Kali (Weinstein) und Wasser gekocht wird, als der Weinstein auflösen will. Seine Bestandtheile sind: (wahrscheinlich) gleiche Atome weinsaures Zinnoxydul und weinsaures Kali, ist also ein Doppelsalz. Seine Eigenschaften sind: 1) schwer krystallisirbar; 2) leicht lösbar in Wasser; 3) wird nicht von Alkalien gefället. Bildet sich häufig in der Wollenfärberei, da wo Weinstein und Chlorzinn zusammen kommen.

3. Zinnoxydul und Essigsäure. (Essigsaures Zinnoxydul.)

§. 426.

Das regulinische Zinn wird von der Essigsäure nur unter Mitwirkung der atmosphärischen Luft, und zwar sehr langsam, aufgelöst, wobei Wasserstoffgas entwickelt wird. Leichter erfolgt die Auflösung, wenn Zinnoxydul-Hydrat mit Essigsäure digerirt wird. Das proportionale Verhältniß seiner Bestandtheile ist noch nicht ermittelt. Seine Eigenschaften sind: 1) kleine wasserklare Krystalle; 2) lösbar in Wasser; 3) zersetzt sich leicht an der Luft in basisches und saures essigsaures Zinnoxyd.

a) Leichter gewinnt man dieses Salz, wenn schwefelsaures Zinnoxydul (§. 424.) durch essigsaures Blei zersetzt wird. Es dient als Basis in der Färberei.

Von dem Blei, seinen Oxyden und seinen Salzen.

§. 427.

Das Blei (Plumbum. Saturnus) gehört zu den unedlen Metallen. Es ist bis jetzt noch zweifelhaft, ob solches gediegen in der Natur vorkommt. Ausgeschieden aus seinen Erzen bietet solches sowohl in seinem regulinischen Zustande, wie in seinen Oxyden und in seinen Salzen, viele nützliche Substanzen dar.

a) Das Mineralreich bietet das Blei im vererzten Zustande, in sehr verschiedenen Formen und Verbindungen dar: 1) als Bleiglanz (aus Blei und Schwefel zusammengesetzt); zuweilen etwas Eisen und Silber eingemengt: von der Farbe des Bleis und metallischem Glanze in Krystallen; 2) als Bleischweif (dichter Bleyglanz):

aus Blei, Schwefel und Antimon zusammengesetzt; 3) als Weißgültig-Erz (aus Blei, Silber, Antimon, Eisen, Schwefel, Alaunerde und Kieselsäure zusammengesetzt); 4) als Bleischimmer, (aus Blei, Antimon, Schwefel und Arsenik zusammengesetzt.

b) An Sauerstoff gebunden: 1) als natürliche Mennige höchst selten.

c) Als Oxyd und an Säuren gebunden: 1) als Bleivitriol (aus Bleioxyd, Schwefelsäure, Eisenoxyd zusammengesetzt); zuweilen auch Mangan und Thon eingemengt; 2) als Blei-Hornerz, (aus Chlorblei und kohlensaures Blei zusammengesetzt); 3) als phosphorsaures Blei (aus Bleioxyd, Phosphorsäure und Chlor zusammengesetzt); zuweilen auch Arseniksäure und und Eisenoxyd enthaltend; 4) als kohlensaures Blei (Weißerz, Bleispat), (aus Bleioxyd, Kohlensäure zusammengesetzt); zuweilen auch Kieselsäure und Eisenoxyd enthaltend; 5) als schwarz-Bleierz (Bleischwärze), (aus Bleioxyd, Kohlensäure und Kohle zusammengesetzt); 6) als Selenblei; 7) als chromsaures Blei; 8) als molybdänsaures Blei.

I. Darstellung des Bleies aus seinen Erzen.

§. 428.

Man gewinnt das Blei aus seinen verschiedenen Erzen auf eine verschiedene Weise. Man unterscheidet das ausgeschiedene Bley in Werkblei und in Frischblei.

a) Das meiste Blei wird aus dem Bleiglanz gewonnen. Die Erze werden gepocht, gewaschen, dann geröstet, wobei der Schwefel verbrennt und in Schwefelsäure umgewandelt wird. Durchs Zusammenschmelzen mit Kalk und Kohle wird die Schwefelsäure gebunden und das Blei reducirt, welches ausschmilzt und in diesem Zustande Werkblei genannt wird.

b) Das Frischblei gewinnt man durch Reduktion der Bleiglätte, welche beim Abtreiben des silberhaltigen Werkbleies, oder nach dem Saigern des silberhaltigen Kupfers mit Blei, und Abtreiben des silberhaltigen Bleies auf dem Treibheerde, gewonnen wird.

c) Ein chemisch-reines regulinisches Blei wird gewonnen, wenn ein chemisch-reines Bleioxyd mit Kohle, oder mittelst Weinstein reducirt wird.

II. Eigenschaften des reinen Bleies.

§. 429.

Das chemisch-reine Blei zeichnet sich durch folgende Eigenschaften aus: 1) Farbe, blauweiß; stark glänzend; 2) Form, krystallisirt beim langsamen Erkalten in Oktaedern; 3) sehr weich und dehnbar; 4) specifisches Gewicht: 11,445; 5) schmilzt vor dem Glühen, bei $257\frac{7}{9}$ R.; 6) oxydirt sich leicht an der feuchten Luft und im Wasser; 7) wirkt giftig auf den thierischen Organismus. Sein Atomgewicht ist = 103,5.

III. Blei und Sauerstoff. (Bleioxyde.)

§. 430.

Das Blei kann sich unter 3 verschiedenen Verhältnissen mit dem Sauerstoff verbinden: 1) zum Oxyd; 2) zum Superoxyduloxyd; 3) zum Superoxyd; welche Oxyde durch gelbe, rothe und braune Farben sich unterscheiden.

a) Das Bleioxyd wird gewonnen, wenn salpetersaures Blei in einer nicht glasurten porzellanenen Schaale bis zur Entfernung aller Säure im Feuer behandelt wird. Seine Bestandtheile sind: 1 Atom Blei, 1 Atom Sauerstoff (nach Procenten: 92,83 Metall und 7,17 Sauerstoff). Seine Eigenschaften sind: 1) Farbe, röthlich gelb; 2) schmilzt leicht in der Glühhitze zu einem hyacinthfarbigen Glase (Bleiglas); 3) ist in den Säuern leicht auflösbar, und erzeugt damit süßlich schmeckende Salz; 4) geht mit Alkalien und mit Erden leicht Verbindungen ein und erzeugt damit eigenthümliche salzartige Produkte.

b) Das Blei-Superoxydyloxyd (Rothes Blei-Superoxyd), welches im gemeinen Leben Mennige (Minium) genannt wird, ist aus 1 Atom Blei und 1,5 Atome Sauerstoff (nach Procenten: 89,62 Metall und 10,38 Sauerstoff) zusammengesetzt. Seine Eigenschaften sind: 1) feurige gelbliche rothe Farbe; 2) spec. Gewicht = 9,096; 3) wird mit Salpetersäure in der Kälte erst braun, im Kochen aber völlig aufgelöst; 4) läßt in der Glühhitze Sauerstoffgas von sich, und geht in Bleioxyd zurück, welches verglaset. Die Mennige ist ein Gemenge von dem Oxyd und dem Superoxyd des Bleies.

c) Das Blei-Superoxyd (Superoxydum plumbicum) wird gewonnen, wenn Mennige mit reiner Salpeter- oder Essigsäure übergossen, und gelinde damit erwärmt wird. Die Säure nimmt hier das Oxyd in sich, und läßt das Superoxyd zurück. Seine Bestandtheile sind: 1 Atom Blei, 2 Atome Sauerstoff (nach Procenten: 86,62 Metall und 13,38 und 13,38 Sauerstoff). Seine Eigenschaften sind: 1) dunkle flohbraune Farbe; 2) spec. Gewicht = 8,902; 3) unauflöslich in kalter Salpetersäure; aber auflöslich darin, unter Mitwirkung von etwas Zucker.

d) Wird die Auflösung des salpetersauren Bleies durch Aetzkalilauge gefället, der Niederschlag ausgesüßt und getrocknet; so gewinnt man das Bleioxyd-Hydrat Seine Bestandtheile sind: 1 Atom Bleioxyd und 1 Atom Hydratwasser (nach Procenten: 92 Oxyd; 8 Wasser). Seine Eigenschaften sind: 1) farbenloses Pulver; 2) in allen Säuren auflösbar.

e) Versinnlichung durch Experimente in den Vorlesungen.

IV. Fabrikation der Bleiglätte und der Mennige.

A. Bleiglätte. Silberglätte. Goldglätte.

§. 431.

Die Bleiglätte (Lithargyrum) ist, im vollkommen reinen Zustande, ein im Anfange der Verglasung befindliches Bleioxyd.

a) Die eigentliche Bleiglätte, wird gewonnen, wenn das aus silberhaltigen Bleiglanz ausgeschmolzene Blei auf dem Treibheerde abgetrieben wird. Das Blei, als unedles Metall, wird hiebei durch den Sauerstoff der Atmosphäre oxydirt; das Silber als edles Metall, bleibt auf dem Heerde zurück. Ihre Benennung ist aus dem Griechischen von λιθος (Stein) und ἀργυρου (Silber) also Lithargyron abgeleitet. Sie ist ein reines Bleioxyd, wenn das silberhaltige Blei aus einem nicht kupferhaltigen Bleiglanze gezogen worden war. Sie zeichnet sich durch eine schöne röthliche Farbe und glänzende Schuppen aus, löset sich in Salpetersäure und Essigsäure vollkommen auf, und bildet farbenlose Auflösungen.

b) Eine andere Art der Bleiglätte ist die, welche beim Abtreiben des silberhaltigen Kupfers (aus den Fahlerzen) gewonnen wird. Sie enthält stets Kupferoxyd, auch wohl als Silber und andere Metalloxyde eingemengt. Sie ist die eigentliche Silberglätte (Argyritis). Sie ist ein unreines halbverglastes Bleioxyd. Ihre Farbe hat einen graugrünen Stich. Sie erzeugt, in Säuern aufgelöst, eine bläuliche Auflösung, die durch zugesetztes Aetzammoniak blau wird.

c) Mit jener übereinstimmend ist die Goldglätte (Chrysitis), die durch das Abtreiben des kupferhaltigen Goldes gewonnen wird.

Gebrauch der Bleiglätte.

§. 432.

Die Bleiglätte findet eine mehrfache Anwendung.

a) Man schmilzt sie mit Kohle zusammen, wodurch sie reducirt wird. Die Operation wird das Frischen genannt. Das reducirte Blei wird Frischblei genannt.

b) Sie dient in den Töpfereien zur Darstellung der gemeinen Bleiglasur, so wie zum Glasuren der Dachziegeln, indem sie, in Vermengung mit kieselsaurem Thon und Wasser aufgeschlemmt, und nach dem Trocknen das Geräth bis zur Verglasung eingebrannt wird.

c) In den weißen Glashütten wird sie zur Darstellung des Bleihaltigen (englischen) Glases verwendet.

d) In den Firniß-Siedereien wird sie durch das Kochen mit Leinöl oder Mohnöl, zur Darstellung des Oelfirniß verwendet.

e) In den Bleizucker- und Bleiweiß-Fabriken (nach der neuern Art), macht sie einen unentbehrlichen Gegenstand aus.

f) Zur Fabrikation des Kasseler-Gelbs (§. 434. b.).

B. Massikot. Mennige.

§. 433.

Die Fabrikation der Mennige (Minium) oder des rothen Bleioxyds, wird in eignen dazu bestimmten Fabrikanstalten, den Mennigbrennereien, entweder aus regulinischem Blei oder aus reiner Bleiglätte veranstaltet.

a) Das regulinische Blei wird zu dem Behuf in einem eigenen dazu bestimmten Ofen in schief liegenden irdenen Töpfen, unter stetem Umrühren, in der Hitze so lange bearbeitet, bis solches in ein schmutzig gelbes Oxyd umgewandelt worden ist, welches Massikot oder Mastikot genannt wird. Solches wird zerkleinert, geschlämmt und getrocknet.

b) Das geschlämmte Mastikot wird nun ebenfalls in schief liegenden irdenen, (auch wohl eisernen) Gefäßen in den Ofen eingelegt, nach und nach bis zum wahren Glühen erhitzt, hierauf der Erkaltung überlassen. Das Mastikot nimmt hiedurch noch eine größere Masse Sauerstoff in sich auf, und bildet so die Mennige, welche darauf zermahlen, geschlämmt nnd getrocknet wird. Sie ist ein Gemenge von Bleioxyd und Blei-Superoxyd, von schöner gelblich rother Farbe.

c) Die Mennige dient vorzüglich 1) als rothe Malerfarbe; 2) gleich der Glätte, in den weißen Glashütten; 3) zur Fabrikation des Kasseler-Gelbs; 4) in der Apothekerkunst.

V. Blei und Metalloide.

§. 434.

Von den Verbindungen des Bleies mit den Metalloiden heben wir hier alle diejenigen aus, welche als Gegenstände der Kammeralchemie in Betrachtung kommen; und von ihnen ist es allein das Chlorblei.

a) Das Chlorblei (Chloretum plumbi) wird gewonnen im reinsten Zustande als Chlorblei-Hydrat, wenn eine mit vielem Wasser verdünnte Lösung von salpetersaurem oder essigsaurem Bleioxyd, siedend heiß, so lange mit heißer Chlorwasserstoffsäure versetzt wird, bis die Flüssigkeit sich zur trüben beginnt, und man solche hierauf ruhig erkalten läßt. Das erzeugte Chlorblei-Hydrat (Chloretum Plumbi hydrycus) erscheint in zarten farbenlosen Krystallen. Seine Bestandtheile sind 1 Atom Blei, 1 Atom Chlor, 1 Atom Wasser: (nach Procenten: 74,6 Blei und 25,4 Chlor). Seine Eigenschaften sind; 1) farbenlose sechsseitige Nadeln und Blätterchen; 2) süßlich zusammenziehender Geschmack; 3) in 30 Theilen kaltem und 20 Theilen siedendem Wasser lösbar; 4) schmilzt in der Hitze zu einer hornartigen krystallinischen Substanz (Hornblei).

b) Werden 10 Gewichtstheile reine Bleiglätte in 1 Gewichtstheil Salmiak wohl gemengt und das Gemenge in einem Tiegel von eisenfreiem Thon geglühet, so gewinnt man eine gelbe Masse, die beim langsamen Abkühlen krystallisch erscheint. Eben so wenn 4 Theile Mennige und 1 Theil Salmiak zusammen geglühet werden. Diese Verbindung giebt beim Zerkleinern ein hellgelbes Pulver, welches das Kasseler-Gelb darstellt, das als Malerfarbe gebraucht wird.

VI. Bleioxyd und Säuren. (Bleisalze).

§. 435.

Das Bleioxyd kann mit allen Säuren Verbindungen eingehen, welche die Bleisalze darstellen. Wir erörtern hier allein Diejenigen, welche Gegenstände der Kameralchemie ausmachen. Diese sind: 1) das salpetersaure Bleioxyd; 2) das kohlensaure Bleioxyd; 3) das schwefelsaure Bleioxyd; 4) das essigsaure Bleioxyd.

1. Bleioxyd und Salpetersäure. (Salpetersaures Bleioxyd).

§. 436.

Man gewinnt das salpetersaure Bleioxyd (Nitras plumbicus), wenn reines regulinisches Blei, oder auch reine Bleiglätte, bis zur Neutralität in Salpetersäure aufgelöst und die Flüssigkeit zur Krystallisation disponirt wird. Seine Bestandtheile sind: 1 Atom Bleioxyd, 2 Atome Salpetersäure (nach Procenten: 67,47 Oxyd, 32,53 Säure). Seine Eigenschaften sind: 1) farbenlose durchscheinende Tetraëder und Octaëder; 2) in 8 Theilen siedendem Wasser lösbar; 3) läßt in der Glühhitze alle Säure von sich, und es bleibt reines Bleioxyd (§. 430.) zurück.

2. Bleioxyd und Kohlensäure. (Kohlensaures Bleioxyd).

§. 437.

Man gewinnt das reine kohlensaure Bleioxyd (Carbonas plumbicus), wenn die mit Wasser gemachte Lösung von neutralem salpetersaurem Blei, oder essigsaurem Blei, durch die mit Wasser gemachte Lösung von neutralem kohlensaurem Kali gefället wird, wobei das Bleioxyd, an Kohlensäure gebunden, in Form eines weißen zarten Pulvers zu Boden fällt, das, nach vollkommenem Aussüßen und Trocknen an einem schattigen Orte, das kohlensaure Bleioxyd darstellt. Seine Bestandtheile sind: gleiche Atome Bleioxyd und Kohlensäure (nach Procenten: 83,58 Oxyd und 16,42 Säure). Seine Eigenschaften sind: 1) zartes farbenloses locker zusammenhaltendes Wesen, schwer; 2) geschmacklos; 3) verliert im Glühen die Kohlensäure und geht in Bleioxyd zurück; 4) dient als eine zarte weiße Malerfarbe; wurde sonst Magisterium Saturni genannt.

a) Von diesem kohlensauren Blei verschieden ist das Bleiweiß (Cerusa). Man bereitet das Bleiweiß im Großen fabrikmäßig: 1) indem dünne Bleiplatten mit den Dämpfen von Essig so lange in Berührung erhalten werden, bis solche zu einer weißen Materie zerfressen sind. Sie wird nach dem Trocknen abgeschlagen und Schieferweiß (Plumbum schistosum. Rubigo Plumbi) genannt. Gemahlen und geschlämmet stellt sie das reinste Bleiweiß dar; 2) indem man Bleiglätte so lange, durch Hülfe des Siedens, in Essigsäure auflöst, bis ein basisches essigsaures Blei erzeugt worden ist, und durch diese Auflösung so lange kohlensaures Gas hindurch leitet, bis keine Trübung mehr erfolgt; den Niederschlag aussüßt und trocknet. Hier fällt kohlensaures Bleioxyd zu Boden und neutrales essigsaures Bleioxyd bleibt gelöst zurück. Das so erhaltene Bleiweiß hält stets noch etwas basisches essigsaures Blei eingemengt.

b) So wie das Bleiweiß im Handel vorkommt, ist solches stets bald und am gewöhnlichsten mit Schwerspat, bald mit Kreide, bald mit weiß gebrannten Knochen zuweilen, auch mit schwefelsaurem Blei versetzt. Daher ist muß solches rücksichtlich seiner Reinheit geprüft werden.

c) Versinnlichung durch Experimente, so wie Anleitungen zur Prüfung des Bleiweißes, in den Vorlesungen.

3. Bleioxyd und Schwefelsäure. (Schwefelsaures Bleioxyd).

§. 438.

Das schwefelsaure Bleioxyd (Sulphas plumbicus) wird gewonnen, wenn salpetersaures oder essigsaures in Wasser gelöstes Bleioxyd, durch die Lösung eines schwefelsauren Salzes (Kali oder Natron) gefället, dann der Niederschlag ausgesüßt, getrocknet und ausgeglühet wird. Seine Bestandtheile sind: gleiche Atome Oxyd und Säure (nach Procenten: 73,6 Oxyd, 26,4 Säure). Seine Eigenschaften sind: 1) blendend weiße locker zusammenhaltende Masse; 2) geschmacklos; 3) nicht lösbar in Wasser und in Säuren; 4) unschmelzbar im Feuer.

a) Das schwefelsaure Bleioxyd findet keine besondere Anwendung. Man gewinnt es oft zufällig, wovon die Artikel (§. 372. a. und §. 426) Beispiele geben. Durch Kochen mit kohlensaurer Kalilauge wird ihm die Säure entzogen, und es bleibt kohlensaures Bleioxyd zurück.

4. Bleioxyd und Essigsäure. (Essigsaures Bleioxyd. Bleizucker).

§. 439.

Das Bleioxyd kann sich mit der Essigsäure unter 3 verschiedenen Verhältnissen verbinden: 1) zum neutralen; 2) zum Drittheil-basischen; 3) zum Sechstheil basischen. Das erstere ist unter dem Namen Bleyzucker (Saccharum Saturni), das zweite unter dem Namen Bleiextrakt (Extractum saturni. Acetum plumbicum) in der Arzneikunst bekannt. Das Dritte findet keine Anwendung.

a) Das neutrale essigsaure Blei (Acetas plumbicus) wird gewonnen, wenn Bleioxyd (Bleiglätte) in reiner Essigsäure (destillirtem Essig, Holzessig) bis zur völligen Sattigung aufgelöst, dann der Flüssigkeit noch so viel Essigsäure zugesetzt wird, bis sie Lackmuspapier röthet, und man sie hierauf zur Krystallisation bringt. Seine Bestandtheile sind: gleiche Atome Bleioxyd und Essigsäure und 3 Atome Krystall- und Hydratwasser (nach Procenten: 58,95 Oxyd, 26,83 Säure, 14,21 Wasser). Seine Eigenschaften sind: 1) farbenlose, vierseitige geschobene Säulen; 2) süßlich zusammenziehender Geschmack; 3) im doppelten Gewicht Wasser lösbar, auch in 8 Theilen Alkohol; 4) verwittert an trockner Luft. Es erscheint in kleinen spießigen Krystallen, wenn die Krystallisation gestört wird. Es wirkt (wie alle Bleisalze) giftig.

b) Das Drittheil-essigsaure Blei (basisches essigsaures Bleioxyd) wird gewonnen, wenn das neutrale essigsaure Blei in Wasser gelöst, und die Lösung mit Zusatz von 1,2 Bleioxyd bis zur Auflösung desselben digerirt und die Lösung der Krystallisation überlassen wird. Seine Bestandtheile sind (nach Thenard): 3 Atome Bleioxyd, 1 Atom Essigsäure, 1 Atom Wasser (nach Procenten: 78 Oxyd, 17 Säure, 5 Wasser). Seine Eigenschaften sind: 1) farbenlose durchscheinende tafelförmige Krystalle;

2) schwer lösbar in Wasser; 3) wird durch Kohlensäure in ein neutrales essigsaures und in kohlensaures Bleioxyd zersetzt.

c) Das Sechstheil- oder überbasische essigsaure Bleioxyd findet keine Anwendung in der Kameralchemie, und wird daher hier nicht weiter erörtert.

Von dem Cadmium, seinen Oxyden und seinen Salzen.

§. 440.

Das Cadmium (Cadmium), auch Kadmium geschrieben, wurde im Jahre 1817 als ein Gemengtheil im Zinkweiß, späterhin in den meisten Sorten des metallischen Zinks, auch im Gallmei, und den Blenden (§. 445. a. 1. 4. u. 5.) entdeckt, von Stromeier aber näher beschrieben, untersucht und mit jenem Namen belegt; und zwar nach dem Kadmos in Theben, bei dessen Burg der Gallmei (ἡ καδμια), ein unreines Zinkoxyd, zuerst gefunden sein soll.

a) Eigentliche Cadmium-Erze sind zur Zeit noch nicht vorgekommen; wohl aber macht jenes Metall, an Schwefel gebunden, einen Gemengtheil in der Blende, und an Sauerstoff gebunden; einen Gemengtheil in vielen Gallmeiarten aus; auch findet sich solches in dem sogenannten Zinkweiß (Zinkoxyd), welches bei der Reduktion des Gallmei's sich verflüchtiget; so wie in dem Zink verschiedener Länder, besonders dem aus Schlesien.

I. Darstellung des Cadmiums.

§. 441.

Um das Cadmium darzustellen, löset man das metallische Zink, oder auch das Zinkweiß, in mit Wasser verdünnter Schwefelsäure auf, und zwar so, daß die

Säure stark vorwaltet. Was als eine schwarze Masse zurückbleibt, pflegt Schwefelblei zu sein. In die klar filtrirte saure Auflösung wird hydrothionsaures Gas (§. 133.) so lange geleitet, bis solches sich unverändert entwickelt. Es bildet sich ein eiergelber Niederschlag, welcher Schwefelcadmium ist. Er wird durch ein Filtrum getrennet, ausgesüßt, dann in etwas starker Chlorwasserstoffsäure aufgelöst, die Auflösung filtrirt und durch einfaches kohlensaures Ammoniak, im Ueberschuß, gefället. Was zu Boden fällt, ist kohlensaures Cadmiumoxyd; war noch Kupfer oder Zink vorhanden, so werden diese vom Ammoniak aufgelöst. Das ausgesüßte und getrocknete kohlensaure Cadmiumoxyd wird ausgeglühet, dann mit ausgeglühetem Kienruß versetzt in einer Retorte der Destillation unterworfen, wobei das in der Hitze flüchtige Cadmium regulinisch in die Vorlage übergeht und erstarrt. Staberoh schlug vor, jenes Metall Klaprothium, Karsten hingegen Melinium zu nennen.

a) Das Cadmium, in seinem chemischreinen Zustande, zeichnet sich durch folgende Eigenschaften aus: 1) Farbe blaugrau, metallisch glänzend, dem Zink ähnlich; 2) krystallisirt oft in Octaëdern; 3) ist dehnbar und läßt sich mit dem Messer schneiden; 4) spec. Gewicht: 8,604; 5) schmilzt in der Hitze noch vor dem Glühen, und ist viel flüchtiger als Zink; 6) nicht oxydirbar in kalter Luft. Sein Atomgewicht = 56.

b) Versinnlichung durch Experimente in den Vorlesungen.

II. Cadmium und Sauerstoff. (Cadmiumoxyd.)

§. 442.

Das Cadmium kann sich nur in einem Verhältniß mit dem Sauerstoffe verbinden. Man gewinnt das Oxyd: 1) indem man das regulinische Cadmium unter Mitwirkung der atmosphärischen Luft zum Glühen erhitzt. Es verbrennt und wandelt sich in ein Oxyd von brauner Farbe um. 2) indem man das kohlensaure Cadmiumoxyd so lange der Ausglühung unterwirft, bis solches in ein braunes Oxyd übergegangen ist Seine Bestandtheile sind: 1 Atom Cadmium, 1 Atom Sauerstoff (nach Procenten: 87,5 Metall und 12,5 Sauerstoff). Seine Eigenschaften sind: 1) Farbe, bald dunkler, bald heller braun; 2) nicht flüchtig und nicht schmelzbar; 3) giebt mit Säuren farbenlose Auflösungen.

a) Wird die Auflösung des Cadmiumoxyds, in irgend einer Säure, durch Aetzkali gefället, der Niederschlag ausgesüßt und getrocknet, so stellt er das Cadmiumoxyd-Hydrat dar. Seine Bestandtheile sind: (wahrscheinlich) gleiche Atomen Cadmiumoxyd und Wasser (nach Procenten: 87,60 Oxyd und 12,40 Wasser). Seine Eigenschaften sind: 1) farbenloses Pulver; 2) ziehet Kohlensäure aus der Luft an; 3) läßt beim Ausglühen das Oxyd zurück.

III. Cadmium und Metalloide.

§. 443.

Das Cadmium kann sich mit allen Metalloiden verbinden. Wir heben hier nur seine Verbindung mit dem Schwefel aus, weil sie allein als Gegenstand der Kameralchemie in Betrachtung kommt.

a) Man gewinnt das Schwefelcadmium (Sulphuretum Cadmii), wenn die mit Wasser gemachte Lösung irgend eines Cadmiumsalzes durch hydrothionsaures Gas gefället, das Präzipitat ausgesüßt und getrocknet wird. Seine Bestandtheile sind: gleiche Atome Cadmium und Schwefel (nach Procenten: 77,77 Metall und 22,22 Schwefel). Seine Eigenschaften sind: 1) Pulverform; 2) Farbe: eiergelb; 3) nimmt in der Glühhitze erst eine bräunliche, dann eine rothe Farbe an; 4) schmilzt in der Weißglühhitze und erstarrt in der Kälte zu citrongelben glimmerartigen Blättern. Das Schwefelcadmium ist als gelbe Malerfarbe, auch in der Färberey und Druckerei, empfohlen worden.

IV. Cadmiumoxyd und Säuern. (Cadmiumsalze).

§. 444.

Das Cadmiumoxyd geht mit allen sauren Salzen Verbindungen ein. Von den Cadmiumsalzen kommt in der Kameralchemie nur allein das schwefelsaure Cadmium in Betrachtung. Alle übrigen finden zur Zeit keine Nutzanwendung.

a) M.n gewinnt das schwefelsaure Cadmiumoxyd (Sulphas Cadmicus), wenn Cadmiumoxyd bis zur Neutralität mit Schwefelsäure verbunden und die Auflösung zur Krystallisation disponirt wird. Seine Bestandtheile sind (im krystallisirten Zustande): gleiche Atome Cadmium und Schwefelsäure und 4 Atome Wasser (nach Procenten: 45,60 Oxyd, 28,65 Säure und 25,75 Wasser). Seine Eigenschaften sind: 1) große rechtwinklige Säulen; 2) verwitternd an der trocknen Luft; 3) verliert beim schwachen Erhitzen sein Krystallwasser, ohne zu schmelzen; 4) wird beim Glühen eines Theils seiner Säure beraubt und in ein basisches Salz umgewandelt.

b) Man gebraucht das schwefelsaure Cadmium, um kohlensaures Cadmiumoxyd daraus zu fällen, oder auch Schwefelcadmium daraus zu bereiten; so wie in der Färberei.

Von dem Zink, seinen Oxyden und seinen Salzen.

§. 445.

Das Zink (Zincum), auch Spiauter genannt, ist ein unedles dehnbares Metall. Es findet sich niemals gediegen, sondern stets als Oxyd oder mit Schwefel vereinigt, im Mineralreiche. Theophr. Paracelsus gedenkt (im 16ten Jahrhundert) des Zinks zuerst als eines eigenen Metalls, das man sonst allein aus Ostindien erhielt. Seit der Mitte des 18ten Jahrhunderts gewinnt man solches in vielen Ländern Europas aus seinen Erzen.

a) Das Mineralreich bietet das Zink dar: 1) als Zinkblende (krystallinisch von gelber, brauner und schwarzer Farbe), aus Zink, Eisen, Arsenik, Schwefel, Kiesel-, Alaunerde und Wasser zusammengesetzt; zuweilen auch Blei und Kupfer enthaltend; 2) als Zinkoxyd (rothes Zinkoxyd, Franklinit), aus Zinkoxyd, rothem Manganoxyd und Eisenoxyd zusammengesetzt; 3) als Zinkspat (aus Zinkoxyd, Kohlensäure und Wasser zusammengesetzt); 4) als Gallmei (aus Zinkoxyd, Kieselsäure und Wasser zusammengesetzt) von verschiedenen Farben; 5) als Zinkocker (gemeiner Gallmei), ein Gemenge von Gallmei und Eisenoxydhydrat; 6) als Zinkvitriol. Oft findet sich das Zink auch als Gemengtheil der zinkhaltigen Kupfer- und Bleierze (namentlich zu Goslar am Harz), und wird beim Ausschmelzen derselben gewonnen. Die meisten Zinkerze enthalten zugleich auch Cadmium.

I. Darstellung des Zinks.

§. 446.

Das meiste Zink wird aus den verschiedenen Arten des Gallmey's durch Reduktion desselben gewonnen.

a) Um die Reduktion des Zinks aus dem Galmei zu veranstalten, wird derselbe vorher von den eingemengten fremden Erzen (Bleiglanz 2c.) befreiet, dann geröstet, gepocht und mit Kohlenpulver gemengt in große konisch geformte Schmelztiegel gefüllet, in deren Boden ein eisernes Rohr befestigt ist, welches durch eine im Roste des Ofens angebrachte Oeffnung hindurch gehet, dessen untere Oeffnung über einem mit Wasser gefüllten Gefäße sich endigt. Nachdem die Mündung des mit der Masse angefüllten Tiegels bedeckt und luftdicht mit Thon verschlossen ist, wird nun die zur Reduktion des Metalls erforderliche Hitze gegeben. Hier entziehet die Kohle dem Zinkoxyd seinen Sauerstoff, und entweicht damit als Kohlenoxydgas. Das reducirte Zink hingegen entweicht in Dämpfen die durch das eiserne Rohr, in das Wasser herab getrieben worden, wo sie sich verdichten und zu Metalle erstarren.

b) Das so gewonnene Zink ist unrein. Um selbiges von den noch eingemengten fremdartigen Metallen (Blei, Eisen, Arsenik, Kupfer und Kohle) zu befreien, wird das Metall nochmals umgeschmolzen (oder umdestillirt). Man verrichtet solches auf folgende Weise: das Metall wird in einen Tiegel gebracht, in dessen Boden ein Rohr von Tiegelmasse luftdicht dergestalt befestigt ist, daß solches im Innern des Tiegels über die halbe Tiefe desselben emporreicht. Der untere Theil geht durch den Rost des Ofens hindurch, und seine Mündung stehet über einem mit Wasser gefülletem Gefäße. Das Zink wird in den Tiegel so eingebracht, daß es, nach dem Schmelzen, bis zur halben Tiefe des Tiegels hinauf reicht. Die Oeffnung des Tiegels ist dunstdicht und feuerfest verschlossen, der Tiegel wird nun bis zum Rothglühen erhitzt Hier kommt das Metall zum Glühen und Verdampfen. Die Dämpfe, welche oben und unten keinen Ausweg finden, sind gezwungen, durch das Rohr hinab zu steigen, wo dann die Verdichtung im Wasser erfolgt.

c) Am Harz gewinnt man das Zink aus den zinkhaltigen Kupfer- und Bleierzen, bei deren Ausschmelzung im Schachtofen. Hier verdichten sich die Dämpfe des Zinks im obern Theile des Schmelzraums, und fließen auf dem Zinkstuhl (einem schiefen Steine) aus dem Schachtofen ab.

d) Man pflegt das Zink auch dadurch zu reinigen, daß man solches so oft mit Schwefel zusammenschmilzt, bis keine Schlacke mehr auf der Oberfläche gebildet wird.

II. Eigenschaften des Zinks.

§. 447.

Das reine Zink zeichnet sich durch folgende Eigenschaften aus: 1) Farbe, glänzend, bläulich weiß; 2) Gestalt, krystallisirt, beim langsamen Erstarren, in 4 und 6seitigen Säulen, und zeigt einen glänzenden krystallinischen Bruch; 3) in der Kälte ist es spröde; bis auf 80° Reaumur erhitzt, läßt es sich aber zu Blechen auswalzen und zu Drath ziehen; 4) sein spec. Gewicht beträgt, im geschmolzenen Zustande 6,862, im gewalzten Zustande 7,215; 5) es schmilzt bei 288$\frac{4}{5}$° Reaum., uud verflüchtigt sich bei etwas höherer Temperatur in verschlossenen Räumen. Treten die Dämpfe mit der Luft in Berührung, so verbrennen sie mit weißem Lichte, und werden in lockeres Zinkoxyd umgewandelt; 6) bei 164° Reaumur wird es spröde und läßt sich nun im Mörser pulvern; 7) es wird von den meisten wasserhaltigen Säuren leicht aufgelöst, und stellt damit die Zinksalze dar, die sämmtlich Brechen erregend wirken; 8) es fället die meisten Metalle aus ihren Auflösungen regulinisch; 9) es geht auf trockenem Wege keine Verbindnngen mit dem Schwefel ein. Sein Atomgewicht ist = 32,2.

a) Das Zink, im gewalzten Zustande, findet jetzt eine sehr ausgedehnte Auwendung, zur Bedachung der Gebäude, zur Anfertigung mancherlei Geräthe, zu Dachrinnen rc. Auf keine Weise darf solches zu Küchen-Geräthen in Anwendung gesetzt werden.

III. Zink und Sauerstoff. (Zinkoxyde.)

§. 448.

Das Zink kann sich unter 3 Verhältnissen mit dem Sauerstoff verbinden: 1) zum Suboxyd, 2) zum Oxyd und 3) zum Superoxyd.

a) Das Zink-Suboxyd erzeugt sich bei gewöhnlicher Temperatur, wenn das Zink mit feuchter Luft in Berührnng steht, in Form einer grauen Materie, die von einigen Chemikern für ein Gemenge aus metallischem Zink und Zinkoxyd gehalten wird. Daher überziehen sich die Zinkdächer leicht mit dieser Substanz, die sie jedoch vor der weitern Oxydation schützt.

b) Das Zinkoxyd (Oxydum Zincicum) wird gewonnen, wenn chemisch reines regulinisches Zink in einem mehr hohen als weiten Tiegel bis zur anfangenden Weißglühhitze erhitzt, und der Tiegel so locker bedeckt gehalten wird, daß die atmosphärische Luft auf das Zink einwirken kann. Das Metall verflüchtigt sich, die Dämpfe entzünden sich im Sauerstoffgas, der atmosphärischen Luft, brennen mit lebhaftem Lichte, und verdichten sich im obern kalten Raume des Tiegels zu einer lockern der Baumwolle ähnlichen Materie, welche das Zinkoxyd darstellt. Seine Bestandtheile sind: 1 Atom Zink, 1 Atom Sauerstoff (nach Procenten: 80,0 Metall, 20,0 Sauerstoff. Seine Eigenschaften sind: 1) Farbenlose Flocken (ähnlich der Baumwolle); 2) ist auflöslich in den Säuren und den ätzenden Alkalien; 3) nimmt wenn es geglühet wird, eine gelbe Farbe an, geht aber nach dem Erkalten wieder in die weiße zurück. Die Alten nannten dieses Oxyd Lana philosophica; späterhin Zinkblumen (Flores Zinci).

c) Wird die Anflösung des Zinks in Schwefelsäure oder in Salpetersäure durch Aetzkali gefället, der Niederschlag vollkommen ausgesüßt und getrocknet, so gewinnt man das Zinkoxyd-Hydrat (Hydras Zincicus). Seine Bestandtheile sind: (wahrscheinlich) gleiche Atome Zinkoxyd und Wasser (nach Procenten: 80,0 Oxyd und 9,0 Wasser). Seine Eigenschaften sind: 1) zartes farbenloses Pulver; 2) läßt nach dem Ausglühen das Zinkoxyd zurück.

d) Das Zink-Superoxyd (Superoxydum Zincicum) soll erhalten werden, (nach Thenard), wenn Zinkoxydhydrat mit Wasserstoff-Superoxyd bei der Temperatur des Gefrierpunktes in Berührung gehalten wird Verdient noch genauer erforscht zu werden.

IV. Zink und Metalloide.

§. 449.

Das Zink kann sich mit allen Metalloiden verbinden, als Gegenstand der Kameralchemie kommt indessen nur seine Verbindung mit dem Schwefel, das Schwefelzink (Sulphuretum Zinci) in Betrachtung.

a) Man gewinnt das Schwefelzink nur auf nassem Wege, indem eine neutrale Lösung von schwefelsaurem Zinkoxyd so lange mit einer Lösung vou hydrothionsaurem Ammoniak (§. 135.) versetzt wird, bis kein Niederschlag mehr erfolgt. Der vollkommen ausgesüßte und getrocknete Niederschlag, stellt nun das Schwefelzink dar. Seine Bestandtheile sind: 1 Atom Zink, 1 Atom Schwefel (nach Procenten: 66,8 Zink, 33,2 Schwefel). Seine Eigenschaften sind: 1) gelblich weiße locker zusammenhängende pulverige Substanz; 2) schmilzt nur bei sehr hoher Temperatur; 3) selbst in der Weißglühhitze nicht verdampfbar; 4) wird, in Vermengungen mit Kohle, in verschlossenen Gefäßen, bei der Weißglühhitze, vollkommen verflüchtigt.

V. Zinkoxyd und Säuren. (Zinkoxydsalze.)

§. 450.

Das Zinkoxyd geht mit allen Säuren Verbindungen ein, und erzeugt damit die Zinkoxydsalze. Als Gegenstände der Kameralchemie kommen von ihnen allein in nähere Betrachtung: 1) das kohlensaure und das schwefelsaure Zinkoxyd.

a) Das kohlensaure Zinkoxyd (Carbonas Zincicus) wird gewonnen, wenn die Lösung des reinen schwefelsauren Zinks mit kohlensaurem Natron gefället, der Niederschlag vollkommen ausgesüßt und getrocknet wird. Seine Bestandtheile sind: 1 Atom Zinkoxyd, und 1 Atom Kohlensäure (nach Procenten: 64,55 Oxyd, 35,45 Kohlensäure, und Wasser). Es erscheint in diesem Zustande als Zinkoxydhydrat (Hydras Zincicus). Seine Eigenschaften sind: weißes lockeres Pulver; in Säuren leicht lösbar.

b) Das schwefelsaure Zinkoxyd (Sulphas Zincicus), im reinen Zustande, wird gewonnen, wenn das regulinische Zink bis zur Neutralität in mit Wasser verdünnter Schwefelsäure aufgelöst, und die filtrirte Flüssigkeit zur Krystallisation disponirt wird. Seine Bestandtheile sind: 1 Atom Zinkoxyd, 1 Atom Schwefelsäure, 7 Atome Wasser (nach Procenten: 28,07 Oxyd, 27,93 Säure, 44,00 Wasser). Seine Eigenschaften sind: 1) farbenlose säulenförmige Krystalle; 2) herber Geschmack; 3) in 2,25 kaltem Wasser lösbar; verwittert an trockner Luft; 4) schmelzbar in der Hitze, verliert sein Krystallwasser, und wandelt sich in eine unförmliche Salzmasse um; 5) wirkt brechenerregend innerlich gegeben.

c) Unrein gewinnt man dieses Salz in Hüttenwerken, durch das Rösten der Zinkblende oder der zinkhaltigen Bleierze, Verwittern derselben an der feuchten Luft, nachmaligem Auslaugen mit Wasser, Verdunsten der Lauge zur Krystallisation und Schmelzen der Krystalle bis zur Entfernung des Krystallwassers, als eine gelblich weiße unförmliche Salzmasse, welche Zinkvitriol (Vitriolum Zinci), Gylla Theophrasti und weißer Galitzenstein genannt wird. Das reine schwefelsaure Zinkoxyd ist Gegenstand der Arzneikunst. Der gemeine Zinkvitriol wird in der Färberei in Anwendung gesetzt.

Von dem Nickel, seinen Oxyden und seinen Salzen.

§. 451.

Das Nickel oder Nickelmetall (Niccolum) wurde in dem sogenannten Kupfer-Nickel, durch Cronstädt zuerst, (im Jahr 1751.) als ein eigenthümliches Metall entdeckt, in welchem solches mit vielen andern Metallen und fremde Materien verbunden vorkommt. Sein Name wird theils von einem Bergmann, Namens Nickel, theils davon abgeleitet, daß solches als ein früher nicht nutzbares Metall mit jenem Namen, als einem Schimpfnamen, bezeichnet worden ist.

a) Das Mineralreich bietet das Nickel dar: 1) als gediegen Nickel (Haarkies), (mit Nickel oder Kobalt und Arsenik verbunden); 2) als Arsenik-Nickel (aus Nickel, Arsenik, Eisen, Blei und Schwefel zusammengesetzt); 3) als Nickelglanz (aus denselben Bestandtheilen zusammengesetzt); 4) als Nickel-Antimonglanz (aus Nickel, Antimon, Arsenik und Schwefel zusammengesetzt); 5) als Arseniksaures Nickel (aus Nickeloxyd, Arseniksäure, Eisenoxyd, Schwefelsäure und Wasser zusammengesetzt); auch Nickelocker genannt; 6) in dem Meteor-Eisen und den meisten Meteorsteinen, mit Eisen verbunden.

I. Darstellung des Nickels aus seinen Erzen.

§. 452.

Die Darstellung des absolut reinen Nickelmetalles ist mit vielen Schwierigkeiten verbunden. Unter allen dazu vorgeschriebenen Methoden verdient die von Wöhler angegebene ohnfehlbar den Vorzug vor jeder andern; sie besteht im Folgenden:

a) Das zart gepulverte Nickelerz (oder an dessen Stelle sächsische Kobaltspeisse, Nickelspeisse), wird mit dem dreifachen Gewicht einfach-kohlensaurem Kali (§ 279.) gemengt, und eben so viel gepulvertem Schwefel. Dieses Gemenge wird, nach und nach, in einem Schmelztiegel eingetragen, der vorher bis zum Rothglühen erhitzt war, und dann so lange darin erhalten, bis alles in

Fluß gekommen ist, worauf die Masse ausgegossen wird. Die nach dem Erkalten zerkleinerte Masse wird nunmehr mit Wasser ausgelaugt. Hier wird Schwefelarsenik vom Wasser gelöset, und Schwefelnickel bleibt ungelöst zurück. Das so erhaltene Schwefelnickel wird nun in Salpetersäure aufgelöst, die Auflösung filtrirt hierauf mit Ammoniak neutralisirt, und dann mit kohlensaurem oder oxalsaurem Kali gefället. Der Niederschlag wird in Vermengung mit Kohle in einem Schmelztiegel, unter einer Dicke von gepulvertem Glase zusammengeschmolzen, wodurch das regulinische Nickel rein erhalten wird.

II. Eigenschaften des reinen Nickels.

§. 453.

Das reine regulinische Nickel zeichnet sich durch folgende Eigenschaften aus: 1) Farbe, weiß, beinahe dem Silber ähnlich; 2) hart aber dehnbar; 3) schweißbar in der Hitze; 4) spec. Gewicht = 8,66; 4) sehr strengflüssig; 5) dem Magnet folgsam. Sein Atomgewicht erhält die Zahl = 30. Er findet vorzüglich zur Darstellung des sogenannten Neusilbers oder Argentans eine ausgedehnte Anwendung.

III. Nickel und Sauerstoff. (Nickeloxyde.)

§. 454.

Das Nickel kann sich unter 2 Verhältnissen mit dem Sauerstoff verbinden, zum Oxyd und zum Superoxyd.

a) Das Nickeloxyd (Oxydum niccolicum) wird gewonnen, wenn das kohlensaure Nickeloxydhydrat bis zur Entfernung aller Säure und des Wassers ausgeglühet wird. Seine Bestandtheile sind: gleiche Atome Nickel und Sauerstoff, (nach Procenten: 78,70 Metall und 21,30 Sauerstoff). Seine Eigenschaften sind: 1) Farbe, dunkelgraugrün, 2) feuerbeständig; 3) bildet, in Säuren aufgelöst, grüne Auflösungen.

b) Das Nickel-Superoxyd (Superoxydum niccolicum) wird gewonnen, wenn das krystallisirte salpetersaure Nickeloxyd der Ausglühung unterworfen wird, bis alle Säure zerstört ist. Seine Bestandtheile sind: 1 Atom Nikkel, 1,5 Atom Sauerstoff (nach Procenten: 71,14 Metall und 28,86 Sauerstoff). Seine Eigenschaften sind: 1) Farbe, schwarz; 2) wird von der Chlorwasserstoffsäure, unter Entwickelung von Chlorgas, aufgelöst. Es findet sich natürlich gebildet, in der Nickelschwärze. Findet keine Anwendung.

c) Wird die Auflösung des Nickels in Salpetersäure durch Aetzkaligefället, der Präzipitat vollkommen ausgesüßt und getrocknet, so gewinnt man das Nickeloxydhydrat. Seine Bestandtheile sind: gleiche Atome Nickeloxyd und Wasser (nach Procenten: 81,00 Oxyd und 19,00 Wasser). Seine Eigenschaften sind: 1) Farbe, apfelgrün; 2) geschmacklos; 3) ist in Aetzammoniak mit blauer Farbe auflösbar; 4) läßt beim Ausglühen das Nickeloxyd zurück. Es macht einen Bestandtheil im Chrysopras aus.

d) Versinnlichung durch Experimente in deu Vorlesungen.

Anmerkung. Die Verbindungen des Nickels mit den verschiedenen Metalloiden werden hier übergangen, da sie keine Anwendung in der Kameralchemie finden.

IV. Nickeloxyd und Säuren. (Nickeloxydsalze.)

§. 455.

Das Nickeloxyd geht mit allen Säuren Verbindungen ein, woraus die Nickeloxydsalze hervorgehen. Von diesen werden hier allein diejenigen ausgehoben, welche als Gegenstände der Kammeralchemie in Betrachtung kommen. Es gehören dahin Folgende:

a) Das salpetersaure Nickeloxyd (Nitras niccolicus). Man gewinnt solches, wenn die neutrale Auflösung des Nikkels in der Salpetersäure der Krystallisation unterworfen wird. Seine Bestandtheile (im krystallinischen Zustande) sind: 1 Atom Nickeloxyd, 2 Atome Salpetersäure und Wasser (nach Procenten: 25,80 Nickel, 37,20 Säure, und 37,00 Wasser. Seine Eigenschaften sind: 1) Farbe, smaragdgrüne sechsseitige Säulen; 2) in 2 Theilen Wasser lösbar; 3) eben so in Alkohol; 4) zerfallbar an der Luft.

b) Das kohlensaure Nickeloxyd (Carbonas niccolicus). Man gewinnt dasselbe, wenn die mit Wasser gemachte Lösung des salpetersauren Nickeloxyds mit kohlensaurem Kali gefället, der Präzipitat ausgesüßt und getrocknet wird. Seine Bestandtheile sind: gleiche Atome Nikkeloxyd und Kohlensäure (nach Procenten: 63,0 Oxyd und 37,0 Kohlensäure). Im wasserhaltigen Zustande (als Hydrat) enthält es: 47,5 Oxyd, 14 Säure und 38,5 Wasser. Seine Eigenschaften sind: 1) im wasserleeren Zustande: apfelgrünes Pulver; 2) als Hydrat: blaßgrünes Pulver.

c) Das schwefelsaure Nickeloxyd (Sulphas niccolicus). Man gewinnt solches, wenn die neutrale Auflösung des reinen Nickels in Schwefelsäure zur Krystallisation disponirt wird. Seine Bestandtheile sind: im krystallinischen Zustande: gleiche Atome Oxyd und Säure, und 7 Atome Wasser (nach Procenten: 26,72 Oxyd, 28,51 Säure und 44,77 Wasser). Seine Eigenschaften sind: 1) vier- und sechsseitige Säulen; 2) Farbe, dunkelgrün; 3) zerfallbar an der Luft; 4) im dreifachen Gewicht Wasser in der Kälte lösbar.

Von dem Kobalt, seinen Oxyden und seinen Salzen.

§. 456.

Mit dem Namen Kobalt (Cobaltum) wird ein eigenthümliches Metall bezeichnet, welches Brand im Jahre

1733 zuerst aus den Erzen jenes Metalls darstellte und seine Eigenthümlichkeit begründete. Der Name Kobalt oder Kobold wird fabelhaft gebraucht, um Berggeister damit zu bezeichnen. Adelung leitet ihn aus dem böhmischen Worte Kow (Erz) und Kowalty (Erzhaltig) ab. Das Kobalt findet sich nie gediegen, sondern stets verlarvt, vererzt, und mit andern Metallen verbunden, im Mineralreiche.

a) Das Mineralreich bietet das Kobalt dar: 1) als Kobaltglanz oder Glanzkobalt (aus Kobalt, Arsenik, Eisen und Schwefel zusammengesetzt); 2) als Speißkobalt (aus Kobalt, Arsenik, Eisen, Kupfer und Schwefel zusammengesetzt); 3) als Erdkobalt, (aus Kobaltoxyd, Manganoxyd, Kupferoxyd, Kieselsäure, Alaunerde und Wasser zusammengesetzt); 4) als Kobaltvitriol (aus Kobaltoxyd, Schwefelsäure und Wasser zusammengesetzt); 5) als arseniksaures Kobalt (Kobaltblüthe, Kobaltbeschlag) (aus Kobaltoxyd, Arseniksäure und Wasser zusammengesetzt); 6) als Kobalt-Bleyerz (Kobalthaltiger Bleyglanz).

I. Darstellung des reinen Kobalts.

§. 457.

Das chemischreine Kobalt (Cobaltum) gewinnt man nur dann, wenn ein chemisch-reines Kobaltoxyd, oder oxalsaures Kobaltoxyd, in Vermengung mit ausgeglühetem Kienruß, in einem Probiertüte bei heftigstem Gebläsfeuer geschmolzen wird.

a) Nach Wöhler soll ein chemisch-reines Kobalt gewonnen werden, wenn das geröstete Kobalterz mit Schwefel und Kali eben so behandelt wird, wie das Nickel (§. 452 a.). Das gebildete Schwefelkobalt, wird in Salpetersäure aufgelöst, die Auflösung durch oxalsaures Kali gefället, der Präzipitat ausgesüßt, und dann durch Schmelzen mit Kohle reducirt.

b) Das chemisch-reine Kobalt zeichnet sich durch folgende Eigenschaften aus: 1) Farbe, röthlich-grau, schwach metallisch glänzend; 2) sehr strengflüssig im Feuer, schmilzt bei 180°. Wedgwood; 3) sehr spröde, höchstens schwer dehnbar; 4) spec. Gewicht = 8,79; 5) ist dem Magnet folgsam. Es gehört zu den theuersten Metallen. Sein Atomgewicht ist = 29,5.

II. Kobalt und Sauerstoff. (Kobaltoxyde).

§. 458.

Das Kobalt kann sich in 2 Verhältnissen mit dem Sauerstoffe verbinden, zum Oxyd und zum Superoxyd. Das reinste Kobaltoxyd läßt sich nur durch die Oxydation des reinsten Kobaltmetalles darstellen. Ein sehr unreines mit Arseniksäure und den Oxyden von mehreren andern Metallen gemengtes ist dasjenige, was im Handel unter dem Namen Zaffra (auch Saflor vorkommt.

a) Um die Zaffra (Zaffra) zu bereiten, werden die Kobalterze (besonders Speißkobalt und Kobaltglanz) mit Berührung der Luft so lange geröstet, bis keine Dämpfe sich mehr wahrnehmen lassen. Das geröstete Erz ist ein Gemenge von arsenikſaurem Kobaltoxyd (auch noch Kupfer-, Nickel-, Wißmuth-, Eisen und Mangan-Oxyd enthaltend). Das geröstete Erz wird gepuchet, durchgesiebt, und dann mit dem doppelten Gewicht Kieselsande gemengt. Dieses Gemenge stellt nun die Zaffra dar. Sie wird in den Töpfereyen gebraucht, um blaue Glasur damit darzustellen.

b) Das chemisch reine Kobaltoxyd (Oxydum cobalticum) wird gewonnen, wenn das reine oxalsaure Kobaltoxyd ausgeglühet, der Rückstand dann in Salpetersäure kalt aufgelöst, die Auflösung durch Aetzkali gefället, der Niederschlag vollkommen ausgesüßt und bei 80° Reaum. ausgetrocknet wird. Seine Bestandtheile sind: 1 Atom Metall und 1 Atom Sauerstoff (nach Procenten: 78,67 Kobaltmetall und 21,33 Sauerstoff). Seine Eigenschaften sind: 1) grünlichgraues Pulver; 2) geschmacklos; 3) nicht flüchtig im Feuer; 4) auflöslich in Säuren, erzeugt damit rothe Auflösungen.

c) Das Kobalt-Superoxyd (Superoxydum cobalticum) wird gewonnen, wenn reines salpetersaures Kobaltoxyd (§. 459. a.) bis zur Entfernung aller Säure ausgeglühet wird. Seine Bestandtheile sind: 1 Atom Kobalt und 1,5 Atom Sauerstoff (nach Procenten: 71,08 Metall und 28,92 Sauerstoff. Seine Eigenschaften sind: 1) schwarzes Pulver; 2) feuerbeständig; 3) auflösbar in Chlorwasserstoffsäure, unter Entwickelung von Chlorgas; 4) sehr schwer lösbar in Salpeter- und in Schwefelsäure; 5) ertheilt Glasflüssen, wenn es damit zusammengeschmolzen wird, eine blaue Farbe. Findet vorzüglich in der Glas- und Porzellan-Malerei Anwendung.

d) Wird die Auflösung des salpetersauren Kobalts mit Aetzkali gefället, der Niederschlag ausgesüßt, dann so lange mit Wasser gekocht, bis er röthlich wird, und an der Luft im Schatten getrocknet: so entsteht das Kobaltoxyd-Hydrat (Hydras cobalticus). Seine Bestandtheile sind: 1 Atom Oxyd und 1 Atom Wasser (nach Procenten: 79 Oxyd und 21 Wasser). Erscheint zuweilen dunkelblau von Farbe.

Anmerkung. Die Verbindungen des Kobalts mit den säuerfähigen Metalloiden werden übergangen, da sie keine Gegenstände der Kameralchemie ausmachen.

III. Kobaltoxyd und Säuern. (Kobalt-Salze).

§. 459.

Das Kobaltoxyd kann sich mit allen Säuren verbinden und stellt damit die Kobaltoxydsalze dar. Hier werden allein diejenigen von ihnen näher erörtert, welche Gegenstände der Kameralchemie ausmachen, es gehören dahin folgende:

a) Das salpetersaure Kobaltoxyd (Nitras cobalticus). Man gewinnt es, wenn die neutrale Auflösung des Kobalts in Salpetersäure der Krystallisation unterworfen wird. Seine Bestandtheile sind: im krystallinischen Zustande: 1 Atom Kobaltoxyd und 1 Atom Säure (nach Procenten: 40,90 Oxyd und 59,10 Salpetersäure). Seine Eigenschaften sind: 1) karmoisinrothe säulenförmige Krystalle; 2) leicht lösbar im Wasser; 3) zerfließbar an der Luft; 4) nimmt beim scharfen Austrocknen eine bläuliche Farbe an, wird späterhin aber wieder roth.

b) Das kohlensaure Kobaltoxyd (Carbonas cobalticus) wird gewonnen, wenn die Lösung des neutralen salpetersauren Kobaltoxydes, durch kohlensaures Ammoniak gefället, der Niederschlag ausgesüßt und getrocknet wird. Seine Bestandtheile sind: gleiche Atome Kobaltoxyd und Kohlensäure (nach Procenten: 63 Oxyd und 37 Säure). Seine Eigenschaften sind: 1) pfirsichbluthrothes Pulver; 2) in allen Säuren auflösbar; 3) geht nach der Ausglühung in Kobaltoxyd über; 4) wird vom kohlensauren Ammoniak zu einer rothen Flüssigkeit aufgelöst. Dient in der Glas- und Porzellan-Malerei.

c) Das oxalsaure Kobaltoxyd (Oxalas cobalticus) wird gewonnen, wenn die neutrale Lösung des salpetersauren Kobaltoxyds mit der Lösung von einfach-oxalsaurem Kali gefället, der Niederschlag ausgesüßt und getrocknet wird. Seine Bestandtheile sind: 1 Atom Kobaltoxyd, 1 Atom Oxalsäure und 2 Atome Wasser (nach Procenten 37,5 Oxyd, 36,0 Säure und Wasser). Seine Eigenschaften sind: 1) blaßrosenrothe pulverförmige Krystalle; 2) nicht lösbar in Wasser; 3) wird beim Ausglühen in Kobaltmetall in Kohlensäure und in Wasser zerlegt.

d) Das schwefelsaure Kobaltoxyd (Sulphas cobalticus) wird gewonnen, wenn die neutrale Auflösung des Kobaltoxydes in Schwefelsäure der Krystallisation unterworfen wird. Seine Bestandtheile sind: im krystallinischen Zustande, gleiche Atome Kobaltoxyd und Schwefelsäure nebst 6 Atomen Wasser, (nach Procenten: 28,51 Oxyd, 30,47 Säure, 41,20 Wasser). Seine Eigenschaften sind: 1) rhomboidale Säulen, von karmoisinrother Farbe; 2) lösbar in 24 Theilen kaltem Wasser, leichter in der Siedhitze; 3) verwittert an warmer Luft; 4) nimmt nach der Entweichung des Wassers eine rosenrothe Farbe an

e) Das phosphorsaure Kobaltoxyd (Phosphas cobalticus). Man gewinnt dasselbe, wenn die mit Wasser gemachte neutrale Lösung des salpetersauren Kobaltoxyds mit phosphorsaurem Natron gefället, das Präzipitat ausgesüßt und getrocknet wird. Seine Bestandtheile sind: gleiche Atome Kobaltoxyd und Phosphorsäure (nach Procenten: 41,5 Kobaltoxyd und 58,5 Phosphorsäure). Seine Eigenschaften sind: 1) pulverförmiges Salz, von pfirsichblüthrother Farbe; 2) sehr schwer lösbar in Wasser; 3) nimmt beim Schmelzen eine schöne blaue Farbe an; 4) stellt, in Verbindung mit Alaunerde geglühet (nach Thenard) eine (dem Ultramarin ähnliche) blaue Malerfarbe dar.

f) Wird Kobaltoxyd in Chlorwasserstoffsäure bis zur Neutralität aufgelöst: so erhält man eine Flüssigkeit, die im verdünnten Zustande roth, im concentrirten hingegen grün erscheint, und beim Abdunsten zur Krystallisation eine dunkelgrüne an der Luft zersetzbare Salzmasse darstellt. Diese ist ein wasserhaltiges Doppel-Chlorkobalt (Bichlorus cobalticus). Seine Bestandtheile sind: 1 Atom Kobaltmetall, 2 Atome Chlor (nach Procenten: 30 Kobaltmetall, 70 Chlor). Seine Eigenschaften sind: 1) trocken grün, in Wasser gelöst röthlich; 2) leicht lösbar in Wasser; 3) zerfließbar an feuchter Luft; 4) wird mit dessen wässriger Lösung auf Papier geschrieben, so verschwindet die Schrift beim Trocknen, stellt sich aber grün dar, wenn sie erwärmt wird. Jene Flüssigkeit wird sympathetische Tinte (Atramentum Sympatheticum) genannt. Man gewinnt sie auch leicht, wenn die mit Wasser gemachte Lösung des salpetersauren Kobaltoxyds mit Küchensalz versetzt wird.

g) Kobaltoxyd und Essigsäure, Essigsaures Kobaltoxyd (Acetas cobalticus). Man gewinnt dieses Salz, wenn kohlensaures Kobaltoxyd (§. 459. b.) bis zur Neutralität desselben in reiner Essigsäure aufgelöst, und die Auflösung bis zur Trockne abgedunstet wird. Seine Bestandtheile sind: 1 Atom Kobaltoxyd, 2 Atome Essigsäure (nach Procenten: 42,25 Oxyd, 57,75 Säure). Seine Eigenschaften sind: im wasserhaltigen Zustande; 1) kleine blaßrothe Krystalle; 2) leicht lösbar in Wasser; 3) nimmt bei völliger Austrocknung eine blaue Farbe an; 4) wird mit der wässrigen Lösung auf Papier geschrieben, so nimmt die Schrift nach dem Trocknen in der Wärme eine blaue Farbe an. Diese Flüssigkeit wird blaue sympathetische Tinte genannt.

Von dem Eisen, seinen Oxyden und seinen Salzen.

§. 460.

Das Eisen (Ferrum, Mars) ist vielleicht das am allerreichsten im Weltraume verbreitete, aber für die menschlichen Bedürfnisse auch eins der allerunentbehrlichsten Metalle. Nach der biblischen Geschichte soll das Eisen schon dem Tubal-Kain (dem 8ten Menschen nach Adam) bekannt, und von ihm zur Verfertigung von Ackergeräthen verwendet worden sein. Ob dies möglich war? soll hier nicht untersucht werden; wir wollen uns an das halten, was jetzt als erwiesen anerkannt ist.

a) Das Mineralreich bietet das Eisen dar: 1) als Eisenkies (Schwefelkies, Markasit, Pyrit), in Würfeln krystallisirt (aus 47,30 Eisen und 52,70 Schwefel zusammengesetzt); 2) als Strahlkies, Vitriolkies, Wasserkies (aus 45,07 Eisen, 53,35 Schwefel, 0,70

Mangan, 0,80 Kiesel zusammengesetzt); 3) als Leberkies, Magnetischer Eisenkies (aus 56,37 Eisen und 43,63 Schwefel zusammengesetzt); 4) als Arsenikkies, Mißpickel (aus 36,04 Eisen, 42,88 Arsenik, 21,08 Schwefel zusammengesetzt); 5) als Eisenoxyd, Eisenglanz, Eisenglimmer (aus Eisenoxyd und Wasser zusammengesetzt); 6) als Rotheisenstein, Glaskopf, Blutstein; 7) als Brauneisenstein (aus Eisenoxyd, Wasser, Manganoxyd und Thon zusammengesetzt); 8) als Magnet-Eisenstein (aus Eisenoxydul, Titanoxyd, Manganoxyd und Thon zusammengesetzt); 9) als Eisenvitriol; 10) als Eisenblau (aus Eisen, Phosphorsäure, Wasser, Mangan und Thon zusammengesetzt); 11) als Eisenspath, Spatheisenstein (aus Eisenoxydul, Kohlensäure, Manganoxyd, Kalkerde und Wasser zusammengesetzt); 12) als Arseniksaures Eisen, Pharmakosiderit (aus Eisenoxyd, Arseniksäure, Kieselsäure und Wasser zusammengesetzt); 13) als Eisenpecherz, Eisensinter (aus Eisenoxydul, Manganoxydul, Arseniksäure, Schwefelsäure und Wasser zusammengesetzt); 14) als Lieverit (aus Eisenoxyd, Manganoxyd, Kieselsäure uud Alaunerde zusammengesetzt; 15) als Raseneisenstein, Sumpferz Wiesenerz (aus Eisenoxyd, Phosphorsäure und Thon zusammengesetzt); 16) gediegen findet sich das Eisen im Meteor-Eisen und den Meteorsteinen, mit Nickel verbunden.

I. Darstellung des Eisens aus seinen Erzen.

§. 461.

Um das regulinische Eisen aus seinen Erzen darzustellen, werden vorzüglich diejenigen in Anwendung gesetzt, in denen das Eisen als Oxydul oder als Oxyd enthalten ist; weniger die, worin solches an Schwefel gebunden vorkommt.

a) Jene Erze werden vorher gepocht und geröstet, um Schwefel und Arsenik nach Möglichkeit zu entfernen, hierauf mit einem Zuschlag von Kalk und Flußspat geschichtet, im Schacht-Hohofen mittelst Holzkohlen oder Coak ausgeschmolzen, wobei die Feurung durch stark wirkende Blasebälge, Wassertrommeln ꝛc. begünstiget wird. Das reducirte und ausgeschmolzene Eisen sammlet sich im untern Raume des Ofens unter einer darauf liegenden Schlacke (Eisensauer), welche abgelassen wird. Das im untern Raume (dem Tiegel) des Ofens angesammlete regulinische Eisen wird täglich einige Mal abgelassen oder auch mit Kellen von Schmiedeeisen abgeschöpft und entweder in länglich viereckige Stäbe (Eisengänse), oder auch in die dazu bestimmten Formen ausgegossen.

b) Roheisen, Gußeisen. Das so gewonnene Eisen wird Roheisen oder Gußeisen genannt. Es ist in diesem Zustande kein reines Eisen, sondern enthält noch viele fremdartige Materien, die theils aus dem Erze woraus solches gewonnen wurde, theils während dem Ausschmelzen hinzugekommen sind. Wird das Roheisen einer nochmaligen Umschmelzung unterworfen, so wird solches dadurch wesentlich verbessert. Das Roheisen kann sich (nach Ziemann) in dreifacher Art darstellen: 1) als Weißeisen; 2) als Graueisen; 3) als Schwarzeisen.

c) Das Weißeisen erzeugt sich beim Ausschmelzen in mehr niedrigen Oefen, weil die Erze hiebei eine zu kurze Zeit mit der reduzirenden Kohle in Berührung bleiben, und, wenn die Beschickung leicht flüssig ist, die schmelzende Masse nicht lange genug zwischen den Kohlen verweilen kann; oder wenn das Verhältniß des Erzes zur Kohle zu groß war; endlich wenn die Beschickung zu strengflüssig ist, wobei zu viel Kohle verzehrt wird, ohne auf das Erz wirken zu können. Es ist sehr hart und zerbrechlich, läßt sich weder feilen noch bohren, und ist beim Temperaturwechsel leicht dem Bersten ausgesetzt. Sein Gefüge ist krystallinisch aus kleinen glänzenden Facetten gebildet.

d) Das Graueisen wird erzeugt: 1) wenn es beim Ausschmelzen nicht an Kohle fehlt; 2) wenn das Metall beim Ausschmelzen lange genug mit der Kohle in Berührung bleibt. Seine Farbe ist dunkel und ungleich: sein Gefüge ist körnig, oft ins blättrige übergehend; seine Festigkeit ist größer als die beim Weißeisen. Es ist weicher als jenes, läßt sich leicht bohren, schneiden und drehen. Es stellt das eigentliche gute Gußeisen dar.

e) Das Schwarzeisen scheint bloß durch einen zu großen Gehalt an Kohle vom grauen abzuweichen.

II. Raffination des Roheisens. Frischeisen. Staabeisen.

§. 462.

Das Roheisen (Ferrum crudum) ist stets noch mit fremdartigen Materien verbunden, die theils aus den Erzen abstammen, theils durch Reduktion der Zuschläge hineingekommen sind. Deshalb muß solches einer Reinigung nochmals unterworfen werden, welche das Frischen des Eisens genannt wird, wodurch dasselbe von den beigemengten fremdartigen Theilen befreiet und ihm Schmiedbarkeit ertheilt wird.

a) Man verrichtet das Frischen in einem eigenen Ofen, in welchem das Roheisen unter einer Decke von Kohle und Frischschlacke (welche beim Verbrennen des Eisens in jener Operation erzeugt wird), mittelst heftigem Gebläsfeuer, umgeschmolzen wird. Hier verbindet sich die in der Asche der verbrannten Kohle befindliche Kieselsäure mit dem Eisenoxydul zu einem leichtflüssigen Eisensilikat. Das Eisen oxydirt sich dann mit der Kohle zugleich. Die Masse wird umgerührt, wobei sich die Schlacke mit dem flüssigen Eisen verbindet. Hat nun die schmelzende Masse eine bestimmte Temperatur erreicht: so wird die Kohle des Roheisens, auf Kosten des in der mechanisch eingemengten Schlacke befindlichen Sauerstoffs, in Kohlenoxydgas umgewandelt, die geschmolzene Masse geräth in wallende Bewegung, und die dabei aufsteigenden Gasblasen verbrennen auf der Oberfläche, wodurch diese mit einer leuchtenden Flamme bedeckt wird. Wenn der größte Theil der Kohle verbrannt ist, so erstarrt die Masse nach und nach, und bleibt als geschmeidiges Frischeisen zurück.

b) Das gebildete Frischeisen wird nun aus dem Heerde genommen, und auf dem Amboß, mittelst schweren durch Wasser getriebenen Hämmern, ausgeschmiedet. Hiebei wird, mit jedem Hammerschlag, ein Theil der noch mechanisch eingemengten Schlacke ausgesondert; worauf das gereinigte Eisen nun zu Stäben von verschiedener Länge und Dicke ausgeschmiedet wird. In diesem Zustande wird es geschmeidiges Eisen oder Staabeisen genannt.

c) Das allerbeste Eisen gewinnt man, wenn zerkleinertes Staabeisen mit dem vierten Theil seines Gewichts reinem Eisenoxydul, unter einer Decke von metallfreiem Glas, geschmolzen wird. Es ist von fast silberweißer Farbe, außerordentlich zähe und weicher als gewöhnliches Staabeisen. Sein Bruch ist schuppig, muschelig, zuweilen krystallinisch. Sein specifisches Gewicht wechselt zwischen 7 und 8 ab.

Geschmeidiges gutes Eisen. Rothbrüchiges Eisen. Kaltbrüchiges Eisen.

§. 463.

Das Staabeisen, wenn gleich dehnbar oder schmiedbar, zeigt eine wesentliche Verschiedenheit unter dem Hammer, welche von der natürlichen Grundmischung des Erzes abhängig ist, aus dem solches gewonnen worden war. Es wird daher 1) in geschmeidiges gutes; 2) in kaltbrüchiges; 3) in rothbrüchiges Eisen unterschieden.

a) Das geschmeidige gute Eisen läßt sich in der Kälte, so wie in der Roth- und Weißglühhitze hämmern und schmieden, ohne zu reißen oder zu zerspringen. Es ist nicht chemisch rein, sondern enthält ohngefähr 0,50 Kohlenstoff und 0,005 Kieselmetall.

b) Das kaltbrüchige Eisen enthält einen Hinterhalt von Phosphorsäure. Es läßt sich in der Glühhitze sehr gut bearbeiten, springt aber leicht, wenn es kalt geschlagen oder gebogen wird.

c) Das rothbrüchige Eisen besitzt einen Hinterhalt von Schwefeleisen (zuweilen auch Arsenik oder Kupfer). Es läßt sich kalt bearbeiten, springt aber in Stücke, wenn es rothglühend gehämmert wird.

III. Eigenschaften des geschmeidigen guten Staabeisens.

§. 464.

Die Eigenschaften des chemisch-reinen Eisens sind (§. 463. c.) bereits erörtert worden. Das geschmeidige gute Staabeisen zeichnet sich durch folgende Eigenschaften aus: 1) Farbe, hellgrau ins weiße hinneigend; 2) Bruch hakig; 3) spec. Gewicht = 7,7; 4) Festigkeit, bedeutend groß; 5) schmelzbar bei 155° Wedgwood; 5) kalt und glühend dehnbar; 7) schweißbar in der Rothglühhitze; 8) dem Magnet folgsam; 9) leicht oxydirbar in der feuchten Luft; 10) in allen Säuren leicht auflösbar. Sein Atomgewicht ist = 27.

IV. Stahl. (Rohstahl, Cement-Stahl, Guß-Stahl, Wootz.)

§. 465.

Der Stahl (Chalybs) wurde in früheren Zeiten für ein ganz reines Eisen gehalten, neuere Erfahrungen darüber haben das Gegentheil erwiesen. Die genaueste Kenntniß der verschiedenen Stahlarten ertheilte uns Faraday. Man unterscheidet vier verschiedene Arten des Stahls: 1) Rohstahl; 2) Cementstahl; 3) Gußstahl; 4) Wootz.

a) Mit dem Namen Rohstahl, auch Schmelzstahl, bezeichnet man eine Sorte Stahl, der beim Ausschmelzen der sogenannten Stahlerze (Manganhaltige Eisenerze der Grafschaft Saint Foy) gewonnen wird. Man gewinnt einen solchen Rohstahl auch 1) indem man einen Staab Manganhaltiges Schmiedeeisen eine kurze Zeit in schmelzendes Roheisen eintaucht, aus welchem es Kohlenstoff aufnimmt und in Stahl übergeht. 2) Wenn Roheisen unter einer Decke von Eisenschlacken eine Zeitlang geschmolzen wird. Ein solcher Stahl ist aber stets schlecht.

b) Cement-Stahl, Brennstahl, Blasenstahl (Blister-steel der Engländer) wird gewonnen, wenn man geschmiedete Stücke von manganhaltigem Eisen in einem Kasten von feuerfestem Thon mit Kohlenpulver (auch wohl mit einem Gemenge von Kohle, Braunstein und Thon) schichtet, den Kasten hermetisch verschließt, und ihn 5 bis 6 Tage lang in einer Hitze erhält, die dem Weißglühen nahe kommt. Wenn nach dem Erkalten der Kasten geöffnet wird, so findet man die Stücke mit vielen größeren und kleinen Blasen bedeckt; ein Beweis, daß Gasarten entwickelt worden sind. Makintosh hat gezeigt, daß Eisen in Stahl umgewandelt werden kann, wenn solches glühend anhaltend einem Strom von Kohlenwasserstoffgas (Leuchtgas) ausgesetzt wird.

c) Der Gußstahl wird gewonnen, wenn die eine oder die andere Sorte der vorher gedachten Stahlarten unter einer Decke von Glas; auch (nach Breant), wenn Staabeisen in Versetzung mit Kohlenpulver geschmolzen wird.

d) Der Wootz oder indische Stahl, dem man den Vorzug vor jedem andern einräumt, ist (nach Stodart und Faraday ein mit Alumium und Silicium legirter Gußstahl. Endlich hat Faraday gezeigt, daß ein geringer Zusatz von

Rhodium oder von Silber, zum Stahl, solchen wesentlich verbessern. Dieses soll (nach Berthier) auch das Chrom thun. Stahl mit $\frac{1}{500}$ Silber legirt (Silver-Steel) wird jetzt in England allgemein verarbeitet.

Gerben und Härten des Stahls.

§. 466.

Sowohl der Rohstahl als der Cementstahl erfordert noch eine besondere Bearbeitung, um ihn mehr Dichtigkeit zu geben. Diese wird das Gerben und der dadurch bearbeitete Stahl wird Gerbstahl gegerbter Stahl genannt. Zu dem Behuf werden die Stäbe des Stahls im Feuer vor der Esse zum Schweißen erhitzt, dann auf dem Amboß ausgetrieben, wodurch die Massentheile des Stahls einander mehr genähert werden, so daß er sich nun schmieden läßt. Das Härten des Stahls wird verrichtet, indem man ihn in mäßig heißem Wasser ablöscht.

Eigenschaften des Stahls.

§. 467.

Der Stahl zeichnet sich durch folgende Eigenschaften aus, die ihn von dem Eisen unterscheiden: 1) Farbe, heller als die des Eisens; 2) spec. Gewicht = 7,8 bis 7,9; 3) in der Rothglühhitze eben so leicht hämmerbar, als Eisen: erfordert dabei aber viel Vorsicht. Enthält er zu viel Kohlenstoff, so springt er unter dem Hammer leicht in Stücke; 4) leichter zerbrechbar als Eisen; 5) sein Bruch ist nicht höckerig wie beim Eisen, sondern eben, körnig und hell fast weiß von Farbe. Solches sind die Eigenschaften des Stahls (im nicht gehärteten Zustande). Nach dem Härten zeichnet er sich durch folgende Eigenschaften aus:

1) zerspringt leicht, wenn er gebogen wird; 2) ist so hart daß er Glas ritzt und von der Feile nicht angegriffen wird; 3) verliert seine Härte und wird geschmeidig wenn er erhitzt (angelassen) wird; 4) zeigt einen höchst steinkörnigen mattweißen Bruch; 5) mit Berührung der Luft über Kohlenfeuer erhitzt, wird er auf der Oberfläche mit Oxydul bedeckt und, nach der zunehmenden Vermehrung desselben, anfangs hellgelb, dann dunkelgelb, dann purpurroth, endlich veilchenblau.

Anmerkung. Um das Eisen schon gearbeiteter Instrumente theilweise zu stählen, werden sie mit Wolle oder mit Hornspänen umwickelt und in diesen Zustand eine Zeitlang glühend erhalten, dann aus dem Feuer genommen, gehärtet und polirt.

Eisen und Sauerstoff. (Eisenoxyde).

§. 468.

Das Eisen kann sich in 2 Verhältnissen mit dem Sauerstoff verbinden, zum Oxydul und zum Oxyd. Aus einer Vermengung von Beiden geht das Oxydul-Oxyd des Eisens hervor. Die Oxydation des Eisens kann auf dem trocknen und dem nassen Wege veranstaltet werden.

a) Das Eisenoxydul (Oxydum Ferrosum), sonst auch Eisen-Moor (Aethiops martialis) genannt wird gewonnen, 1) auf dem trocknen Wege: wenn reines Eisendrath in einem Schmelztiegel zum Rothglühen erhitzt, und während dem Glühen so oft siedend heißes Wasser darauf getröpfelt wird, bis sich der Drath zwischen den Fingern zu zartes Pulver zerreiben läßt; 2) wenn 39 Gewichtstheile Eisenoxyd und 27 Gewichtstheile gefeiltes regulinisches Eisen gemengt und in einem verschlossenen Tiegel gut durchgeglühet werden, wodurch das Eisen dem Oxyd die Hälfte des Sauerstoffs entzieht. Das Ganze ist nun Eisenoxydul. Mit dem Eisenoxydul übereinstimmend ist der reine Eisen-Hammerschlag. Seine Bestandtheile sind: gleiche Atome Eisen und Sauerstoff (nach Procenten: 77,0 Metall, 23,0 Sauerstoff.) Seine Eigenschaften sind: 1) Farbe, dunkelgrau; aus metallisch glänzend; 2) dem Magnet folgsam; 3) leichter schmelzbar als Eisen; 4) auflösbar in den Säuern, ohne Entbindung einer Gasart; 5) erzeugt damit grüne Salze.

b) Das Eisenoxydul-Hydrat (Hydras ferrosus), wird gewonnen, wenn die mit Wasser gemachte Lösung des schwefelsauren Eisenoxyduls durch Aetznatron, im Ueberschuß das Letztern, gefället, ohne Zutritt der Luft mit gekochtem destillirtem Wasser vollkommen ausgesüßt, und im luftleeren Raume bei 80° Reaumür ausgetrocknet wird. Seine Bestandtheile sind (wahrscheinlich) gleiche Atome Oxydul und Wasser; (nach Procenten: 79,60 Oxydul und 26,40 Wasser). Seine Eigenschaften sind: Farbe, grünlich schwarz; 2) leicht lösbar in Säuren, womit es (ausgenommen der Salpetersäure) grüne Salze erzeugt; 3) geht beim Ausglühen in verschlossenen Gefäßen in wasserfreies Oxydul über.

c) Das Eisenoxyd (Oxydum ferricum), sonst Eisensafran (Crocus martis) genannt, wird gewonnen: 1) wenn Eisendrath (unter Mitwirkung der atmosphärischen Luft) so lange geglühet wird, bis solcher in eine braunrothe zerreibliche Masse übergegangen ist; 2) wenn in Salpetersäure aufgelöstes Eisen zur Trockne abgedunstet und der Rückstand so lange ausgeglühet wird, bis alle Säure verschwunden ist. Seine Bestandtheile sind; 1 Atom Eisen, 1,5 Atome Sauerstoff (nach Procenten 69,34 Metall, 30,66 Sauerstoff). Seine Eigenschaften sind: 1) Farbe dunkel rothbraun; 2) schwer lösbar in Säuren, mit welcher es rothgelbe sehr zusammenziehend schmeckende Salze erzeugt. In der Arzneikunde führt solches den Namen Crocus martis adstringens. Die Natur bietet solches im Rotheisenstein, im Glaskopf und im Blutstein dar.

d) Das Eisenoxyd-Hydrat (Hydras ferricus) wird gewonnen, wenn die mit Königswasser gemachte Auflösung des

Eisens durch Aetznatron gefället, der braune Niederschlag kalt ausgesüßt, und bei 80° Reaum. ausgetrocknet wird. Seine Bestandtheile sind: gleiche Atome Eisenoxyd und Wasser (nach Procenten: 81,30 Oxyd, 18,70 Wasser). Seine Eigenschaften sind: 1) Farbe gelbbraun; 2) leicht lösbar in Säuren; 3) geht beim Ausglühen in Eisenoxyd über. Dem Eisenoxyd-Hydrat sehr nahe kommend ist der Eisenrost (Rubigo ferri), nur enthält er, etwas Kohlensäure.

e) Das Eisenoxydul-Oxyd (Oxydum ferroso-ferricum) wird gewonnen, wenn die mit Wasser gemachte Lösung des schwefelsauren Eisenoxyduls durch die Lösung des einfach kohlensauren Kali gefället, der Niederschlag vollkommen ausgesüßt, und an der freien Luft langsam ausgetrocknet wird. Seine Bestandtheile sind (wahrscheinlich) 1 Atom Eisenoxydul und 2 Atome Eisenoxyd; (nach Procenten: 20,47 Oxydul und 69,03 Oxyd, nebst wenig Kohlensäure und Hydratwasser). Seine Eigenschaften sind: 1) Farbe, hellbraun; 2) leicht auflöslich in Säuren, unter schwachem Brausen; macht allein Gegenstand in der Arzneikunst aus.

Anmerkung. Wenn die Präzipitation beginnt, so erscheint anfangs der Niederschlag fast weiß; solches ist ein basisches schwefelsaures Eisenoxydul. Späterhin wird er schwarzgrün; solches ist das Oxydul-Hydrat des Eisens. Stehet der ausgesüßte noch feuchte Niederschlag mit der Luft lange in Berührung, so zieht er Sauerstoff an und geht zum Theil in Oxyd über. Das proportionale Verhältniß des Oxyds zum Oxydul in diesem Präparate ist daher selten einmal so wie das andremal.

Versinnlichung durch Experimente in den Vorlesungen.

Eisen und Metalloide.

§. 469.

Das Eisen kann mit allen Metalloiden in Verbindung treten; hier werden nur allein diejenigen näher erörtert, welche Gegenstände der Kameralchemie ausmachen. Dahin gehören: 1) die mit dem Kohlenstoff; 2) dem Cyan; 3) dem Schwefel; 4) dem Phosphor; 5) dem Chlor; 6) dem Silicium.

a) Das Kohlenstoff-Eisen (Carbonetum ferri) findet sich als Bestandtheil im Stahl. Ob der Graphit als ein Kohlenstoffeisen angesehen werden kann? solches ist zur Zeit noch zweifelhaft. Wird reines Cyaneisen (Berlinerblau) einer Ausglühung in verschlossenen Gefäßen unterworfen, so bleibt Kohlenstoffeisen zurück, das aus 1 Atom Eisen und 1,5 Atome Kohlenstoff zusammengesetzt ist, wenn es erwärmt wird sich an der Luft entzündet und in Eisenoxyd und Kohlensäure zerfällt.

b) Das Cyan kann sich unter 2 Verhältnissen mit dem Eisen verbinden, zum Eisencyanür und zum Eisencyanit. Jene Verbindungen sind einzeln nicht darstellbar; in Vereinigung mit einander bilden sie aber das Berlinerblau. Das Eisencyanür (Cyanuretum ferri) ist zusammengesetzt aus 1 Atom Eisen und 1,50 Atome Cyan. Das Eisencyanit ist zusammengesetzt, aus 1 Atom Eisen und 3 Atome Cyan. Das reine Berlinerblau (Pariserblau) von Diesbach in Berlin 1704 entdeckt, und anfangs nach ihm Diesbacherblau genannt) ist eine Verbindung von 3 Atomen Eisencyanür und 4 Atomen Eisencyanit. Man gewinnt solches, wenn in Wasser gelöstes Eisenchlorid, mit in Wasser gelöstem Cyaneisenkali (§. 280. h.) vollkommen zersetzt, der Niederschlag vollkommen ausgesüßt, und dann getrocknet wird. Seine Eigenschaften sind: 1) Farbe, dunkel-Indigoblau; 2) muschlicher Bruch; 3) Geschmack uud Geruchlos; 4) nicht lösbar in Wasser, schwachen Säuren, und Alkohol; 5) Alkalien auch anderweitige

Metalloxyde, entziehen ihm das Cyan, und lassen Eisenoxyd zurück. Das gemeine Berlinerblau (Caeruleum berolineum), welches stets mehr oder weniger Alaunerde enthält. Es wird gewonnen, wenn eine gemachte Auflösung von Eisenvitriol und Alaun, durch Blutlauge (§. 280. a.) gefället, der Niederschlag ausgesüßt und getrocknet wird.

c) Versinnlichung durch Experimente in den Vorlesungen.

d) Das Schwefeleisen (Sulphuretum Ferri) repräsentirt sich, natürlich gebildet, in den Schwefelkiesen (§. 460. a.) doppelt und einfach. Das Eisen kann sich unter 5 Verhältnissen mit dem Schwefel verbinden. Unter diesen Verhältnissen ist die Zweite aus gleichen Atomen Eisen und Schwefel, als welche zur Darstellung des Hydrothionsauren Gases (Schwefelwasserstoffgas) in der Kameralchemie nicht entbehrt werden kann. Man gewinnt dieses Schwefeleisen, wenn 2 Gewichtstheile Eisenspäne (Bohrspäne) in einem Tiegel zum Rothglühen erhitzt werden, indem man 1 Gewichtstheil Schwefel darauf trägt, alles umrührt und so lange im Feuer erhält, bis keine Schwefeldämpfe sich mehr entwickeln. Solches wird von einer Schwefelsäure unter Entwicklung von Hydrothionsaurem Gas, ohne Rückstand von Schwefel aufgelöst.

e) Das Phosphoreisen (Phosphuretum Ferri) wird gewonnen, wenn phosphorsaures Eisenoxydul in der Versetzung mit $\frac{1}{4}$ reiner Kohle in einem verschlossenen Gefäße geschmolzen wird. Seine Bestandtheile sind: 1 Atom Eisen, 0,5 Atome Phosphor (nach Procenten: 77,14 Eisen und 22,86 Phosphor). Seine Eigenschaften sind: 1) Farbe, dunkelblau Stahlgrau, auf dem Bruche weiß; 2) spec. Gewicht, 6,7; 3) sehr spröde; 4) dem Magnet folgsam, nimmt magnetische Polarität an; 5) leichter schmelzbar als Eisen; 6) macht einen Gemengtheil im kaltbrüchigen Eisen (§. 463. b.) aus.

f) Mit dem Chlor kann das Eisen sich im einfachen und im doppelten Verhältnisse verbinden. Das einfache Chloreisen, Eisenchlorür (Chloretum Ferri) wird gewonnen, wenn regulinisches Eisen bis zur Sättigung in Chlorwasserstoffsäure aufgelöst und die Auflösung bis zur Trockne abgedunstet wird. Seine Bestandtheile sind: 1 Atom Eisen, 2 Atome Chlor (nach Procenten: 46,57 Metall und 53,43 Chlor). Seine Eigenschaften sind: 1) blaß grünes Pulver; 2) leicht lösbar in Wasser und bildet blaßgrüne octaëdrische Krystalle. Das doppelte Chloreisen. Eisenchlorid (Chloridum ferri) wird gewonnen, wenn das Eisen in einem Gemenge von 3 Theilen Chlorwasserstoffsäure und 1 Theil Salpetersäure mit Unterstützung der Wärme bis zur Sättigung aufgelöst und die Auflösung zur Trockne abgedunstet wird. Seine Bestandtheile sind: 1 Atom Eisen und 3 Atome Chlor (nach Procenten: 35,0 Eisen und 65,0 Chlor). Seine Eigenschaften sind: 1) dunkel gelbbraune Salzmasse; 2) giebt durch Krystallisation röthlich geschobene Tafeln; 3) schmeckt scharf zusammenziehend; 4) sublimirt in der Hitze; 5) läßt in der Hitze Chlor von sich, und geht in Eisenchlorür über; 6) leicht zerfließbar an der feuchten Luft. Ist ein Haloidsalz.

g) Das Siliciumeisen (Kieseleisen) findet sich als Bestandtheil im Stahl (§. 465. d.).

Eisenoxyd und Säuern. (Eisenoxydsalze).

§. 470.

Das Eisen kann sich, als Oxydul und als Oxyd mit allen Säuren verbinden; woraus die Eisensalze hervorgehen. Hier werden davon diejenigen ausgehoben, welche als Gegenstände der Kameralchemie nicht entbehrt werden können. Es gehören dahin: die Verbindungen des Eisens: 1) mit der Kohlensäure; 2) der Salpetersäure; 3) der Schwefelsäure; 4) der Phosphorsäure; 5) der Benzoesäure; 6) der Bernsteinsäure; 7) der Essigsäure; 8) der Gallussäure.

1. Eisen und Kohlensäure. (Kohlensaures Eisen.)

§. 471.

Mit dem Eisenoxydul, nicht dem Eisenoxyd, kann sich die Kohlensäure verbinden. Man gewinnt das kohlenstoffsaure Eisenoxydul (Carbonas ferrosus), wenn reines Eisendrath in mit reiner Kohlensäure gesättigtem Wasser eingeschlossen erhalten wird. Seine Bestandtheile sind: 1 Atom Eisenoxydul, 2 Atome Kohlensäure (nach Procenten: aus 45,0 Eisenoxydul und 55 Kohlensäure). Es findet sich natürlich gebildet, in den Eisenhaltigen Mineralwässern; so wie im Spateisenstein. Geht bei Berührung mit der Luft leicht in unauflösliches kohlensaures Eisenoxyd über.

2. Eisenoxyd und Salpetersäure. (Salpetersaures Eisenoxyd.)

§. 472.

Man gewinnt dieses Salz, wenn Eisendrath in mit dem vierfachen Gewicht Wasser verdünnter Salpetersäure nach und zwar nach eingetragen wird, und nicht eher eine neue Portion, bis die erste aufgelöst ist. Die Auflösung erfolgt unter Entwicklung von Stickstoffoxydgas (§. 73.) Sie nimmt einen meist neutralen Zustand an und erscheint von dunkelbraunrother Farbe. In fest verschlossenen gläsernen Gefäßen, ohne Mitwirkung der Luft, eingeschlossen, läßt sie sich unverändert aufbewahren. Die Bestandtheile dieses ohne Zersetzung nicht krystallisirbaren Salzes sind: 1 Atom Eisenoxyd, 3 Atome Salpetersäure (nach Procenten: 32,5 Oxyd und 67,5 Säure). Seine

Eigenschaften sind: 1) dunkel braunrothe Flüssigkeit; 2) stark zusammenziehender Geschmack; 3) nicht krystallisirbar; 4) läßt beim Abdunsten und nachmaliger Ausglühung reines Eisenoxyd zurück. Dient in der Färberei und Cottondruckerei.

3. Eisen und Schwefelsäure. (Schwefelsaures Eisenoxydul. Eisenvitriol.)

§. 473.

Das Eisen wird von der verdünnten Schwefelsäure, unter Entwicklung von Wasserstoffgas, leicht aufgelöst. Die Auflösung besitzt eine blaßgrüne Farbe, und erzeugt, zur Krystallisation gebracht, das schwefelsaure Eisenoxydul (Sulphas ferrosus). Seine Bestandtheile sind, im krystallisirten Zustande, 1 Atom Eisenoxydul, 1 Atom Schwefelsäure, 6 Atome Krystall- und Hydratwasser; (nach Procenten: 25,7 Oxydul, 28,9 Säure 45,4 Wasser.) Im wasserfreien Zustand: 47,07 Oxydul, 52,93 Säure. Seine Eigenschaften sind: 1) krystallinisch in rhomboidalischen Säulen von Meergrüner Farbe; 2) zusammenziehender Geschmack; 3) reagirt sauer; 4) ist bei mittlerer Temperatur in 2 Theilen Wasser lösbar; 5) schmilzt in der Hitze, läßt das Krystallwasser von sich, und geht beim Austrocknen an der Luft bei 80° Reaum. in schwefelsaures Eisen-Hydrat, von gelblich weißer Farbe über; 6) verwittert leicht an trockner Luft, wird gelblich, und geht in schwefelsaures Eisenoxydul-Oxyd über; 7) verliert in der Glühhitze Wasser und Säure und läßt Eisenoxyd zurück; dient zur Fabrikation der schwarzen Tinte, so wie in allen Zweigen der Färberei.

a) Um dieses Salz zu bereiten, wird ein Gewichtstheil koncentrirter Schwefelsäure, mit 3 Gewichtstheilen

Wasser verdünnt, und in die Flüssigkeit nach und nach so viel reines Eisen eingetragen, als sie aufzulösen vermag; so daß ein kleiner Theil ungelöst zurück bleibt. Die Auflösung erfolgt mit Brausen, unter Entwicklung von Wasserstoffgas. Wenn kein Aufwallen mehr statt findet, wird das Ganze zum Sieden erhitzt, die Flüssigkeit siedend heiß filtrirt und sich selbst überlassen: da dann in der Kälte das Salz im schönen Krystallen anschießt. Die übrige Flüssigkeit kann, nach fernerm Abdunsten, gleichfalls zur Krystallisation gebracht werden.

b) Der gemeine Eisenvitriol, der stets Kupfer und Zinkhaltig zu seyn pflegt, wird durch Auslaugen und Krystallisiren der Lauge von dem verwitterten Eisenkies (dem Vitriolkies) (§. 460. 2.) gewonnen.

c) Das schwefelsaure Eisenoxyd (Sulphas ferricus) wird gewonnen: wenn reines Eisenoxyd (§. 468. c.) so lange in mit der Hälfte Wasser verdünnter Schwefelsäure bis zur Sättigung gekocht, dann mit Wasser verdünnet und filtrirt wird. Die Flüssigkeit stellt anderthalbfaches schwefelsaures Eisenoxyd (Sulphas sesqui ferricum) dar. Seine Bestandtheile sind, im Wasserhaltigen Zustande: 4 Atome Oxyd, 1 Atom Säure, 6 Atome Wasser; (nach Procenten: 62,4 Oxyd, 16,0 Säure und 21,6 Wasser). Seine Eigenschaften sind: 1) rothbraunes Fluidum; 2) sehr schwer krystallisirbar; 3) säuerlicher stark zusammenziehender Geschmack; 4) vollkommen zersetzbar in der Glühhitze; dient in der Färberei.

4. Eisen und Phosphorsäure. (Phosphorsaures Eisenoxyd.)

§. 474.

Man gewinnt das phosphorsaure Eisenoxyd (Phosphas ferricus), wenn die mit Wasser gemachte Auflösung des einfachen Chloreisens mit phosphorsaurem Natron gefället, der Niederschlag ausgesüßt und getrocknet wird. Seine Bestandtheile sind: 2 Atome Oxyd, 1,5 Atome Säure: (nach Procenten: 49,6 Oxyd, 50,4 Säure.) Seine Eigenschaften: 1) weißes farbenloses Pulver; 2) höchst schwer lösbar in Wasser; 3) schmilzt in der Hitze zu einer Kugel von grüner Farbe; 4) geht, beim Schmelzen mit Kohle, in Phosphoreisen über. Findet sich natürlich gebildet, im basischen Zustande, im Sumpferz; als phosphorsaures Eisenoxydul, im erdigen Eisenblau (§. 460. 10.) und im Eisenblauspat gegenwärtig.

5. Eisen und Benzoesäure. (Benzoesaures Eisenoxyd.)

§. 475.

Man gewinnt das Benzoesaure Eisenoxyd (Benzoes ferricus) wenn eine neutrale Auflösung eines Eisenoxydsalzes mit neutrales benzoesaures Natron versetzt wird, in Form eines gelblichen, zuweilen blaßröthlichen Pulvers. Seine Bestandtheile sind: 1 Atom Oxyd und 3 Atom Säure, (nach Procenten: 17,60 Oxyd und 82, 46 Säure.) Das benzoesaure Natron dient besonders als ein Prüfungs und Scheidungsmittel, für das Eisenoxyd, aus andern Verbindungen.

6. Eisenoxyd und Bernsteinsäure. (Bernsteinsaures Eisenoxyd.)

§. 476.

Das bernsteinsaure Eisenoxyd (Succinas ferricus) wird (wie das Benzoesaure) gewonnen, wenn die neutrale Lösung eines Eisenoxydsalzes, mit einer gleichfalls neutralen Lösung eines bernsteinsauren Salzes versetzt wird; wobei das bernsteinsaure Eisenoxyd in braunrothen Flocken gefället wird. Seine Bestandtheile sind: 1 Atom Oxyd und 3 Atome Säure, (nach Procenten: 34,08 Oxyd und 65,92 Säure). Seine Eigenschaften sind: 1) nicht lösbar in kaltem Wasser; 2) in heißem Wasser wird es in ein basisches und ein saures Salz zersetzt. Es dient zum Prüfungs- so wie zum Scheidungsmittel des Eisenoxyds vom Manganoxyd aus ihren Auflösungen.

7. Eisenoxyd und Essigsäure. (Essigsaures Eisenoxyd.)

§. 477.

Die Essigsäure löst das regulinische Eisen, im schwachen und im concentrirten Zustande, unter Entwicklung von Wasserstoffgas auf, die Auflösung ist grün und enthält das Eisen als Oxydul. Der Luft ausgesetzt nimmt sie eine dunkelbraune Farbe an und erzeugt damit das essigsaure Eisenoxyd (Acetas Ferricus). Seine Bestandtheile sind, im Wasserleeren Zustande: 1 Atom Oxyd und 3 Atomen Säure, (nach Procenten: 33,61 Oxyd und 66,39 Säure): im Wasserhaltigen Zustande: 1) dunkelbraunes Fluidum; 2) angenehmer Geschmack; stark zusammenziehend; 3) leicht zersetzbar in der Wärme.

a) Eine höchst koncentrirte Auflösung des essigsauren Eisenoxyds gewinnt man, wenn noch feuchtes Eisenoxyd, in koncentrirter Essigsäure, bei gelinder Wärme aufgelöst und die Flüssigkeit filtrirt wird.

b) Das essigsaure Eisenoxyd dient in der Baumwollen- und Leinenfärberei; in der Cottondruckerei, und zum Zeichnen der Wäsche.

8. Eisenoxyd und Gallussäure. (Gallussaures Eisenoxyd.)

§. 478.

Wenn reine Gallussäure zu einer mit Wasser gemachten Lösung eines neutralen Eisenoxydsalzes gesetzt wird, so färbt sie sich dunkelblauschwarz. Reiner gewinnt man das gallussaure Eisenoxyd (Gallas Ferricus), wenn die Lösung von gallussaurem Ammoniak zur Lösung von essigsaurem Eisenoxyd gesetzt wird; in Form eines sich schwer absetzenden schwarzen Pulvers. Seine Bestandtheile sind: 1 Atom Eisenoxyd und 3 Atome Gallussäure (nach Procenten: 30,0 Eisenoxyd und 70,0 Säure). Seine Eigenschaften sind: 1) Pulverform, von schwarzer Farbe; 2) nicht lösbar, aber aufschwemmbar in Wasser; 3) zersetzbar in der Glühhitze und durch Schwefelsäure. Erzeugt sich bei der Darstellung der schwarzen Tinte; so wie in der Färberei und Cottondruckerei, da wo Eisenoxyd und Gallussäure in Verbindung treten.

a) Um eine ausgezeichnet gute schwarze Tinte zu bereiten, deren Farbe haltbar ist und die nicht schimmelt, kann man sich des folgenden Verfahrens bedienen: 16 Loth schwarze türkische Galläpfel, (im gröblich gepulverten Zustande), werden in einer hinreichend großen Flasche, mit 5 Berliner Quart (= $12\frac{1}{2}$ Pfund) gereinigten Holzessig übergossen, 8 Tage lang damit in Berührung gelassen und täglich ein Mal umgeschüttelt. Nun werden dem Ganzen zugegeben 5 Loth gröblich gepulvertes arabisches Gummi und 12 Loth grüner Eisenvitriol. Man läßt das Gemenge abermals 8 Tage lang ruhig stehen, während welcher Zeit solches täglich ein Mal aufgerührt wird. Die Tinte ist nun zum Gebrauch fertig.

Von dem Mangan, seinen Oxyden und seinen Salzen.

§. 479.

Das Mangan (Manganum. Manganesium.) findet sich, als ein natürlich gebildetes Superoxyd, von schwarz, grauer metallisch glänzender Beschaffenheit, und krystallinischer Textur unter dem Namen Braunstein ziemlich häufig verbreitet.

a) Das Mineralreich bietet uns das Mangan dar: 1) als grau Manganerz (grau Braunsteinerz) grau Mangan Superoxydul (aus 87,1 Roth-Manganoxyd, 3,4 Sauerstoff und 9,5 Wasser zusammengesetzt); 2) als Mangan-Superoxyd, von Stahlgrauer Farbe, (aus 82,50 Roth-Manganoxyd, 11,09 Sauerstoff; 1,66 Wasser, nebst einigen fremdartigen Beimengungen zusammengesetzt); 3) als Wad, Schwarz-Braunsteinerz: (aus 68,0 Manganoxyd, 17,5 Wasser, 1,0 Baryt; 8,0 Kieselerze und 1,0 Kohle zusammengesetzt; 4) als Roth-Manganerz, (aus 54,6 Manganoxyd, 33,75 Kohlensäure, 1,87 Eisenoxyd, 4,37 Kieselsäure und 2,50 Kalkerde zusammengesetzt); 5) als schwarze Mangankiesel (aus 60 Manganoxyd, 25 Kieselsäure und 13 Wasser zusammengesetzt); 6) als Manganglanz, Manganblende, Mangankies, (aus 82,0 Manganoxydul, 11,0 Schwefel und 5,0 Kohlensäure zusammengesetzt).

I. Darstellung des reinen Manganmetalls.

§. 480.

Man gewinnt das reine Manganmetall, wenn das vollkommene reine Oxyd des Mangans mit Olivenöl angerieben, das Gemenge bis zur Verkohlung des Oels geglühet, dann mit Ruß gemengt, in einer Probiertute, vor dem Gebläßfeuer geschmolzen wird. Man gewinnt solches selten als eine zusammenhängende Masse, sondern stets in abgesonderten Körnern. Seine Eigenschaften sind: 1) Farbe grauweiß, wenig metallisch glänzend; 2) sehr hart und spröde; 2) feinkörniger Bruch; 4) spec. Gewicht = 8; 5) schmelzbar bei 160° Wegdwood; 6) zerfällt an feuchter Luft, wobei Manganoxydul erzeugt wird; muß daher unter Petroleum aufbewahrt werden. Sein Atomgewicht ist = 28,5.

II. Mangan und Sauerstoff. (Manganoxyde).

§. 481.

Das Mangan kommt zwar gewöhnlich schon oxydirt im Mineralreich vor; jene Oxyde sind aber nie rein. Die chemisch reinen Verbindungen des Mangans mit dem Sauerstoff müssen besonders dargestellt werden. Das Mangan kann sich unter 5 Verhältnissen mit dem Sauerstoff verbinden: 1) zum Manganoxydul; 2) zum Manganoxydul-Oxyd; 3) zum Manganoxyd; 4) zum Mangan-Superoxyd; 5) zur Mangansäure.

a) Das reine Manganoxydul (Oxydum Manganosum) wird gewonnen, wenn reines schwefelsaures Manganoxydul durch kohlensaures Kali gefället, das Präzipitat vollkommen ausgesüßt und in einem Platina-Tiegel, ausgeglühet wird. Seine Bestandtheile sind: 1 Atom Manganmetall, 1 Sauerstoff; (nach Procenten: 78,07 Metall und 21,93 Sauerstoff). Seine Eigenschaften sind: 1) bald blaßgrünes, bald blaßgraues Pulver.

b) Manganoxydul-Hydrat (Hydras Manganosus). Man gewinnt dasselbe, wenn reines schwefelsaures Manganoxydul, durch Aetzkalilauge zersetzt, der Präzipitat vollkommen ausgesüßt und getrocknet wird. Seine Bestandtheile sind: gleiche Atome Oxydul und Wasser, (nach Procenten 76,0 Oxydul, 24 Wasser). Seine Eigenschaften sind: 1) Farbenlos, wird aber an der Luft bald braun; 2) in Säuren leicht lösbar, erzeugt damit fast farbenlose Salze.

c) Manganoxydul-Oxyd (Oxydum manganoso-manganicum). Roth-Manganoxyd. Man gewinnt solches, wenn reines Manganmetall so lange der feuchten Luft ausgesetzt wird, bis solches vollkommen in Pulver zerfallen ist. Seine Bestandtheile sind: 1 Atom Metall und 1,3 Atome Sauerstoff; (nach Procenten: 72,74 Mangan, 27,26 Sauerstoff). Man kann solches auch betrachten als ein Gemenge von 1 Atom Oxydul und 2 Atomen Manganoxyd. Seine Eigenschaften sind: 1) Farbe, bald rothbraun, bald zimmtbraun; 2) sehr schwer auflösbar in den Säuern; 3) koncentrirte Salpetersäure entzieht ihm Oxydul und wandelt das Oxyd in schwarzes Superoxyd um; 4) mit Glasflüssen zusammengeschmolzen ertheilt es denselben die Amathistfarbe.

d) Manganoxyd (Oxydum Manganicum), auch Mangan-Super-oxydul genannt. Man gewinnt solches, wenn trocknes salpetersaures Manganoxydul lange in der Rothglühhitze erhalten wird. Seine Bestandtheile sind: 1 Atom Mangan, 1,50 Atome Sauerstoff; (nach Procenten: 70,35 Metall und 29,63 Sauerstoff). Seine Eigenschaften sind: 1) Farbe, schwarz; 2) geht bei langem und starkem Glühen, unter Entwicklung von Sauerstoffgas, in rothes Oxyd über; 3) wird durch Salpetersäure, in Oxydul (welches sie auflöst) und in Superoxyd umgewandelt, welches zurück bleibt.

e) Mangan-Superoxyd. Mangan-Hyperoxyd (Superoxydum Manganicum). Dieses findet sich natürlich gebildet, im Grau-Manganerz, (Braunstein, Magnesia Vitriariorum), aber unrein. Künstlich wird es gewonnen: wenn salpetersaures Manganoxydul bis zum anfangenden Rothglühen erhitzt, dann der Rückstand durch Behandeln mit kochend heißer Salpetersäure vom beigemengten Oxydul befreiet, der Rückstand sodann mit Wasser ausgesüßt, und darauf, bis zur anfangenden Glühung erhitzt wird. Seine Bestandtheile sind: 1 Atom Mangan, 2

Atome Sauerstoff (nach Procenten: 64,02 Metall und 35,98 Sauerstoff). Seine Eigenschaften sind: 1) Farbe, schwarz metallisch glänzend; 2) sehr hart, schwer zu pulvern; 3) wird von Salpetersäure unter Entwicklung von Sauerstoffgas aufgelöst; 4) in Chlorwasserstoffsäure unter Entwicklung von Chlorgas; 5) geht wenn es geglühet wird, unter Entwicklung von Sauerstoffgas erst in Oxyd, dann in Oxydul über. Er findet Anwendung in den technischen Gewerben: 1) zur Bereitung des Chlors (§. 165.); 2) in den Weißglashütten, zur Reinigung des Glases; 3) in der Töpferei zur braunen Glasur.

f) Mangansäure. Die Mangansäure (Acidum Manganicum), ist das Produkt des höchsten Stuffe der Oxydation des Mangans. Sie wird erzeugt, wenn 1 Gewichtstheil zart gepulvertes Mangan-Superoxyd (Braunstein) mit 3 Gewichtstheilen Salpeter gemengt, in einem Platintiegel so lange geschmolzen wird, bis die Masse nicht mehr fließt, sondern dunkelgrün und leicht zerreibbar worden ist. Diese Substanz wird mineralisches Chamälum (Chamaeleon minerale) genannt; sie ist ihrer Natur nach ein Gemenge von mangansaurem Kali und wenig Eisenoxyd. Aus dem Chameleon wird die Mangansäure dargestellt, (nach Unverdorben), indem man solches in einer Retorte mit reiner koncentrirter Schwefelsaure behandelt, und die dabei sich entwickelnden rothen Dämpfe in Wasser auffängt. Die Bestandtheile sind: 1 Atom Mangan, 2,5 Atom Sauerstoff, (nach Procenten: 58,76 Mangan, 41,24 Sauerstoff). Ihre Eigenschaften sind: 1) dunkle carminrothe Farbe; 2) krystallisirt in Nadeln; 3) süßlicher dann herber Geschmack; 4) geruchlos; 5) reagirt nicht auf Lackmus; 6) färbt alle organische Stoffe braun: indem sich Mangan-Oxyd-Hydrat daraus ablagert. Im krystallinischen Zustande ist sie aus 2 Atomen Säure und 1 Atom Wasser zusammengesetzt.

g) Versinnlichung durch Experimente in den Vorlesungen.

Anmerkung. Die Verbindungen des Mangans mit den andern Metalloiden werden hier übergangen, weil sie keinen Gegenstand der Kameralchemie ausmachen.

III. Manganoxyde und Säuren. (Manganoxydsalze).

§. 482.

Zwar kann das Manganoxyd mit allen Säuren Verbindungen eingehen, wodurch die Manganoxydsalze erzeugt werden. Wir heben von ihnen hier allein diejenigen aus, welche als Gegenstände der Kameralchemie in Berührung kommen. Es gehören dahin: 1) das kohlensaure Manganoxyd; 2) das schwefelsaure Manganoxyd.

a) Das kohlensaure Manganoxydul (Carbonas manganosus) wird gewonnen, wenn die mit Wasser gemachte Auflösung des schwefelsauren Manganoxydul durch kohlensaures Kali gefället, der Niederschlag ausgesüßt und getrocknet wird. Seine Bestandtheile sind: gleiche Atome Manganoxydul und Kohlensäure und 2 Atome Hydratwasser; (nach Procenten: 47,6 Manganoxydul, 28,8 Kohlensäure, 23,6 Wasser). Seine Eigenschaften sind: 1) Farben- und geschmackloses Pulver; 2) in allen Säuren, selbst in der wässrigen Kohlensäure, leicht auflösbar. Findet sich natürlich gebildet im Rothmanganerz.

b) Das schwefelsaure Manganoxydul (Sulphas manganosus) wird erzeugt, wenn 1 Gewichtstheil zart gepulvertes Grau-Manganerz (Braunstein), mit 2½ Theil koncentrirter Schwefelsäure gemengt in einem schicklichen Gefäß über dem Feuer ausgetrocknet, dann aber so lange ausgeglühet wird, bis sich keine Dämpfe von Schwefelsäure mehr entwickeln. Der Rückstand wird mit Wasser gelöset, die Lösung filtrirt, und dann der Krystallisation unterworfen.

Seine Bestandtheile sind: gleiche Atome Manganoxydul und Schwefelsäure nebst 4 Atomen Wasser; (nach Procenten: 32,4 Oxydul, 35,6 Säure und 32,0 Wasser). Seine Eigenschaften sind: 1) geschobne 4 und 6 seitige Säulen von blaßrother Farbe; 2) Geschmack, als zusammenziehend ins bittere hinneigend; 3) in $2\frac{1}{2}$ Theilen kaltem Wasser lösbar; 4) leicht zerfallbar an trockner Luft.

Von dem Cerer, seinen Oxyden und seinen Salzen.

§. 483.

Das Cerer (Cererium. Cerium) wurde im Jahre 1803 von Hisinger, Berzelius und Klaproth zugleich entdeckt, so wie durch Vauquelin als eigenes Metall dargestellt. Sein Name ist von dem Planeten Ceres, dessen Benennung von der Ceres (Göttin des Getreides) entnommen ist, abgeleitet.

a) Das Mineralreich bietet das Cerer dar: 1) als Cerit (in der Nya-Bastnaes Grube bei Ridderhyttan, in Westmannland) (aus 68,59 Cereroxydul, 18,0 Kieselsäure, 2,0 Eisenoxyd, 1,25 Kalkerde und 9,60 Wasser zusammengesetzt); 2) als Allanit oder Cerin, (aus 39,9 Cereroxydul, 35,4 Kiesel, 25,4 Eisenoxyd; 4,1 Alaunerde; 9,2 Kalkerde zusammengesetzt); 3) im Yttrocerit, (aus 13,78 Cereroxyd, 19,02 Yttererde, 31,25 Kalkerde, 3,40 Alaunerde, 32,55 Fluor zusammengesetzt); 4) als flußsaures Cerit, (aus 22,9 Cereroxyd, 36,3 Yttererde, 3,9 Kalkerde, 3,0 Eisenoxyd, 19,3 Kieselsäure und 14,0 Fluor zusammengesetzt); beide zu Finbo bei Fehlun in Schweden. Außerdem findet sich das Cerer, als Gemengtheil, im Gadolinit von Finbo und von Koravet, im Orthit und im Pyrorthit.

I. Darstellung des Cerers.

§. 484.

Man gewinnt das regulinische Cerer (nach Mosander), wenn Chlorcerium in Versetzung mit Kalium in der Hitze behandelt wird. Wird die erzeugte graue Masse mit Wasser ausgelaugt, welches unter Entbindung von Wasserstoffgas erfolgt, so bleibt das Cererium in Form eines granen metallisch glänzenden Pulvers zurück. Sein Atomgewicht ist = 46. Es gehört zur Zeit noch zu den chemischen Merkwürdigkeiten.

II. Cererium und Sauerstoff. (Cereroxyde).

§. 485.

Das Cerer kann sich unter 2 Verhältnisse mit dem Sauerstoff verbinden, zum Oxydul und zum Oxyd.

a) Man gewinnt das Cereroxydul (Oxydum Cererosum) (nach Hisinger), wenn das Cerit ausgeglühet, zart gepulvert, dann in Königswasser aufgelöst, die Auflösung zur Trockne abgedunstet, dann wieder in Wasser gelöst, filtrirt, und mit Ammoniak gefället, hierauf der Niederschlag ausgesüßt in Salpetersäure aufgelöst, durch Kali neutralisirt, dann durch einfach weinsaures Kali (§. 290. a.) gefället wird. Das gefällete weinsaure Cereroxydul muß einer Ausglühung unterworfen werden. Seine Bestandtheile sind; gleiche Atome Metall und Sauerstoff (nach Procenten: 85,19 Metall; und 14,81 Sauerstoff). Seine Eigenschaften sind: 1) farbenloses Pulver; 2) geschmacklos; 3) geht an der Luft in Cereroxyd von braunrother Farbe über.

b) Das Cereroxyd (Oxydum Cerericum), wird gewonnen, wenn das Cerermetall mit Berührung der Luft geglühet wird; besser wenn das salpetersaure Cereroxydul der Ausglühung unterworfen worden. Seine Bestandtheile sind: 1

Atom Metall, 1,50 Atom Sauerstoff; (nach Procenten: 73,31 Metall, 20,69 Sauerstoff). Seine Eigenschaften sind: 1) braunrothes Pulver; 2) geschmacklos; 3) unschmelzbar im Feuer.

Anmerkung. Die Verbindungen des Cerers mit den Metalloiden werden, wie die seiner Oxyde, mit Säuern (die Cereroxyd-Salze) hier übergangen, da sie mit den Gegenständen der Kameralchemie nicht in Betrachtung kommen.

Von dem Arsen, seinen Oxyden und seinen Salzen.

§. 486.

Das Arsen (Arenium. Arsenicum), gewöhnlich Arsenik genannt, gehört zu den elektro-negativen Metallen (vielleicht möchte solches späterhin sogar eine Stelle unter den säurefähigen Metalloiden einnehmen). Das Mineralreich bietet uns dasselbe unter sehr verschiedenen Zuständen dar.

a) 1) als gediegen Arsenik oder Scherbenkobalt (aus 97,0 Arsenik, 2 Antimon und 1 Wasser zusammengesetzt); 2) als Arsenik-Nickel (aus 54,726 Arsenik, 44,206 Nickel, 0,337 Eisen, 0,320 Blei und 0,401 Schwefel zusammengesetzt); 3) als Arsenikkies, Mispickel, Weißerz (aus 46,88 Arsenik, 36,4 Eisen, und 21,08 Schwefel zusammengesetzt); 4) Pharmakolith, Arsenizit (aus 50,54 Arseniksäure, 15,0 Kalkerde und 24,46 Wasser zusammengesetzt); 5) als Realgar, Sandarach, rother Schwefelarsenik, Rauschroth; (aus 69,0 Arsenik und 31,0 Schwefel zusammengesetzt); 6) als Operment, (aus 62,0 Arsenik und 38 Schwefel zusammengesetzt); 7) als arsenige Säure. Außerdem im Speiskobalt, als Arseniksäure in der Kobaltblüthe, im Olivenit u. s. w.

II. Darstellung des Arsen-Metalls.

§. 487.

Man gewinnt das reguliniſche Arſen im Großen aus dem Arſenikkies, im Kleinen, und zwar reiner, durch Reduktion der arſenigen Säure.

a) Der Scherbenkobalt, das gediegene Arſenik, und der Arſenikkies, wird zu dem Behuf in röhrenförmigen Retorten der Sublimation unterworfen, wobei das Arſenik in Dämpfen ſublimirt, die ſich im kälteren Raume zu einer kryſtalliniſchen Subſtanz verdichten. Das erhaltene Metall wird durch nochmaliges gelindes Erhitzen, unter Abhaltung der Luft, von dem etwa verbleibenden arſenigen Säure und dem Schwefelarſenik, da beide flüchtiger ſind, befreiet.

b) Aus der arſenigen Säure (dem weißen Arſenik) gewinnt man das Metall, wenn ſolches mit dem doppelten Gewicht ſchwarzen Fluß (§. 273. d.) gemengt, in einer gläſernen Retorte, unter Abhaltung des Luftzutritts, der Deſtillation im Glühfeuer unterworfen wird; wobei im Halſe der Retorte und in dem Bauche derſelben, das reguliniſche Arſenik ſublimirt erhalten wird.

c) Das reine reguliniſche Arſenik zeichnet ſich durch folgende Eigenſchaften aus: 1) Farbe, Lichtgrau, ſtarkglänzend, beim anfeilen faſt weiß; 2) Geſtalt, bald in Lamellen, bald kryſtalliſirt; 3) ſpec. Gewicht, 5,90; 4) mäßig hart, ſehr ſpröde; 5) verdampft in der Glühhitze, ohne vorher zu ſchmelzen, und ſublimirt ſich; 6) die Dämpfe beſitzen einen eignen knoblauchartigen Geruch und wirken giftig; 7) die Dämpfe ſind entzündbar, brennen mit bläulicher Flamme. Sein Atomgewicht iſt = 37,67.

Anmerkung. Das ſogenannte Fliegengift, oder Fliegentod, welches die Droguiſten unter den Namen Kobalt verkaufen, welches zum Tödten der Fliegen gebraucht wird, iſt Arſenik.

II. Arsen und Sauerstoff. (Arsensäuern).

§. 488.

Wenn das regulinische Arsen der Luft lange ausgesetzt bleibt, so überziehet es sich mit einem schwarzgrauen Pulver. Einige halten solches für ein Suboxyd des Arsens, oder für ein Gemenge von Arsen und arseniger Säure. Ein wahres Oxyd des Arsens (als elektronegatives Metall) ist nicht bekannt, wohl aber 2 Säuern desselben 1) die arsenige Säure, 2) die Arsensäure.

a) Die arsenige Säure (Acidum arsenicosum) (auch weißer Arsenik, Giftmehl, Hüttenrauch und Rattengift genannt) wird gewonnen, wenn Arsenhaltige Erze der Röstung unter Mitwirkung der Luft, unterworfen werden. Das Rösten wird in Oefen veranstaltet, die mit horizontal liegendem Rauchfang (Giftfang) bedeckt sind. Hiebei saugt das sich in Dämpfen verflüchtigende Arsen Sauerstoff ein und geht in arsenige Säure über. Der so erhaltene weiße Arsenik besitzt eine Pulverform. Enthält er etwa Schwefelarsenik eingemengt, so wird er, in Versetzung mit etwas Kali nochmals sublimirt und dadurch gereinigt. Er erscheint nun farbenlos, in Pulverform.

b) Die reine arsenige Säure (Acidum arsenicosum) ist zusammengesetzt, aus 1 Atom Arsen, und 1,50 Atom Sauerstoff (nach Procenten: aus 75,80 Arsen und 24,20 Sauerstoff). Ihre Eigenschaften sind: 1) Farbenlos; 2) sublimirbar in der Hitze; 3) schmelzbar in bedeckten Gefäßen, zu einem farbenlos durchscheinenden Glase (Arsenikglas) von muschlichem Bruch; welches Feuchtigkeit aus der Luft einsaugt und undurchsichtig porzellanähnlich wird; 4) zeigt einen scharfen, herben, etwas süßlichen Geschmack und wirkt sehr giftig; 5) ist in 12 Theilen kaltem aber erst 30 Theilen siedendem Wasser lösbar; 6) spec. Gewicht = 3,70; 7) krystallisirt, aus der siedend heißen Lösung, beim Erkalten, in durchscheinenden Nadeln und Octaëdern, die leichter als die glasige Säure vom Wasser gelöst werden; 8) die Lösung röthet Lakmus sehr schwach; 9) geht mit Alkalien und anderen Salzbasen Salzverbindungen ein (arsenigsaure Salze); 10) wird aus ihrer wässrigen Lösung durch Hydrothionsäure, zu gelbem Schwefelarsenik gefället.

c) Die Arsensäure. Arseniksäure (Acidum arsenicicum), unterscheidet sich von der arsenigen Säure, durch einen größern Gehalt von Sauerstoff. Ihre Bestandtheile sind: 1 Atom Arsen und 2,50 Atome Sauerstoff (nach Procenten: 65,04 Arsen, 34,69 Sauerstoff). Man gewinnt solche: 1) wenn arsenige Säure mit Salpetersäure gekocht wird, bis sich keine rothen Dämpfe mehr entwickeln, der Rückstand zur Trockne abgedunstet und dann so lange stark erhitzt wird, bis kein saurer Dunst sich mehr entwickelt; 2) wenn arsensaures Kali durch Chlorbarium gefället, und der ausgesüßt Präzipitat, der arsensaures Bariumoxyd ist, durch Schwefelsäure zersetzt wird. Ihre Eigenschaften sind: 1) schmelzbar in gelinder Hitze; 2) im geschmolzenen Zustande farbenlos, Glas ähnlich, durchsichtig; 3) Feuchtigkeit anziehend und zerfließbar an der Luft; 4) spec. Gewicht 3,391; 5) röthet Lackmus sehr stark; 6) schmeckt scharf sauer; 7) wird durch Hydrothionsäure orangegelb gefället; 8) wird in der Rothglühhitze in arsenige Säure und Sauerstoffgas zersetzt.

III. Arsen und Metalloide.

§. 489.

Von den Verbindungen des Arsens mit den Metalloiden werden hier allein diejenigen ausgehoben, welche Gegenstände der Kameralchemie ausmachen. Es gehören dazu die Verbindungen des Arsens: 1) mit dem Wasserstoff; 2) mit dem Schwefel.

a) Arsenik und Wässerstoff (Hydruretum Arsenii). Auf direktem Wege geht das Arsen keine Verbindungen mit dem

Wasserstoff ein. Wird aber eine Legirung von 1 Gewichtstheil regulinischem Arsenik und 3 Gewichtstheilen Zinn in einem Gasentbindungsgefäß in koncentrirter Chlorwasserstoffsäure aufgelöst, so wird Arsenwasserstoff in Gasform entwickelt. Seine Bestandtheile sind: (nach Dumas), 96,17 Arsen und 3,83 Wasserstoff. Seine Eigenschaften sind: 1) farbenlos, von ekelhaftem Geruch, wirkt eingehaucht tödtlich; 2) spec. Gewicht (nach Dumas) 2,695; 3) verdichtet sich bei 32° Reaumür unter Null zu einer klaren tropfbaren Flüssigkeit; 4) nicht lösbar in Wasser; 5) wird beim Verbrennen in arsenige Säure und Wasser zerlegt. Erzeugt sich oft in den Gedärmen der durch Arsenik vergifteten Thiere.

b) Rother Schwefelarsenik. Realgar (Sulphuretum arsenii. Arsenicum rubrum), auch 6fach-Schwefelarsenik genannt, wird gewonnen, wenn 2 Gewichtstheile arsenige Säure und 1 Gewichtstheil Schwefel zusammengemengt, in einem gläsernen Kolben im Sandbade zusammengeschmolzen werden, so lange bis kein Geruch von schweflicher Säure mehr bemerkt wird. Der Rückstand stellt, nach dem Erkalten, das rothe Schwefelarsenik dar. Ein Theil der Masse sublimirt sich zu einer durchscheinend rubinrothen Substanz am oberen Theile des Kolbens, Arsenikrubin genannt. Seine Bestandtheile sind: gleiche Atome Arsen und Schwefel (nach Procenten: 70,20 Arsen und 29,80 Schwefel). Seine Eigenschaften sind: 1) Farbe dunkelroth, oft durchscheinend, rubinroth; 2) gepulvert, orangegelb; 3) muschlicher Bruch; 4) spec. Gewicht = 3,6; 5) schmilzt leicht in der Hitze und verflüchtigt sich, ohne Zusatz.

c) Das rothe Arsen findet sich natürlich gebildet, als Rauschroth (§. 486. a. 5.). Künstlich wird es im großen fabrikmäßig bearbeitet, indem Schwefelkies und Arsenikkies mit einander gemengt destillirt werden. Es dient: 1) als orangegelbe Malerfarbe; 2) in der Baumwollen- und Leinenfärberei; 3) zur Darstellung des Weißfeuers (aus 2 Gewichtstheilen Realgar, 7 Theilen Schwefel und 24 Salpeter).

d) Doppelt Schwefelarsen. Rauschgelb. Operment (Bisulphuretum arsenii. Aurum pigmentum). Man bereitet solches künstlich, wenn 2 Gewichtstheile arsenige Säure mit $1\frac{1}{2}$ Gewichtstheil Schwefel gemengt und geschmolzen werden, bis keine Dämpfe von schweflicher Säure mehr entweichen. Der Rückstand stellt nach dem Erkalten das künstliche Operment dar. Seine Bestandtheile sind: 1 Atom Arsen, 1,50 Atome Schwefel (nach Procenten: 61 Arsenik, 39 Schwefel). Seine Eigenschaften sind: 1) hellgoldgelb, von blättrigem Gefüge; 2) spec. Gewicht = 3,4; 3) goldfarbiges hellgelb; 4) erzeugt sich, bei dem Zerlegen der Arsensäure, durch Hydrothionsäure; 5) schmelzbar in der Glühhitze und verdampfbar. Dient, gleich dem Rothschwefelarsen, in der Malerei und in der Färberei.

IV. Arsenige-Säure und Arsensäure mit Salzbasen. (Arsensaure Salze).

§. 490.

Die arsenige Säure so wie die Arsensäure lassen sich beide mit Salzbasen verbinden, woraus die arsensauren Salze hervorgehen. Hier werden von ihnen nur diejenigen näher erörtert, welche als Gegenstände der Kameralchemie in näherer Betrachtung kommen. Es gehören dahin: 1) das arsenigsaure Kali; 2) das arsensaure Kali; 3) das arsenigsaure Kupferoxyd.

a) Das arsenigsaure Kali (Arseniis Kalicus) wird gewonnen, wenn in Wasser gelöstem Kali im heißen Zustande nach und nach so viel arsenige Säure zugesetzt wird, bis solches die Alkaleszens verlohren hat, dann zur Trockne abgedunstet und der Rückstand geschmolzen wird, bis keine Dämpfe sich mehr entwickeln. Seine Bestandtheile sind; 1 Atom Kali, und 1 Atom arsenige Säure (nach Procenten: 32,24 Kali und 67,76 Säure). Wurde vormals Arsenikleber (Hepar arsenici) genannt.

Seine Eigenschaften sind: 1) leicht lösbar in Wasser; 2) nicht krystallisirbar; 3) widriger Geruch. Findet Anwendung in der Färberei, und zur Darstellung des Scheelschen Grüns.

b) Das arsensaure Kali (Arsenias kalicus), wird bereitet: 1) indem Arsensäure mit Kali neutralisirt und die Flüssigkeit zur Krystallisation gebracht wird; 2) indem gleiche Gewichtstheile arsenige Säure und salpetersaures Kali gemengt, und in einem Schmelztiegel unter einem Schornstein so lange geschmolzen werden, bis alles ruhig fließt, dann ausgegossen wird. Das Letztere enthält freie Säure und muß durch Kali neutralisirt werden. Seine Bestandtheile sind: im wasserhaltigen Zustande: gleiche Atome Kali und Säure, nebst 2 Atomen Wasser, (nach Procenten: 26,16 Kali, 63,87 Säure und 9,97 Wasser). Dient in der Cottondruckerei als ein Zersetzungsmittel vieler Beizen oder Basen.

c) Arsenige Säure und Kupferoxyd. Arsenigsaures Kupferoxyd (Arseniis cupricus), auch Scheelsches Grün und schwedisches Grün genannt. Man gewinnt es, wenn die neutrale mit Wasser gemachte Lösung von schwefelsaurem Kupferoxyd (§. 409.) so lange mit in Wasser gelöstem arsenigsauren Kali versetzt wird, bis kein Niederschlag mehr erfolgt; das Präzipitat vollkommen ausgesüßt, und getrocknet wird. Seine Bestandtheile sind: gleiche Atome Kupferoxyd und arsenige Säure (nach Procenten: 28,54 Oxyd und 71,46 Säure). Seine Eigenschaften sind: 1) apfelgrüne Farbe; 2) nicht lösbar in Wasser; 3) sehr giftig; dient als Malerfarbe.

Von dem Chrom, seinen Oxyden, seinen Säuern und seinen Salzen.

§. 491.

Das Chrom (Chromium) wurde im Jahre 1797 durch Vauquelin entdeckt. Er fand solches als Säure, im rothen Bleispat aus Sibirien, so wie er die Reduktion jener Säure zu einem eigenthümlichen Metall begründete.

a) Das Mineralreich bietet uns das Chrom dar; 1) als Chromocker, als Ausfüllung kleiner Höhlen im Eisenchrom; 2) als Eisenchrom (aus Chromoxyd, Eisenoxydul, Alaunerde und Kieselsäure zusammengesetzt); 3) als chromsaures Blei; oder Roth-Bleierz (aus Chromsäure und Bleioxyd zusammengesetzt). Außerdem findet sich dasselbe als ein Bestandtheil im Smaragd, dem Stahlstein, dem Spinell und dem Serpentinstein. Sein Name bezieht sich auf die Eigenschaften seiner Säure, mit verschiedenen Metalloxyden farbige Niederschläge zu erzeugen.

I. Darstellung des Chrommetalls.

§. 492.

Man gewinnt das Chrommetall, wenn das Chromoxydul (§. 493. a.) mit dem vierten Theil Zuckerkohle und etwas Leinöl versetzt, in einer Probiertute bei sehr heftigem Gebläßfeuer behandelt wird. Seine Eigenschaften sind: 1) Farbe weißgrau; 2) spec. Gewicht = 5,9; 3) sehr spröde, feinkörniger im Bruch; 4) feuerbeständig; 5) äußerst strengflüssig im Feuer. Sein Atomgewicht ist = 28.

II. Chromium und Sauerstoff. (Chromoxydul, Chromoxyd und Chromsäure).

§. 493.

Das Chromium kann sich unter 3 Verhältnissen mit dem Sauerstoffe verbinden, 1) zum Oxydul; 2) zum Oxyd; 3) zur Säure.

a) Das Chromoxydul (Oxydum chromosum) wird gewonnen, wenn chromsaures Quecksilberoxyd (§. 498.) in einem Porzellantiegel so lange ausgeglühet wird, bis solches in ein dunkelgrünes Pulver übergegangen ist. Seine Bestandtheile sind: 1 Atom Chrom, 1,50 Atome Sauerstoff (nach Procenten: 70,0 Chrom, und 30,0 Sauerstoff). Seine Eigenschaften sind: 1) dunkelgrünes Pulver; 2) nimmt beim Erglühen eine braune Farbe an, wird aber nach dem Erkalten wieder grün; 3) schmilzt vor dem Knallgebläse, ohne sich zu reduciren. Es findet Anwendung in der Malerei, auch auf Porzellan und Glas.

b) Das Chromoxyd (Oxydum chromicnm) wird gewonnen, wenn salpetersaures Chromoxydul (eine Auflösung des Chromoxyduls in Salpetersäure) bis zur Entfernung der Säure erhitzt, der Rückstand mit Wasser ausgesüßt und getrocknet wird. Seine Bestandtheile sind: 1 Atom Chrom und 2 Atome Sauerstoff (nach Procenten: 63,76 Chrom und 36,24 Sauerstoff). Seine Eigenschaften sind: 1) Farbe, rothbraun; etwas glänzend; 2) läßt beim Glühen Sauerstoff von sich, und gehet in Chromoxydul über. Findet zur Zeit keine Anwendung.

c) Die Chromsäure (Acidum chromicum) wird am reinsten gewonnen, wenn gleiche Gewichtstheile chromsaurer Baryt (§. 495.) und Fluorcalcium (Flußspat) mit 5 Gewichtstheilen koncentrirter Schwefelsäure (Vitriolöl) in einer Retorte von Platin, Silber oder Blei gemengt, und das Gemenge der Destillation im Sandbade unterworfen wird. Man verlängert den Retortenhals durch ein Platinrohr das in Wasser eintaucht, welches in einem Platingefäß enthalten ist. Hier wird ein Gemenge von Chromsäure und Fluorwasserstoffsäure in Gasform entwickelt; welches Gas vom Wasser eingesaugt wird; dagegen ein Theil Chromsäure in zarten rothen Krystallen sich im Helm der Retorte verdichtet. Bei Erhitzung jener Flüssigkeit, entweicht die Fluorwasserstoffsäure und die Chromsäure bleibt zurück. Die

Bestandtheile der Chromsäure sind: 1 Atom Chrom, 3 Atome Sauerstoff (nach Procenten: 54,13 Chrom und 45,87 Sauerstoff). Ihre Eigenschaften sind: 1) zarte fasrige Krystalle, von scharlachrother Farbe; 2) leicht lösbar in Wasser und krystallisirbar aus der Lösung, in hellrothen Krystallen; 3) Geruchlos; 4) schmilzt in der Hitze, wird rothbraun, erstarret in der Kälte und wird roth; 5) Geschmack, sauer und herbe: 6) färbt die Haut gelb; 7) zerfliessbar an feuchter Luft: 8) erzeugt mit Salzbasen die chromsauern Salze; 9) läßt in der Glühhitze Sauerstoff von sich, und in geht in Chromoxydul über.

Anmerkung. Die Verbindung des Chroms mit den andern Metalloiden werden hier übergangen, da sie keinen Gegenstand der Kameralchemie ausmachen.

III. Chromsäure und Salzbasen. (Chromsaure Salze).

§. 494.

Die Chromsäure kann sich mit allen Salzbasen (Alkalien, Erden und Erzmetalloxyden) verbinden, um chromsaure Salze zu erzeugen. Wir heben nur diejenigen aus, welche als Gegenstände der Kameralchemie bekannt sein müssen, dahin gehören: 1) das chromsaure Kali; 2) das chromsaure Baryt; 3) das chromsaure Blei; 4) das chromsaure Quecksilber.

a) Das chromsaure Kali (Chromas Kalicus) wird gewonnen, 1) wenn die Chromsäure gradezu mit Kali verbunden wird; 2) durch die Behandlung des Eisenchroms mit Salpeter im Feuer. Das Kali kann sich im einfachen und im doppelten Verhältniß mit der Chromsäure verbinden. Das neutrale oder einfach chromsaure Kali (Cromas Kalicus) ist zusammengesetzt, aus gleichen Atomen Kali und Chromsäure (nach Procenten:

48,0 Kali uub 52,0 Chromsäure). Seine Eigenschaften sind: 1) vierseitige Säulen von citrongelber Farbe; 2) herber, bittrer Geschmack; 3) im doppelten Gewicht Wasser lösbar; nicht im Alkohol; 4) schmelzbar in der Glühhitze, ohne Zusätze.

b) Das saure oder doppelt chromsaure Kali (Bichromas Kalicus) ist zusammengesetzt, aus 1 Atom Kali und 2 Atomen Chromsäure, (nach Procenten: aus 31,15 Kali und 68,85 Chlorsäure), und wird erzeugt, wenn der citrongelben Lösung des einfach-chromsaure Kali so viel Chromsäure zugesetzt wird, bis sie eine dunkel-orangegelbe Farbe annimmt, und dann die Flüßigkeit der Krystallisation überlassen wird. Seine Eigenschaften sind: 1) vierseitige säulenförmige Krystalle; 2) Farbe dunkel orangegelb; 3) kühler bitterer etwas metallischer Geschmack; 4) in 10 Theilen kaltem Wasser lösbar. Macht ein Reagens des Silbers, Quecksilbers und Bleies aus. Findet nebst dem Vorigen, eine vielfache Anwendung in der Färberei und der Cottondruckerei.

c) Um das chromsaure Kali zu bereiten, wird zart gepulvertes und geschlämmtes Eisenchrom mit dem doppelten Gewicht Salpeter so lange geschmolzen, bis die Masse eine grüne Farbe angenommen hat, und nicht mehr fließt. Sie wird, nach dem Erkalten, zerkleinert, mit Wasser ausgekocht, die gelbe Lauge filtrirt, bis zur Trockne abgedunstet, und die trockne Salzmasse abermals in Wasser gelöst; dann der Krystallisation überlassen. Die hellgelben Krystalle, welche sich bilden, sind einfach chromsaures Kali. Wird hingegen der Flüssigkeit so lange Salpetersäure zugesetzt, bis sie eine dunkelgelbe Farbe annimmt, und dann der Krystallisation überlassen, so erzeugt sich das saure chromsaure Kali, in orangegelben Krystallen.

Chromsaurer Baryt.

§. 495.

Das chromsaure Baryt (Chromas baryticus) wird gewonnen, wenn die mit Wasser gemachte Lösung des chromsauren Kali mit der Lösung von Chlorbarium zersetzt, der Niederschlag ausgesüßt und getrocknet wird. Man gewinnt einfaches- oder doppelt-chlorsaures Baryt, je nachdem einfach- oder doppelt-chromsaures Kali zersetzt worden ist. Das einfach-chromsaure Baryt ist zusammengesetzt aus gleichen Atomen Baryumoxyd und Chromsäure (nach Procenten: 59,5 Bariumoxyd und 40,5 Chlorsäure). Seine Eigenschaften sind, hellgelbes geschmackloses Pulver: die Bestandtheile des doppelt-chlorsauren Baryts sind 1 Atom Baryumoxyd, 2 Atome Chromsäure (nach Procenten: 50 Oxyd und 50 Säure. Seine Eigenschaften sind: 1) dunklergelbes Pulver, geschmacklos. Dient zur Darstellung der reinen Chromsäure (§. 493. c.).

Chromsäure und Bley. (Chromsaures Bleioxyd.)

§. 496.

Das Bleioxyd kann sich im einfachen und im doppelten Verhältniß mit der Chromsäure verbinden. Man gewinnt beide Verbindungen, wenn die mit Wasser gemachte Lösung, des neutralen oder des sauren chromsauren Kali durch essigsaures Blei zersetzt, das Präzipitat mit Wasser ausgesüßt, und getrocknet wird.

a) Das neutrale (basische) chromsaure Blei (Chromas plumbicus) ist zusammengesetzt aus 1 Atom Bleioxyd und 0,50 Atom Chromsäure (nach Procenten: aus 81,06 Bleioxyd und 18,94 Chromsäure). Seine Eigenschaften sind: 1) hellgelbe Farbe; 2) nicht lösbar in Wasser. Man gewinnt solches, wenn die Lösung des neutralen chromsauren Kali mit der Lösung von neutralem essigsauren Blei zerlegt und der Niederschlag ausgesüßt und getrocknet wird. Auch bereitet man solches, wenn das saure chromsaure Blei mit Kalilauge ausgewaschen, dann ausgesüßt und getrocknet wird.

b) Das saure chromsaure Blei (Bichromas plumbicus) ist zusammengesetzt, aus 1 Atom Bleioxyd und 1 Atom Chromsäure (nach Procenten: aus 68,15 Bleioxyd 31,85 Chromsäure). Seine Eigenschaften sind: 1) dunkel orangegelbe Farbe; 2) nicht lösbar in Wasser. Man gewinnt solches durch die Zusätze des sauren chromsauren Kali mit neutralem essigsauren Blei; nchamaligen Aussüßen und Trocknen des Niederschlages.

Chrom-Roth.

§. 497.

Das Chrom-Roth ist erst seit kurzem (durch Wöhler) entdeckt worden, und stellt eine der schönsten rothen Malerfarben dar. Man bereitet dasselbe, indem doppelt-chromsaures-Blei nach und nach in schmelzenden Salpeter eingetragen, darauf aber die Masse ausgegossen, zerkleinert und mit Wasser vollkommen ausgesüßt wird. Seine Bestandtheile sind zur Zeit noch nicht genau bekannt: es ist wahrscheinlich als ein oxydirtchromsaures Blei zu betrachten. Seine Eigenschaften sind: 1) Farbe, zwischen Zinnober- und Carminroth fallend; 2) sehr zartes Pulver; 3) nicht lösbar in Wasser.

Chromsäure und Quecksilberoxyd. (Chromsaures Quecksilberoxyd).

§. 498.

Man gewinnt das chromsaure Quecksilberoxydul (Chromas hydrarygrosus), wenn die Auflösung des salpetersauern Quecksilber-Oxyduls so lange mit einer Lösung von chromsauren Kali versetzt wird, als noch ein Niederschlag erfolgt, der Präzipitat ausgesüßt und getrocknet wird.

Seine Bestandtheile sind: 1 Atom Quecksilberoxydul, 0,50 Atome Chromsäure (nach Procenten: 80,15 Oxydul, 19,85 Säure). Im Hydrathzustande: 1 Atom chromsaures Quecksilberoxydul und 2 Atome Wasser. Seine Eigenschaften sind: 1) Farbe, scharlachroth; 2) färbt sich nur am Lichte schwarz; 3) läßt in der Glühhitze das Quecksilber von sich, und es bleibt Chrom-Oxydul zurück. Es dienet allein, zur Darstellung des Chromoxyduls (§. 493. a.).

Von dem Vanadin, seinen Oxyden und seinen Salzen.

§. 499.

Das Vanadin (Vanadium), wurde im Jahre 1830 durch Seefström, im schwedischen Eisen und den Frischschlacken desselben, späterhin als Vanadinsäure an Bleioxyd gebunden, zu Zinapan in Mexico entdeckt. Es gehört dies Metall zu den seltesten, die wir kennen. Wir kennen solches nur in Pulverform. Mit dem Sauerstoff kann das Vanadin sich in 3 Verhältnissen verbinden, zum Oxydul, zum Oxyd und zur Säure. Die Vanadinsäure ist braunroth, leicht schmelzbar, nach dem Erkalten krystallisirend. Mit Salzbasen verbunden erzeugt sie gelb- und rothgefärbte Salze. Das Vanadin scheint viel Aehnlichkeit mit dem Chrom zu besitzen.

Von dem Molybdän, seinen Oxyden, seinen Säuern und seinen Salzen.

§. 500.

Das Molybdän (Molybdaenum) wurde von Scheele im Jahre 1778 als Molybdänsäure entdeckt. Hielm stellte solches zuerst 1782 als Metall dar. Es findet sich nun im vererzten Zustande in der Natur, nie regulinisch aber an verschiedene Materien gebunden.

a) Das Mineralreich bietet das Molybdän dar: 1) als Molybdänglanz (aus 60 Molybdän und 40 Schwefel zusammengesetzt); 2) als Molybdänocker (oft den Molybdänglanz bedeckend; 3) als Molybdänsaures Blei (aus 64,42 Bleioxyd und 34,25 Molybdänsäure zusammengesetzt).

I. Darstellung des Molybdäns.

§. 501.

Man gewinnt das regulinische Molybdän, wenn molybdänsaurer Ammoniak, in Vermengung mit Kohle, in einer Probiertorte dem Gebläßfeuer ausgesetzt wird. Seine Eigenschaften sind: 1) silberweiß, stark metallisch glänzend; 2) spec. Gewicht = 8,5; 3) sehr hart; 4) wenig dehnbar; 5) nur im heftigsten Feuer schmelzbar. Sein Atomgewicht ist = 48.

II. Molybdän und Sauerstoff. (Molybdänoxydul, Molybdänoxyd und Molybdänsäure).

§. 502.

Das Molybdän kann sich in vier Verhältnissen mit dem Sauerstoff verbinden; 1) zum Oxydul; 2) zum Oxyd; 3) zur molybdänigen Säure; 4) zur Molybdänsäure.

a) Das Molybdänoxydul (Oxydum molybdänosum) wird gewonnen, wenn in einer Auflösung von Chlormolybdän sehr wenig Kalium-Amalgam gebracht wird. Die Flüssigkeit nimmt eine grüne, dann eine schwarze Farbe an, und wird undurchsichtig. Wenn das gebildete Oxydul niederfällt, so wird die Flüssigkeit abgegossen und durch Ammoniak gefället, ausgewaschen, getrocknet, und im luftleeren Raume ausgeglühet. Seine Bestandtheile sind: 1 Atom Molybdän, 1 Atom Sauerstoff (nach Procenten: 85,71 Metall und 14,29 Sauerstoff). Seine Eigenschaften sind: 1) pechschwarze Farbe; 2) zersetzbar durch Kohle und durch Kalium.

b) Das Molybdänoxyd (Oxydum molybdaenicum) wird gewonnen, wenn das Molybdänoxydul, mit Berührung der Luft, geglühet wird. Seine Bestandtheile sind: 1 Atom Molybdän, 2 Atom Sauerstoff (nach Procenten: 75 Molybdän, 25 Sauerstoff). Seine Eigenschaften sind: 1) dunkelbraun; 2) wird am Sonnenlicht purpurfarbig; 3) geht mit Säuren Verbindungen ein, und erzeugt Molybdänsalze.

c) Die molybdänige Säure (Acidum molybdaenosum) wird gewonnen, wenn in Wasser gelöstes, doppeltes molybdänsaures Ammoniak, mit gelöstem Chlormolybdän (§. 503. a.) versetzt wird. Die Flüssigkeit wird dunkelblau und die molybdänige Säure (blaues Molybdänoxyd) fällt zu Boden, welches darauf im Filtrum gesammelt und ausgesüßt wird. Seine Bestandtheile sind (nach Berzelius): 1 Atom Molybdänoxyd und 4 Atome Molybdänsäure (nach Procenten: 17,0 Oxyd und 83,0 Säure). Seine Eigenschaften sind: 1) Farbe, dunkelbraun; 2) bitterer metallischer Geschmack; 3) Lackmus röthend; 4) lösbar im Wasser; 5) geht, wenn solches im luftleeren Raume ausgeglüht wird, in eine schwarze Masse über.

d) Die Molybdänsäure (Acidum molybdaenicum) gewinnt man, wenn Schwefelmolybdän, im zart zerriebenen Zustande, mit Salpetersäure so lange gekocht wird, bis die graue Farbe verloren ist. Die Flüssigkeit wird zur Trockne abgedunstet, dann mit Wasser ausgesüßt; hierauf mit Ammoniak aufgelöst, abermals zur Trockne abgedunstet, oder krystallisirt, und die trockne Substanz in einem porzellanenen Tiegel ausgeglühet. Die Bestandtheile der Molybdänsäure sind: 1 Atom Molybdän, 3 Atome Sauerstoff (nach Procenten: 66,7 Metall, 33,3 Sauerstoff). Ihre Eigenschaften sind: 1) Farbenlose lockere Seidenartig glänzende Krystalle; 2) sublimirbar in der Hitze; 3) schmelzbar, und zu einer strahligen Masse erstarrend; 4) spec. Gewicht = 3,46; 5) geschmack; scharf metallisch; 6) nimmt im Glühen eine gelbe Farbe an; 7) röthet Lackmus; 8) nur in 500 Theilen Wasser lösbar. Findet zur Zeit noch keine Anwendung.

III. Molybdän und Metalloide.

§. 503.

Das Molybdän kann sich mit allen Metalloiden verbinden. Als zur Kameralchemie gehörig kömmt hier allein das Chlormolybdän in Betrachtung.

a) das Chlormolybdän (Chloretum molybdaenii) wird gewonnen, indem das Molybdänoxydul (§. 502. a.) oder das Molybdänoxyduloxyd in Chlorwasserstoffsäure aufgelöst, und die Auflösung zur Trockne abgedunstet wird. Seine Bestandtheile sind: gleiche Atome Molybdän und Chlor (nach Procenten: 40,34 Molybdän, 59,66 Chlor). Seine Eigenschaften sind: 1) braune Lösung; 2) im ausgetrockneten Zustande schwarz; 3) sublimirbar; im sublimirten Zustande ziegelroth. Das Molybdän kann sich unter verschiedenen Verhältnissen mit dem Chlor verbinden, welche Verbindungen hier aber nicht in Betrachtung kommen.

IV. Molybdänsäure und Salzbasen. (Molybdänsaure Salze).

§. 504.

Man gewinnt die molybdänsauren Salze, wenn die Molybdänsäure mit den verschiedenen Salzbasen neutralisirt, und die daraus hervorgehenden Salze durch Krystallisation dargestellt werden, falls sie in Wasser löslich und krystallisirbarer sind. Als Gegenstand der Kameralchemie kommt hier nur das molybdänsaure Ammoniak in Betrachtung, weil solches durch die Ausglühung die reine Molybdänsäure (§. 502. d.) darstellt.

a) Man gewinnt das molybdänsaure Ammoniak (Molybdas ammoniacus), wenn die Molybdänsäure in Ammoniak aufgelöst und die Auflösung zur Krystallisation disponirt wird. Seine Bestandtheile sind: gleiche Atome Ammoniak und Molybdänsäure (nach Procenten: 19,27 Ammoniak und 80,73 Molybdänsäure. Seine Eigenschaften sind: 1) farbenlose, rechtwinklige vierseitige Säulen; 2) leicht lösbar in Wasser, 3) läßt im Glühen das Ammoniak von sich, und es bleibt Molybdänsäure zurück.

Von dem Wolfram, seinen Oxyden, seinen Säuren und seinen Salzen.

§. 505.

Mit dem Namen Wolfram (Wolframium), nach seinem Entdecker Scheele auch Scheel (Scheelium) genannt, bezeichnet man ein eigenthümliches Metall, welches durch Scheele (als Säure an Kalkerde gebunden) im Jahre 1781 im Tungstein gefunden und Tungsteinsäure (Schwersteinsäure) von ihm genannt wurde. Die Gebrüder Don Juan, und der Fausto d'Elhuyart wiesen, im Jahre 1785 das Dasein dieser Säure im Wolfram nach, und zeigten die Reduktion derselben zu einem eigenen Metall. Eine genaue Darstellung seines Oxyds verdankt man Wöhler.

a) Das Mineralreich bietet das Wolframerz dar: 1) als Scheelit (auch Tungstein, Schwerstein, weiße Zinngraupen genannt), (aus Wolframsäure, Kalkerde und Kieselsäure zusammengesetzt); 2) als Scheelblei, (aus Wolframsäure und Bleioxyd zusammengesetzt); 3) als Wolfram (auch Wolfsruß, Wolfrath und Eisenscheel genannt); (aus Wolfram, Manganoxydul, Eisenoxydul und Kieselsäure zusammengesetzt).

I. Darstellung des Wolframmetalls.

§. 506.

Man gewinnt das reine Wolfram (Wolframium), wenn das reine Wolframoxyd oder die Wolframsäure, in Verbindung mit Kienruß und Oel in der Probiertute, in dem strengsten Gebläßfeuer behandelt wird; auch wenn der Wolfram durch Wasserstoffgas reduzirt und dann mit Kohle zusammengeschmolzen wird; in kleineu Körnern, nie in einem Stück zusammengeschmolzen. Seine Eigenschaften sind: 1) Farbe, stahlgrau, stark glänzend; 2) sehr hart; 3) sehr spröde; 4) spec. Gewicht = 17,6; 5) kaum von der Feile angreifbar; 6) schwerer als Mangan schmelzbar. Sein Atomgewicht ist = 96.

II. Wolfram und Sauerstoff. (Wolframoxyde).

§. 507.

Das Wolfram kann sich in 3 Verhältnissen mit dem Sauerstoff verbinden, zum Oxydul, zum Oxyd und zur Säure.

a) Das Wolframoxydul (Oxydum Wolframosum) wird gewonnen, indem man so lange trocknen Wasserstoffgas in einem gläsernen Rohre eingeschlossene Wolframsäure im glühenden Zustande hinleitet, bis solche eine blaue Farbe angenommen hat. Seine Bestandtheile sind: 1 Atom Wolfram und 2 Atome Sauerstoff (nach Procenten: 85,7 Wolfram und 14,3 Sauerstoff). Seine Eigenschaften sind: 1) Farbe braun; 2) stark gerieben, metallisch glänzend.

b) Das Wolframoxyd (Oxydum Wolframicum) wird erhalten (nach Wöhler) wenn wolframsaures Kali mit Salmiak versetzt, in verschlossenen Gefäßen ausgeglühet, die Masse hierauf mit Kalilauge ausgewaschen, dann ausgesüßt und der Rückstand getrocknet; das Wolframoxyd erscheint schwarz von Farbe.

c) Die Wolframsäure (Acidum Wolframicum) wird erhalten, wenn zart geschlämmtes Wolfram so oft mit Königswasser gekocht wird, bis alles in ein gelbes Pulver umgewandelt ist. Dieses wird in Ammoniak aufgelöst, krystallisirt, und das krystallisirte Salz ausgeglühet, wobei die Wolframsäure zurück bleibt.

Von dem Antimon, seinen Oxyden, seinen Säuern und seinen Salzen.

§. 508.

Das Antimon oder Spießglanz (Antimonium Stibium) kommt in der Natur gediegen und vererzt vor, es gehört zu den unedlen und elektronegativen Metallen.

a) Das Mineralreich bietet das Antimon dar: 1) als gediegenes Antimon, (aus 98,00 Antimon, 1,00 Silber, 0,25 Eisen zusammengesetzt); 2) als Antimon-Silber (aus 23 Antimon und 77 Silber zusammengesetzt); 3) als Antimon-Ocker, (aus 76,20 Antimon und 23,8 Sauerstoff zusammengesetzt; 4) als Antimonblüthe (aus 86 Antimon, 3 Antimonoxyd und 8 Kieselsäure zusammengesetzt); 5) als Antimonglanz, grau Spießglanzerz, Schwefel-Spießglanz oder Schwefelantimon, (aus 75,0 Antimon und 25,0 Schwefel zusammengesetzt; 6) als Antimon-Blende, (aus 69,86 Schwefelantimon und 30,44 Antimonoxyd zusammengesetzt); 7) als Nickel-Antimonglanz (aus 47,75 Antimon, 25,25 Nickel, 11,75 Arsen, 15,25 Schwefel zusammengesetzt); 8) als Bournonit (aus Antimon, Blei, Kupfer, Eisen und Schwefel zusammengesetzt); außerdem findet es sich auch als Bestandtheil im Rothgültigerz.

Anmerkung. Der Name Antimon findet sich schon beim Constantinus Afrikanus, der im Anfange des 12 Jahrhunderts lebte. Der Name ist wahrscheinlich aus dem arabischen Worte Athimad entsprungen, woraus die Chemiker das lateinische Wort Antimonium gebildet haben. Das lateinische Wort Stibium ist aus dem griechischen Worte στίβιον entlehnt, welches dem arabischen Worte Athimad gleichbedeutend ist.

I. Darstellung des Antimons.

§. 509.

Um das Antimon, im Großen, aus dem Schwefelantimon darzustellen, wird solches bis zur Entfernuug des Schwefels geröstet, dann in Vermengung mit Kohle ausgeschmolzen, wobei das durch das Rösten erzeugte Antimonoxyd zu Metall reducirt wird. Das auf solche Weise gewonnene Antimon kann Eisen- und Arsenik enthalten, wenn solche in den Erzen enthalten waren.

a) Im Kleinen scheidet man das Antimon aus dem Schwefelantimon durch Eisen. Man erhitzt 1 Gewichtstheil reguliniſches Eisen in einem Schmelztiegel bis zum Rothglühen, setzt dann 3 Gewichtstheile Schwefelantimon zu und erhält die Masse im bedeckten Tiegel, bis solche fließt. Man trägt nun 1 Theil trocknen Salpeter hinzu, rührt alles um, läßt die Masse zum dünnen Fluß kommen, und gießt sie dann in einen Gießpuckel aus. Nach dem Erkalten findet sich im untern Theile des Gießpuckels das regulinische Antimon (Regulus Antimonii) oft mit einem Stern (Regulus antimonii stellatus) bedeckt, und über denselben liegt eine Schlacke von schwefelsaurem Kali und Schwefeleisen.

b) Man trägt ein Gemenge von 4 Gewichtstheilen gepulverten Schwefelantimon, 3 Theile gepulverten rohen Weinstein, und $1\frac{1}{2}$ Theil Salpeter, in einen vorher zum Glühen erhitzten Schmelztiegel nach und nach ein, und gießt, wenn alles zum dünnen Fluß gekommen ist, die Masse in einen Gießpuckel aus. Nach dem Erkalten findet sich im untern Theile des Gießpuckels das regulinische Antimon; über ihm eine Schlacke von Schwefelantimon-Kalium.

c) Das reinste Antimon gewinnt man, wenn ganz reine Antimonige Säure (§. 510. b.) in Versetzung mit dem dreifachen Gewicht schwarzem Fluß (§. 373. d.) in einem bedeckten Tiegel zusammengeschmolzen, das erhaltene Metall, welches Kalium enthält, im Wasser geworfen, dann mit Wasser ausgewaschen, endlich für sich allein nochmals geschmolzen wird.

d) Das reine Antimon zeichnet sich durch folgende Eigenschaften aus: 1) Farbe, zinnweiß, stark glänzend; 2) Textur blättrig krystallinisch; 3) spec. Gewicht = 6,80; 4) schmilzt bei 346° Reaumür; 5) verflüchtigt sich in weißen Dämpfen, ohne widrigen Geruch, die nach dem Erstarren das Antimonoxyd darstellen; 6) mäßig hart aber sehr spröde. Sein Atomgewicht ist = 64,5.

II. Antimon und Sauerstoff. (Antimonoxyd und dessen Säuren.)

§. 510.

Das Antimon kann sich unter 3 Verhältnissen mit dem Sauerstoff verbinden: 1) zum Antimonoxyd; 2) zur antimonigen Säure und 3) zur Antimonsäure. Was man Antimon-Suboxyd genannt hat, ist bloß ein Gemenge von Oxyd und unverändertem Metall.

a) Das Antimonoxyd (Oxydum stibicum) wird gewonnen, 1) wenn Antimonmetall, unter Mitwirkung der Luft, in in einem Tiegel geschmolzen, und die während dem Schmelzen ausströmenden Dämpfe verdichtet werden; 2) wenn reines Chlorantimon (§. 511. e.) mit Wasser zersetzt, und der weiße Präzipitat mit Kali- oder Natronlauge ausgewaschen, dann mit Wasser ausgesüßt und getrocknet wird. Seine Bestandtheile sind: 1 Atom Antimon, 1,50 Atom Sauerstoff (nach Procenten: 84,31 Metall und 15,69 Sauerstoff). Seine Eigenschaften sind: 1) gelbweißes Pulver; 2) verflüchtigt sich in der Hitze, in weißen Dämpfen, die zu glänzende Blättchen und Nadeln erstarren (Flores antimonii argentini); 3) ist in Säuern auflösbar, und erzeugt damit, Brechen erregende Salze.

b) Die antimonige Säure (Acidum stibiosum) wird gewonnen: 1) wenn die Antimonsäure (§. 510. a.) so lange bis kein Sauerstoff sich mehr entwickelt, geglühet wird; wobei Sauerstoff entweicht, und antimonige Säure zurückbleibt; 2) wenn 1 Gewichtstheil Antimonmetall mit $1\frac{1}{4}$ Theil Salpeter verpuffet, die rückständige Masse erst mit Wasser ausgelaugt; dann mit concentrirter Schwefelsäure versetzt, hierauf mit Wasser ausgesüßt und stark ausgetrocknet wird. Ihre Bestandtheile sind: 1 Atom Antimon, 2 Atome Sauerstoff (nach Procenten: 80,12 Metall und 19,88 Sauerstoff). Ihre Eigenschaften sind: 1) farbenloses Pulver; 2) nimmt beim Glühen eine gelbe Farbe an; 3) nicht lösbar in Wasser; 4) röthet nicht das Lackmus; 5) feuerbeständig; 6) erzeugt mit Salzbasen die antimonigsauern Salze.

c) Die Antimonsäure (Acidum stibicum) wird gewonnen, wenn zart gepulvertes Antimon mit überschüssiger Salpetersäure so lange gekocht wird, bis alles in ein weißes Pulver zerfressen ist, das nun, bis zur Verjagung aller Säure ohne solches zum Glühen zu bringen, über dem Feuer behandelt wird. Ihre Bestandtheile sind: 1 Atom Antimon, 2,50 Atom Sauerstoff (nach Procenten: 76,33 Metall und 23,67 Sauerstoff). Ihre Eigenschaften sind: 1) blaßgelbes Pulver; 2) färbt sich in der Glühhitze dunkler; 3) röthet nicht das Lackmus; 4) nicht lösbar in Wasser; 5) erzeugt mit Salzbasen die antimonsauern Salze.

Anmerkung. Jene Säuren finden keine Anwendung in der Kameralchemie.

III. Antimon und Metalloide.

§. 511.

Das Antimon kann sich mit allen bekannten Metalloiden verbinden. Hier werden von den daraus hervorgehenden Metalloiduren nur diejenigen näher erörtert, welche in der Kameralchemie in Betrachtung kommen. Es gehören dahin: 1) Das Schwefelantimon; 2) das Chlorantimon.

a) Das Antimon kann sich mit dem Schwefel unter 3 Verhältnissen verbinden. Das einfache Schwefelantimon (Sulphuretum stibii) repräsentirt sich im gemeinen Schwefelantimon (Sulphuretum stibii nigrum) (§. 509.). Seine Bestandtheile sind: 1 Atom Antimon, 1,50 Atom Schwefel (nach Procenten: 72,80 Antimon, und 27,20 Schwefel). Seine Eigenschaften sind: 1) Gestalt, krystallinisch, in vier- und sechsseitigen Säulen; 2) Farbe, bleigrau, stark glänzend; 3) spec. Gewicht 4,3; 4) leicht schmelzbar im Feuer; 5) läßt beim Rösten den Schwefel von sich, und geht in graues Oxyd über, welches noch einen geringen Theil Schwefel zurückhält und im Feuer zu einem rothbraunen Glase, dem Antimonglase (Vitrum antimonii) schmilzt.

b) Das Doppelt-Schwefel-Antimon (Bisulphuretum Stibii) wird gewonnen, wenn die sauere Auflösung des Chlorantimons (§. 511. d.) durch hineingeleitetes hydrothionsaures Gas zersetzt, der gebildete dunkel orangegelbe Niederschlag vollkommen ausgesüßt und im Schatten getrocknet wird. Seine Bestandtheile sind: 1 Atom Antimon, 2 Atome Schwefel (nach Procenten: 66,72 Antimon, 33,28 Schwefel). Seine Eigenschaften sind: 1) braunrothes Pulver; 2) geschmack- und geruchlos; 3) vollkommen auflösbar in Chlorwasserstoffsäure, unter Entwicklung von hydrothionsaurem Gas; 4) wird unter dem Namen Mineral-Kermes (Chermes minerale. Sulphur stibiatum rubeum) als Gegenstand der Arzeneikunst gebraucht.

c) Das dreifache Schwefelantimon (Trisulphuretum stibium), sonst auch orangefarbiger Spießglanzschwefel (Sulphur antimonii auratum) genannt wird gewonnen, wenn ein Gemenge von gleichen Gewichtstheilen einfachen Schwefelantimon und Schwefel, bis zur vollkommenen Auflösung mit Kaliätzlauge gekocht, die koncentrirte Auflösung mit dem 10fachen Volumen Wasser verdünnet, filtrirt und durch Schwefelsäure präzipitirt, der Niederschlag vollkommen ausgesüßt und im Schatten getrocknet wird. Seine Bestandtheile sind: 1 Atom Antimon, 2,50 Schwefel (nach Procenten: 61,59 Antimon, 38,41 Schwefel). Seine Eigenschaften sind: 1) hell-orangefarbiges Pulver; 2) geschmack- und geruchlos; 3) läßt bei der Lösung in Chlorwasserstoffsäure, wobei Hydrothionsaures Gas entwickelt wird, Schwefel zurück. Dient allein als Arzneimittel.

Anmerkung. Zu diesen Antimon-Sulfüren gehören auch noch 1) die sogenannte Spießglanzleber (Hepar antimonii) und 2) der Spießglanz-Safran (Crocus antimonii). Man gewinnt die Spießglanzleber, wenn gleiche Gewichtstheile einfaches Schwefelantimon und Salpeter, nach und nach, in einen vorher zum anfangenden Glühen erhitzten Schmelztiegel eingetragen werden. Die nach dem Verpuffen übrig bleibende Masse stellt die Spießglanzleber dar. Sie ist ein Gemenge von Antimonoxyd, von Schwefelantimon und von schwefelsaurem Kali. Sie macht einen wichtigen Gegenstand in der Veterinair-Arzeneikunst aus. Wird die Spießglanzleber zart gepulvert, dann mit heißem Wasser vollkommen ausgesüßt, so wird die ausgesüßte und getrocknete Masse Spießglanz-Safran (Crocus antimonii) genannt. Er macht ein Gemenge von 3 Gewichtstheilen Antimonoxyd und 1 Gewichtstheil Schwefelantimon aus und wird oft mit der antimonhaltigen Schwefelleber (Hepar sulphuris antimoniale) verwechselt, welches ein in Wasser meist auflösliches Gemenge von Schwefelantimon und Schwefelkalium ausmacht.

d) Antimon und Chlor. Chlorantimon (Chloretum stibii). Das Chlorantimon, sonst Spießglanzbutter (Butyrum antimonii) genannt, wird gewonnen, wenn das regulinische Antimon mit Chlor in Verbindung gesetzt wird. Man gewinnt solches, wenn Antimon in einem Gemenge von 4 Theilen Chlorwasserstoffsäure und 1 Theil Salpetersäure so lange aufgelöst wird, bis die Säure nichts mehr auflösen will. Man befreiet die Auflösung durch Destillation vom eingemengten Wasser bis zur Trockenheit, und destillirt den Rückstand bei verstärktem Feuer über. Seine Bestandtheile sind: 1 Atom Antimon und 1,50 Atom Chlor, (nach Procenten: 53,27 Antimon und 46,73 Chlor). Seine Eigenschaften sind: 1) farbenlos butterartig; 2) dampft an der feuchten Luft; 3) schmilzt leicht in der Wärme; 4) siedet und verflüchtigt sich bei 150° Reaumür; 5) wirkt überaus ätzend. Findet Anwendung in den technischen Gewerben und in der Arzneikunst.

e) Wird das Chlorantimon in sein 20faches Gewicht Wasser eingetragen, so zerfällt solches in ein basisches und ein saures Chlorantimon. Das erstere fällt in Form eines weißen Pulvers zu Boden und kann ausgesüßt werden. Das Letztere bleibt gelöst. Der ausgesüßte Niederschlag führt den Namen Algarothpulver (Pulvis Algarothi) und stellt, mit Kalilauge ausgewaschen, und dadurch von Chlor befreiet, das Antimonoxyd-Hydrat dar.

Anmerkung. Die Antimonigsauren und die Antimonsauren Salze werden hier nicht erörtert, weil sie keine Gegenstände der Kameralchemie ausmachen.

Von dem Tellur, seinen Oxyden und seinen Salzen.

§. 512.

Das Tellur (Tellurium) entdeckte zuerst Müller von Reichenstein im Jahre 1782. Anfangs hielt man solches für gediegen Antimon. Klaproth zeigte (im Jahr 1798) das Dasein eines eigenthümlichen Metalls in denselben und nannte solches Tellur (aus Tellus, die Erde) abgeleitet.

a) Das Mineralreich bietet das Tellur in verschiedenen Verbindungen dar: 1) als gediegen Tellur (Sylvanit, Weißgolderz) in Siebenbürgen, (aus 92,55 Tellur, 7,20 Eisen und 0,25 Gold zusammengesetzt; 2) als Weiß-Tellur, Weiß-Sylvanerz in Nagi-Ag (aus 44,75 Tellur, 26,75 Gold, 19,50 Blei, 8,50 Silber und 0,50 Schwefel zusammengesetzt; 3) als Blätter-Tellur oder Blättererz, zu Nagi-Ag in Siebenbürgen (aus 32,2 Tellur, 9,0 Gold, 54,0 Blei, 0,5 Silber, 1,3 Kupfer, 3,0 Schwefel zusammengesetzt); 4) als Schrift-Tellur oder Schrifterz, zu Offenbanya in Siebenbürgen (aus 60 Tellur, 30 Gold, 10 Silber zusammengesetzt).

I. Darstellung des reinen Tellurs

§. 513.

Zur Darstellung des reinen regulinischen Tellurs wird das Telluroxyd mit Oel angeknetet, in einer gläsernen Retorte eingeschlossen, und unter Abschneidung der mitwirkenden Luft, die Retorte zum Glühen erhitzt, da denn, nach beendigter Operation, das reduzirte Tellur sich im Bauche der Retorte findet.

a) Das Tellur zeichnet sich durch folgende Eigenschaften aus: 1) Farbe, Zinnweiß ins Bleigraue hinneigend; 2) starker Metallglanz; 3) spröde, im Bruche blättrig; 4) spec. Gewicht = 6,115; 5) schmilzt vor dem Glühen und verflüchtigt sich in starker Hitze; 6) brennt vor dem Löthrohre mit blauer Flamme und verbreitet einen Rettigartigen Geruch. Sein Atomgewicht ist = 32,2.

II. Tellur und Sauerstoff. (Telluroxyd).

§. 514.

Das Tellur kann sich nur in einem Verhältnisse mit dem Sauerstoff verbinden. Man gewinnt das Telluroxyd (Oxydum telluricum), wenn das gediegen Tellur in einem Gemenge von 2 Theilen Chlorwasserstoffsäure und 1 Theil Salpetersäure, mit Unterstützung der Wärme, aufgelöst, filtrirt, dann die Auflösung mit so viel Wasser verdünnt wird, bis sie sich zu trüben beginnt, dann mit so viel Natronätzlauge versetzt, bis das anfangs sich bildende weiße Präzipitat, mit Hinterlassung eines braunen Rückstandes (der Gold und Eisen ist) aufgelöst ist. Die filtrirte Flüssigkeit giebt nun, durch Versetzung mit Chlorwasserstoffsäure, ein farbenloses Telluroxyd-Hydrat, das mit Weingeist ausgesüßt und getrocknet wird. In der Hitze bis zum Schmelzen behandelt, stellt es nach dem Erkalten das Telluroxyd dar. Seine Bestandtheile sind: gleiche Atome Tellur und Sauerstoff (nach Procenten: 80,11 Metall und 19,89 Sauerstoff). Seine Eigenschaften sind: 1) Farbe rothgelb; 2) flüchtig in der Hitze; 3) bildet mit Säuren die Telluroxydsalze; 4) wirkt gegen Salzbasen als Säure und stellt dann die Tellursauren Salze dar.

III. Tellur und Metalloide.

§. 515.

Ritter hat im Jahre 1808 zuerst gezeigt und Humphry Davy solches mehr entwickelt, daß wenn das Tellur als negativer Pol der sich im Wasser entladenden Voltaischen Säule gebraucht wird, das Wasser eine rothe Farbe annimmt uud ein braunes Pulver absetzt welches in eine Verbindung von Tellur den Wasserstoff ausmacht.

a) Wird Telluroxyd mit Aetzkali und Kohle gemengt, in einer Retorte geglühet, dann in einer pneumatischen Vorrichtung mit verdünnter Schwefelsäure im Quecksilberapparat behandelt: so wird Tellurwasserstoffsäure entwickelt. Ihre Bestandtheile sind: (nach Berzelius) 1 Atom Tellur, 1 Atom Wasserstoff (nach Procenten: 97,0 Tellur, 3,0 Wasserstoff). Ihre Eigenschaften sind: 1) lösbar in Wasser, zu einer rothen Flüssigkeit; 2) röthet Lakmus; 3) wird von Alkalien zersetzt; 4) brennt mit blauer Flamme; 5) besitzt einen dem Rettig ähnlichen Geruch. Sie stellt die Tellurwasserstoffsäure (Acidum hydrotelluricum)dar.

Anmerkung. Das Tellur gehört zu den seltensten Metallen. So wenig das Tellur selbst, als seine Verbindungen, machen Gegenstände der Kameralchemie aus.

Von dem Tantal, seinen Oxyden und seinen Salzen.

§. 516.

Das Tantal (Tantalium) (ein mythischer Name, in Beziehung auf einen ehemaligen König Tantalus), wurde von Hatchet im Ihre 1802 in einem Nordamerikanischen, von Eckeberg im Jahre 1803 in zwei schwedischen Fossilien entdeckt; Wollaston zeigte, daß beide ein und eben dasselbe Metall enthielten. Hatschett hatte solches Columbium genannt.

a) Das Mineralreich bietet das Tantal dar: 1) als Tantalit oder Columbit in Amerika (aus 80 Tantaloxyd, 15 Eisenoxyd und 5 Kalkerde zusammengesetzt); aus Bodmais in Bayern (aus 75 Tantaloxyd, 1 Zinnoxyd, 17 Eisenoxyd, 5 Manganoxyd zusammengesetzt); aus Schweden: Finbo, Broddbo, Kimmito (aus 66 bis 83 Tantal mit Zinnoxyd, Wolframsäure, Eisenoxydul, Manganoxyd und Kalkerde zusammengesetzt); 2) als Yttro-Tantalit aus Tantaloxyd, Wolframsäure, Yttererde, Kalkerde, Eisenoxyd und Uranoxyd zusammengesetzt), in Schweden.

I. Darstellung des Tantals.

§. 517.

Man gewinnt das Tantal (Tantalum) durch die Reduktion seiner Oxyde oder seiner Säuren.

a) Man schmilzt den Tantalit, im zart zerriebenen Zustande, mit dem dreifachen Gewicht einfach kohlensaurem Kali, löst die geschmolzene Masse in heißem Wasser auf, filtrirt die Auflösung, versetzt sie bis zum Vorwalten mit Salpetersäure, süßt den Niederschlag mit Wasser aus, trocknet ihn, und reduzirt ihn durchs Zusammenschmelzen mit Oel oder Kohle.

b) Das reguliniſche Tantal zeichnet sich durch folgende Eigenschaften aus: 1) Farbe schwarz, dem Eisen ähnlich, schwach metallisch glänzend; 2) leitet die Elektricität; 3) sehr hart und strengflüssig; 4) spec. Gewicht = 5,601; 5) in keiner Säure auflösbar; 6) verbrennt beim Rothglühen. Sein Atomgewicht ist = 184.

II. Tantal und Sauerstoff (Tantaloxyd, Tantalsäure).

§. 518.

Das Tantal kann sich unter 2 verschiedenen Verhältnissen mit dem Sauerstoff verbinden: 1) zum Oxyd oder den tantaligen Säuren; 2) zur Tantalsäure.

a) Die Tantalsäure (Acidum tantalicum) wird gewonnen, wenn das reguliniſche Tantal unter Mitwirkung der Luft der Hitze ausgesetzt wird. Es verglimmt lebhaft und geht in Tantalsäure über. Ihre Bestandtheile sind: 1 Atom Tantal, 3 Atome Sauerstoff (nach Procenten: 88,48 Metall, 11,52 Sauerstoff). Ihre Eigenschaften sind: 1) farbenlos; 2) nicht schmelzbar; 3) feuerbeständig; 4) geschmack- und geruchlos; 5) spec. Gewicht = 6,5; 6) röthet nicht Lackmus; wohl aber im wasserhaltigen Zustande.

b) Die tantalige Säure (Acidum tantalosum) wird gewonnen, wenn die Tantalsäure in einem Kohlentiegel eingepresset und 1 Stunde lang dem heißesten Gebläsfeuer ausgesetzt wird. Ihre Bestandtheile sind: 1 Atom Tantal, 2 Atome Sauerstoff (nach Procenten: 92 Metall, 8 Sauerstoff. Ihre Eigenschaften sind: 1) nicht geschmolzen, poröse dunkelgrüne Materie; 2) beim Drücken wenige metallisch glänzend. Sie stellt in diesem Zustande das Tantaloxyd dar.

Anmerkung. Die Verbindungen des Tantals mit den Metalloiden, so wie die tantalsauren Salze werden hier nicht weiter erörtert, da sie in der Kameralchemie keine Anwendung finden.

Von dem Titan, seinen Oxyden und seinen Säuren.

§. 519.

Das Titan (Titanium), (ein mythischer Name von den Titanen, den Ursöhnen der Erde benannt) wurde durch Gregor 1791 im Menakanit, durch Klaproth 1795 im Rutil entdeckt, von H. Rose als Titansäure dargestellt.

a) Das Mineralreich bietet das Titan dar: 1) im Menakanit (oder Titansand), zu Menakan in Cornwall (aus 45,55 Titansäure, 51,00 Eisenoxyd, 0,25 Manganoxyd, 3,50 Kieselsäure zusammengesetzt); 2) als Rutil (Titanschörl), natürliches Titanoxyd; 3) als Nigrin (aus 84 Titanoxyd, 14 Eisenoxyd, 3 Manganoxyd zusammengesetzt; 4) als Iserin (aus dem Iserfluß) (zusammengesetzt aus 28 Titansäure und 72, Eisenoxydul); 5) als Titaneisen am Ufer der Ostsee (aus 14,0 Titansäure, 85,5 Eisenoxydul, 0,5 Manganoxydul zusammengesetzt); 6) als Titanit (gelb Menakerz Sphen, Titanspat), (aus 33 Titansäure, 35 Kieselsäure und 32 Kalkerde zusammengesetzt.

I. Darstellung des Titans.

§. 520.

Man gewinnt das regulinische, Titan wenn das reine Titanoxyd mit Oel angeknetet, dann in einem Kohlentiegel zusammengepreßt, vor dem heftigsten Gebläßfeuer behandelt wird. Gewöhnlich erscheint es in metallischen Körnern geschmolzen. Seine Eigenschaften sind: 1) Farbe kupferroth, zuweilen ins goldgelbe hinneigend; 2) bald blättrige, bald strahlige Krystalle; 3) politurfähig; 4) erst bei 166° Wedgwood schmelzbar; 5) spec. Gewicht = 5,3; 6) in keiner Säure lösbar; 7) wird durch Glühen mit Salpeter oder mit Kali in Titansäure umgewandelt. Sein Atomgewicht ist = 31.

a) Zuweilen findet sich das Titan regulinisch, in schönen rothen würflichen Krystallen, in den Schlacken da wo Titanhaltige Eisenerze im Hohofen geschmolzen werden. Durch Ausziehenen des Eisens mit Chlorwasserstoffsäure und Abschlämmen des beigemengten Graphits, kann das Titan daraus rein dargestellt werden. Sein Atomgewicht ist = 48.

II. Titan und Sauerstoff. (Titanoxyd. Titansäure).

§. 521.

Das Titan kann sich unter 2 Verhältnisse mit dem Sauerstoffe verbinden, zum Oxyd und zur Säure.

a) Um das Titanoxyd (Oxydum titanicum) zu erhalten, schmilzt man zart geschlämmten Rutil mit dem 3fachen Gewicht einfach kohlensaurem Kali, wäscht die geschmolzene

Masse in Wasser aus. Man löset den Rückstand kalt in koncentrirter Chlorwasserstoffsäure auf, versetzt die Auflösung mit Weinsäure und setzt Ammoniak im Ueberschuß zu. Aus der Auflösung fället man das Eisen und das Mangan, durch hydrothionsaures Ammoniak, dunstet die filtrirte Flüssigkeit zur Trockne ab, und glühet den Rückstand unter einer Muffel vollkommen aus. Was zurückbleibt ist reines Titanoxyd. Seine Bestandtheile sind: 1 Atom Titan, 1 Atom Sauerstoff (nach Procenten: 82 Metall, 18 Sauerstoff). Seine Eigenschaften sind: 1) schwarzgräues Pulver; 2) auflöslich in Säuern; 3) giebt mit Salzbasen verbunden die Titanoxydsalze.

b) Die Titansäure (Acidum titanicum) wird gewonnen, wenn Titaneisen geschlämmet, heftig ausgeglühet und dann hydrothionsaures Gas darin hingeleitet wird. Man digerirt hierauf zu wiederholten Malen den Rückstand mit Chlorwasserstoffsäure, welche das Eisen auflöst; der Rückstand stellt, nach dem Ausglühen, die Titansäure dar. Ihre Bestandtheile sind: 1 Atom Titan, 2 Atome Sauerstoff (nach Procenten: 60,05 Metall, 33,95 Sauerstoff). Ihre Eigenschaften sind: 1) farbenloses Pulver; 2) nimmt im Glühen eine gelbe Farbe an; 3) röthet Lackmus; 4) erzeugt mit Salzbasen die titansauren Salze.

Anmerkung. Weder die Titansäure noch die titansauren Salze, eben so wenig die Verbindungen des Titans mit den übrigen Metalloiden, finden Anwendung in der Kameralchemie, daher sie hier nicht weiter erörtert werden.

Von dem Golde, seinen Oxyden, seinen Säuren und seinen Salzen.

§. 522.

Das Gold (Aurum. Sol.) ist das edelste und nach seinem politischen Werthe das kostbarste Metall. Seiner chemischen Natur nach gehört dasselbe zu den elektronegativen Metallen.

a) Das Mineralreich bietet das Gold niemals vererzt, wohl aber mit Platin, Silber, Tellur, zuweilen auch Blei vereinigt dar: 1) als gediegen Gold (Herandrisches Gold) zu Böröspàtok in Ungarn; 2) in den Silbergruben in Mexico; 3) am Schlangenberg in Sibirien; 4) in den Seifenwerken um Katharinenburg; 5) am Ural und vielen andern Gegenden; 6) als Goldkies (Adelfors in Schweden); 7) im quarzigen Thonerz und eisenschüssigem Sande; 8) im Sande des Rheins und der Mosel und dem vieler andern Flüsse in mehrern Ländern. Das reich mit Silber versetzte Gold, wrid Elektrum genannt; 9) endlich macht das Gold einen Gemengtheil aller Tellurerze (§. 512.) aus.

I. Darstellung des Goldes aus seinen Erzen.

§. 523.

Die Darstellung des Goldes aus seinen Erzen wird auf eine verschiedene Weise bewirkt: 1) durch Ausschmelzen in Versetzung mit Blei und nachmaligem Seigern und Abtreiben des goldhaltigen Bleies; 2) durch Amalgamation mit Quecksilber, und nachmaliges Abdestilliren des Quecksilbers vom Amalgam.

a) Um die Golderze mit Blei auszuschmelzen, wird der goldhaltige Sand so wie die übrigen mit Bergart gemengten Golderze, nach vorausgegangnem Pochen geschlämmet, wobei die schweren Metalltheile zu Boden fallen und die leichte Bergart sich abschlämmen läßt. Das geschlämmte Gold wird hierauf mit Blei zusammengeschmolzen, und die gebildete Legirung auf dem Treibheerde abgerieben, wobei das Blei, in Verbindung mit den unedlen Metallen oxydirt und als Glätte (Goldglätte) ausgesondert wird, das Gold aber zurückbleibt.

b) Um das Gold durch Quecksilber zu scheiden, werden die gepochten und geschlämmten Golderze mit Quecksilber und Küchensalz warm angerieben, wobei das Gold mit dem Quecksilber ein Amalgam erzeugt, das gewaschen, hierauf aber trocken destillirt wird. Das Quecksilber entweicht und kann aufgefangen werden. Das Gold bleibt nach dem Ausglühen zurück.

II. Reinigung des Goldes. Reines Gold.

§. 524.

Das nach der vorigen Weise gewonnene Gold ist nicht so rein, das solches nicht noch Silber auch Kupfer enthalten sollte. Solches bedarf daher einer nochmaligen Reinigung. Diese geschiebet 1) durch Schmelzen mit Schwefel; 2) durch den Guß mit Schwefelantimon (Guß und Fluß); 3) durch die Quartation; 4) durch die Fällung mit schwefelsaurem Eisenoxydul.

a) Der Guß mit Schwefel wird verrichtet, indem das unreine (Silber- und Kupferhaltige) Gold so oft mit Schwefel durchgeschmolzen wird, bis sich auf der Oberfläche keine Schlacke ausbildet, wobei der Masse auch etwas Bleiglätte zugegeben werden kann. Hier wird Silber und Kupfer durch den Schwefel erschlackt, und das Gold bleibt rein zurück.

b) Der Guß mit Schwefelantimon (die Reinigung durch Guß und Fluß) wird veranstaltet, indem man das unreine Gold mit arsenikfreiem Schwefelantimon zusammenschmilzt, und wenn das Gold über $\frac{1}{4}$ Silber enthält, noch mehr Schwefel zusetzt. Hier erregt sich das Gold mit dem Antimon zu einem Regulus, dagegen das Silber und Kupfer (wenn letzteres vorhanden wär) mit dem Schwefel verbunden, als Schlacken übrig bleiben, und vom goldhaltigen Regulus getrennt werden können. Wird dann der goldhaltige Regulus, unter Mitwirkung der Luft geglühet, so entweicht das Antimon als Oxyd und das Gold bleibt rein zurück.

c) Um die Scheidung durch die Quart (die Quartation) zu veranstalten, wird das silberhaltige Gold erhalten, mit soviel zugesetzten Silber zusammengeschmolzen, daß gegen 1 Theil Gold, 3 Theile Silber in Rechnung kommen. Die Legirung wird auf dem Ambos zu dünnen Platten ausgehämmert, dann erst mit schwacher hierauf stärkerer reiner Salpetersäure gekocht. Diese löset das Silber auf und läßt das Gold rein zurück, welches dann noch ausgeglühet wird.

d) Um die Fällung mittelst schwefelsauerm Eisenoxydul zu veranstalten, wird das silber- und kupferhaltige Gold in Königswasser (Salpetersalzsäure) aufgelöst, welches Gold und Kupfer in sich aufnimmt, das Silber hingegen als Chlorsilber zurückläßt. Der filtrirten Auflösung wird nun eben so viel krystallinisches schwefelsaures Eisenoxydul, als das aufgelöste Metall betrug, vorher in Wasser gelöst, zugesetzt, alles wohl unter einander gerührt und ruhig stehen gelassen. Hier fällt das Gold als ein braunes Pulver metallisch zu Boden, das Kupfer bleibt aufgelöst. Der Präzipitat wird ausgesüßt, dann ausgeglühet, und stellt das reine Gold dar.

III. Eigenschaften des reinen Goldes.

§. 525.

Das reine Gold zeichnet sich durch folgende Eigenschaften aus: 1) Farbe, feurig gelb, stark glänzend, nicht veränderlich an der Luft; 2) krystallisirbar; 3) weicher als Silber, ohne Klang; 4) spec. Gewicht, im geschmolzenen Zustande = 19,200, im gehämmerten = 19,400; 5) sehr dehnbar; 6) erscheint flüchtig in starker Hitze; 7) schmilzt erst bei 32° Wedgwood; 8) nur in Chlor- und Königswasser auflösbar, die Auflösung ist sattgelb; färbt thierische Theile purpurroth. Sein Atomgewicht ist = 66.

Anmerkung. Um Gold in zartes Pulver zu verwandeln (Poudre d'Or), das zum Schreiben und Malen bestimmt ist, wird das Gold mit Quecksilber amalgamirt, dann mit Salpetersäure extrahirt, wobei das Gold als ein gelbes zartes Metallpulver zurückbleibt.

IV. Gold und Sauerstoff. Goldoxyd. Goldsäure.

§. 526.

Auf trockenem Wege läßt das Gold sich nicht leicht oxydiren, beim Verbrennen desselben, mit Hülfe der Voltaischen Säule, gewinnt man ein purpurfarbiges Pulver, welches aus 3 Atomen Gold und 1 Atom Sauerstoff (nach Procenten: 96,3 Gold und 3,87 Sauerstoff zusammengesetzt sein soll, und für Goldoxydul (Oxydum aurosum) gehalten wird. Das Goldoxyd (Oxydum auricum) wird durch die Fällung des Chlorgoldes mit Aetzkali oder Magniumoxyd gewonnen.

a) Man versetzt eine Auflösung vom einfachen Chlorgold mit Magniumoxyd (§. 352.) bis zum Vorwalten des Letzteren. Es bleibt eine gelbe Flüssigkeit zurück, welches goldsaures Magniumoxyd gelöst enthält. Der Niederschlag wird so oft mit Wasser ausgesüßt, bis das Fluidum sich, beim Zusetzen von Chlorwasserstoffsäure, nicht mehr gelb färbt; worauf der Rückstand mit reiner Salpetersäure digerirt wird, welche Magniumoxyd auflöst, und das Goldoxyd zurück läßt, welches im Schatten getrocknet werden muß. Seine Bestandtheile sind: 1 Atom Gold, 1 Atom Sauerstoff (nach Procenten: 89,225 Gold, 10,775 Sauerstoff). Seine Eigenschaften sind: 1) röthlich gelbes Pulver; 2) erzeugt (sehr schwer) mit Säuren die Goldsalze; 3) wird im Glühen in Gold und Sauerstoffgas zerlegt; 4) ertheilt Glasflüssen, beim Zusammenschmelzen mit selbigen, eine Rubin-Farbe.

b) Die Goldsäure (Acidum auricum), welche bei voriger Operation, an Magniumoxyd gebunden, zurück bleibt, ist wahrscheinlich die Verbindung von 1 Atom Gold und 1,50 Atom Sauerstoff.

Gold und Metalloide.

§. 527.

Von den Verbindungen des Goldes mit den Metalloiden und einigen andern Stoffen, werden hier nur folgende näher erörtert.

a) Das Schwefelgold (Sulphuretum Auri). Man gewinnt dasselbe, wenn in Wasser gelöstes Chlorgold durch Schwefelammoniak (§. 135.) gefället, der Niederschlag ausgesüßt und getrocknet wird. Seine Bestandtheile sind: 1 Atom Gold, 1 Atom Schwefel (nach Procenten: 80,49 Gold, und 16,00 Schwefel. Seine Eigenschaften sind: 1) braunschwarzes Pulver; 2) läßt im Glühen den Schwefel von sich, und stellt das Gold rein dar.

b) Das Chlorgold (Chloretum Auri). Man gewinnt solches, wenn reines Gold in Königswasser aufgelöst und die Auflösung zur Trockne abgedunstet wird. Das Produkt ist Doppelt-Chlorgold (Chloridum auri). Seine Bestandtheile sind: 1 Atom Gold und 3 Atome Chlor (nach Procenten: 65,30 Gold und 34,70 Chlor). Seine Eigenschaften sind: 1) dunkelorangegelbe Farbe; 2) ätzender Geschmack; 3) vollkommen lösbar in Wasser; 4) färbt animalische Theile purpurroth. Wird es bis zur Entweichung von der Hälfte Chlor erhitzt, so läßt es beim Lösen in Wasser Gold zurück. Die Lösung giebt zur Trockne abgedunstet das einfache Chlorgold (Chloretum Auri). Seine Bestandtheile sind: 3 Atom Gold, 1 Atom Chlor (nach Procenten: 85,00 Gold, 15,00 Chlor).

c) Das Knallgold (Aurum fulminans). Man gewinnt solches, wenn Goldchlorid durch überschüssiges Aetzammoniak gefället, der Präzipitat mit siedend heißem Wasser ausgesüßt und im Schatten getrocknet wird. Seine Bestandtheile sind: Goldoxyd-Ammoniak und goldsaures Ammoniak. Seine Eigenschaften sind: 1) gelbbraunes Pulver; 2) geschmacklos; 3) verpuffet bei 80° Reaumur, auch schon durch starken Schlag, mit starkem Knall.

d) Hierher gehört noch der Goldpurpur (Purpur Auri Cassii). Man gewinnt ihn, wenn die sehr verdünnte Gold-chlorid-Lösung mit einer Lösung von Zinnchlorür versetzt wird, das Fluidum wird dunkel purpurroth. Ein Paar Tropfen koncentrirter Schwefelsäure zugesetzt, bringt bald den Niederschlag hervor, der vollkommen ausgesüßt und getrocknet wird. Der Goldpurpur ist (nach Berzelius) eine Verbindung von 28,25 Gold, 64 Zinnoxyd und 7,65 Wasser.

e) Versinnlichung durch Experimente, in den Vorlesungen.

Ende des ersten Theils.

FSC
www.fsc.org
MIX
Papier | Fördert
gute Waldnutzung
FSC® C083411

Kolibri 360 GmbH
Ferdinand-Jühlke-Straße 7
99095 Erfurt, Deutschland
produktsicherheit@kolibri360.de